高职高专土木与建筑规划教材

# 建筑设备安装识图与施工
# (第2版)

陈翼翔 主 编

陈 天 张 弘 副主编

清华大学出版社
北 京

## 内 容 简 介

本书针对建筑设备安装广大从业人员的学习需要，介绍了建筑设备工程水、暖、电三专业的识图与施工的内容和步骤，以及建筑设备安装识图方法与施工设备、机具、材料和工艺等，重点培养读者建筑设备安装施工图的识图能力和对建筑设备安装施工过程的驾驭能力。全书内容共分四部分：给排水、暖通、建筑电气和智能建筑；每部分又分为三个章节：范例图纸、识图和施工。

本书逻辑清晰，图文并茂，强调理论与实践的关联，充分围绕本书特制的某高层综合楼建筑范例进行介绍，注重实际工作过程，支持启发性与交互式教学，力求实用。

本书可作为高职高专院校建筑类工程相关专业学生和建筑业建筑设备安装从业人员学习的教材，亦可作为各省建设、设计、施工、招标、审计和监理等系统成人教育的培训教材及高职高专院校教师的参考教材。



图书在版编目(CIP)数据

建筑设备安装识图与施工/陈翼翔主编. —2 版. —北京：清华大学出版社，2019（2021.12重印）
(高职高专土木与建筑规划教材)
ISBN 978-7-302-51036-9

Ⅰ. ①建… Ⅱ. ①陈… Ⅲ. ①房屋建筑设备—建筑安装—建筑制图—识图—高等职业教育—教材 ②房屋建筑设备—建筑安装—工程施工—高等职业教育—教材 Ⅳ. ①TU204.21 ②TU8

中国版本图书馆 CIP 数据核字(2018)第 191973 号

责任编辑：桑任松
封面设计：刘孝琼
责任校对：吴春华
责任印制：宋 林
出版发行：清华大学出版社
网 址：http://www.tup.com.cn, http://www.wqbook.com
地 址：北京清华大学学研大厦 A 座 邮 编：100084
社 总 机：010-62770175 邮 购：010-62786544
投稿与读者服务：010-62776969, c-service@tup.tsinghua.edu.cn
质量反馈：010-62772015, zhiliang@tup.tsinghua.edu.cn
课件下载：http://www.tup.com.cn, 010-62791865
印 装 者：三河市科茂嘉荣印务有限公司
经 销：全国新华书店
开 本：185mm×260mm 印 张：19.5 字 数：477 千字
版 次：2010 年 1 月第 1 版 2019 年 1 月第 2 版 印 次：2021 年 12 月第 6 次印刷
定 价：59.00 元

---

产品编号：053535-01

# 前　言

为了适应各省高职高专院校建筑类工程相关专业学生及社会上建筑设备安装从业人员岗位培训的需要，我们组织编写了本书。本书可作为高职高专院校建筑类工程相关专业学生和建筑业建筑设备安装从业人员学习的教材，亦可作为各省建设、设计、施工、招标、审计和监理等系统成人教育的培训教材及高职高专院校教师的参考教材。

本书以全新的形式，采用我们特制的一套高层综合楼的建筑设备施工图作为全书的范例，以目前最新版本的设计、施工规范为依据，以普及率最高的设备、材料和工艺为主线，全面描述建筑设备工程中水、暖、电三专业在实际工程中的识图与施工的工作过程，普及相关专业知识，介绍最新设备材料及工艺，培养学生识图和驾驭施工过程的能力。

本书内容共分四部分：给排水、暖通、建筑电气和智能建筑；每部分又分为三个章节：范例图纸、识图和施工；充分围绕范例进行介绍，注重实际工作过程，支持启发性与交互式教学。

本书由湖南工程职业技术学院的陈翼翔高级工程师(编写绪论、第2章)担任主编，湖南工程职业技术学院的陈天工程师(编写第11章和第12章)和湖南城建职业技术学院的张弘高级工程师(编写第6章)担任副主编，参与编写的还有长沙市规划设计院的严斌高级工程师(编写第1章)和欧阳焱高级工程师(编写第4章和第5章(部分))、湖南城建职业技术学院的吴飞工程师(编写第3章)、湖南科技职业技术学院的谭宇凌讲师(编写第5章(部分))、湖南省邮电规划设计院的贾文敏高级工程师(编写第7章和第10章)和杨帆工程师(编写第8章)、烟台职业学院的李美玲助理讲师(编写第9章)。值此本书成稿之际，笔者谨向有关专家学者、企业和科研机构表示深深的谢意，特别是对在参考文献中疏于列出的文献的作者，表示万分歉意和感谢！全体编者得到了家庭、朋友和同事等的大力支持，在此一并表示感谢！

本书成稿过程历经12个月，期间笔者投入了大量的心血，并直接进行建筑工程造价的教学与实践，力求一丝不苟。虽然笔者勇于创新，但基于笔者认知与精力有限，本书仍然存在很多不足，在此敬请读者提出宝贵意见，以期不断改进。

编　者

# 目　录

# 绪　论

## 0.1　建筑设备工程概述

建筑设备是指为了改善人类生活、生产条件，与建筑物紧密联系并相辅相成的所有水力、热力和电力设施。建筑设备能够通过由各种机械、部件、组件、管道、电缆及其他多种材料组成的有机系统，消耗一定的能源和物资，实现某种人类需要的功能。这些有机系统大多依附于建筑物上。

通常意义上的建筑设备工程包含水、暖、电三个专业的内容。

建筑设备安装工程是与建筑主体工程相辅相成的重要建设过程，此过程一般可描述为识图—施工。“按图施工”成为建筑设备安装工程的主要工作方针。建筑设备安装工程施工人员必须要通读相应施工图，然后完成工程备料、施工组织、选定工作面、工程实施等各项工作。

## 0.2　建筑设备施工图识图概述

建筑设备施工图识图包括：前期知识能力要点准备、建筑设备施工图情况初步了解和建筑设备施工图识图顺序与方法的选择。

### 0.2.1　前期知识、能力要点准备

#### 1. 具备建筑构造识图制图的相应基本知识

(1) 具备建筑构造识图制图的基本知识：建筑平面图、立面图、剖面图的概念及基本画法。

(2) 掌握建筑识图投影关系的概念。

#### 2. 具备画法几何的相应基本知识

(1) 掌握画法几何中轴测图的基本概念。

(2) 具备将平面图转换为轴测图的基本能力。

3. 具备空间想象能力

(1) 具备将平面图、原理图或者系统图中所表现出来的管道系统在脑海中形成立体架构的形象思维能力。

(2) 具备通过文字注释和说明将简单线条、图块所表达的给排水专业的图例，等同认识为本专业不同形态、不同参数的管道和设备的能力。

## 0.2.2 建筑设备施工图情况初步了解

建筑设备施工图，特别是本书所提供的某综合楼建筑的建筑设备施工图包含的系统较多，在识图过程中，不宜过早进入具体的平面图和系统图的识图，一般需要先期阅读图纸目录、设计施工说明、设备材料表和图例等文字叙述较多的图纸，建立起本套设计图纸的基本情况、本工程各系统的大致概况、主要设备材料情况以及各设备材料图例表达方式的综合概念，然后再进入具体识图过程。

各建筑设备图纸基本情况相差不大，下面就以给排水工程施工图为例，对建筑设备施工图情况做初步的了解。

1. 图纸目录

图纸目录是为了在一套图纸中能快速地查阅到需要了解的单张图纸而建立起来的一份提纲挈领的独立文件。以给排水专业的图纸目录为例，在本书所提供的某综合楼建筑的给排水专业施工图中，第一张图纸就是目录。识图过程从阅读图纸目录开始，这有助于帮助工程人员熟悉整套图纸的基本情况。图 0.1 所示为图纸目录。

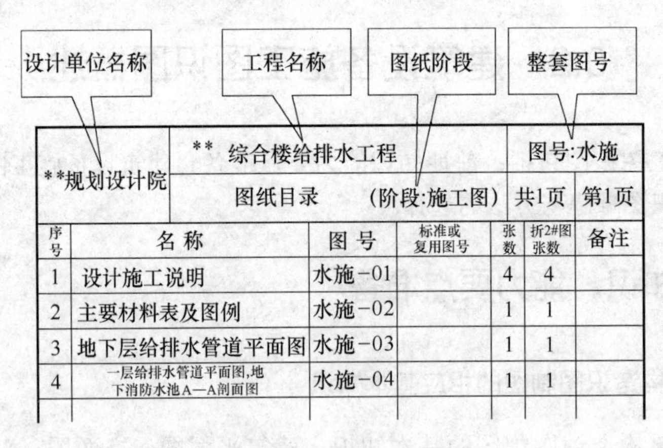


| **规划设计院 | ** 综合楼给排水工程 | | | | | 图号:水施 | |
|---|---|---|---|---|---|---|---|
| | 图纸目录 | | (阶段:施工图) | | | 共1页 | 第1页 |
| 序号 | 名称 | 图号 | 标准或复用图号 | 张数 | 折2#图张数 | 备注 | |
| 1 | 设计施工说明 | 水施-01 | | 4 | 4 | | |
| 2 | 主要材料表及图例 | 水施-02 | | 1 | 1 | | |
| 3 | 地下层给排水管道平面图 | 水施-03 | | 1 | 1 | | |
| 4 | 一层给排水管道平面图,地下消防水池A—A剖面图 | 水施-04 | | 1 | 1 | | |

图 0.1 图纸目录的组成

(1) 给排水工程施工图图纸目录的内容一般有：设备表、材料表、设计施工说明、平面图、原理图、系统图、大样和详图等。

(2) 一般因不同的设计院、设计师的传统和习惯不同，目录内容编制的顺序会有所差别，不过一般会按照说明—平面图—系统(或原理图)—大样、详图的基本顺序进行编排。

(3) 图纸目录的内容大致会体现：设计单位、建设单位、项目名称、图纸阶段(方案、初步设计和施工图等)、整套图号、页数、序号、名称、单张图号、标准或复用图号、折2#图张数、备注、制表、校核和审核等内容，上述内容编制的顺序会有所差别，不过一般会按照说明—平面图—系统(或原理)图—大样、详图的基本顺序进行编排。

(4) 图纸目录一般先列新绘图纸，后列选用的标准图纸或重复利用的图纸。

(5) 初次接触一套给排水工程施工图，其识图顺序宜按照图纸目录进行。

(6) 在阅读完本目录后，会发现本套给排水图纸包括4张说明、1张材料表及图例、10张平面图和5张系统原理图。

**知识拓展：设计院在工程中担负的相应责任**

与其他工程一样，在整个给排水工程过程中，不同的阶段，其相应的工程质量的责任单位也不同，如图0.1所示的设计单位为××设计院，它与建设单位签订设计合同，从建设单位收取设计费用，依据国家、行业和地方法律法规制定设计文件，因此它必须为工程图纸的质量负责，对工程的经济性、合理性和实用性等各方面指标负责，如果设计图纸违反国家和行业、地方法律法规而导致工程在建设、使用中发生事故，设计院需要承担相应的法律责任。如果设计图纸完全正确、设计院在各验收阶段也签字、盖章，由于其他因素导致事故的发生，则设计院不需要承担法律责任。

### 2. 设计说明和施工说明

给排水工程的设计说明部分介绍了设计依据、设计范围、工程概况和管道系统等内容。凡不能用图示表达或需要强调的施工要求，均应在设计说明中表述。

给排水工程的施工说明部分介绍了系统使用材料和附件、系统工作压力和试压要求、施工安装要求及注意事项等内容。

设计说明的文字应简练、明确、清晰，语气肯定，指向性强，多用数据表达。

在本书所提供的某综合楼建筑的给排水专业施工图中，第二张图纸就是设计说明，编号：水施-02。本设计说明包括设计说明和施工说明两部分内容。

1) 本书所提供的某综合楼给排水工程施工图设计说明的内容

(1) 设计依据，具体内容如下。

① 建设单位提供的本工程有关资料和设计任务书。

② 建筑以及各相关专业提供的设计资料。

③ 国家现行有关给水、排水、消防和卫生等的设计规范及规程。

- 《建筑给水排水设计规范》(GB 50015—2003)(2009年版)。
- 《自动喷水灭火系统设计规范》(GB 50084—2017)。
- 《建筑设计防火规范》(GB 50016—2014)。
- 《建筑灭火器配置设计规范》(GB 50140—2005)。
- 《汽车库、修车库、停车场设计防火规范》(GB 50067—2014)。
- 《工程建设标准强制性条文》(2016年版)。

设计依据必须来自国家规范性文件，具有权威性；这些文件是强制推行的，具有法律效应；并且必须标明规范性文件的详细编号，还应精确到文件颁布实施的年份。

应选用最新版本的国家、行业和地方法规。

没有依据国家规范，或者选用了因颁行年份过时或其他各种原因而失效的规范，此设计文件会被视为不合法。

选用地方、行业规定的前提是不能与国家法规相冲突，如有冲突之处，以国家法规为准。

**知识拓展：国家标准与规范的颁行年份**

随着社会和经济的发展，国家针对某些规范在一定的时期会组织相关人员针对那些存在争议或者已经过时的条文进行修订，由于进行的工作仅仅是修订，所以在规范中，很多还能满足实际需要的条文会得到保留，整个标准和规范的框架都没有发生变化。所以，很多新修订的规范，在颁行时往往在规范名称和编号后面缀以(××年版)，以示与以前规范的区别；并且，也标明了该标准和规范的法律效应从××年开始。因此，我们在设计文件中不能援引过时的标准和规范。

(2) 设计范围。本书所提供的某综合楼给排水工程施工图的设计说明中明确表达了本次设计的前、后端范围。

① 本设计范围包括红线以内的给水排水、消防等管道系统及小型给水排水构筑物。

② 水表井与城市给水管的连接管段、办公楼室外最末一座雨水检查井与城市雨水管的连接管不属本院设计范围。

设计范围包括以下内容。

地域上的界限：限制于建筑红线以内的给排水工程内容。

系统上的界限：给水系统、排水系统(但不包括与城市给排水管道的连接管段)。

**知识拓展：给排水工程总图**

在中华人民共和国住房和城乡建设部颁发的《建筑工程设计文件编制深度规定》的给水排水内容中，对给排水工程总平面图有详细的规定和叙述，给排水总平面图的内容就是上述“建筑红线以内的给排水工程内容”。但限于本书的内容要求，所提供的某综合楼给排水工程施工图设计中没有包括给排水总平面图。

(3) 工程概况。本书所提供的某综合楼给排水工程施工图设计说明简略地介绍了本工程的概况，其中最关键的是第二条：

本综合楼属于二类高层建筑，地上十四层，地下一层，建筑高度 49.80m。这一条为本设计中采用相应的建筑消防给水系统提供了设计依据。在《建筑设计防火规范》(GB 50016—2014)第 3.0.1 条中，明确规定了这个高度的此类建筑属于二类高层建筑，并且规定了应该采用哪些相应的消防系统和技术措施。

根据我国普遍使用的登高消防器材的性能、消防车供水能力以及高层建筑的结构特点，我国规定高层建筑与低层建筑的高度分界线为 24m，高层建筑与超高层建筑的分界线为 100m。建筑物高度为建筑物室外地面到女儿墙顶部或檐口的高度。

(4) 管道系统。本书所提供的某综合楼给排水工程施工图设计说明的这一节内容中，较为详细地描述了本工程各个系统的概况：设计数据、系统组成、关键设备和重要说明等。

按照本工程所具有的生活给水系统、生活热水系统、生活污水系统、室内消火栓系统、自动喷水系统和移动式灭火器六个系统分别加以叙述，所述内容都和后面的各图纸前后呼

应。其具体内容可以在初次阅读本段时稍加留意；在后续篇章中我们阅读到相应系统时，再回过头来一一印证。

2) 本书所提供的某综合楼给排水工程施工图施工说明的内容

本书所提供的某综合楼给排水工程施工图施工说明详细、明确，通过文字的方式叙述了本设计采用的安装形式、主辅材料、系统承压能力及一些需注意的事项(详见水施-02)。其内容大部分来自本专业相应施工规范，但因为一个工程只能采取一种方式进行施工，所以其内容具有鲜明的本工程特异性。这一段文字，对于施工来说是非常重要的，如果在施工中没有依据这些文字来进行，则会违背设计初衷，没有做到按图施工。

要注意：有些小型或简单工程，其施工说明不会如此详细，有些内容和数据没有在图纸中列出，但是相关施工规范的条文必须严格遵守。

### 3. 设备表、主要材料表

一般小型工程中设备表和材料表会统一作为一份设备材料表出现，但是在本书所提供的某综合楼给排水工程这种大型工程的施工图中，由于使用的设备和材料众多，所以设计人员一般会将设备表和材料表分开(详见水施-02)。

1) 设备表

主要是对本设计中选用的主要运行设备进行描述，其组成主要有：设备科学称谓、图纸中的图例标号、设备性能参数、设备主要用途和特殊要求等内容。

有些设备表的表头在表格的上面，有些表格的表头则在表格的下方，这不重要，仅需要我们在识图的时候习惯图纸的编制习惯即可，如图 0.2 所示。

| 序号 | 名称 | 主要性能 | 数量 | 重量(kg) 个重 | 重量(kg) 总重 | 备注 |
|---|---|---|---|---|---|---|
| S4 | FLG25-100热水泵 | $Q$=1.0L/s $H$=13.5m | 2台 | | | 一用一备 |
| | 配电机 | $P_N$=7.5kW | 2台 | | | |
| S3 | 50FL24-15×4水泵 | $Q$=20.8m³/h $H$=66.7m | 2台 | | | 生活泵<br>一用一备 |
| | 配电机 | $P_N$=45kW | 2台 | | | |
| S2 | XBD10.2/30-100L水泵 | $Q$=28L/s $H$=100m | 2台 | | | 自喷泵<br>一用一备 |
| | 配电机 | $P_N$=30kW | 2台 | | | |
| S1 | XBD9.80/20-100L水泵 | $Q$=20L/s $H$=83m | 2台 | | | 消火栓泵<br>一用一备 |
| 设备表 | | | | | | |



图 0.2 设备表

(1) 图例标号：在图纸中，设备一般用抽象的方框、圆等图形来表示，仅以图例标号来表示该设备属性，所以在阅读设备表时，最好能够记忆图例标号所代表的设备，以便后期阅读图纸时能够更加快捷、高效；同时也有利于后期阅读图纸时能够顺利根据图例标号查找到该设备的名称及参数。

(2) 设备科学称谓：应采用国家本行业通用术语表示，一般比较精准，不易混淆，阅读时要注意每个字眼，一字之差就可能变为另外一种设备。

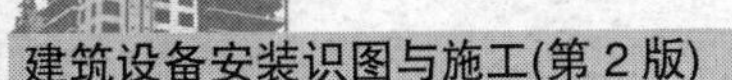



(3) 设备性能参数：一般标明了本设备的主要参数，例如水泵的主要性能参数是流量、扬程、耗电功率等。

2) 主要材料表

由于本工程中系统众多，在很多工程实践中，很多系统是由几个独立的施工单位在不同的阶段循序进行施工的，所以本设计的材料表还将各系统所采用的材料分开列出，这样做有利于不同的施工单位在分系统施工的时候，能方便、迅捷地找到本系统的主要材料。

材料表主要有材料科学称谓、标准或图号、材料性能规格、用途、特殊要求等内容，如图0.3所示(图中“按实计”指按实际需要计列)。

| 编号 | 标准或图号 | 名称 | 规格 | 单位 | 材料 | 数量 | 备注 |
|---|---|---|---|---|---|---|---|
| 19 | 99S304页16(甲) | 污水池 | | 套 | | 按实计 | |
| 18 | 99S304页128 | 淋浴器 | | 套 | | 按实计 | |
| 17 | 99S304页100 | 立式小便器 | | 套 | | 按实计 | |
| ⋮ | ⋮ | ⋮ | ⋮ | ⋮ | | ⋮ | ⋮ |
| 5 | | 聚丙烯管道(PP-R) | DN25 PN0.6MPa | 米 | | 按实计 | 用于室内支管 |
| 4 | | 聚丙烯管道(PP-R) | DN20 PN0.6MPa | 米 | | 按实计 | 用于室内支管 |
| 3 | | 钢丝网骨架塑料管 | DN150 PN0.6MPa | 米 | | 按实计 | 用于室内立管和主干管 |
| 2 | | 钢丝网骨架塑料管 | DN100 PN0.6MPa | 米 | | 按实计 | 用于室内立管和主干管 |
| 1 | | 钢丝网骨架塑料管 | DN65 PN0.6MPa | 米 | | 按实计 | 用于室内立管和主干管 |
| 生活给水系统 | | | | | | | |
| 主要材料表 | | | | | | | |

材料科学称谓　　材料性能规格　　用途、特殊要求

图0.3 主要材料表

例如：第17项材料：立式小便器，其中标准图号是：99S304，页100，标绘该图号的用意是要求施工单位按照国标图集99S304中第100页的详细要求施工；另外注意材料单位为“套”，意思是立式小便器以及相关配件型号、数量均按照大样图中的要求执行，该部分的配件不会另行列入材料表中。

4. 图例

图例是指在图纸上采用简洁、形象、便于记忆的各种图形、符号来表示特指的设备、材料和系统。如果说图纸是工程师的语言，那么图例就是这种语言中的单词、词组和短句。

## 0.2.3 建筑设备施工图识图顺序和方法的选择

建筑设备施工图识图顺序和方法的选择仍以给排水施工图为例来说明。

在阅读完本书所提供的某综合楼给排水工程施工图的目录、设计施工说明、主要设备材料表和图例后，我们对本书所提供的某综合楼建筑的给排水专业施工图有了一个整体印象。当我们翻到水施-03：地下层给排水管道平面图时，会觉得图纸上管线交错、设备众多，眼花缭乱，阅读起来非常吃力。那么在进入下一阶段的识图过程前，我们有必要确定一个

正确、便捷的识图方法及合理的识图顺序。

### 1. 综合分析图纸特点

本书所提供的某综合楼给排水工程施工图的主要特点有以下四点。

(1) 本套图纸中给排水系统较多，包括给水、排水、热水、消火栓和自动喷淋五个常用系统，每个系统的设计侧重、设备材料选择及施工要点各不相同，并且每个系统都有一张独立的系统(或原理)图。

(2) 本套图纸有 10 张平面图，除了给排水设计内容完全一样的楼层外，基本每个楼层都有自己的平面图；并且在平面图中，几乎每个系统的管道和设备都平行存在。其表述的主要内容是：本楼层中所有给排水系统(无论哪个系统)的位置、管径、设备和尺寸等相关信息。

(3) 本套图纸有 5 张系统(或原理)图，每张系统(或原理)图都完整地描述了一个系统。系统图采用轴测作图法绘制，原理图采用平面图绘制；两者都是用来描述本系统在整幢大楼中的管径、坡度、设备和标高等主要信息。系统(或原理)图的内容是完全一致的，同时还描述了一些平面图上无法表达或不便于表达的内容。与原理图相比，系统图更加形象，且更具有真实的立体感。

(4) 平面图和系统图相辅相成，综合、全面地描述了设计师对于本幢大楼给排水专业的全部设计思路。

### 2. 建筑设备施工图识图顺序和方法的选择

为了清晰、正确地识读建筑设备施工图，并能理解设计意图，进而做到正确施工或积极配合施工，并能准确地统计设备材料，工程人员必须采用正确的识图方法和识图顺序。

每一套图纸都有自己的特点，工程人员可采取不同的识图方法和识图顺序，简单的施工图可以采用通读法，识图顺序也可以采用目录—说明—材料表—平面图—系统图来进行；对复杂的施工图可以采用分系统阅读的方法，识图顺序从目录—说明—材料表的准备阶段开始，再按每个系统图—相关各平面图—说明、材料表、图例的顺序进行。图 0.4 所示为循环印证识图法，这样更有利于理解设计意图和建立系统整体概念。

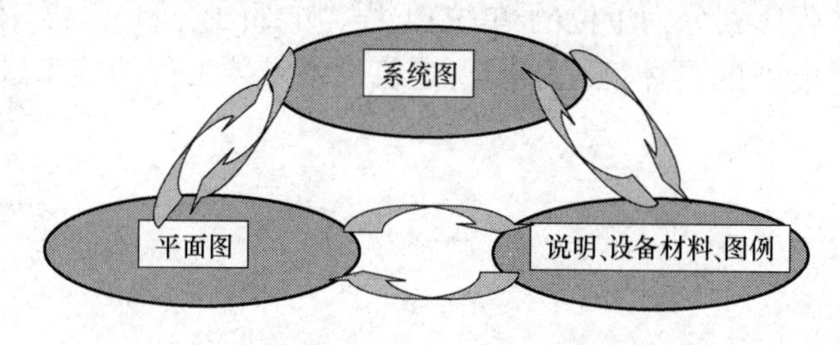


图 0.4　循环印证识图法

结合上面介绍的某综合楼建筑设备施工图的特点，我们确定在识图过程中采用循环印证识图法，具体步骤如下。

(1) 以系统为主线，先识读某系统的系统(或原理)图，然后再在各平面图上寻找本系统在此平面图上的内容。

(2) 在第(1)步之后，再重复阅读每一层平面图，查阅此平面图上各系统之间的关系，找出管道、设备之间的平面间距、高差间隔等信息。

(3) 对于类似本书所提供的某综合楼建筑设备施工图这样比较复杂的工程图样，很少有人能做到对(1)、(2)两步只进行一次就能完全理解设计意图。多次重复(1)、(2)两步并不时地回顾设计施工说明及翻阅查找图例，是识读建筑设备施工图的惯常做法。

## 0.3 建筑设备安装施工概述

建筑设备安装施工包括：施工准备阶段、安装施工阶段和竣工验收阶段等内容。

### 0.3.1 施工准备阶段

施工准备工作是保证建设工程顺利连续地施工，全面完成各项经济技术指标的重要前提，是一项有计划、有步骤、有阶段性的工作，不仅体现在施工前，而且贯穿于施工的全过程。施工准备通常包括：技术准备、施工现场准备、机具与材料准备和劳动力准备等。

### 0.3.2 安装施工阶段

当施工准备工作已完成，具备施工条件后，即可进入安装工程的施工阶段。安装施工阶段包括：设备安装、收尾调试、整改调整、试运行、管线预埋、管线敷设、单体检查试验等工作，并做好各项试验记录以及施工记录；同时做好资料的收集、整理和竣工图的绘制工作。

### 0.3.3 竣工验收阶段

验收是指工程在施工单位自行质量检查评定的基础上，参与建设活动的有关单位对检验批、分项、分部、单位工程的质量进行抽样复验，根据相关标准以书面形式对工程质量达到合格与否做出确认。

建设工程质量验收应划分为单位(子单位)工程、分部(子分部)工程、分项工程和检验批。

因水、暖、电各专业的具体情况不同，建筑设备安装工程的施工过程中所要进行的具体工作也不同。

# 第 1 章　给排水专业范例图纸

## 内容提要

本章是本书特制的某高层综合楼设计中的给排水专业范例图纸，描绘了建筑设备中给排水专业施工图的有关内容，包括常用给水、排水、卫生热水、消火栓和自动喷淋系统的各部分内容。

## 教学目标

- 掌握给排水专业施工图纸的组成。
- 了解给排水专业施工图纸的内容。
- 学会查阅给排水专业施工图纸。

本书选定的某高层综合楼中包括大厅、办公室和标准客房等常见建筑空间类型。

本章图纸设计了此楼给排水专业的内容，包括：给水、排水、卫生热水、消火栓、自动喷淋等常用系统。

本章图纸包括：设计说明和材料表等文字描述部分(水施-01～水施-02)、各层平面图(水施-03～水施-12)、各系统的系统图(水施-13～水施-17)。

本章图纸中的平面图综合表达了各系统管道、设备在各楼层中的位置；系统图则是将本楼中属于该系统的所有管道、设备抽出，采用轴测图的原理绘制的。

本章图纸为一个整体，是给排水设计人员表达设计思想的具有相关效力的文件，也是建设工作中所必须接触的文件。

本章图纸的识图和施工内容将在第 2 章和第 3 章详细介绍。第 2 章和第 3 章未介绍的内容，可在本章举一反三、触类旁通进行印证。

给排水范例图-00 图纸目录.pdf

给排水范例图-01 设计施工说明一.pdf

给排水范例图-01 设计施工说明二.pdf

给排水范例图-01 设计施工说明三.pdf

给排水范例图-01 设计施工说明四.pdf

给排水范例图-02 主要材料表及图例.pdf

给排水范例图-03 地下层给排水管道平面图.pdf

给排水范例图-04 一层给排水管道平面图.pdf

给排水范例图-05 二层给排水管道平面图.pdf

给排水范例图-06 三层(转换层)给排水管道平面图.pdf

给排水范例图-07 四-六层给排水管道平面图.pdf

给排水范例图-08 七-八层给排水管道平面图.pdf

给排水范例图-09 九层给排水管道平面图.pdf

给排水范例图-10 十~十三层给排水管道平面图.pdf

给排水范例图-11 十四层给排水管道平面图.pdf

给排水范例图-12 屋顶给排水管道平面图.pdf

给排水范例图-13 消火栓给水管道系统图.pdf

给排水范例图-14 自动喷水给水管道系统图.pdf

给排水范例图-15 生活给水管道系统图.pdf

给排水范例图-16 热水管道系统图.pdf

给排水范例图-17 排水系统原理图.pdf

# 第2章　给排水专业识图

**内容提要**

本章围绕本书给出的某高层综合楼范例，介绍建筑设备中给排水专业识图的有关内容，包括给排水专业施工图图例，给排水专业施工图图纸内容，常用给水、排水、卫生热水、消火栓和自动喷淋系统的主要组成部分以及各系统工作流程。

**教学目标**

- 掌握给排水专业施工图识图方法。
- 掌握给排水专业施工图图例。
- 能看懂给排水专业施工图图纸。
- 了解常用给水、排水、热水、消火栓和自动喷淋系统的主要组成部分。
- 了解常用给水、排水、热水、消火栓和自动喷淋系统的工作流程。

## 2.1　给排水工程概述

建筑给排水工程包括：给水、排水、热水、消火栓和自动喷淋等常用系统，其管道中流动的是水。

给排水工程的主要任务如下。

(1) 建筑给水系统的任务是经济、合理地将水由室外给水管网输送到装置在室内的各种配水龙头、生产用水设备或消防设备，满足用户对水质、水量和水压等方面的要求，保证用水安全、可靠。

(2) 建筑排水系统的任务是将室内的生活污水、工业废水及降落在屋面上的雨、雪水用最经济合理的管径和走向，排到室外排水管道中，为人们提供良好的生活、生产与学习环境。

(3) 消防给水设备是建筑物最经济、有效的消防设施。常用的消防给水设备包括消火栓灭火系统和自动喷水灭火系统，但在现代建筑中，移动式灭火设备及其他方式的消防设备也被包含在建筑消防设计中。

(4) 建筑热水系统的任务，大多数情况下是为人们提供符合舒适要求的水量、水压、水质和水温的卫生热水。

本书所附范例中，包括上述几种系统。

## 2.2 给排水专业施工图识图准备

绪论中，已经以给排水工程识图为例，做过相关论述，本节增补以下内容。

### 1. 设备表、主要材料表

在备注中一般标明设备的主要用途及特殊要求：标明该设备用在何处、有什么用途；有些设备还必须增补文字来更加明确地指出其特殊要求，例如，各类水泵的N用N备，用于泵房及消防电梯积水坑的潜水泵。

**知识拓展：备用与库存的区别**

因为在实际运行中，水泵的故障率比较高；同时各消防系统的水泵平时开启机会较少，导致水泵的故障难以被发现；平时淹没于水中的潜水泵，正常损耗较严重，故障多发。而在很多重要的建筑物，特别是各类高层建筑中，各系统中的水泵扮演着非常重要的角色，没有水泵的运作，整个系统就等于人体失去了心脏。所以建筑给排水系统中一般都要求设置备用水泵和库存水泵，以增加各系统的运行可靠性。在建筑的重要位置(如消防泵、消防电梯集水坑)一般采用一用一备方式，在非重要部位(如地下停车场集水坑)一般采用一用一库存方式。

备用：作为备用的水泵正常连接在系统中，并设置阀门等器件保证其运行时整个系统的稳定性。在常用的水泵发生故障的时候，备用水泵通过电控装置自动切换投入运行。常用水泵和备用水泵没有严格的区分，为控制设备损耗，一般会采用定期、定时方式轮换运行。

库存：作为库存的水泵平时并未被安装在系统中，而是作为备件保存在仓库里，在工作水泵出现故障时，作为应急备件进行紧急更换。

### 2. 图例

图例连接线立管号

给排水工程的图例一般都比较形象和简单，如图 2.1 所示，本书所提供的某综合楼给排水工程施工图亦然，不过初学者还是会觉得陌生，需要进行一段时间的强行记忆，但是在联系实物形状后，就能融会贯通，以后遇见陌生的图例时也能进行推测，迅速接受。例如，热水管道是在粗实线中缀以字母“R”，即为“热”的汉语拼音的辅音字母；蹲便器的图例就是一幅蹲便器的简略平面图。详见水施-02。

| 序号 | 图例 | 名称 | 备注 |
|---|---|---|---|
| 1 | ———J——— | 给水管道 | |
| 2 | ———W——— | 污水管道 | |
| 3 | ———R——— | 热水管道 | |
| 4 | - - - - -YW- - - - - | 污水压力输送管道 | |
| 5 | ———Z——— | 自喷管道 | |
| 6 | ———X——— | 消防给水管道 | |
| 7 | ———J——— | 给水管道 | |
| 8 | | 末端测试阀 | |
| 9 | | 蹲便器(前孔) | |
| 10 | | 柔性接头 | |
| 11 | | 截止阀 | |
| 12 | | 减压阀 | |
| 13 | ⊕ | 挂式小便排水栓 | |
| 14 | | 浴盆 | |
| 15 | | 信号阀 | |
| 16 | | 闸阀 | |
| 17 | | 后进水自闭阀 | |
| 18 | | 软管淋浴器 | |
| 19 | | 自动排气阀 | |
| 20 | ⊕ | 污水池排水栓 | |
| 21 | | 污水池 | |
| 22 | | 普通水龙头 | |
| 23 | | 台式洗脸盆 | |
| 24 | | 洗脸盆排水栓 | |
| 25 | | 地上水泵接合器 | |
| 26 | | 坐便器排水孔 | |
| 27 | | 减压孔板 | |
| 28 | | 清扫口 | |
| 29 | | 堵头 | |
| 30 | ○ | 闭式下喷 | |
| 31 | | 浴浸排水配件 | |
| 32 | | 管道过滤器 | |
| 33 | □ | 水箱 | |
| 34 | | 压力表 | |
| 35 | ○ | 闭式上喷 | |
| 36 | | 电动阀 | |
| 37 | | 立式小便器 | |
| 38 | | 水流指示器 | |
| 39 | | 单出口消火栓 | |
| 40 | | 柔性套管 | |
| 41 | ○ | 蹲便器排水孔 | |
| 42 | | 坐便器 | |
| 43 | | 消声止回阀 | |
| 44 | | 湿式水力报警阀 | |
| 45 | | 混合角阀水龙头 | |
| 46 | | 水封地漏 | |

图 2.1　图例表

## 2.3　生活给水系统施工图识图

建筑生活给水系统的任务是经济、合理地将水由室外给水管网输送到设置在室内的各用水点，满足用户对水质、水量和水压等方面的要求，保证用水安全可靠。在建筑给排水工程中，生活给水系统最为常见，可以说几乎每幢建筑物内都会有生活给水系统。我们通过本节的学习，可以掌握生活给水系统的识图方法，锻炼识图能力，学习一些生活给水系统的基本知识。

## 2.3.1 生活给水系统施工图识图准备

首先从本书所提供的某综合楼范例整体情况开始分析，掌握整个建筑的特点，然后熟读设计说明中的相关叙述，做好生活给水系统的识图准备。

### 1. 建筑整体情况分析

(1) 本楼位于某城市，楼高49.8m，共14层。

本楼处于城市，采用城市市政给水管网作为取水点；楼层高，要求生活给水系统必须具有足够的压力，使水能上至建筑物顶层，同时为了各用水点压力均衡和防备市政管网水压不够，生活给水系统分为高、低两个区，同时还配套设置了相应地下蓄水池和屋顶蓄水箱。

(2) 本楼属于综合楼性质，内部包含公共大厅、办公室和客房等使用功能。

四～九层有客房卫生间，每层的客房卫生间布局不尽相同，有单个卫生间配一个管道井，也有两个毗邻卫生间共配一个管道井，要求生活给水系统必须在管道井内把水配送至每间卫生间；二～十四层有布局完全相同的公共卫生间，要求生活给水系统必须把水配送至每个卫生间的配水龙头。

(3) 本楼内安装有生活给水、排水、热水给水和回水、消火栓、自动喷淋及中央空调等常用系统。

### 2. 生活给水系统设计说明回顾

翻阅水施-01的第一张图中(四)管道系统的“1. 生活给水系统”，内容如下。

1. 生活给水系统

(1) 供给办公楼的市政给水管网压力约为0.3MPa。

(2) 本工程最高日用水量为283m$^3$，最大时用水量为24.5m$^3$。

(3) 给水系统分区：本工程给水系统分为高、低两区。-1F～2F 为低区，由市政给水管……

(4) 办公楼消防水池、消防泵站、生活泵站均设置在地下层，生活水箱和消防水箱各自独立。

(5) 在楼顶设有12 m$^3$生活水箱、12 m$^3$消防水箱和6 m$^3$热水箱各一座。

对以上几条内容说明如下。

(1) 设计师根据自己的调查，或者由甲方提供的资料，了解到当地市政管网的压力只有0.3MPa，也就是说这个水压是无法供给到本楼顶层的。

(2) 最高日用水量和最大时用水量的计算，是生活给水系统设计的数据依据；其计算公式及用水定额，在给排水设计手册中能查找到，本书从略。

(3) 生活给水系统分区，是高层建筑中给排水专业设计的常用手法，本图中将建筑物的主楼部分归于高区，统一由地下水池、泵站和屋顶水箱联合供给保障，是为了让这些部位的各用水点水量得到自主的保障，水压相对稳定(按照《建筑给排水设计规范》，对于各类功能的建筑单体生活给水系统水压，均有最大压力限制，最大压力要求控制在0.35MPa、0.45MPa、0.55MPa等)。我们在阅读水施-15生活给水管道系统图时，会发现在标高11.4m以上的管道基本上是从上方延伸至此。而在标高11.4m以下的管道基本上是从下方延伸至此。

(4)和(5)这两条其实说明了消防水池的水源应来自市政管网，因为都处于负一层；而各水箱都处于建筑物屋顶上，水源来自地下泵站，属于生活给水系统的高区。在水施-15生活给水管道系统图中标高55.3m处的两座水箱，就是生活水箱和消防水箱了，详细内容在后续2.3.6节中讲述。

## 2.3.2 生活给水系统负一层内容的识图

在做好上述识图准备之后，工程人员从本书所提供的某综合楼给排水工程施工图的生活给水系统图开始阅读。在阅读此系统图时，采用先简后繁的顺序逐步阅读，并随时在相关的平面图上印证。

给水系统识图

当我们最初浏览本书所提供的某综合楼给排水工程施工图的生活给水系统图时，会发现位于本图下方的一块区域内容比较简单，且相对独立，所注标高均为负数，这就是生活给水系统在负一层的内容。

### 1. 系统图中负一层内容的识图

系统图中负一层内容的识图步骤如下。

(1) 图2.2所示的右侧，水管从室外给水管网(水源来自市政自来水管网)接入，穿行在室外地坪下，注意：此时水管的标高-1.5m是相对于楼内一层的楼面标高±0.00m，并非处于室外地坪下1.5m处。

(2) 水管(管径DN150)穿越室外阀门井，井内设置同等管径的闸阀。水管在建筑物⑨轴处的墙体穿入室内，经浮球阀，进入吸水池。

(3) 两台生活泵从吸水池中吸水，增压将水经水泵水管连接的大小头、柔性接头、消声止回阀、闸阀等管件送至DN150水管中，两台泵的两根DN150的水管汇集为1根DN150的水管，是因为两台生活泵是一用一备的，所以不会出现两台水泵同时运行的情况。这一点我们可以回阅水施-02中的设备表中的S3，备注中清晰地说明了两台生活水泵一用一备。

(4) 水泵出水端的DN150水管，在标高为-1.2m的高度，穿行到立管JL-4的起始端，输送的水进入立管JL-4。

(5) 在水施-15生活给水管道系统图中，我们继续沿着立管JL-4上行，会发现这根立管穿越了所有楼层，上升到55.70m标高处生活水箱的位置分为两支，一支直立进入生活水箱，另一支横行翻穿大半个屋面进入消防水箱。

(6) 经过上述步骤，我们基本掌握了生活给排水系统在负一层的管道、设备、管件、阀门的配置和走向。并且了解到了生活水泵其实就是将室外市政自来水加压送到屋顶两个水箱中。

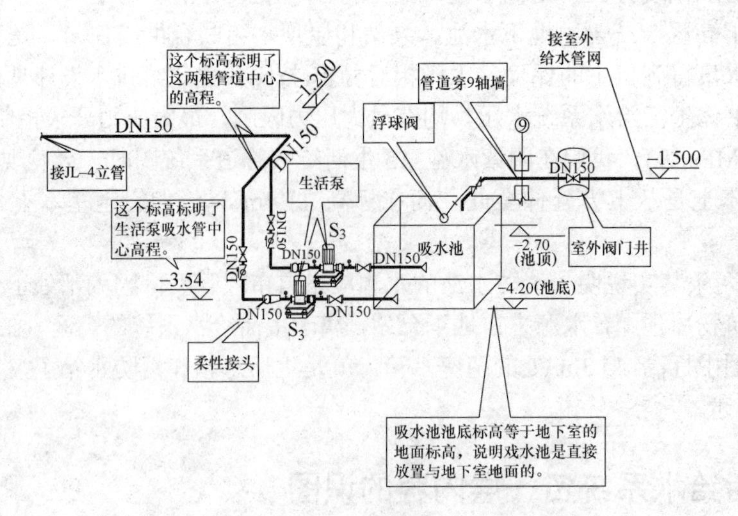


图 2.2 生活给水系统图在负一层的内容

生活给水系统图在负一层这部分内容位于地下室的什么位置？这部分管道与其他管道的相互关系怎样？水管穿越外墙是否需要什么防水措施？这一系列问题我们可以在平面图中找到答案。

## 2. 平面图中负一层内容的识图

平面图中负一层内容的识图步骤如下。

(1) 如图 2.3 所示，阀门井的中心位置离 E 轴墙 2000mm。

(2) 生活泵、吸水池位于⑨轴和 E 轴交点的左下角，它们与⑨轴墙的尺寸关系也有明确的标注；上屋顶水箱的 JL-4 立管的具体位置位于管道井的左侧，标有“J”的横管在 4 根其他系统的水管下沿 E 轴墙穿行。

(3) 室外水管(管径 DN150)在建筑物⑨轴墙穿入室内。在图 2.3 中我们可以看见有明确的标注：“-1.500m 处预埋 A 型 DN150 柔性套管”。

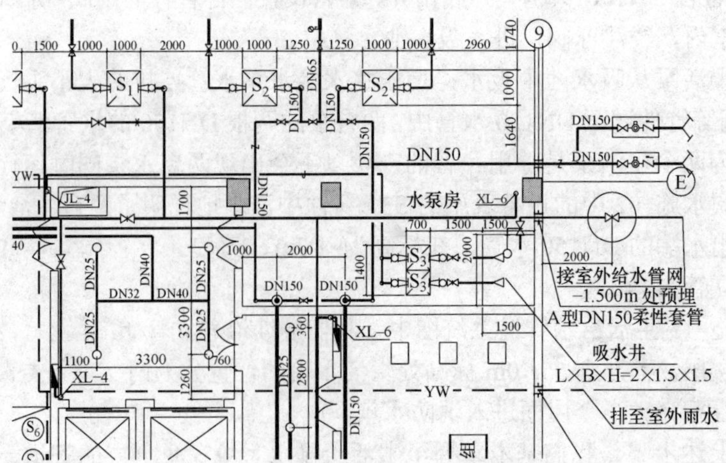


图 2.3 生活给水系统在负一层平面图的内容

关于这一条，我们可以在施工说明中找到以下对应内容。

26. 管道穿基础、楼面、墙和池壁池底的做法

(1) ……

(2) ……

(3) 管道穿地下室外墙、水池和水箱池壁、池底，应做柔性防水套管。预埋的套管应带翼环，且应比所穿的管道放大 1～3 级，做法详见 02S404-5，6A，B 型套管，I 型密封圈。设于水池(箱)壁上的支架应预埋钢板，然后在钢板上焊支架，池壁不得凿洞。

……

施工说明中详细叙述了此种套管的做法和标准图图号。预埋这种套管，主要是为了防止室外水渗漏进入地下室。另外，在这里之所以采用柔性构造，是为了缓冲和避免室内外管道所受的应力，避免管道破损。

**知识拓展：为何水池池壁不得凿洞？**

因为混凝土构件一次浇筑成型时，其防水性能最好，如果在已经凝固成型的混凝土构件上重新开凿，再二次浇筑填补或填缝，其防水性能会大大下降。一次浇筑和二次浇筑的接合部位，哪怕只有一条肉眼都无法察觉的缝隙，都会导致水渗漏过来。所以在管道穿越建筑物的楼、墙等处时，都要预埋套管，其主要是为了防水，而且都要求预埋，也就是把套管和翼环在混凝土中一起浇筑，而不是后期再行开凿和安装。

## 2.3.3 生活给水系统在负一层和各层都有的内容识图

通观本书所提供的某综合楼给排水工程施工图的生活给水系统图——水施-15，会发现还有两个地方具有负数的标高，也就是处于负一层的标高，其具体位置如图 2.4 中圆圈所示。

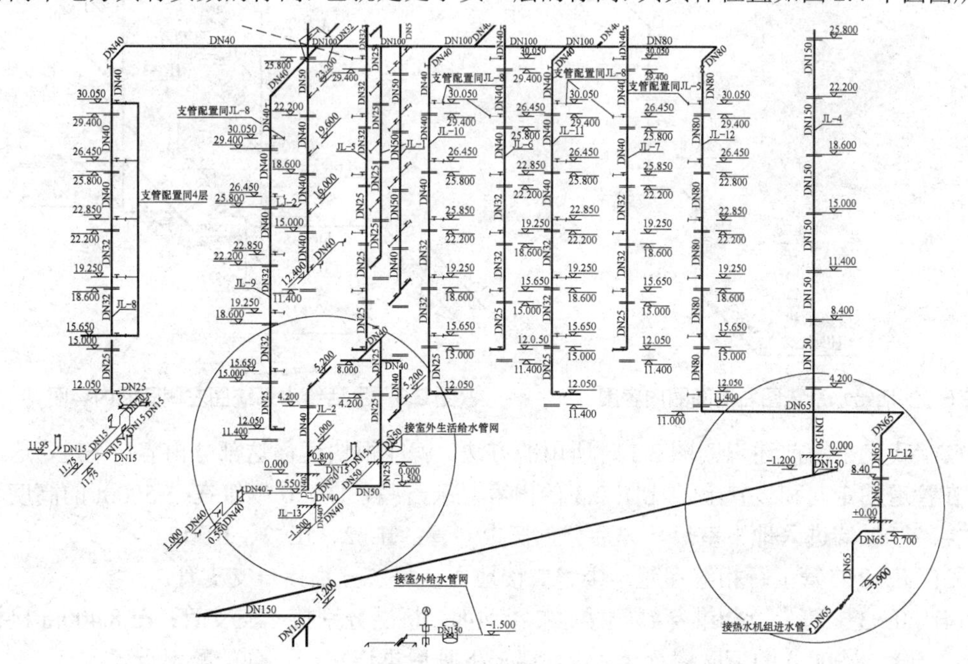


图 2.4 生活给水系统在负一层和一层都有的内容

把两个圆圈放大，分别描述如下。

### 1. 图 2.4 中右侧圆圈在系统图中内容的识图

(1) 如图 2.5 所示的系统图内容，是给排水专业提供给燃气热水锅炉的水源，水经过燃气热水锅炉加热后，作为卫生热水供应给本楼中需要使用热水的客房卫生间的配水点。因为在进入燃气热水锅炉之前的水温为常温，所以这一部分管道属于生活给水系统，出现在水施-15 中，燃气热水锅炉出口之后的水为热水，那一部分管道属于热水系统(在本章后面的部分再另行讲述。另外按照设计单位专业分工的划分，热水制备一般由暖通专业设计，该部分设计图纸应调阅暖通设计图)。

(2) 我们沿着 JL-12 立管左行、上行、再左行至图 2.4 中的五边形处右行，会发现其水源来自屋顶生活水箱经由 JL-1 立管送下来的水。

(3) 这部分内容在负一层平面图(水施-03)中很简单、清晰，在⑨轴和Ⓑ轴交点处设置 JL-12 立管，DN65 横管上安装相应大小的闸阀、止回阀。横管的具体水平定位没有给出，允许施工单位有一定的自主性。

(4) 在 1～3 层平面图(水施-04～水施-06)中的⑨轴和Ⓑ轴交点处能找到 JL-12 立管。

### 2. 图 2.4 左侧圆圈在系统图中内容的识图

(1) 如图 2.6 所示的系统图内容，就是在生活给水系统的设计说明中所叙述的“-1F～2F 为低区，由市政给水管网供水”。

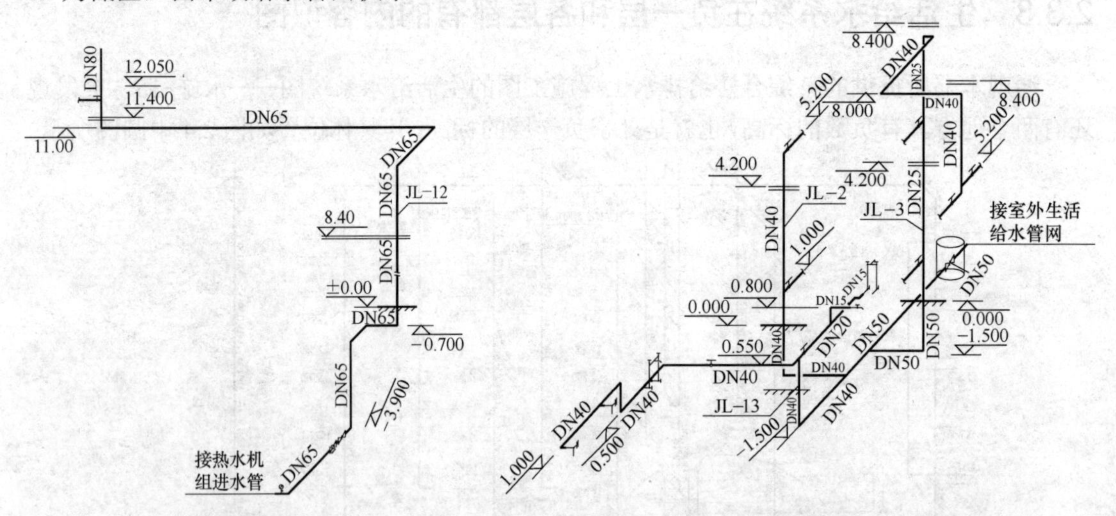


图 2.5 生活给水系统图右侧圆圈内容图　　图 2.6 生活给水系统图左侧圆圈内容图

(2) 我们采用前述识读图 2.3 时所用的方法，就能很快读懂这部分内容；不过，这部分内容在管道的走向和设置上，比图 2.3 的内容复杂一些，DN50 横管在-1.500m 的高度从阀门井穿越Ⓔ轴墙进入地下室后，先后分为三根立管：JL-2、JL-3、JL-13。

(3) JL-2 立管上行相继穿越一楼、二楼地面，每层分别接一支支管。

(4) JL-3 立管上行相继穿越一楼、二楼地面，每层分别接一支支管；在 8.400m 楼板下(二层顶部)、8.000m 的高度横行至 1/3 轴墙，下垂后再连接一系列的配水点。

(5) JL-13 立管上行穿越一楼地面，左右分支分别连接一系列的配水点。

同样，下一步还是要在平面图上印证我们对系统图这部分的认识，并且还将在平面图的识读中获取更多的信息和要求。

### 3. 图 2.4 中的左侧圆圈在各平面图中内容的识图

生活给水系统图左侧圆圈在负一层平面图中的内容如图 2.7 所示。从图 2.7 中可以看出：

(1) 阀门井的中心位置离Ⓔ轴墙 1500mm。

(2) 管道在穿越Ⓔ轴墙时同样要求“-1.500m 处预埋 A 型 DN150 柔性套管”。

横管的水平定位没有标注尺寸，但是从图 2.7 上可以看出这其实取决于立管的定位。那么立管的定位则由一层平面图来揭示。

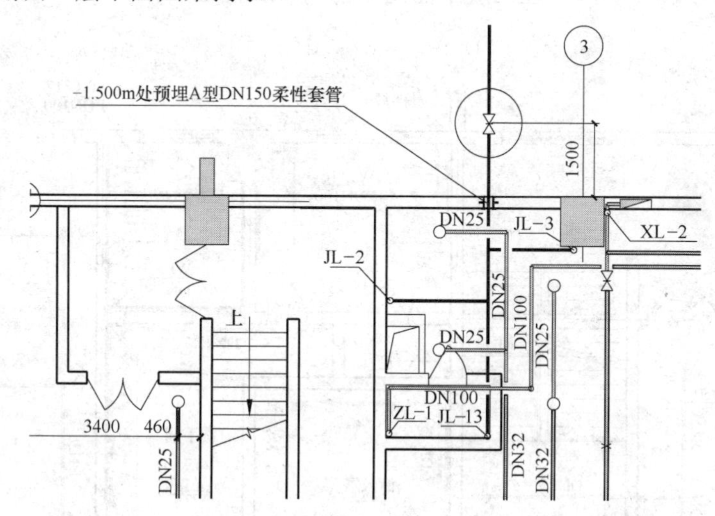


图 2.7　生活给水系统图左侧圆圈在负一层平面图中的内容

生活给水系统图左侧圆圈在一层平面图中的内容如图 2.8 所示。从图 2.8 中可以看出：

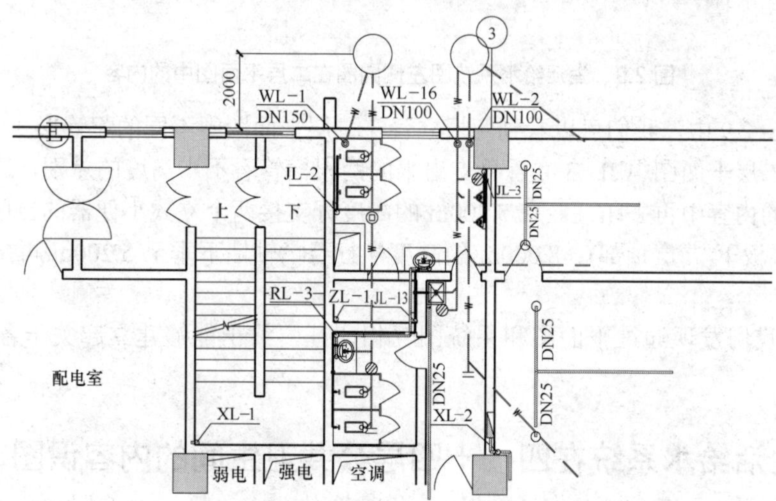


图 2.8　生活给水系统图左侧圆圈在一层平面图中的内容

(1) JL-2 立管位于蹲位的隔断和管道井之间的空间内。接两个蹲式大便器的自闭式冲洗阀。

(2) JL-3 立管靠近 3 轴交Ⓔ轴处柱。接两个立式小便器的自闭式冲洗阀。

(3) JL-13 立管位于给排水专用管道井中的右下角。

**知识拓展：立管定位**

给排水专业设计图纸中，立管的定位有两种形式：一是给排水专业或结构专业设计师绘制详细的平面留洞图，在结构施工的时候，按照图纸尺寸一次性预留、预埋到位；二是在平面图上绘制出示意位置，由安装施工单位根据现场情况，翻阅相应规范，自行组织与结构施工单位的配合，进行预留、预埋。这两种方式各有利弊。

生活给水系统图左侧圆圈在二层平面图中的内容如图 2.9 所示。

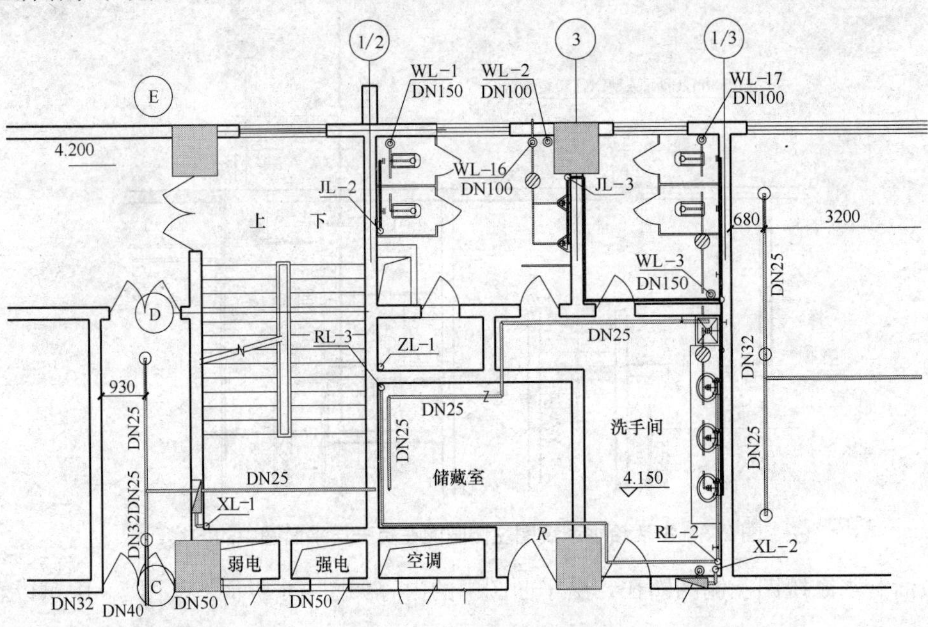


图 2.9 生活给水系统图左侧圆圈在二层平面图中的内容

(1) 在图 2.9 中，我们可以看到两根立管在二层平面图中不同的配管形式。

(2) 在二层平面图中 JL-3 立管分支出来的两根横管看不出高度的差别，这需要我们在系统图相应的内容中再去印证。在 5.200m 的高度分支接两个立式小便器的自闭式冲洗阀。在 8.400m 楼板下(二层顶部)、8.000m 的高度横行至⑴⑶轴墙下垂至 5.200m 再接一系列的配水点。

这里，我们发现通过平面图和系统图互相印证，终于能够建立起关于各管道的空间构造。

## 2.3.4 生活给水系统在四～十四层公共卫生间的内容识图

在 2.3.1 节中，我们分析过整楼的基本情况，其中有一个情况：二～十四层有布局完全相同的公共卫生间，二层卫生间在上一节已经叙述过，三层没有公共卫生间，那么四～十四层卫生间的识图如何进行呢？这里，我们不妨采用灵活一点的方式，从平面图入手，如图 2.10 所示。

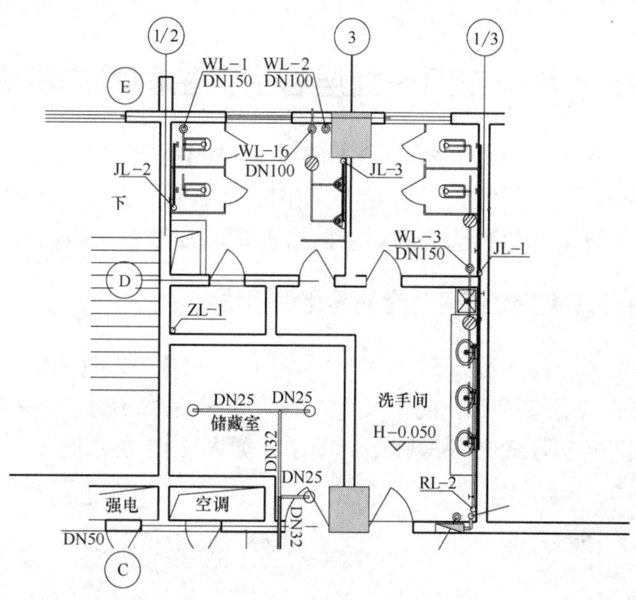


图 2.10　生活给水系统四～十四层公共卫生间平面图

很清晰，卫生间内有 3 根给水立管 JL-1、JL-2、JL-3 以及 3 根立管在每层卫生间伸展出来的支管。这部分内容，在系统图中什么位置呢？如图 2.11 所示。

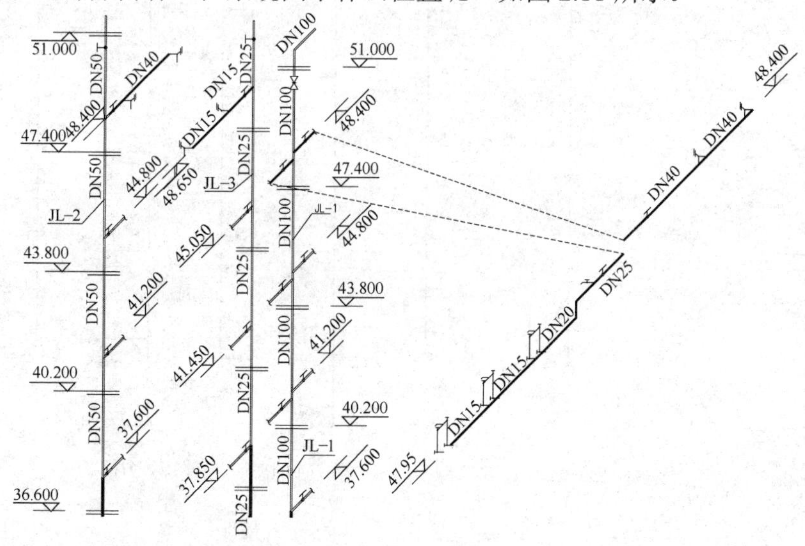


图 2.11　生活给水系统四～十四层公共卫生间在系统图中的内容

(1)　因为四～十四层卫生间布局相同，卫生洁具及给水管道也是相同的，所以在系统图中每层支管的轴测图没有全部绘制，而是选了一个图面内容不多的地方绘制了某一层的给水支管轴测图，其他楼层的支管仅绘制了一节短管和所附的截止阀。这表明其他楼层的给水支管轴测图均与此相同。

(2)　在系统图 2.11 中，给出了各支管的标高，我们用这个数值减去支管所在楼层的楼面标高，就能得到此支管在每层卫生间内的相对高度。这就实现了指导施工的目的。同时还能在系统图中，看出支管在高度方向的变化形式，这是平面图所不能给出的信息。

## 2.3.5 生活给水系统在四～九层客房卫生间的内容识图

在 2.3.1 节中，我们分析过整楼的基本情况，其中有一个情况：四～九层有客房卫生间，每层的客房卫生间布局不尽相同，有单个卫生间配一个管道井，也有两个毗邻卫生间共配一个管道井。为了满足美观和检修的要求，给水管道都尽量安装在管道井内。

### 1. 系统图中有关客房卫生间内容的简化识图法

在生活给水系统图的水施-15 中，我们看到 JL-5～JL-12 共 8 根立管组成了一幅繁复的图面，特别是在别的立管和支管的交叉下，这一部分显得十分杂乱，不便于识图。我们把已经识读清楚的部分删除就会变得脉络清晰了，如图 2.12 所示。

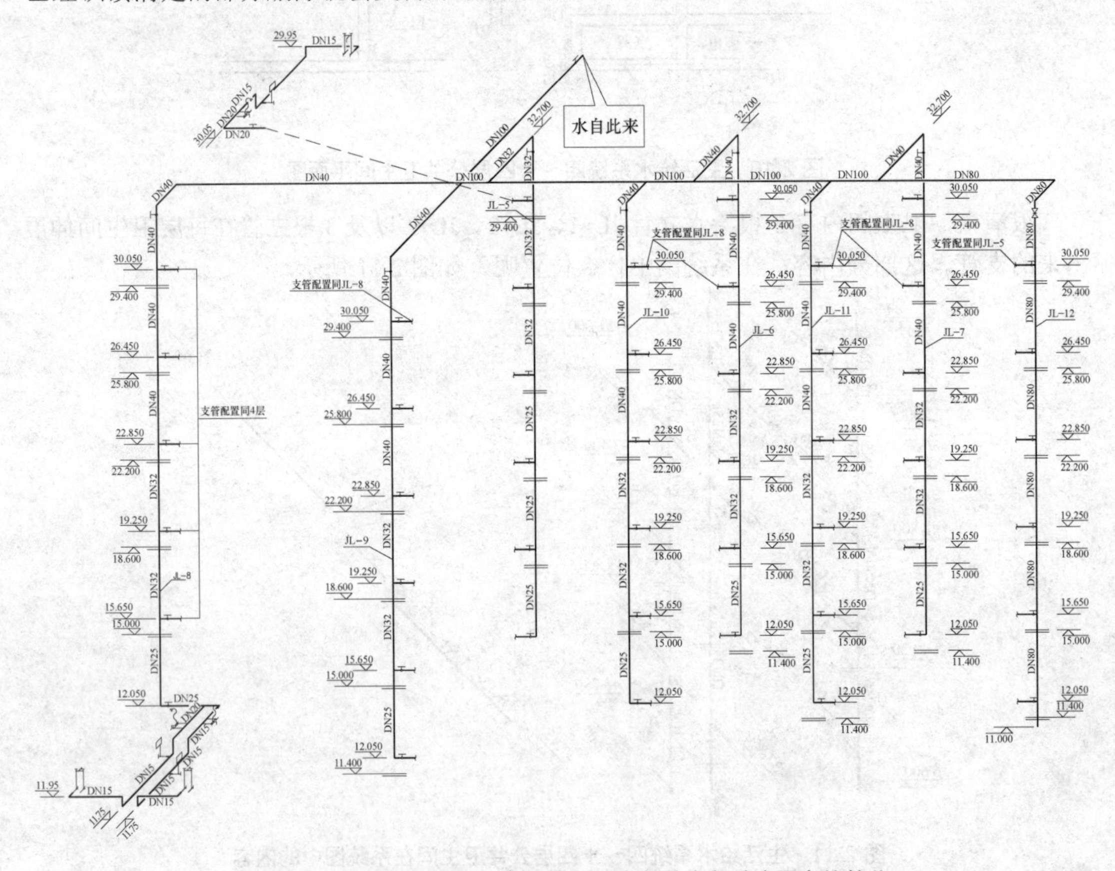


图 2.12 四～九层客房卫生间的生活给水系统在系统图中的简化

可以看出，水是从屋顶生活水箱经由 JL-1 立管在 32.70m 的位置分出一支 DN100 的支管，然后再分支出 8 根立管。

**知识拓展：简化识图法**

在给排水专业系统图中，平行、垂直和 45 度线条繁多，空间关系上前后叠影，但不相连的管道也很多，再加上标高、管径和楼层线等辅助线条林立，很容易出现在系统图识图中找错线条并错管道的问题，所以在系统图识图时可以采用删除或者遮蔽一些管道的做法，使希望看清楚的部分凸显出来，这样会更加有利于我们准确、清晰地识图。

### 2. 系统图中客房卫生间给水支管的识图

在系统图中，大部分的线条是描述楼内的给水支管，如图 2.13 所示。

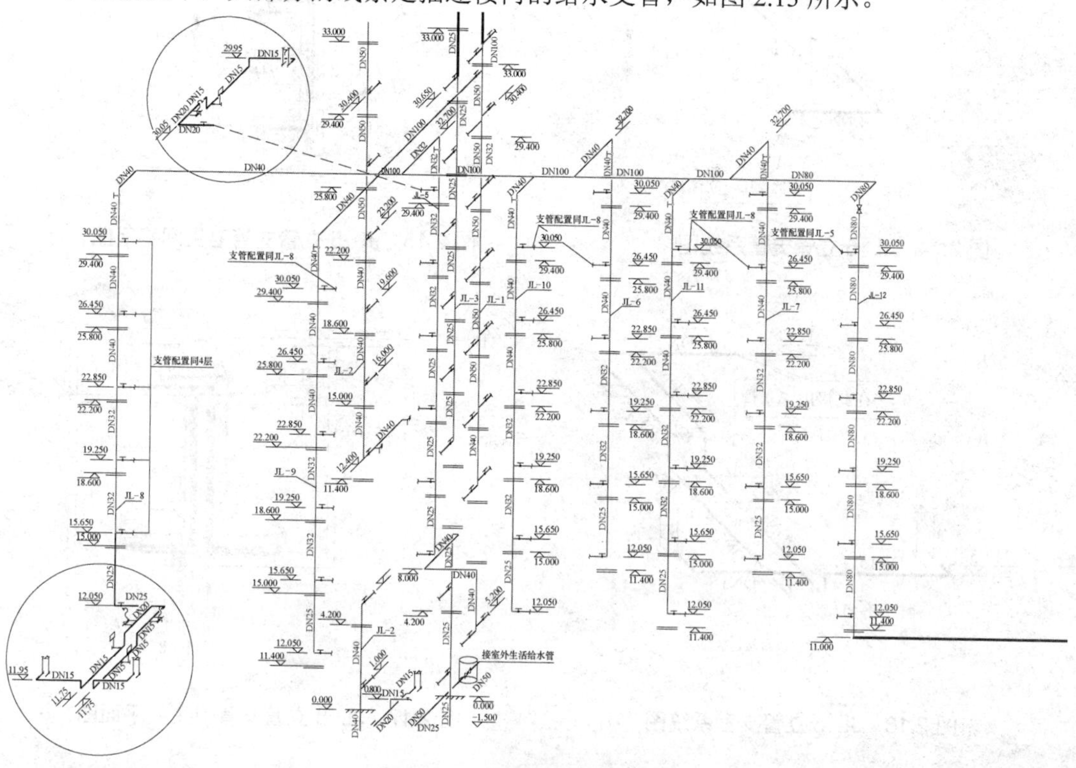


图 2.13　四～九层客房卫生间生活给水支管在系统图中的内容

(1)　可以看到 JL-12 标有“支管配置同 JL-5”，JL-6、JL-7、JL-9、JL-10、JL-11 都标有“支管配置同 JL-8”的字样，意思就是这些立管的支管系统图可以在 JL-5 和 JL-8 上找出。

在 JL-8 立管右边我们看到“支管配置同四层”，意思就是五～九层卫生间的支管系统图都是如同四层一样。其余立管虽然没有这句话，但是也具备同样的情况，绘制一层的支管系统图，即可得其余楼层的支管系统图。

(2)　JL-5 立管的支管配置在图 2.13 中的上部圆圈内。放大后如图 2.15 所示。

结合图 2.14 和图 2.15，我们可以看到自 JL-5 立管接出的 DN20 横管在连接了一套浴盆双联龙头后，管径变为 DN15，并下降 300mm，接入坐便器的水箱；然后前行上升 200mm，连接洗脸盆的双联龙头。

(3)　JL-8 立管的支管配置在图 2.13 中的下部圆圈内，从标高数值看，此处位于本楼第 4 层。放大后如图 2.16 所示。

结合图 2.16 和图 2.17，我们看到自 JL-8 立管接出的 DN25 横管在离开管道井之前，分支为两根 DN20 支管，分别进入两个毗邻的卫生间。在每个卫生间内，先连接了一套浴盆双联龙头，管径变为 DN15，并下降 300mm，接入坐便器的水箱；然后前行上升 200mm，连接洗脸盆的双联龙头。两个卫生间的给水支管基本都呈镜像关系。

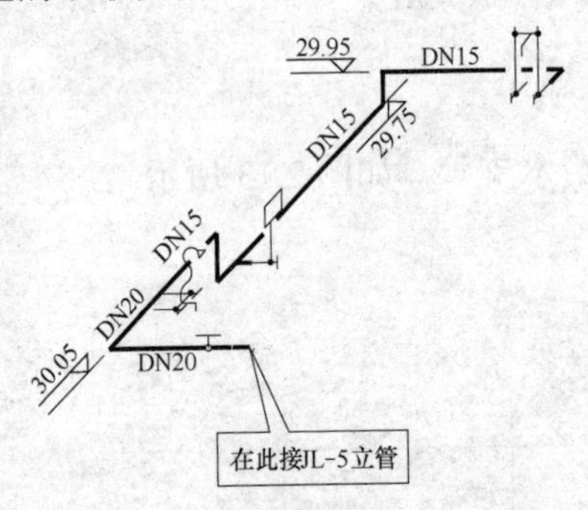


图 2.14　JL-5 立管支管系统图

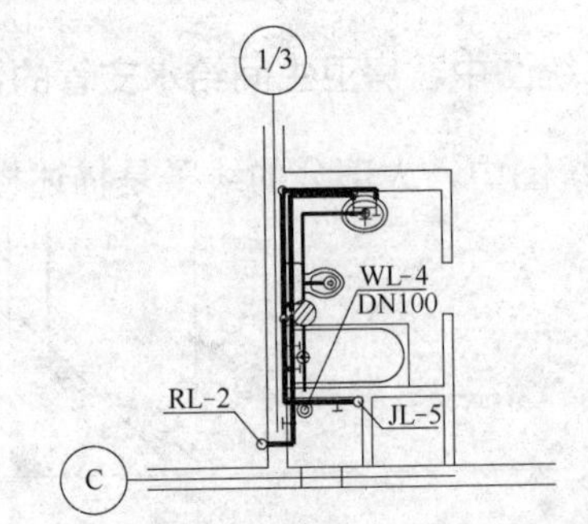


图 2.15　JL-5 立管支管卫生间平面图

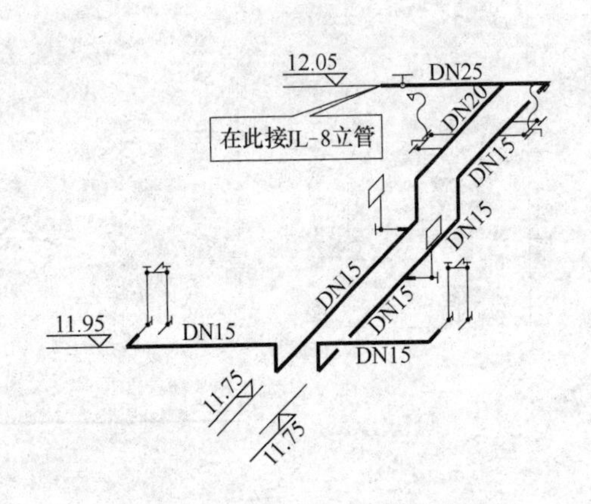


图 2.16　JL-8 立管支管系统图

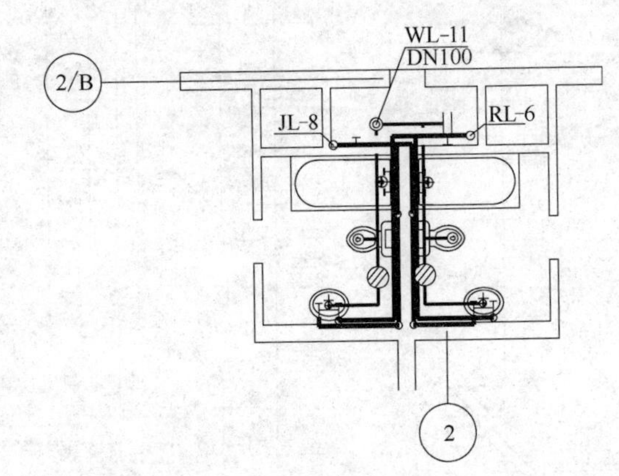


图 2.17　JL-8 立管支管卫生间平面图

## 2.3.6　生活给水系统在屋顶的内容识图

从 2.3.1 节设计说明中的(4)和(5)中，我们了解到本楼屋顶设有生活水箱和消防水箱，除了这两座水箱外，生活给水系统在屋顶还有一系列的管道和管件。下面从生活给水系统图入手，对屋顶的生活给水系统进行识读。

### 1. 生活给水系统图中有关水箱内容的识图

屋顶水箱处于建筑物顶部，具有较高的势能，储蓄一部分水，能在一定的时间内对下部管网形成近似的恒定流，以便于各用水点的使用。

因为生活给水系统的水压、水量的稳定是人们生活的品质之一，所以较多的工程采用了较为简单可靠的屋顶生活水箱(本工程采用屋顶生活水箱的另一个目的是保证热水系统供水压力稳定，避免用户用水时出现忽冷忽热的现象)。

水箱分为很多种类，本书所提供的某综合楼给排水工程施工图中采用的是不锈钢成品水箱(详见水施-02 主要材料表)。各种形式的水箱各有利弊，但都不仅仅是一座孤立的水箱，它还附有许多管道和构件，它的用途、蓄量和使用功能等特性都由这些管道和构件所决定，在生活给水系统图(水施-15)中，图纸的左上角是一座水箱(屋顶水箱必须考虑保温防冻)。

1)　消防水箱的识图

消防水箱是为消防给水系统(消火栓系统和自动喷水系统)提供水量和水压的蓄水装置，其水源来自生活给水系统，这部分内容可以放在生活给水系统里面，也可以放在消防给水系统里面。本书提供的图纸中，消防水箱的详细配管都在给水系统图中表达，所以我们在此处进行识读。系统图中的消防水箱如图 2.18 所示。

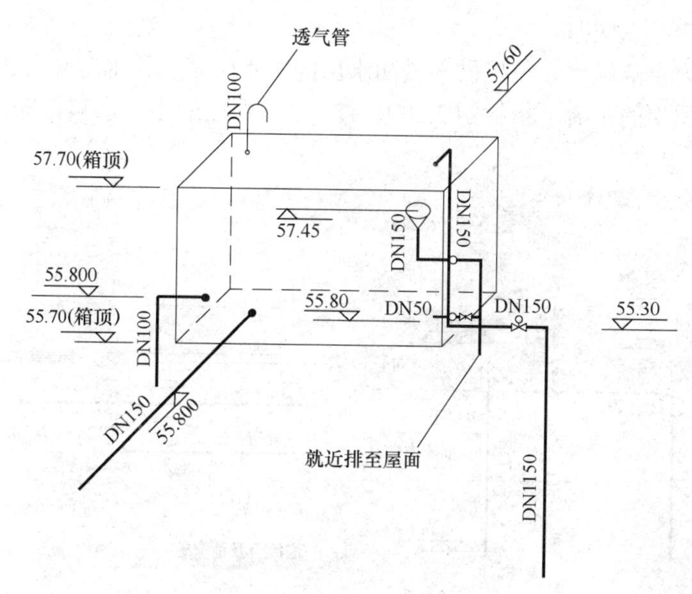


图 2.18　系统图中的消防水箱

我们在屋顶给排水管道平面图(水施-12)中把左边部位剪切出来，得到如图 2.19 所示的示意图。

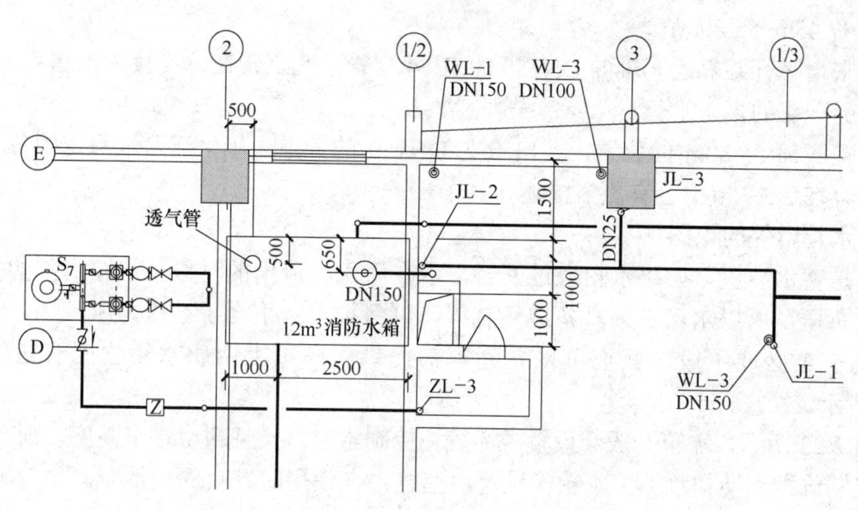


图 2.19　平面图中的消防水箱

结合图 2.18 和图 2.19，我们可以看出：水箱本体长 3.5m(1m+2.5m)，宽 2m(1m+1m)，

高 2m(57.7m−55.7m)；架设在本楼②轴和1/2轴之间的楼梯间顶，底部标高 55.7m，与Ⓔ轴间距 1.5m；蓄水高度 1.65m(57.45m−55.80m)。

水源来自平行并靠近Ⓔ轴的 DN150 横管。此横管在1/2轴墙处转折上行，接入水箱。

在水箱底部 55.80m 的位置接出两支横管，DN150 的管道消火栓系统，DN100 的管道接自动喷水系统的加压设备。这部分内容在本套图纸的生活给水系统图中没有体现，在屋顶平面图中有这部分内容，我们可以翻阅水施-13 和水施-14，查找相关系统图中的这部分内容。

2) 生活水箱的识图

生活水箱是为生活给水系统提供水量和水压的蓄水装置，其水源来自 2.3.1 节中叙述的生活泵站。系统图中的生活水箱如图 2.20 所示。平面图中的生活水箱如图 2.21 所示。

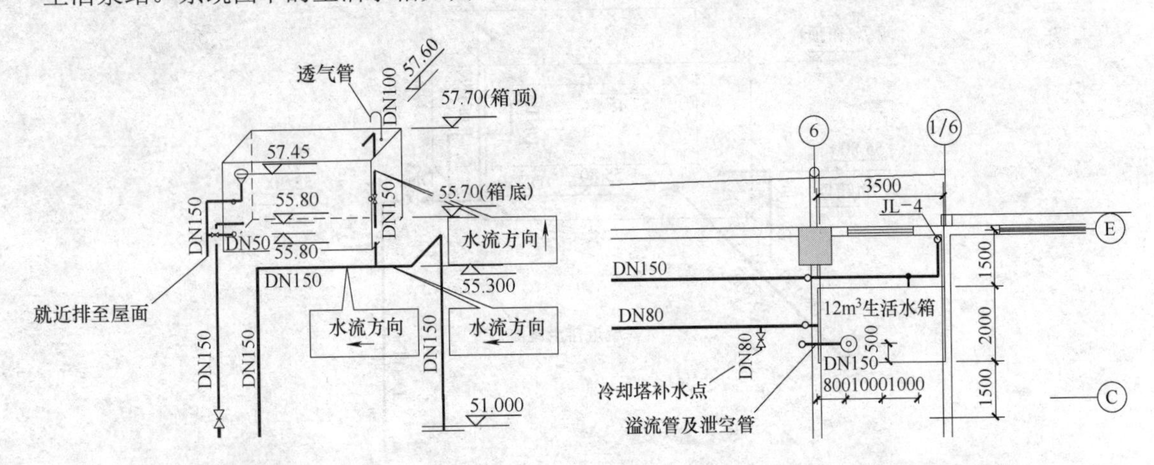


图 2.20 系统图中的生活水箱

图 2.21 平面图中的生活水箱

结合图 2.20 和图 2.21，我们可以看出：水箱本体长 3.5m，宽 2m，高 2m(即 57.7m−55.7m)；架设在本楼⑥轴和1/6轴之间的楼梯间顶，底部标高 55.7m，与Ⓔ轴间距 1.5m；蓄水高度 1.65m(即 57.45m−55.80m)。

水源来自平行并靠近Ⓔ轴的 DN150 的 JL−4 立管。此立管在分支接入水箱后继续左行，通向屋顶另一头的消防水箱。

在水箱底部 55.80m 的位置，接出一支 DN150 的管道去接生活给水系统的各个立管，这部分内容在 2.3.7 节中会有更多描述。

3) 水箱附件的识图

水箱是蓄水装置，如果水箱太过密封，水在流入、流出的时候，水箱内部的空气会产生正压、负压，所以水箱必须具备透气装置，以保护水箱不至于被压力所破坏，这也是保护水质的一项必要手段，我们可以看到本书提供的图纸上两座水箱均配有透气管，如图 2.22 所示。

如图 2.23 所示，水箱一般会设置溢流管，控制水位，一旦超出这个高度，则自然溢出；为方便定期维护和清扫水箱，水箱应设置泄空管，在使用时开启阀门泄空。

图 2.23 中的喇叭口的标高即为水位设定标高。

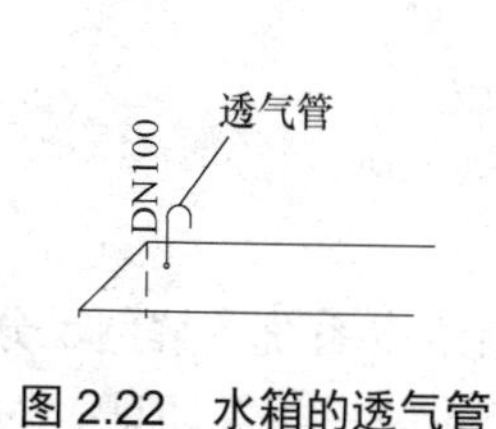


图 2.22　水箱的透气管

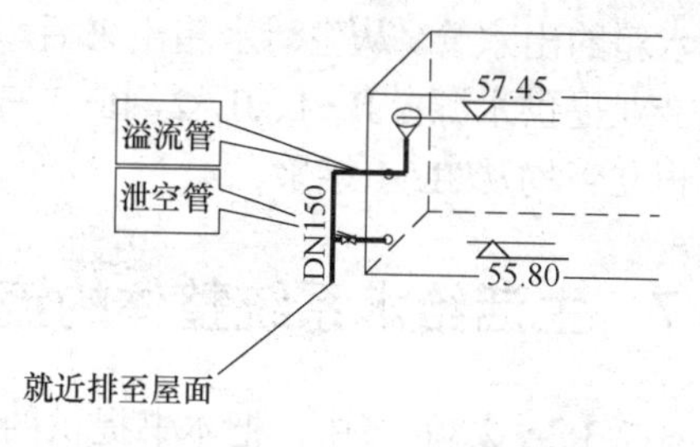


图 2.23　水箱的溢流、泄空系统

**知识拓展：生活水箱与消防水箱识图时的区分**

有的工程中生活水箱和消防水箱的形状、材质、构造、容积相同(本书提供的范例即是如此)，有的工程两水箱距离也很近，很容易混淆不清；有时候设计师未在图上标明水箱的使用功能。所以在识图时应该仔细沿着水箱上所配的管道查找，生活水箱的进出水管都是连接在生活给水系统上的，而消防水箱的进水管连接在生活给水系统上，出水管连接在消防给水系统上。

### 2. 生活给水系统图中屋顶管道内容的识图

在屋顶的生活给水的管道，是整个建筑物的生活给水系统非常重要的一个部分，特别是本书提供的这套图纸中，生活给水系统的高区的所有立管都是在屋顶上分支下去的。

在生活给水系统图的水施-15 中，删除掉标高 51.00m 以下的内容，如图 2.24 所示。

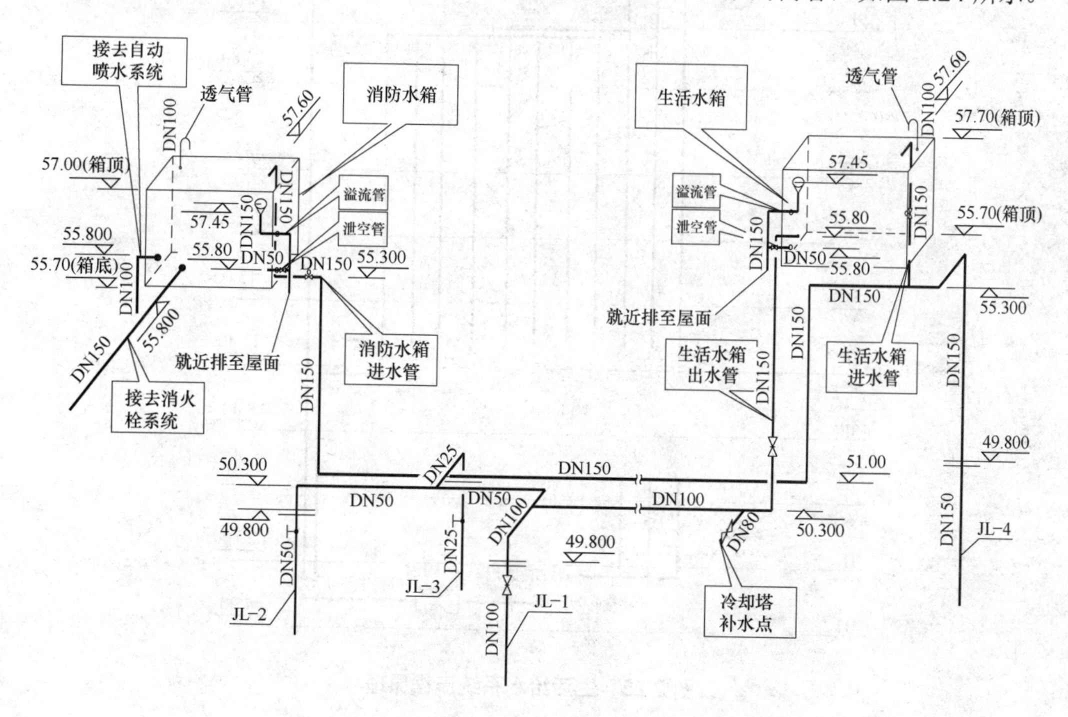


图 2.24　生活给水系统屋顶部分在系统图中的简化

在图 2.24 中，有关水箱以及水箱的进水管部分，前面都已经讲述过，这里我们重点看生活水箱的出水管。从生活水箱出来后，下行至屋面，转折横行，分别连接冷却塔补水点(为暖通专业提供水源)，JL-1、JL-2、JL-3 三根立管。在 2.3.5 节中，我们也描述过 JL-5～JL-12 共 8 根立管均从 JL-1 接来。

## 2.3.7 生活给水系统整体的流程原理

在 2.3.2～2.3.6 节中，把本书提供的这套图纸中的生活给水系统图解剖，分成若干部分进行识读，并在设计施工说明、图例、设备材料表、各平面图中相互印证。对这些部分识读之后，我们对整个生活给水系统有了一个基本的概念。为了验证我们的概念是否准确，并加深对整个生活给水系统设计意图的了解，制作如图 2.25 所示的流程原理图。

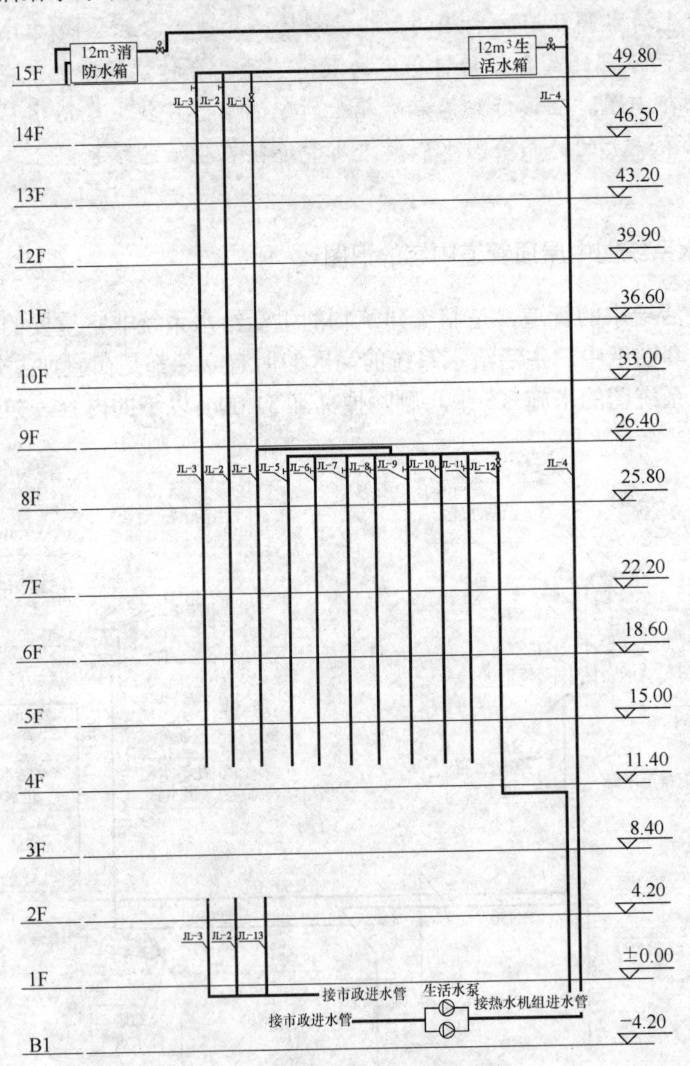


图 2.25 生活给水系统流程原理

从图 2.25 可以看出，整个生活给水系统一目了然了，来自市政自来水管的水没有直接接入三层以上的楼层，而是经过水泵到水箱，再从屋顶分下。

# 2.4　生活污水系统施工图识图

建筑排水系统的任务是将室内的生活污水、工业废水及降落在屋面上的雨、雪水用最经济、合理的管径、走向排到室外排水管道中，从而为人们提供良好的生活、生产与学习环境。

在建筑给排水工程中，生活排水系统也很常见，每幢建筑物内基本都会有生活排水系统。我们通过本节的学习，掌握生活排水系统的识图方法，锻炼识图能力，学习一些生活排水系统的基本知识。

本书所提供的某综合楼范例的排水系统没有包括雨水系统，仅有生活污水系统。

## 2.4.1　生活污水系统施工图识图准备

我们从本书所提供的某综合楼的范例整体情况开始分析，掌握整个建筑的特点，然后熟读设计说明中的相关叙述，做好生活污水系统的识图准备。

### 1. 建筑整体情况分析

(1)　本楼位于某城市，楼高 49.80m，共 14 层。

本楼处于城市，生活污水最后的去处就是市政污水管网。每层都要安装排水洁具，且都配有排水点。

(2)　本楼属于综合楼性质，内部包含公共大厅、办公室和客房等使用功能。

四～九层有客房卫生间，要求生活污水系统必须把污水从每间卫生间排至管道井内的管道中；二～十四层有布局完全相同的公共卫生间，要求生活污水系统必须把污水从每个卫生间的洁具和排水点排至管道中。

### 2. 生活污水系统设计说明回顾

翻阅水施-01 的第一张图，查找到第四条管道系统中的第 3 点生活污水系统，仔细阅读后，工程人员就能大致理解本楼生活污水系统的概况。

### 3. 生活污水系统

本工程排水系统为雨、污分流制。污废水全部为生活污水。粪便污水经化粪池处理与其他废水一起经室外污水管排至市政污水管网；雨水经收集后排至市政雨水管网。

(1)　本楼楼内的生活污水系统并不复杂，都是按照设计规范所做。具有基本识图能力的人就能识读本图的生活污水系统。

(2)　回顾设计说明中的设计范围：“2. 水表井与城市给水管的连接管段、办公楼室外最末一座雨水检查井与城市雨水管的连接管不属本院设计范围。”我们在后续的识图过程中，能看到这个范围的约束。

## 2.4.2　污水系统的分区识图

做好上述识图准备之后，工程人员开始从本书所提供的某综合楼给排水工程施工图的生活污水系统图开始阅读。

最初浏览本书所提供的某综合楼给排水工程施工图的生活污水系统图时，会发现这张图是一张系统原理图，类似 2.3 节最后我们转化的那张给水系统原理图。

仔细阅读生活污水系统原理图——水施-17 后，发现本楼总共 17 根生活污水立管，有些立管完全独立，有些立管互相连接，其中：

(1) 完全独立的立管是：W-1、W-16、W-17 三个系统，如图 2.26 中 A 框和 C 框区域所示。

(2) W-6、W-7、W-8、W-13、W-15 五个系统组合在一起，形成一个独立系统，如图 2.26 中 D 框区域所示。

(3) 其余立管组合成一个大系统，如图 2.26 中 B 框区域所示。

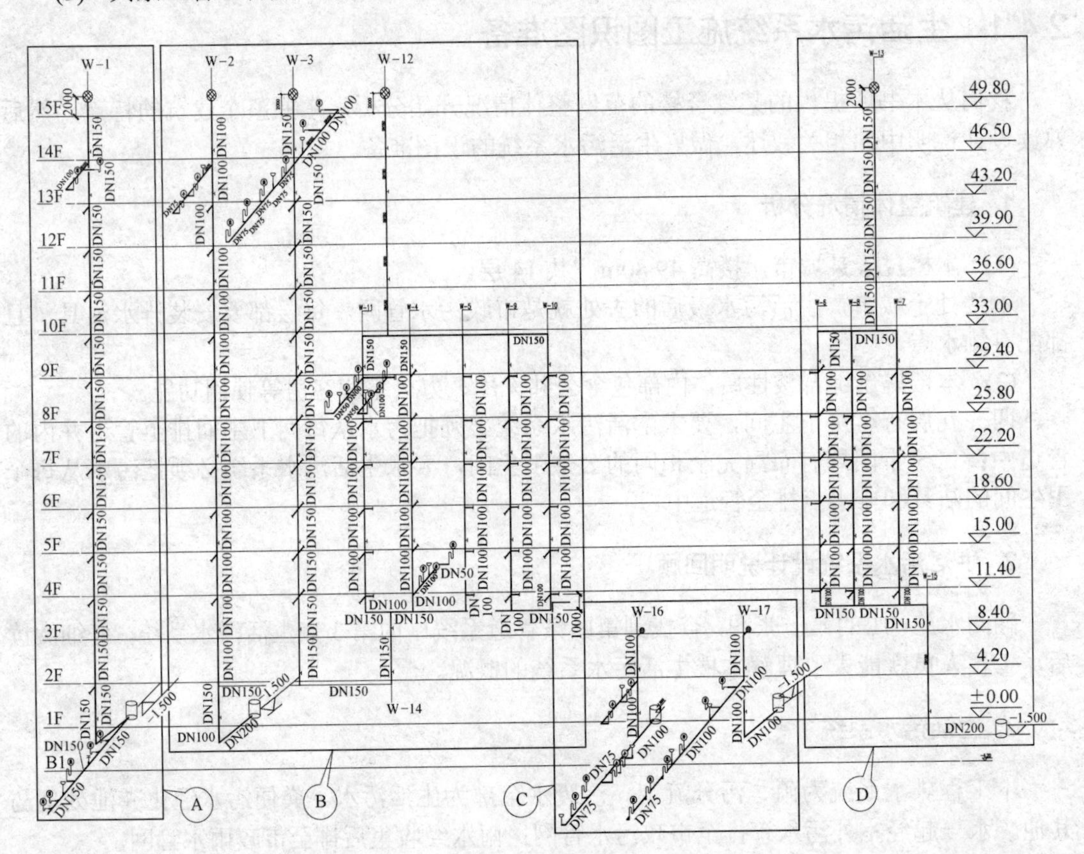


图 2.26 生活污水系统原理图分区识图

我们按照先简后繁的顺序对生活污水系统进行识读。先对 A 区进行识读，然后是 C 区、D 区和 B 区。

**知识拓展：系统图与原理图的区别**

系统图：较为严格地按照轴测图的绘图原理绘制，主要突出空间内各个方向线条的相互关系，立体感较强。

原理图：以突出系统原理和构成为原则，各线条的空间还原性较差，不利于构建整体的立体感，但是清晰易懂。

## 2.4.3　生活污水系统的 A 区识图

### 1. A 区系统简化

在通读 A 区系统(W-1 系统)之后，发现从二层开始一直到十四层，图纸上表达出了一个意思：WL-1 立管从上至下，楼层的排水横管构造都一样，图纸上仅表达了第十四层的排水横管。

WL-1 立管从上至下，加上一层设置的一根横管，形成了整个 W-1 系统。

我们对 A 区系统进行简化后得到图 2.27 所示的简化图。

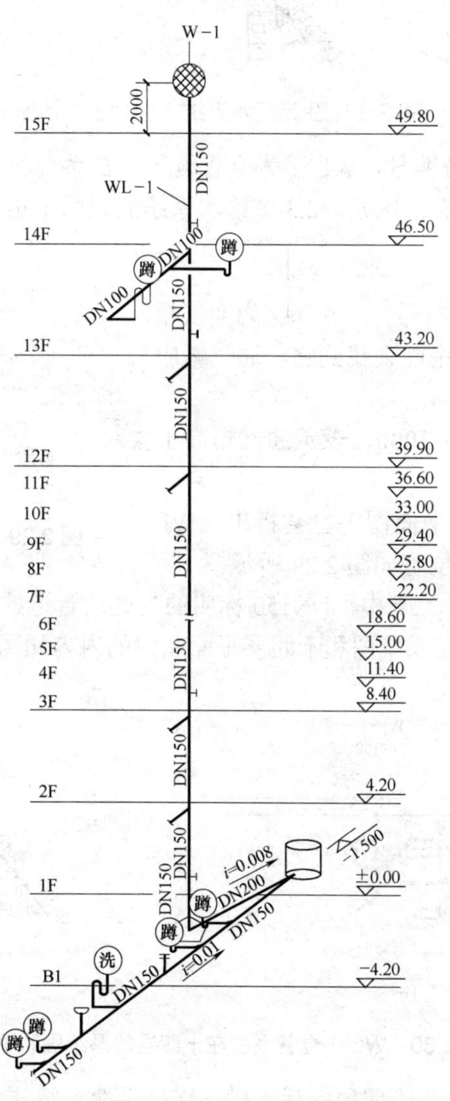


图 2.27　生活污水系统原理图 A 区系统简化

### 2. A 区系统十四、十五层识图

我们对 A 区系统按照从上到下的顺序进行识读。

A 区十四、十五层原理图中的内容如图 2.28 所示。

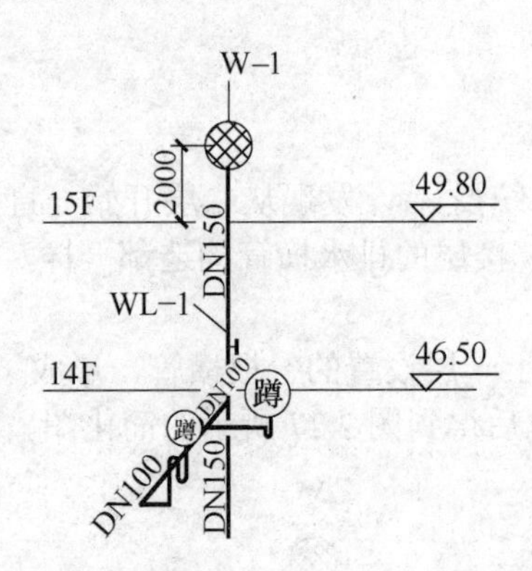


图 2.28　生活污水系统 A 区顶部构造图

(1) 其中 W-1 为系统编号，WL-1 为立管编号，在系统和原理图中，对每根立管都进行了编号，以示与其他立管的区别。2.3 节给水系统的识图中也涉及过这一点。

(2) 图 2.28 中的圆形符号 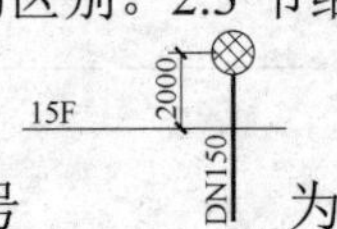

为通气帽，在主要材料表的水施-02 中能查找到它。通气帽应与采用的排水管道管材配套。

(3) 图 2.28 中的数值 2000，表示通气帽高于楼面 2m。

(4) 通气帽和立管在平面图上也会标出，WL-1 立管和通气帽在平面上的位置如图 2.29 所示。

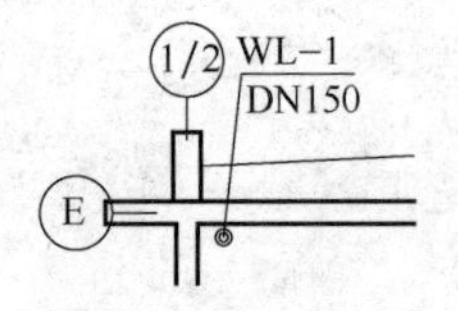


图 2.29　生活污水立管和通气帽平面图

注意：在图 2.28 和图 2.29 中，DN150 标明的是此段管道的管径。

(5) WL-1 立管系统在系统图和十四层平面图中的内容如图 2.30 所示。

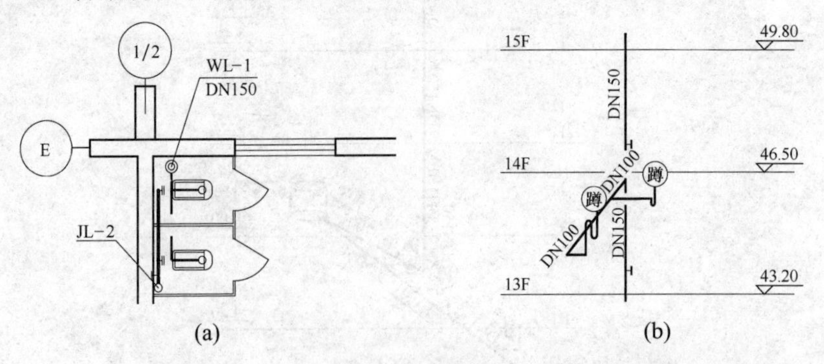


图 2.30　WL-1 立管系统在十四层的系统图和平面图

从图 2.30 中，可以看到十四层的污水横管连接了两个蹲式大便器的排水孔，采用了一个 P 型存水弯和一个 S 型存水弯，横管管径为 DN100。

(6) 横置的“T”符号是排水立管的检查口。基本按照每两层一个设置，这些内容在平面图中无法绘出，所以要仔细看系统图或者原理图。

**知识拓展：给水系统与排水系统管道高度的区别**

排水系统的横管位于本层楼层之下，从图面上看，横管属于十三层的范畴，但是在系统中这部分横管归属十四层卫生间的排水。

### 3. A 区系统一、二层识图

A 区系统在一、二层中的内容如图 2.31 所示。

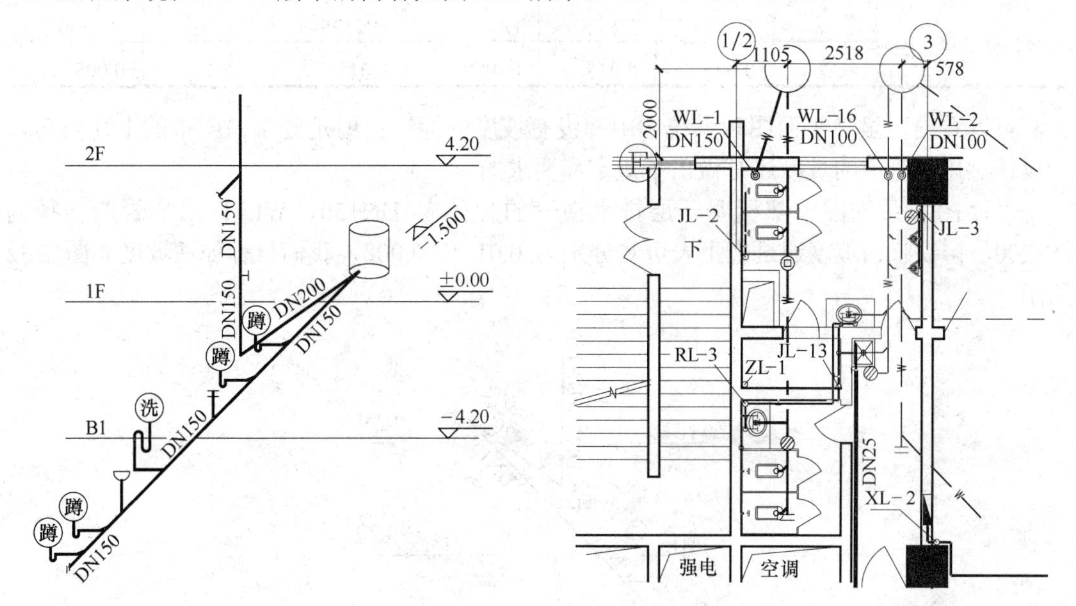


图 2.31　生活污水系统 A 区底部系统图和平面图

(1) WL-1 立管延伸下来后，在二层楼板下接了一根横管，横管上的构件和 14 层一模一样，所以仅用符号 表示，这表示横管在此处接出，但是不会继续绘制完全，其余部分省略，省略的那一部分会在本图内别的地方找到。例如在 W-1 中，省略的那一部分横管内容，就可以在 WL-1 立管中的十四层横管上找到。

(2) WL-1 立管下行到一层，安装了一个检查口以后，继续下行穿越一层楼板(±0.00)下到-1.500m 处转折出户接入检查井 内。

(3) 与 W-1 立管相关却没连接的那一根横管是一层卫生间的独立管道，它的设置是根据规范中的要求“楼层和底层卫生间排水管道必须分开设置”来进行设置的，在标高-1.500m 处直接接入检查井内。

(4) 在平面图中，可以清晰地看见 WL-1 立管和一层的横管是没有连接的，分别进入室外的检查井。

(5) 在平面图中，检查井线中心距离Ⓔ轴墙 2m，距离⑴⁄₂轴 1105mm。同时也暗示着一层排水横管的管中心距离⑴⁄₂轴 1105mm。

(6) 平面图中的 和系统原理图中的 都表示一个管件，这是横管清扫口，在管道堵塞的时候开启清扫。

(7) 回顾水施-02 主要材料表，查得 DN150 的排水管采用柔性接口机制排水铸铁管。

回顾水施-01 施工说明第二页中的以下内容。

7. 设计图中排水管道未注明坡度的，均采用标准坡度。即：

| | | | | | | | |
|---|---|---|---|---|---|---|---|
| 铸铁管 | 管径 | DN50 | DN75 | DN100 | DN125 | DN150 | DN200 |
| | 坡度 | 0.035 | 0.025 | 0.02 | 0.015 | 0.01 | 0.008 |
| 塑料横支管 | 坡度 | 0.026 | | | | | |
| 塑料横干管 | 管径 | DN50 | DN75 | DN100 | DN125 | DN150 | DN200 |
| | 坡度 | 0.025 | 0.015 | 0.012 | 0.01 | 0.007 | 0.005 |

可以看出，虽然平面图和系统图中都没有坡度的标注，但是施工说明中的上述内容表示设计对排水管道的坡度还是做出了规定和要求的。

平面图和系统图中都标明一层排水横管的管径为 DN150，WL-1 出户管的管径为 DN200，铸铁管的坡度通过查上表可知分别为 0.01 和 0.008，我们自行加注坡度如图 2.32 所示。

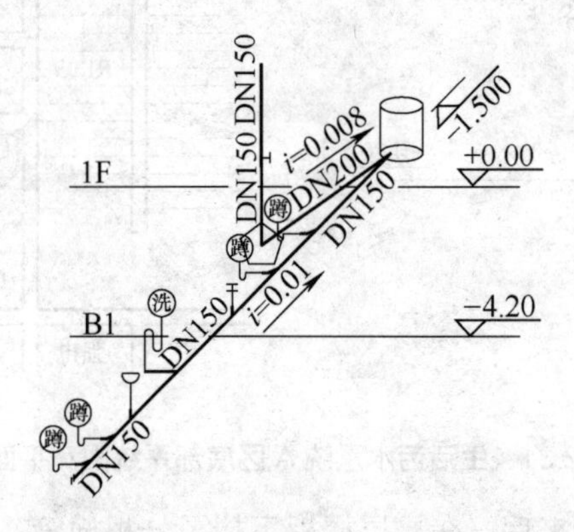


图 2.32　加注了坡度的 A 区系统底部示意图

坡向室外检查井。

(8) 回顾水施-01 施工说明第三页中的以下内容。

30. 排水管的安装

……

(1) 排水立管与下部水平管或出户管连接，一般应采用两个 45° 弯头或弯曲半径≮4 倍管径的 90° 弯头。

可见，五边形位置在图 2.32 中虽然表示为一个 90° 弯头，实际应该为两个 45° 弯头或弯曲半径≮4 倍管径的 90° 弯头连接而成。

## 4. A 区系统识图小结

(1) A 区实际上就是 W-1 排水立管的系统原理图，由于 WL-1 立管从上至下为一根直线，经过中间楼层时，没有转折，这幅图很完整、清晰地反映了空间内各个方向的线条的相互关系，立体感较强，所以 WL-1 立管的系统原理图可以等同于 WL-1 系统图。

(2) 我们回顾设计说明关于设计范围的内容，印证平面、系统图上的内容，看出排水管道出墙后接入检查井即结束。实际排水管道还会继续从检查井流向化粪池，最后排入城市污水管网中。该部分内容一般在“室外给排水管道平面图”中表示。

**知识拓展：化粪池**

化粪池是一种小型污水处理构筑物，是具有生活功能的建筑物不可或缺的附属构筑物，其主要功能是将粪便等污物进行沉淀、降解后，将位于残渣上层的上清液排入市政污水管网，以免污染整个城市的污水排放池；同时化粪池还配有活动井盖，便于对池内残渣进行定期清掏。

## 2.4.4 生活污水系统的 C 区识图

### 1. C 区分解

在通读 C 区系统后，发现 C 区实际上是由 W-16 和 W-17 两个互不连接的立管系统组成的，它们的范围均未超过三层。我们对 C 区系统进行分解后分别进行识图。W-16 的系统原理图如图 2.33 所示。

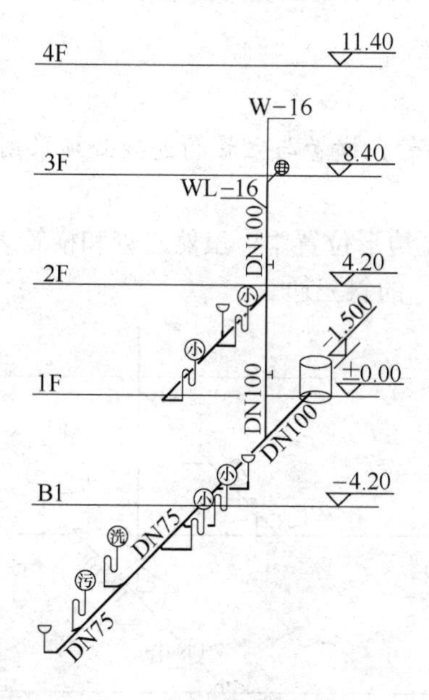


图 2.33　生活污水系统 W-16 系统原理图

### 2. W-16 系统识图

在通读 W-16 系统之后，发现 WL-16 立管从三层楼板下一直到一层下，加上一层下设置的一根横管，形成了整个 W-16 系统。

(1) 图 2.33 中很多内容在 2.4.3 节中都已接触过，如系统编号 W-16、立管编号 WL-16、通气帽、检查井、检查口、标高和坡度等。

(2) 在 W-16 的顶部，它的通气帽与 W-1 不同，如图 2.34 所示，它不是直立朝上，更没有尺寸标注，这表示 WL-16 的顶端管道弯曲穿出墙外，通气帽横向连接在管道上，如果再绘制一幅剖面图，则如图 2.35 所示。再结合系统原理图中的 8.4m 标高线，则知横向的管道和通气帽应在三层楼板下。

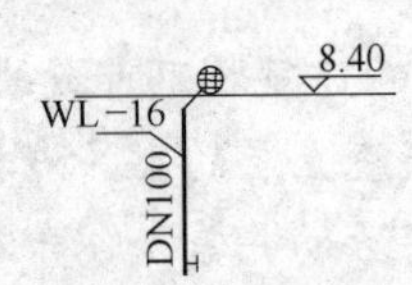


图 2.34 生活污水系统 W-16 顶部系统图

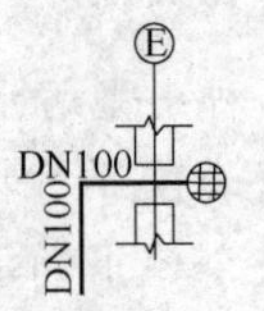


图 2.35 生活污水系统 W-16 顶部剖面图

**知识拓展：通气管、通气帽**

排水管内部经常处于全空、半满的状态，水流的经过也是间歇性的，水流量的大小也是无规律瞬间变化的，排水管内的流动呈现出非常复杂的气、水混合流，如果没有充足的空气补充，这种流动将对沿途的排水支管造成负压，以至于破坏支管上由存水弯形成的水封。所以排水系统在顶端设置有通气管和通气帽，以利于排水的顺畅和安全。

(3) 我们回顾水施-01 施工说明第三页中的以下内容。

30. 排水管的安装:

……

(5) 排水管道的横管与横管、横管与立管的连接必须采用 45° 三通、45° 四通或 90° 斜三通、90° 斜四通。

可见，在图 2.36 所示的五边形位置中，虽然立管和横管表示为一个 90° 的连接，但是实际上应为 45° 的三通或 90° 的斜三通。

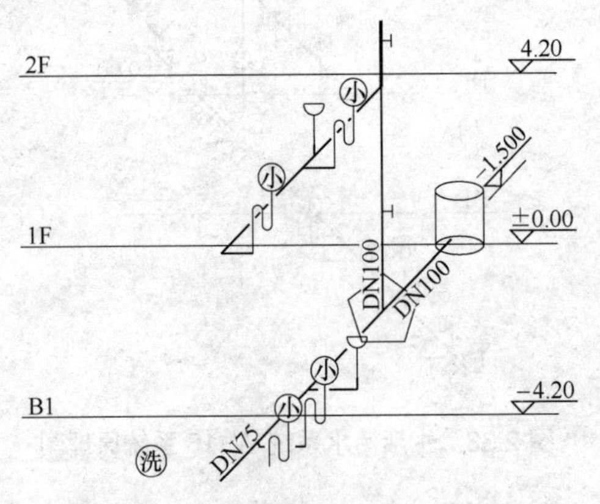


图 2.36 排水横管与立管连接示意图

(4) 在图 2.37 中，我们可以清晰地看到 45° 的三通：⅃ 。

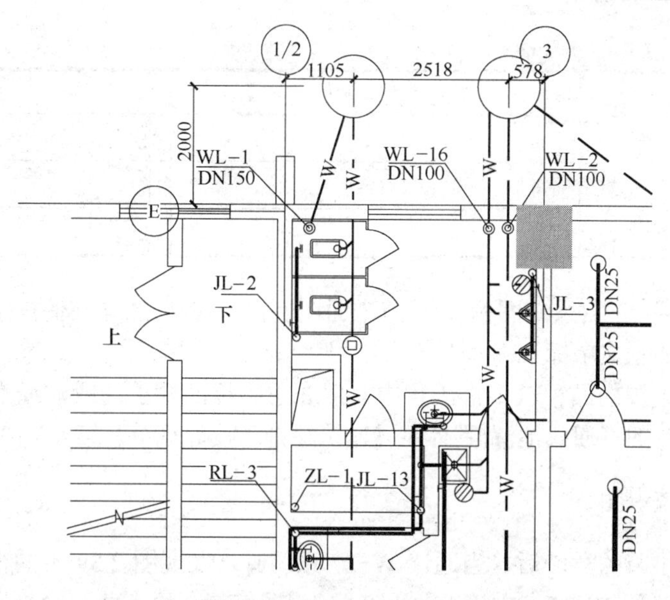


图 2.37　生活污水系统 W-16 系统一层平面图

(5)　结合平面图和系统原理图，我们可以看出一层卫生间 W-16 系统的横管连接了地漏、污水池、洗脸盆、两个小便器和地漏等洁具的排水孔，最终汇合 WL-16 立管一起排入检查井中。

(6)　结合图 2.38 可看出二层卫生间 W-16 系统的横管连接了两个小便器和地漏等洁具的排水孔，最终汇合接入 WL-16 立管。

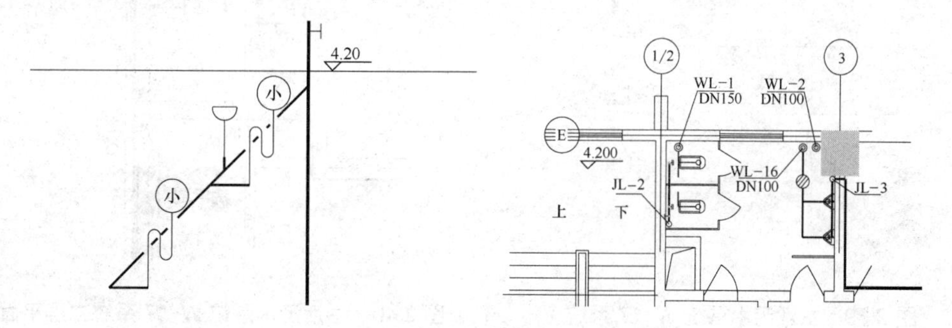


图 2.38　生活污水系统 W-16 系统二层系统图和平面图

(7)　通过对生活污水系统 A 区 W-1 和 C 区 W-16 系统的识读，可以经常看见存水弯(S 型)或(P 型)上标有蹲或洗的标记，这表示被标记的存水弯上面接的是什么样的洁具。存水弯上所接的洁具名称及其标记和图例如表 2.1 所示。

表 2.1　存水弯上所接的洁具名称及其标记和图例

| 名　称 | 系统图标记 | 平面图例 |
|---|---|---|
| 蹲便器 | 蹲 | |
| 小便器 | 小 | |
| 洗脸盆 | 洗 | |

续表

| 名　称 | 系统图标记 | 平面图例 |
|---|---|---|
| 污水池 | 污 | |
| 浴缸 | 浴 | |
| 坐便器 | 坐 | |

(8) 因为地漏 (系统图例)、 (平面图例)的图例已经与其他排水点区分开了，所以不需要再另行加上文字标记。

目前市场上地漏的品种较多，工程中一般在卫生标准要求高或非经常使用地漏排水的场所采用带存水弯的直通式地漏(具体见《建筑给排水设计规范》第4.5.10条和条文解释。)

### 3. W-17 系统识图

通过上述几小节的学习后，当通读 W-17 系统时，发现图 2.39 中的很多内容都已能读懂，例如：系统编号 W-17、立管编号 WL-17、通气帽、检查井、检查口、标高、坡度、存水弯及标记、两个 90° 弯头、45° 三通或 90° 斜三通等。再加上 W-17 系统二层平面图(见图 2.40)的印证，我们就能很快对整个系统的设计意图理解透彻。

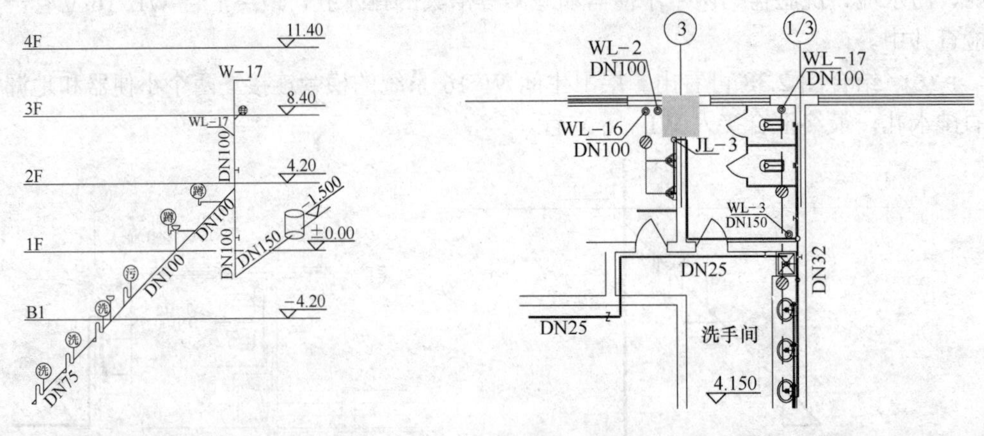


图 2.39　生活污水系统 W-17 系统

图 2.40　生活污水系统 W-17 系统二层平面图

(1) W-17 系统与 W-16 系统相同，在三层楼板下侧面穿墙安装通气帽。

(2) 采用 DN100 的排水硬聚氯乙烯管作为 WL-17 立管。

(3) 立管在一层和二层部分各设置一个检查口。

(4) W-17 系统仅在二层卫生间设置排水横管，负责各排水点的污水收集排放。

(5) 横管连接二层卫生间的三个洗脸盆、地漏、污水池、蹲便器。

(6) 立管在-1.50m 处通过两个 90° 弯头转折水平方向出室外排入检查井。

**知识拓展：检查井**

检查井和化粪池一样是一种小型污水构筑物。它是具有生活功能的建筑物不可或缺的附属构筑物，其主要功能是将过长的室外排水管道断开，可以检查和清理排水管道，并为室外排水管道的转折提供技术手段。

# 2.5　室内消火栓系统施工图识图

消防给水设备是建筑物最经济有效的消防设施；室内消火栓系统是建筑物内部最常见的消防给水设施，它的任务是将室内消火栓管网内具备一定压力的水在火灾发生时，通过消火栓、水带和水枪喷射火场，使一般的燃烧物质降温灭火。

消火栓系统在平时是一个封闭的、静止的系统，管网内部维持着一定的压力。一旦火警发生，其水流方向将是由室外给水管网、消防水泵、水泵接合器、高位水箱等处流向消火栓的终端——水枪。

我们通过本节的学习，可以掌握室内消火栓系统的识图方法，锻炼识图能力，学习一些室内消火栓系统的基本知识。

## 2.5.1　室内消火栓系统施工图识图准备

室内消火栓系统施工图识图准备

我们从本书所提供的某综合楼范例的整体情况开始分析，掌握整个建筑的特点，然后熟读设计说明中的相关内容，做好室内消火栓系统的识图准备。

### 1. 建筑整体情况分析

(1)　本楼位于某城市，楼高 49.80m，共 14 层。

回顾 2.2.2.2 工程概况中的内容，我们得知本楼属于二类高层建筑，并有相应的消防规范可以依循。

(2)　本楼属于综合楼性质，内部包含公共大厅、办公室和客房等使用功能。

由于室内空间的使用功能繁杂，造成室内空间被隔断得相对零乱，所以布置各个室内消火栓箱的位置会有相应的变化。

### 2. 室内消火栓系统设计说明回顾

翻阅水施-01 第一张图中“(四)管道系统”下的“4.消火栓给水系统”，其部分内容如下。

4. 消火栓给水系统

(1)　大楼属二类高层公共建筑，室内消火栓用水量为 20L/s，室外消防水量为 20L/s；室内外消防火灾延续时间为 2h。

(2)　负一层设有专用消防水池及消防水泵房。消防水池有效容积为 245m$^3$，其中消火栓用水 144m$^3$，喷淋用水 100.8 m$^3$。

……(另有(3)～(7)几点内容参见第 1 章水施-01 的第一张图)

对这几条内容说明如下。

(1)　“二类高层建筑”“室内外消火栓用水量”的数据和“火灾延续时间”等都是从《建筑设计防火规范》(以下简称《防火规范》)中查询出来的内容，是设计的重要依据。

(2)　消防水池有效容积中消火栓用水 144m$^3$，这是依据规范数据计算出来的。

(3) 室内消防管网不分区，这与生活给水系统是不同的。消防管网布置成环状，也是规范所要求的。环状管网内的水流可以朝两个方向流动，保证每个点都能够从两个方向获得水源。

(4) 其中(4)、(5)两点是室内消火栓的设备配置，是规范所要求的配置。

(5) 其中(6)、(7)这两点是关于消防水泵的技术措施，其中关于一用一备的原则，已在 2.2.1 中叙述。

**知识拓展：消防水池中水量的计算**

查《防火规范》可得：室内消火栓用水量为 20L/s，室内消防火灾延续时间为 2h。按下式进行计算：

$$20\text{L/s} \times 3600\text{s} \times 2 \div 1000\text{L/m}^3 = 144\text{m}^3$$

## 2.5.2 室内消火栓系统的负一层内容识图

生活给水系统和消防给水系统有别于 2.4.1 节学习过的生活污水系统，但它们都属于给水系统的范畴，所以我们援引生活给水系统的识图方法和顺序来对室内消火栓系统进行识读。

室内消火栓系统的负一层识图

首先从本书所提供的某综合楼给排水工程施工图的消火栓给水管道系统图(水施-13)开始阅读。在阅读此系统图时，我们采用先简后繁的顺序来逐步阅读，并随时在相关的平面图上加以印证。

通读水施-13 后，发现图 2.41 的右边偏上的地方，有两台水泵及一套管道、管件。如图 2.41 中的小方框中所示。

水施-13 下方为由一系列管道组成的一个封闭式管网，如图 2.41 中的大方框中所示。

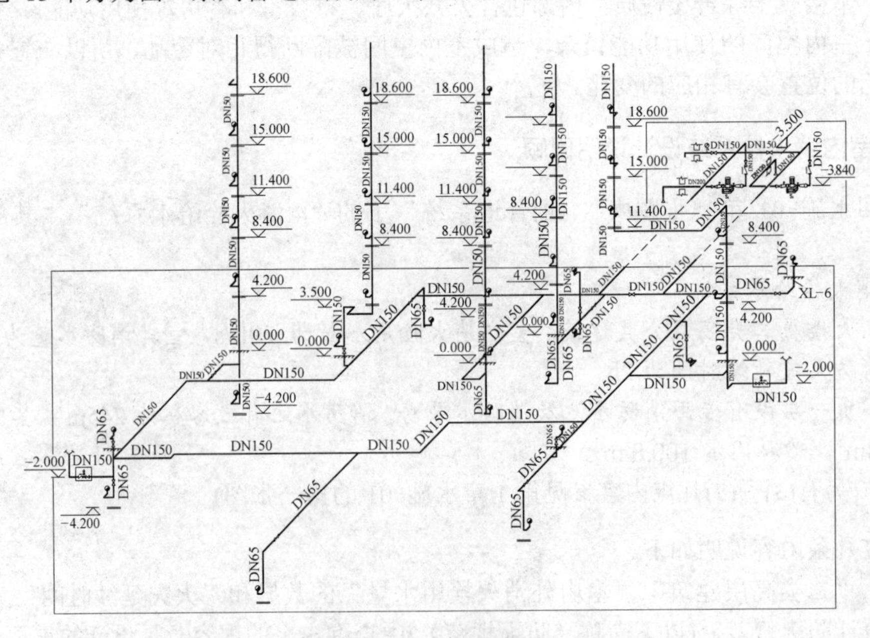


图 2.41 消火栓给水管道系统图在负一层中的内容

### 1. 系统图中小方框内容的识图

系统图中小方框的内容就是消火栓泵及其配套的管道、管件的系统图，如图 2.42 所示。

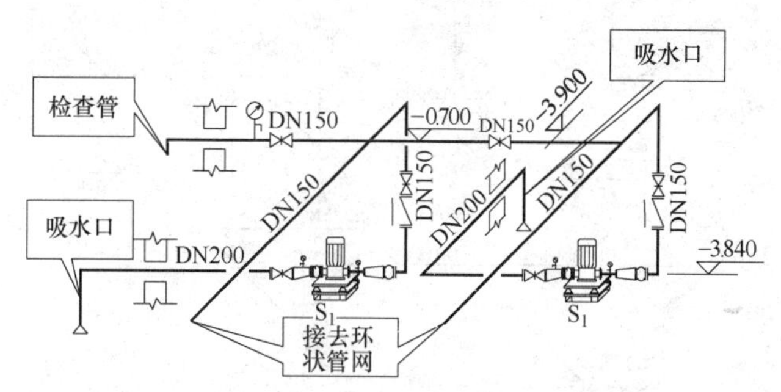


图 2.42　消火栓给水泵及管道系统图

我们在 2.3.2 节中学习过生活给水泵的识图，图 2.31 和图 2.32 中关于管道穿墙、水泵、标高和阀门等内容我们都能识读清楚，但消火栓给水泵及管道与生活给水泵有以下四点不同。

(1) 图 2.42 和图 2.43 中两台水泵的吸水口不在同一个地方。《防火规范》要求，每台消火栓水泵必须都有独立的吸入口，从消防水池中取水。

(2) 消火栓系统的水泵按照《防火规范》要求必须有两路管道接入环状管网中，并且在两路管道之间必须设置检修阀门。

(3) 按照《防火规范》，消火栓水泵必须设置检查管，定期开启水泵运行，水流从水池抽出并回放到水池中。系统图中检查管穿越的墙就是⑥轴水池壁。

(4) 接入环状管网的管道标高为-0.700m，水泵吸入口管道标高为-3.900m，压出口标高为-3.840m。水泵吸入口在穿越水池壁时，预埋柔性防水套管。

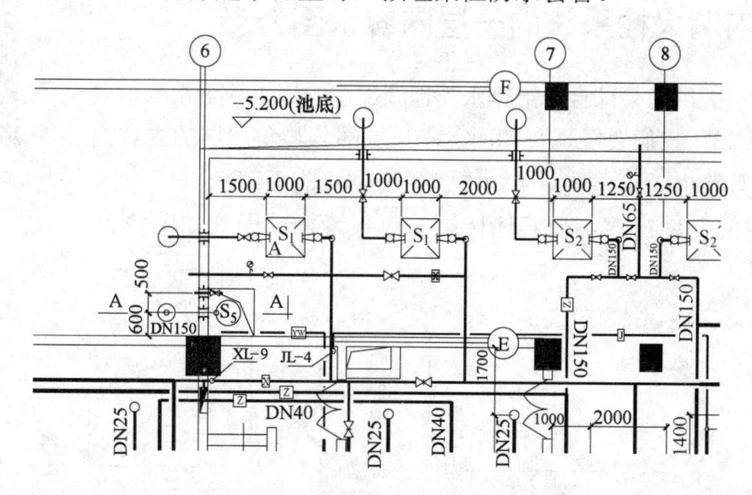


图 2.43　消火栓给水泵及管道平面图

### 2. 系统图中大方框内容的识图

系统图中大方框的内容是室内消火栓给水系统在地下室的环状管网部分。我们保留环状管网、所连接的消火栓立管、立管号、管径、标高，把其余部分淡化，得到如图 2.44 所示的系统图。

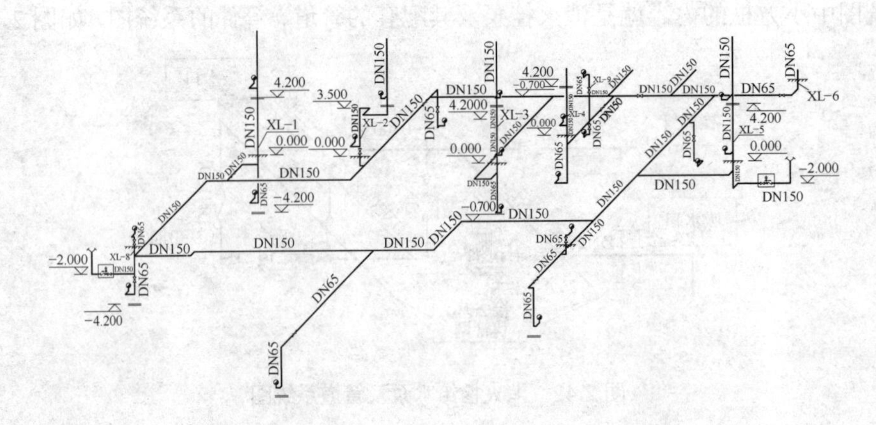


图 2.44　室内消火栓给水系统环状管网系统图

从图 2.44 中可以清晰地看出：

(1) 消防水泵接入的两个接口。

(2) 环状管网上连接的各个消火栓立管。

(3) 环状管网的标高为-0.700m，与消防水泵的接入管同标高。

(4) 图 2.44 中淡化掉的一些接有消火栓的横管、竖管，是属于负一层中直接从环状管网引出的消火栓箱连接管道。这部分消火栓及其管道没有编排系统和立管号，因为它们仅仅属于负一层的局部设施。

这些内容都可以在水施-03，地下层给排水管道平面图中一一得到印证。

## 2.5.3　室内消火栓系统的一层内容识图

室内消火栓系统的一层内容识图

通观本书所提供的某综合楼给排水工程施工图的消火栓给水管道系统图——水施-13，我们会发现在图面上，一层部分与负一层的内容混杂在一起，而且管道的走向较复杂。依据图纸中的地面图标 0.000 ，保留系统图中的一层内容，把其他楼层的内容淡化，得到如图 2.45 所示的系统图。

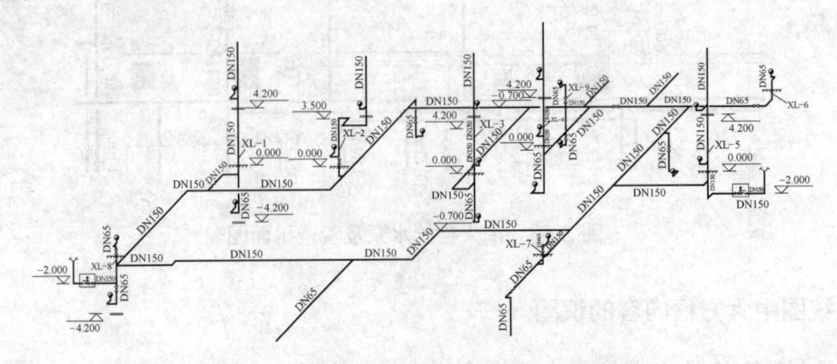


图 2.45　室内消火栓给水系统一层系统图

从图 2.45 中可以清晰地看出：

(1) 一层具有 XL-1～XL-9 共九根消火栓立管，除了 XL-1 立管外，其余 8 根立管在一层(标高范围为 0.000～4.200m)均各自带有一个消火栓。

(2) XL-2 立管在二层的楼板下 3.500m 的高度进行了转折，再继续上行。

(3) XL-6、XL-7、XL-8、XL-9 立管仅在一层连接消火栓后就不继续向上延伸，其余立管继续上行。

(4) 图 2.45 中位于两侧的水泵接合器，虽然接管位置在-2.000m 处，但是其接驳头是与一层室外地面相通的，所以这两个水泵接合器也属于一层消火栓系统的范畴。

这些内容都可以在水施-04，即一层给排水管道平面图中一一得到印证。

**知识拓展：水泵接合器**

水泵接合器，是在火灾发生时，由消防车或者别的装置移动加压设备，将室外水源压入消火栓或者自动喷淋系统的一种接入口。一般设置在建筑物外消防通道或者消防车容易到达的地方。它分为地上式和地下式两种，地上式的接口外露，并标有明显标志。地下式位于室外的专门井坑中，上覆可掀揭的混凝土板。

## 2.5.4 室内消火栓系统的二～十四层内容识图

室内消火栓系统的
二~十四层内容识图

通观本书所提供的某综合楼给排水工程施工图的消火栓给水管道系统图——水施-13，我们会发现在二层及其以上部分管道相当整齐。保留系统图中的二～十四层内容，把其他楼层的内容淡化，得到如图 2.46 所示的系统图。

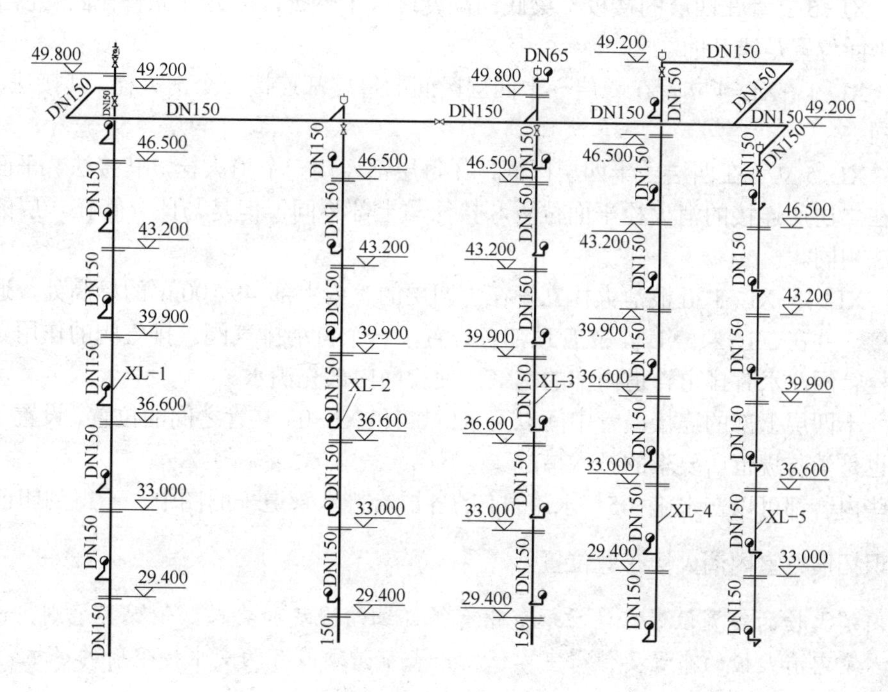


图 2.46　室内消火栓给水系统二～十四层系统图

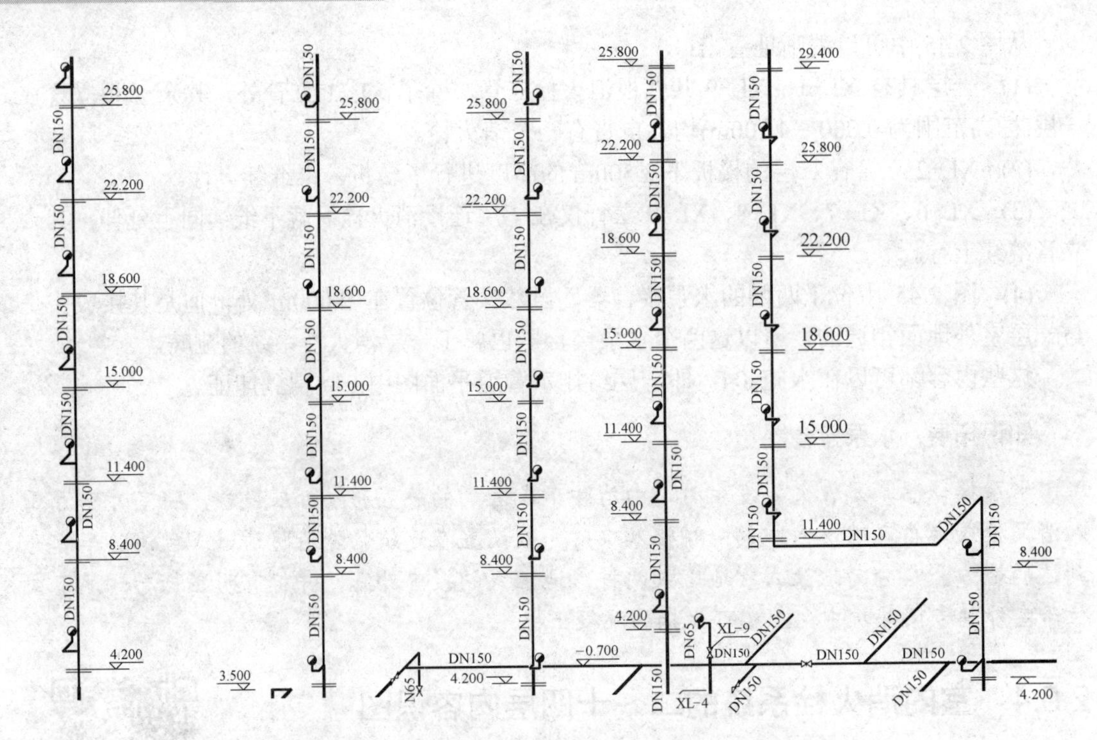


图 2.46　室内消火栓给水系统二～十四层系统图(续)

从图 2.46 中可以清晰地看出：

(1)　在二～十四层中，设置有 XL-1～XL-5 共五根消火栓立管。除了 XL-5 立管，其余四根立管非常平直地竖立在建筑内。

(2)　XL-5 立管在四层的楼板下梁底的高度进行了转折，因此此立管在四层以上和一、二层的平面位置是错开的。

(3)　XL-1～XL-4 立管在二层～十四层区间的每层都连接一个消火栓，其接法、平面位置均相同。

(4)　XL-5 立管在四层～十四层区间，在每层都连接一个消火栓，其接法、平面位置均相同，在二层所连接的消火栓平面位置和接法与上部不同，但是与此立管在一层的平面位置和接法相同。

(5)　XL-1～XL-5 五根消火栓立管在十四层的室内上部 49.200m 的标高处，通过横管相互连接，并在 XL-2、XL-4 立管顶部各设置了一个自动排气阀。排气阀的作用是在初次对消火栓管网注水时排出管道内部的空气，使管网内部充满水。

(6)　十四层上部的连接横管中间以及 XL-02 和 XL-03 立管之间的位置，设置了一个闸阀，这也是消防规范所要求的技术措施。

这些内容都可以在水施-05～水施-11 的各层给排水管道平面图中一一得到印证。

**知识拓展：室内消火栓布置位置**

室内消火栓的布置位置在消防规范中有很详细的规定和要求，但观其总则，最关键之处在于：室内消火栓的布置要使得室内任意一点都必须能有两支水枪喷射的水柱到达。

## 2.5.5　室内消火栓系统的屋顶层内容识图

室内消火栓系统的屋顶层内容识图

通观本书所提供的某综合楼给排水工程施工图的消火栓给水管道系统图——水施-13，我们会发现在屋顶层还有一部分管道。我们进行同样处理，保留系统图中的屋顶层内容，把其他楼层的内容淡化，得到如图 2.47 所示的系统图。

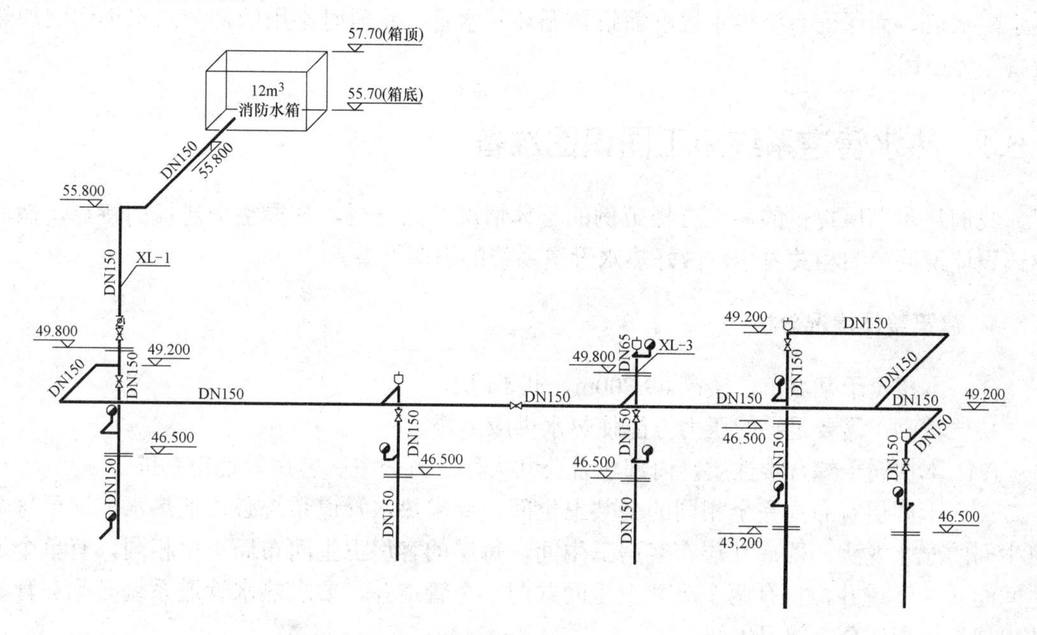


图 2.47　室内消火栓给水系统屋顶层系统图

从图 2.47 中可以清晰地看出：

(1)　在屋顶层中，XL-1、XL-3 消火栓立管穿越楼板上升至屋顶(标高 49.800m)。

(2)　XL-3 立管在屋顶上设置自动排气阀一个，并连接了屋顶上唯一一个消火栓——实验消火栓。

(3)　XL-1 立管穿越屋顶后上行，连接了设置在楼梯间顶部的屋顶消防水箱。消防水箱在火灾初期的 10 分钟，消火栓泵没有开启之前，通过设置在十四层上部的连接横管，进入消火栓各立管，为启用了的消火栓水枪供给水源。有关屋顶消防水箱的识图，可以回顾 2.3.6 节中的相关内容。

这些内容都可以在水施-12 的屋顶给排水管道平面图中一一得到印证。

**知识拓展：实验消火栓**

实验消火栓，顾名思义是实验用的消火栓。它主要用于测试建筑物内部消火栓系统的水量、水压等数据，所以一般布置在整个室内消防管网中最不利的位置：屋顶。实验消火栓只有栓口、阀门及连接管道，不像我们平常看见的消火栓具有箱体、水带和水枪等。

# 2.6 热水管道系统施工图识图

建筑热水系统的任务，除了少数需要热水的工业建筑外，大多数情况下是为生活建筑物提供符合舒适要求的水量、水压、水质和水温的卫生热水。

集中热水供应系统是利用加热设备集中加热冷水后通过热水管网送至建筑物中的各个热水配水点，为保证系统热水温度而设置循环回水管，将暂时不用的部分热水再送回加热设备循环使用。

## 2.6.1 热水管道系统施工图识图准备

我们从本书所提供的某综合楼范例的整体情况开始分析，掌握整个建筑的特点，然后熟读设计说明中的相关内容，做好热水管道系统的识图准备。

### 1. 建筑整体情况分析

(1) 本楼位于某城市，楼高49.800m，共14层。

楼层较高，需要足够的压力方能使热水供应上楼。

(2) 本楼属于综合楼性质，内部包含公共大厅、办公室和客房等使用功能。

二～十四层有布局完全相同的公共卫生间，要求热水管道系统必须把热水配送至每个卫生间的配水龙头；四～九层有客房卫生间，每层的客房卫生间布局不尽相同，有单个卫生间配一个管道井，也有两个毗邻卫生间共配一个管道井，要求热水管道系统必须在管道井内把热水配送至每间卫生间。

### 2. 热水管道系统设计说明回顾

翻阅水施-01第一张图中“(四)管道系统”下的“2. 生活热水系统”，其内容如下。

2. 生活热水系统

(1) 热水供应温度为60℃，最高日用水量为27m$^3$。

(2) 热水循环泵采用自动、手动两种控制方式。当热水回水水温小于45℃时启动水泵，回水水温达到50℃时停泵。

对以上两条内容说明如下。

(1) 生活卫生热水的标准供给温度：60℃。查询相关设计规范可得知楼内各空间中每个人的热水定额，然后可以计算出整幢建筑物的最高日热水用水量。

(2) 根据热水回水温度决定启停热水泵的方式属于自动控制方式。通过这条我们得知，整个热水管网内的热水温度是不应低于45℃的。

## 2.6.2 热水管道系统的负一层内容识图

热水管道系统属于给水系统的范畴，所以我们援引生活给水系统的识图方法和顺序来对室内热水管道系统进行识读。

做好上述识图准备之后，首先从本书所提供的某综合楼给排水工程施工图的热水管道系统图(水施-16)开始阅读。在阅读此系统图时，我们采用先简后繁的顺序来逐步阅读，并随时在相关的平面图上进行印证。

通读水施-16后，发现本图的右边偏下的地方，有两台水泵及一套管道、管件。我们根据地面符号 0.000 截取负一层内容，如图2.48所示。

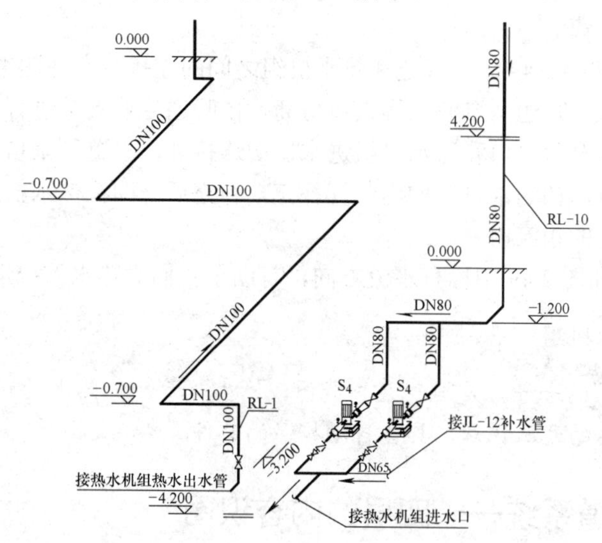


图2.48　热水循环泵及管道系统图

再在水施-03中截取热水循环泵及管道的平面部分，如图2.49所示。

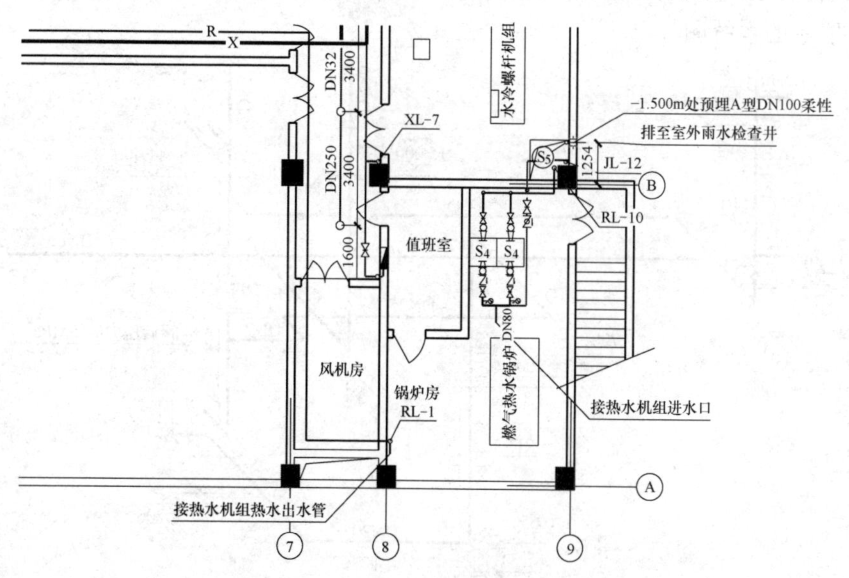


图2.49　热水循环泵及管道平面图

在前面的章节中学习过生活给水泵、消火栓给水泵的识图，图2.48和图2.49中关于管道穿墙、水泵、标高和阀门等内容我们都能识读清楚。但热水循环泵及管道与生活给水和消火栓系统有相同和不同之处。

(1) 回顾水施-02 的设备表，查询到两台热水循环泵是一用一备。

(2) 热水循环泵吸入口与生活给水泵和消火栓给水泵不同，热水循环泵吸入口在 RL-10 连接出来的管道上。

(3) 热水循环泵压出口连接热水机组。

(4) 综合(2)和(3)，得知热水循环泵是位于管网中间，提供管网内热水循环的动力设施，水由管道中来，输往管道中去。

(5) 在图 2.48 和图 2.49 中，管道和热水机组之间的连接没有在图纸上表达出来。这部分内容是经过给排水、暖通两专业工程人员协商，由暖通专业人员进行设计的。

(6) 在热水循环泵压出口和热水机组进水口的连接处，设置了来自 JL-12 的冷水补水管，楼层中各配水点消耗的水量，均由此管补充。补充后立即在热水机组中加热。2.3.3 节中讲述了关于 JL-12 的相应内容。

(7) 在图 2.48 和图 2.49 中标有水流方向，有助于我们对热水系统运行流程的理解。

**知识拓展：热水机组**

热水机组是锅炉的一种，是消耗某种能源，产生热量，加热水的建筑设备。一般特指生产中温的卫生热水的无压锅炉，具备自动控温的部件。

## 2.6.3 热水管道系统一～四层的内容识图

通观热水管道系统图——水施-16，我们会发现在图面上中间偏左下方的内容比较繁杂，标高范围在±0.00～11.400m 之间，简化后，根据热水系统流程，添加水流方向箭头，得到图 2.50 所示的系统图。

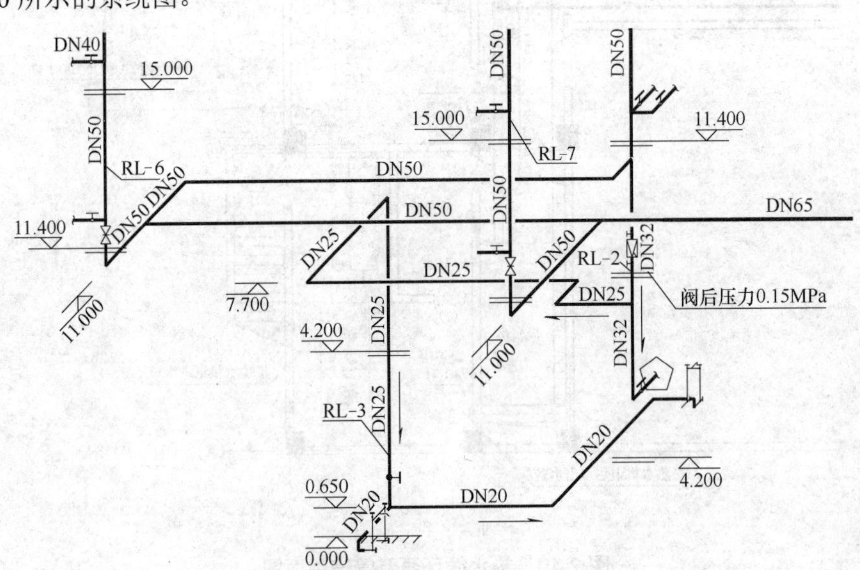


图 2.50 热水管道系统图一～四层部分

查询一、二和三层给排水管道平面图——水施-04、水施-05、水施-06 后得到如图 2.51

和图 2.52 所示的平面图。

因三层没有热水配水点，所以在图 2.50、图 2.51 和图 2.52 中，可以清晰地看出：

(1) 水流由 RL-2 经过减压阀(阀后压力 0.15MPa)减压流下，连接二层 4.200m 以上的五边形位置的支管，在此之前，在 7.700m 的高度分出一只 DN25 的横管，横向行至合适位置，再经由 RL-3 立管流下，连接一层公共卫生间内的两个热水龙头。

(2) 在系统图中，此处管网本身转折、交叉较多，又受到 RL-7 立管的影响。所以图面较繁杂，不易看懂。我们应认清中的管道断开符号，应把 RL-7 立管及其横管从四层以下的管路中区分开来。

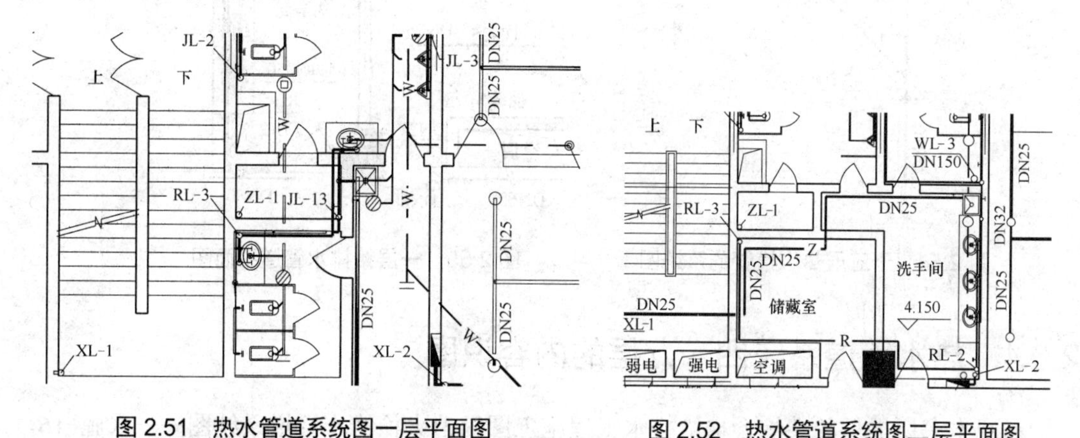


图 2.51　热水管道系统图一层平面图　　　　图 2.52　热水管道系统图二层平面图

(3) 图 2.50 中右下角的二层标高符号 4.200 是标注 RL-2 立管的。

(4) 保持系统图中的空间关系不变，但是延伸减压阀以下的管线，可以把图 2.50 转化为如图 2.53 所示的系统图。

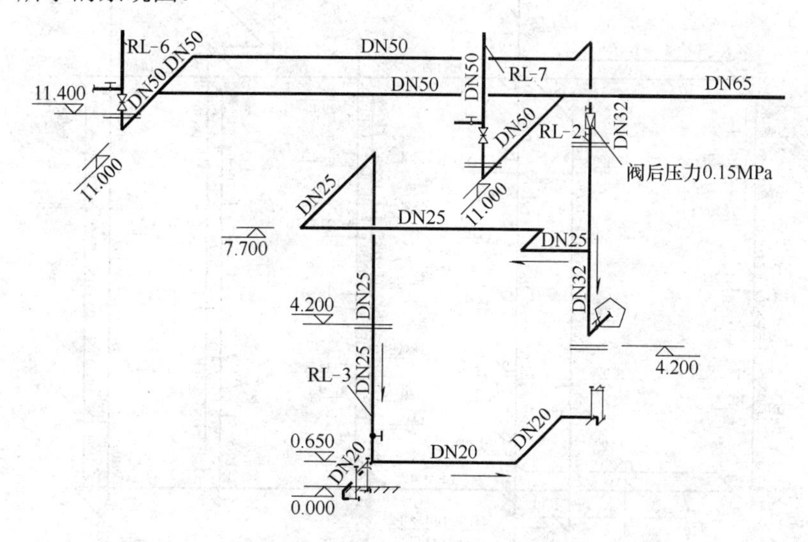


图 2.53　热水管道系统图一～四层部分(转化图)

(5) 图 2.50 中五边形位置连接的支管，其系统图位于 RL-2 立管十三层的位置，截取出来如图 2.54 所示。热水横管标高 43.850m，高于楼层 0.65m(43.850−43.200=0.65m)，此横管的高度适用于本楼此位置的任何一根热水横管。同样可知图 2.53 中，二层五边形位置的热水横管的标高应为 4.850m(4.200m+0.65=4.850m)。

(6) 上述这些内容都可以在水施-04 的一层给排水管道平面图中一一得到印证，如图 2.55 所示。

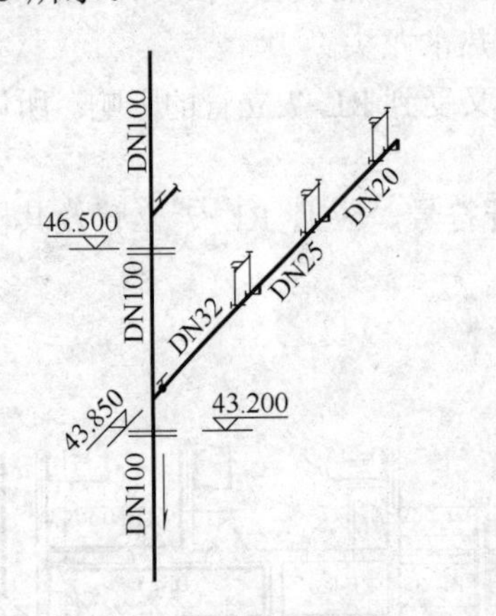


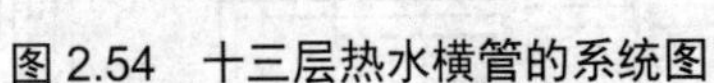
图 2.54 十三层热水横管的系统图

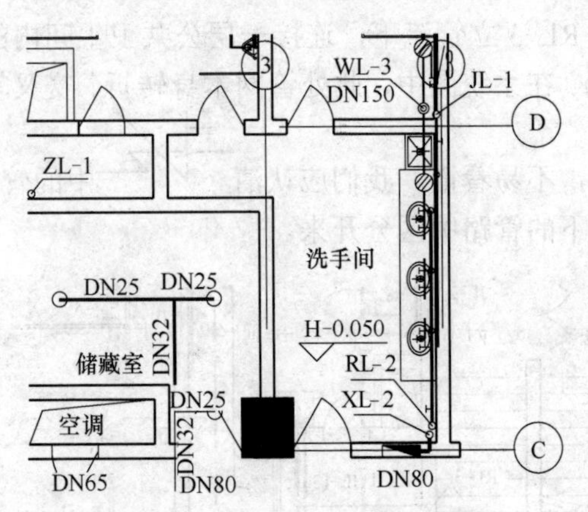


图 2.55 一层给排水管道平面图

## 2.6.4 热水管道系统四～九层的内容识图

通观本书所提供的某综合楼给排水工程施工图的消火栓给水管道系统图——水施-16，我们会发现在四～九层部分的管道相当整齐。保留系统图中的四～九层内容，把其他楼层的内容淡化，得到如图 2.56 所示的系统图。

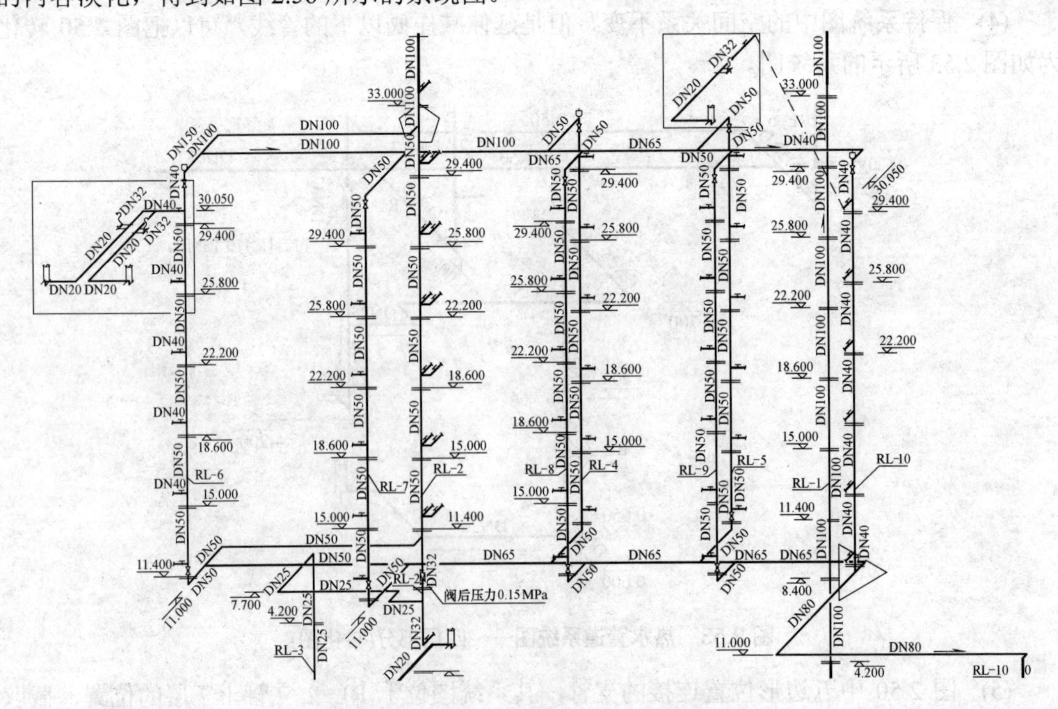


图 2.56 热水管道系统图四～九层部分

运用前面所述的生活给水系统以及 2.3.4 节和 2.3.5 节中获得的知识和识图能力，从图 2.56 中可以看出：

(1) 四～九层设有 RL-1、RL-2、RL-4～RL-10 共九根热水立管。九层顶部、十层楼板下设有一根横管，四层楼板下 11.000m 的位置设有一根横管。

(2) 根据前述内容，RL-1 立管是从热水机组出来的，水流方向向上。其余八根立管水流方向向下。

(3) RL-2 立管供应公共卫生间和相邻客房卫生间的热水配水点。RL-4～RL-10 立管供应客房卫生间热水配水点。

(4) 热水由 RL-2 立管送下，在五边形处分支，在 RL-10 立管三角形位置汇合，形成一个封闭的循环管网。

(5) 左边方框内的内容是毗邻卫生间通过一根热水立管供应热水的横支管系统图，放大后得到图 2.57(a)所示的系统图，其对应的平面图如图 2.57(b)所示。

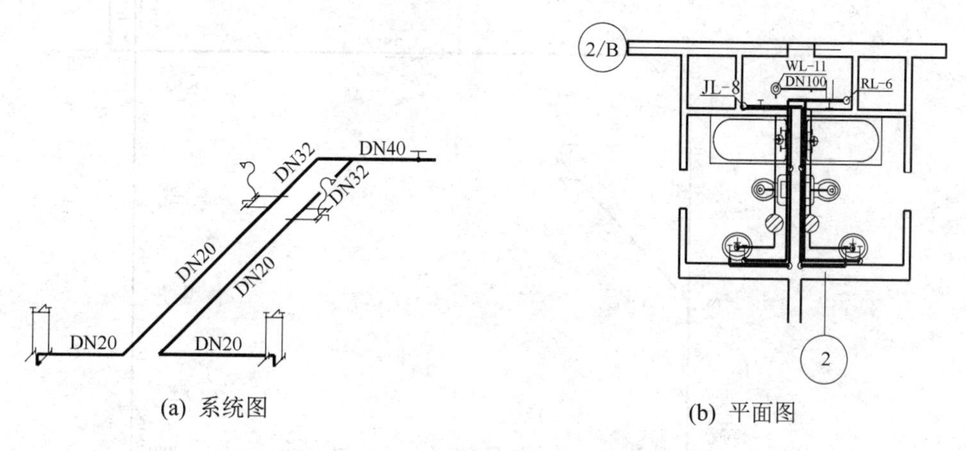

(a) 系统图　　(b) 平面图

图 2.57　双卫生间热水横管系统图和平面图

RL-4～RL-9 这六根立管的热水横支管形式均与此相同。

(6) 右上角方框内是单卫生间通过一根热水立管供应热水的横支管，放大后得到图 2.58(a)所示的系统图，其对应的平面图如图 2.58(b)所示。

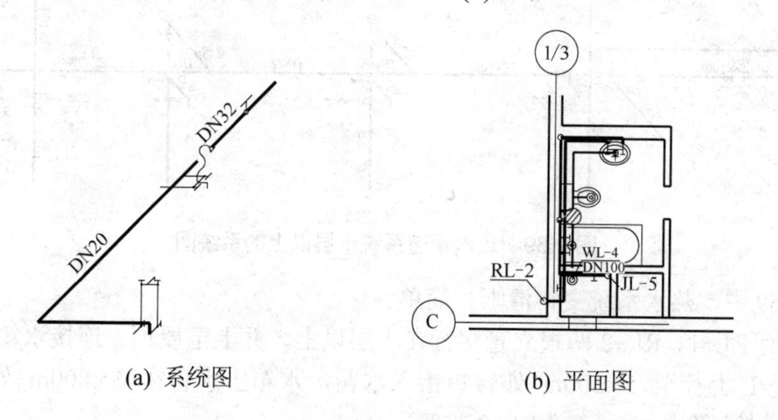

(a) 系统图　　(b) 平面图

图 2.58　单卫生间热水横管系统图和平面图

RL-2 和 RL-10 两根立管的客房卫生间热水横支管的形式均与此相同。

(7) RL-1 立管在四～九层间没有连接任何横支管。

(8) 为排出热水管网中的气体，在 RL-4、RL-10 立管的顶端设置了自动排气阀。

## 2.6.5 热水管道系统在十层以上的内容识图

通观本书所提供的某综合楼给排水工程施工图的消火栓给水管道系统图——水施-16，经处理后，保留系统图中十层以上的内容。把其他楼层的内容淡化，得到如图 2.59 所示的系统图。

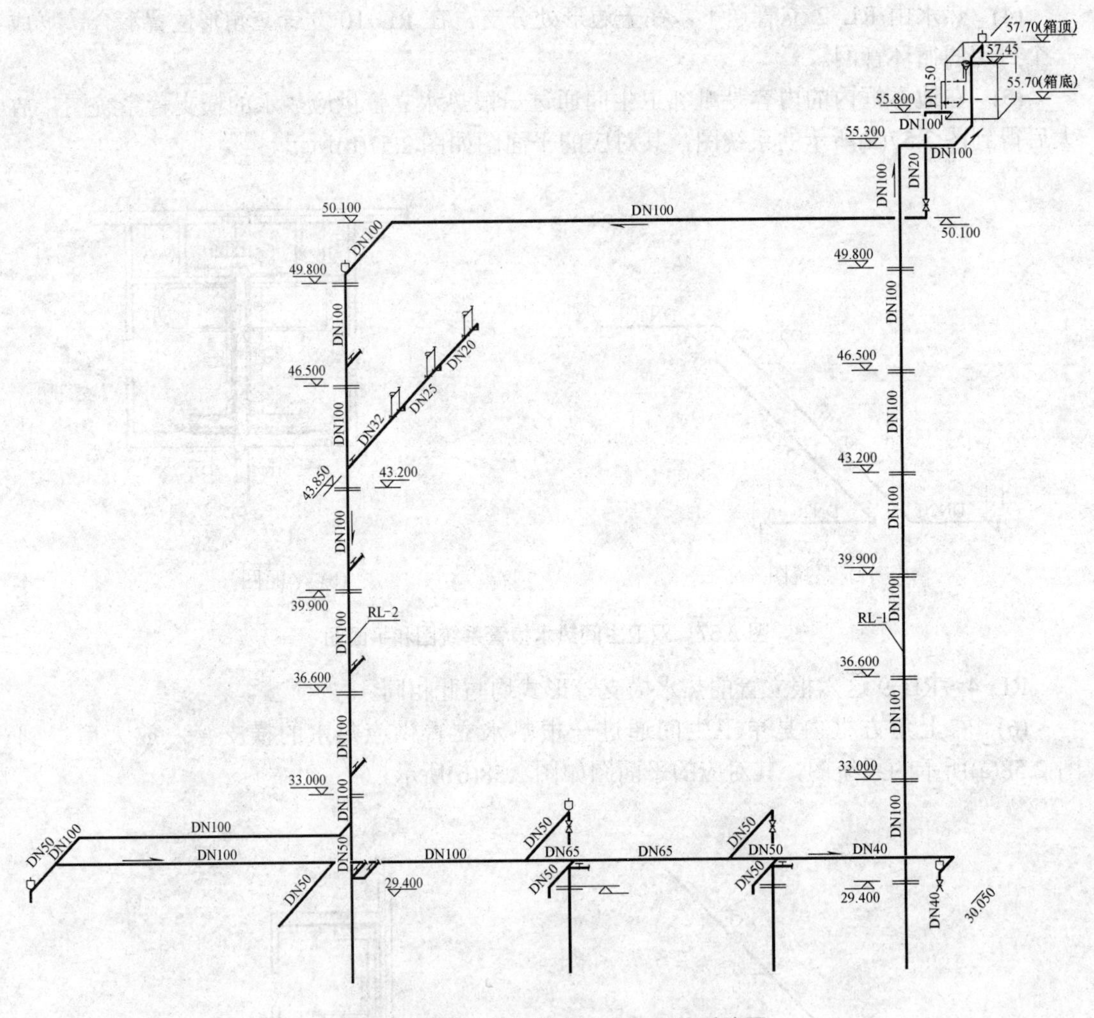


图 2.59 热水管道系统十层以上的系统图

在图 2.59 中，热水系统变得清晰、简单。

(1) 共有 RL-1、RL-2 两根立管穿行在十层以上，并上至屋顶、连接水箱。

(2) RL-1 上行至 55.300m 处转折接入水箱，水箱出水管在 55.800m 处出来下行到 50.100m 处横贯整个楼面，连接 RL-2 立管。

(3) RL-2 立管在十层以上，仅供应公共卫生间热水配水点，其支管的内容在 2.6.3 节中已经提及。

(4) 屋顶热水箱的系统图和平面图如图2.60所示。

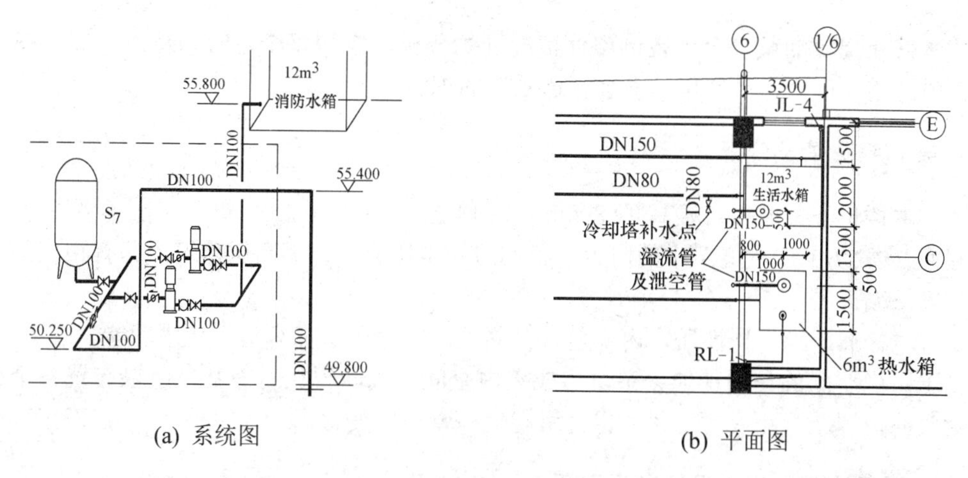


(a) 系统图　　(b) 平面图

图2.60 屋顶热水箱的系统图和平面图

综合屋顶热水箱的系统图和平面图，本身就比较简单的屋顶热水箱的设置和相关管道的构造就一目了然了。

(5) 热水箱和给水系统的屋顶水箱进行对比，同样都有溢流管及泄空管，但是热水箱没有透气管，仅有一个自动排气阀。

**知识拓展：热水箱**

热水箱是储存热水的装置。无论热水箱置于何处，都需要进行严格的保温。热水箱的容量需经过计算，一般不会储存太多的热水，仅仅起到一个移峰填谷的调蓄作用，不使热水机组间歇性地启动引起热水管网内水温过大的波动。在本书提供的热水系统设计图纸中，采用的是封闭热水箱，没有透气管，只有自动排气阀。在工作时，热水箱内不是大气压，而是处于高于大气压的压力之下。

## 2.7 自动喷水管道系统施工图识图

建筑自喷系统是在火灾发生时，能自动打开喷头喷水的消防设施。

自动喷水灭火系统安全可靠、控火灭火成功率高、经济实用、适用范围广、使用期长。目前我国使用的自动喷水系统有湿式、干式、预作用、雨淋自动喷水灭火系统和水幕、水喷雾系统6种。本书所提供的某综合楼范例自动喷水系统，是现代建筑中使用最多的湿式自动喷水灭火系统。

自动喷淋系统识图

通过本节的学习，掌握自动喷水灭火系统的识图方法，锻炼识图能力，学习一些自动喷水灭火系统的基本知识。

## 2.7.1 自动喷水系统施工图的识图准备

从本书所提供的某综合楼范例整体情况开始分析，掌握整个建筑的特点，然后熟读设计说明中的相关内容，做好自动喷水管道系统的识图准备。

### 1. 建筑整体情况分析

(1) 本楼位于某城市，楼高 49.800m，共 14 层。

回顾 2.2.2.2 节工程概况中的内容，我们得知本楼属于二类高层建筑，并有相应的消防规范可以依循。

(2) 本楼属于综合楼性质，内部包含公共大厅、办公室和客房等使用功能。

由于室内空间的使用功能繁杂，造成室内空间被隔断得相对零乱，所以布置各个自动喷水喷头的位置会有相应的变化，也会引起一些管道的变化。

### 2. 自动喷水管道系统设计说明回顾

翻阅水施-01 第一张图中“(四)管道系统”下的“5. 自动喷水灭火系统”，其内容如下。

5. 自动喷水灭火系统

(1) 本建筑地上部分按中危险Ⅰ级，地下车库按中危险Ⅱ级设置自动喷水灭火系统，设计灭火用水量为 28L/s，竖向分为两个区。

(2) 地下泵站设两台自动喷水泵，一用一备，互为备用。

(3) 自动喷水泵的控制:

……

对以上几条内容说明如下。

(1) 数据基本都是从相应消防、自喷规范中查询出来的，是重要的设计依据。竖向分区是设计师考虑管网内的压力而设置的。

(2) 本条叙述与水施-02 里的设备表中的叙述一致。

(3) 自动喷水泵控制的 a、c 和 d 三种方式，都是规范中所要求的湿式自动喷水灭火系统的常用方式。屋顶消防水箱和稳压装置是为了保证自喷系统正常工作压力的常用手段。

(4) 自动喷水系统的喷头是系统中使用最多的部件之一。其种类、型号很多，本条就是规定本楼中采用哪种喷头。

**知识拓展：稳压装置**

湿式自动喷水系统内需常备压力。为了防止系统内缺水、失压，通常在系统内设置稳压装置。稳压装置由一组水泵和稳压罐组成，系统内小的压力波动由稳压罐平抑，大的波动由水泵启动来维持。

## 2.7.2 自动喷水系统泵及配套管道的识图

自动喷水系统属于消防给水系统的范畴，所以我们援引生活、消防给水系统的识图方法和顺序来对自动喷水系统进行识读。

做好上述识图准备之后，首先从本书所提供的某综合楼给排水工程施工图的自动喷水管道系统图(水施-14)开始阅读。

通读水施-14 后，发现本图是本套给排水图纸中最简单的一张系统图；在图纸右下角的地方有两台水泵及一套管道、管件。我们截取负一层的内容如图 2.61 所示。

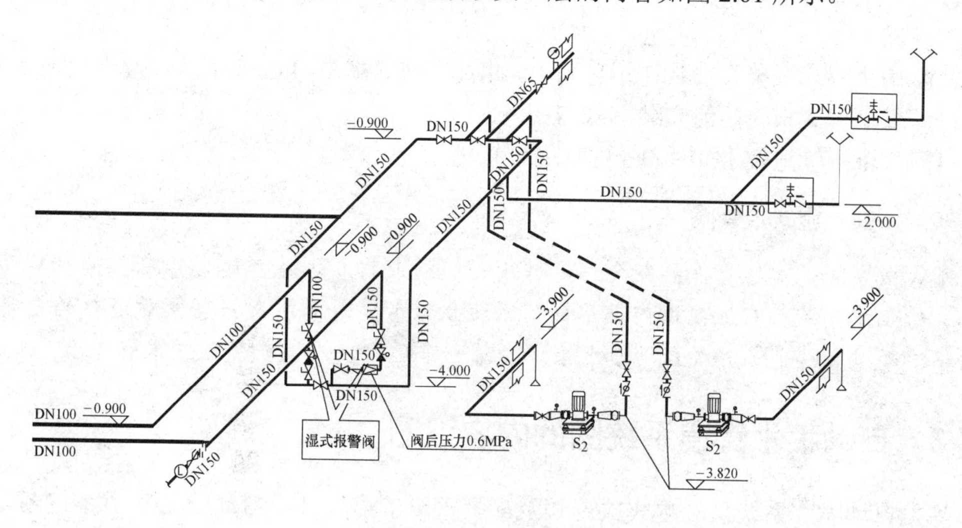


图 2.61　自动喷水泵及管道系统图

再在水施-03 中截取自动喷水泵及管道的平面部分，如图 2.62 所示。

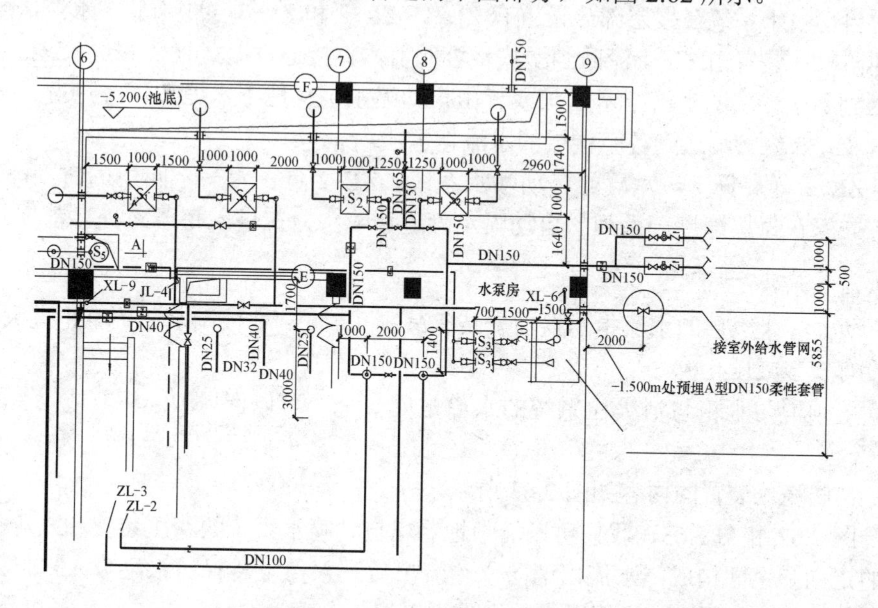


图 2.62　自动喷水泵及管道平面图

由于前面的章节中学习过生活给水泵、消火栓给水泵的识图，图 2.61 和图 2.62 中关于管道穿墙、水泵、标高和阀门等内容应该能识读清楚。自动喷水泵及管道与消火栓泵有以下三点相同之处。

(1) 泵吸水口穿越水池壁都预埋有柔性套管。

(2) 两者都有穿越水池壁放回水池的检查管。

(3) 自动喷淋系统与消火栓系统一样，都接有水泵接合器。

自动喷水泵及管道与消火栓泵有以下四点不同之处。

(1) 自动喷淋系统在水泵和湿式报警阀之间的管道形成一个小的环网，而消火栓系统是大的环网。

(2) 两个湿式报警阀安装在小环网上，此处环网标高是-4.000m，基本位于地下室地面。

(3) 低区湿式报警阀前安装有减压阀。

(4) 大部分管道位于-0.900m的标高位置。

**知识拓展：湿式报警阀**

湿式报警阀是一组管件的组合体，作用是接通或切断水源、输送报警信号、启动水力警铃、防止水倒流。它主要由内部水的流动提供信号。每套湿式报警阀后连接的自动喷水喷头不得超过800个。湿式自动喷水系统的每一个区都应设置一套湿式报警阀。

## 2.7.3 自动喷水管道系统图的内容识图

除去自动喷水系统泵、湿式报警阀及配套管道的内容外，自动喷水管道系统图——水施-14中其他管道系统比较清晰和简单。我们会发现在图面上中间偏左下部位的内容比较繁杂，标高范围在±0.00～11.400m之间，可以清晰地看出：

(1) 自动喷水系统在楼层部分设置有ZL-1、ZL-2和ZL-3三根立管。水流从屋顶消防水箱和消防稳压装置由ZL-1流回到湿式报警阀前，直接通过湿式报警阀进入ZL-2、ZL-3立管输送到各个楼层的水流指示器，或者由自动喷水泵从地下水池加压经过湿式报警阀进入ZL-2、ZL-3立管输送到各个楼层的水流指示器。

(2) ZL-3负责负一～六层的自动喷水系统。ZL-2负责六～十四层的自动喷水系统。

(3) 立管在每层连接一系列的自动喷水管道和喷头，在进入每层之处，都安装有信号闸阀和水流指示器。

(4) 负一～十一层的水流指示器前安装有减压孔板，控制水压不至于过大。十二～十四层没有安装减压孔板。

(5) 屋顶消防水箱与消火栓系统的水箱是同一个，可以回顾2.5.5节或2.3.6节中的内容。

(6) 消防稳压装置的内容如图2.63所示。

结合图2.62和图2.63，我们可以清晰地看出自动喷水系统的稳压装置和水箱的关系以及管道的走向和空间构成；水流由消防水箱流出后进入稳压装置的水泵吸入口，水泵加压后进入自喷管网或稳压罐。稳压罐内的水也可以流入自喷管网。

**知识拓展：水流指示器**

水流指示器在某些方面与湿式报警阀功能相同，可以输送报警信号，但不能启动水力警铃和接通、切断水源。它主要由内部水的流动提供信号。水流指示器和湿式报警阀两者输送的报警信号是消防控制主机确认火灾的重要依据。当它们都抵达消防控制主机上时，才能确认系统已在工作。

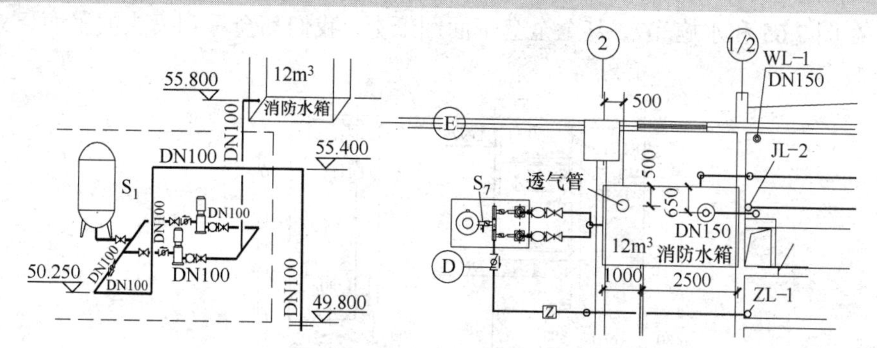


图 2.63　消防稳压装置系统图和平面面

## 2.7.4　自动喷水管道系统的平面图识图

通读本书所提供的某综合楼给排水工程施工图，可以发现：除了三层和屋顶层平面，在其余各层平面图上，自动喷水系统的管道和喷头占据了大量的图幅。所以需要专门挑选一层平面图来进行识读。

下面节选比较有代表性的四～六层给排水管道平面图——水施-07 来进行识读。

### 1. 平面图中立管接出部分

平面图中立管接出部分如图 2.64 所示。

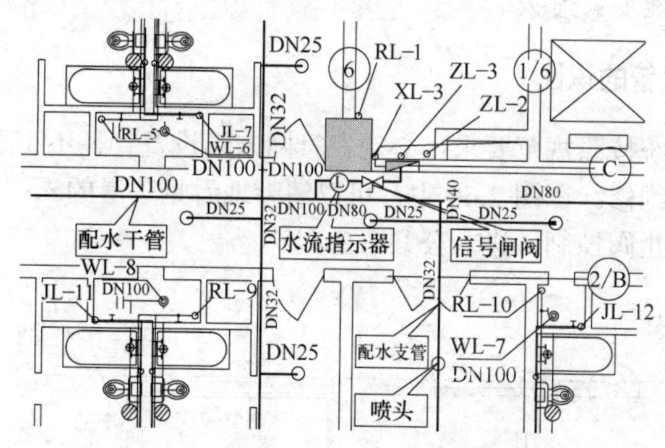


图 2.64　自动喷水系统四～六层平面图局部一

(1)　从图 2.64 中可以清晰地看出，本层自动喷水管道由©轴管道井中的 ZL-3 立管接出。连接了信号闸阀和水流指示器以后，分支出自动喷水系统的配水干管。

(2)　配水干管在需要的地方分支出配水支管。

(3)　自动喷水喷头安装在配水支管上。

### 2. 平面图中喷头的尺寸标注

(1)　自动喷水系统平面图，按照国家《建筑工程设计文件编制深度规定》的规定必须清晰地标注喷头平面尺寸。而且在本书所提供的某综合楼范例地上部分属于中危险Ⅰ级，规范要求喷头相互之间的距离不大于3.6m，喷头与墙边的距离不大于1.8m。

(2) 在图2.65和水施-07，甚至全套平面图纸上，我们都会看到喷头的平面尺寸均符合上述规定。

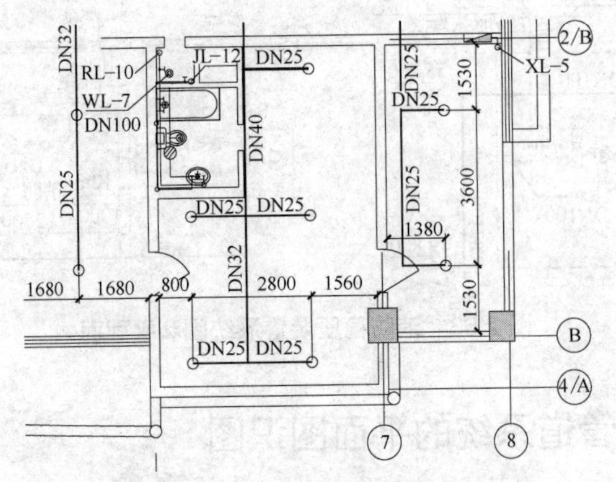


图2.65 自动喷水系统四～六层平面图局部二

(3) 自动喷水喷头的标注一般是喷头中心与墙边的距离。

**知识拓展：配水干管、配水支管与喷头**

自动喷水喷头的接管管径为DN25，规范要求，自动喷淋喷头不得直接安装在管径大于DN50的管道上，所以自动喷水系统的管道配置，一般通过配水干管、配水支管，一级级地将管径变小，方能安装喷头。

### 3. 平面图中泄水管的识图

(1) 自动喷水系统按照规范要求，必须在管网末端设置管径不小于DN25的泄水管，用于平常检查和故障维修。在图2.66中，可以清晰地看见管道的末端设置了一根DN25的泄水管，由末端的截止阀控制，进入公共卫生间。

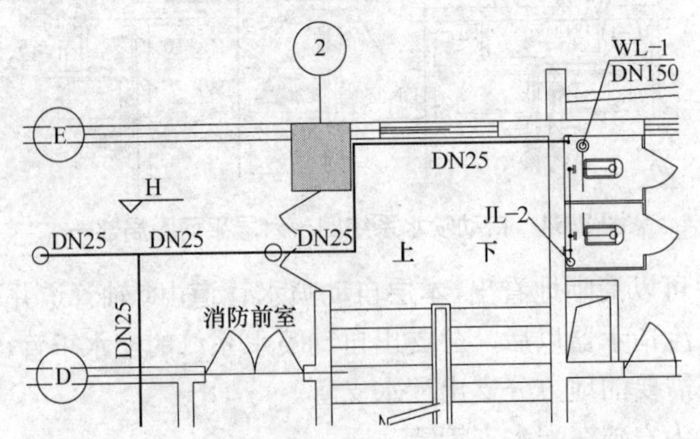


图2.66 自动喷水系统四～六层平面图局部三

(2) 在自动喷水系统的识图中，我们应该学会在卫生间或者设置有雨水管道的位置附近去寻找自动喷水系统的泄水管。有些设计图纸中，设计师还会将自动喷水系统末端的泄水管在系统图中表示出来。

## 2.8 本章小结

建筑给排水工程，特别是本书所提供的某综合楼建筑的给排水专业施工图，包含的系统较多，包括给水、排水、热水、生活污水、消火栓、自动喷淋等常用系统。在一些具备特殊使用功能的建筑物内，还会有其他很多给排水专业的内容，如游泳池、直饮水和小型污水处理设备等。

本章通过这一套完整、典型的高层建筑的给排水施工图范例，讲授识图方法和顺序及技巧，介绍一些给排水施工图的图例，引导读者识图，锻炼识图和构建空间概念的能力，锻炼识别管道的平面和空间定位能力，并在知识拓展板块中，加入了一些必备或常识性的知识。读者在得到这些能力和知识之后，对与建筑有关的给排水专业其他内容的图纸也能很快触类旁通，同时对于后续的暖通专业的水管识图部分有着积极的前导作用，所以本章具备一定的培养读者工作迁移能力的作用。

### 1. 知识准备

本章着眼于识图能力的培养，对于必备的基础知识，例如：建筑识图、部分画法几何、房屋构造、简单流体力学概念和给排水各系统原理等，讲授较少，读者在学习本章之前，应具备一定的上述知识和能力。建议读者在学习本章的过程中，随时查阅相关资料，这样既能做到温故知新，又能将以往所学的知识融会贯通。

### 2. 给排水识图准备

通过图纸目录的介绍，建立对整套图纸的初步印象；通过设计施工说明的介绍，建立施工整体工程的总体印象；通过设备材料表的介绍，建立工程具体实施的印象；通过图例的介绍，掌握识图过程中领悟工程语言的沟通能力；通过识图方法和顺序的介绍，掌握识图过程中科学、系统的方法。

### 3. 生活给水系统

生活给水系统的识图是本章以及本书识图部分的开篇，采用了较大的篇幅、较细致的文字和图片，介绍了本套范例图纸给水系统的内容，注重识图能力的初步形成。采用化繁为简、分块识图、系统图与平面图相互印证、随时回顾和查询设计说明材料表、系统图转化原理图等方法识读这一系统。

### 4. 生活污水系统

本章介绍的生活污水系统是工程中最常见的给排水内容之一，有着与给水系统完全不同的工作原理。2.4 节用了较大的篇幅，通过采用与 2.3 节基本一致的识图方法和顺序，辅助以建筑排水的基本知识，证明了识图方法和顺序的掌握不光适用于给水系统，也有助于识读其他系统的图纸。

5. 室内消火栓系统、热水管道系统、自动喷水系统

这三部分内容援引前述的识图方法和顺序，重复加深这一系列方法在不同系统识图中的运用，并加入这些系统的一些识图特点。

## 2.9 习　题

### 一、思考题(应自行查阅相关资料后结合本章内容综合答题)

1. 请列出目前我国给水、排水、消防设计与施工规范的名称与启用年份。
2. 列出最高日用水量和最大时用水量的计算公式。
3. 简述污水系统的水封部件位于哪些部位，并说出它的原理和作用。
4. 绘制下图中的楼板预留、预埋图。

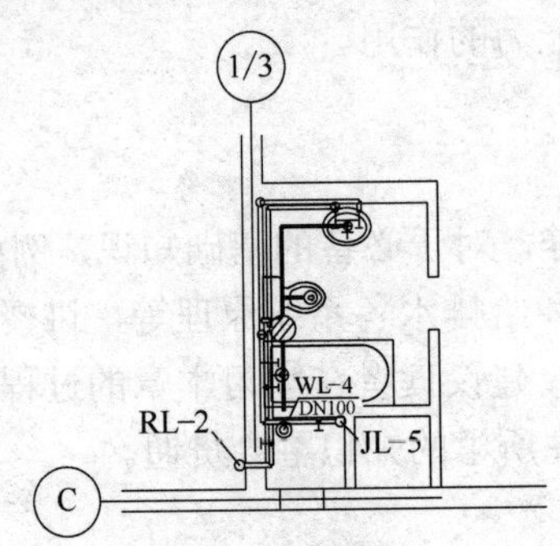


5. 为什么消火栓系统和自动喷水系统中采用环状管网？简述两系统环状管网的相同和不同之处。

### 二、实训题

1. 绘制W-13系统的完整系统图。并列出具有详细数据的设备、材料表。
2. 分析生活污水系统B区，并用文字进行描述。
3. 列出消火栓系统中具有详细数据的设备、材料表。
4. 绘制热水系统的流程原理图。
5. 绘制水施-07四～六层的单层自动喷水系统的管道及喷头的系统图。

# 第 3 章　给排水专业施工

#### 内容提要

本章围绕本书给出的某高层综合楼范例，介绍建筑设备中给排水工程施工的有关内容，包括给排水工程施工工具、施工材料、施工程序、施工工艺以及施工技术要求等。

#### 教学目标

- 掌握给排水工程施工程序。
- 掌握给排水专业施工工艺。
- 了解给排水工程施工验收规范。
- 了解给排水工程质量评价标准。

## 3.1　给排水施工概述

建筑给排水工程包括：给水、排水、热水、生活污水、消火栓和自动喷淋等常用系统。从第 2 章我们可以看出各系统均由管道、设备、阀门和附件等组成，给排水工程的施工必须采用先进的施工方法，以提高劳动生产率，缩短安装工期，改善工程质量，降低工程成本，提高经济效益。

### 3.1.1　常用管材

在给水、采暖、热水供应、燃气及空调用制冷系统中的冷、热(蒸汽)媒管道工程中，常用的管材可以分为三大类：金属管材、非金属管材和复合管材。

#### 1. 金属管材

1)　焊接钢管

焊接钢管俗称水煤气管，又称为低压流体输送管或有缝钢管，通常用普通碳钢制成。具有强度高、耐压耐震、重量较轻、长度较大等优点，但耐腐蚀性差。接口可用焊接、法兰连接或螺纹接口。根据表面是否镀锌可分为镀锌钢管(白铁管)和非镀锌钢管(黑铁管)。镀锌钢管不可采用焊接，一般采用螺纹连接，管径较大时采用法兰连接。按壁厚不同又可分为薄壁、普通和加厚钢管三种，普通焊接钢管可承受工作压力为 1.0MPa，加厚焊接钢管可承受工作压力为 1.6MPa，室内给水管道通常用普通钢管和加厚钢管。

2) 无缝钢管

无缝钢管常用优质低碳钢或低合金钢制造而成，性能比焊接钢管优越，但价格比较昂贵。

3) 铸铁管

铸铁管具有较强的耐腐蚀性，经久耐用，价格低廉，但质脆、不耐震动、重量大、长度较短。接口多用承插和法兰连接两种。适用于城镇小区的给排水管道。

4) 铜管

铜管具有较强的耐腐性，传热好，表面光滑，水力性能好，水质不易受到污染，美观，但价格昂贵。接口多用焊接，特别适用于高档住宅的给水系统、热水系统以及直饮水系统。

#### 2. 非金属管材

非金属管材种类很多，在建筑给水系统中出现的主要是塑料管材。塑料管材是以合成树脂为主要成分，加入适量的添加剂，在一定的温度和压力下塑制成型的有机高分子材料管道。它们作为传统的镀锌钢管的代替品，发展很快。

1) PVC 管

PVC 管(聚氯乙烯管)是最常见的塑料管材，聚氯乙烯管道具有耐腐性能好，表面光滑，不结垢，水力条件好，质量轻，制作、加工方便，价格低廉等优点，但耐热性能差，易老化。接口可用螺纹、黏结、热熔、卡套连接，适用于室内给水排水管道。

2) PP-R 管、PE-X 管

PP-R 管(无规共聚聚丙烯管)、PE-X 管(交联聚乙烯管)除具有一般塑料管的特点外，还具有良好的卫生性能和耐热性能，最高工作温度可达 95℃，长期使用温度一般可达 70℃。PE-X 管主要适用于低温地板采暖，PP-R 管可适用于改造经济住宅和旧房的供水系统。

#### 3. 复合管材

常用的有铝塑管和钢塑管。铝塑复合管是一种由中间纵焊铝管，内外层聚乙烯塑料以及层与层之间热熔胶共挤复合而成的新型管道。钢塑复合管是以普通碳素钢管作为基体，内衬化学稳定性优良的热塑性塑料管。由此可见，复合管材兼有金属管材和非金属管材的优点。

钢丝网骨架聚乙烯复合管是以高强度钢丝左右螺旋缠绕成型的网状骨架为增强体，以高密度聚乙烯(HDPE)为基体，并用高性能的黏结树脂层将钢丝网骨架与内外高密度聚乙烯紧密连接在一起。它具有以下几个方面的特性：耐冲击性、尺寸稳定性、可示踪性、耐腐蚀性、耐磨损性、内壁光滑，输送阻力小，适用于生活和消防给水系统。

### 3.1.2 常用管件

管道配件是连接管道与管道、管道与设备等之间的部件，是管道的重要组成部分，在管道中起着连接、分支、转向、变径等作用。管道配件有直线段、非直线段、分叉管段、变径管段和连接配件 5 种。因其连接作用的不同，所以构造和外形也各不相同。如图 3.1 所示为螺纹连接管件。

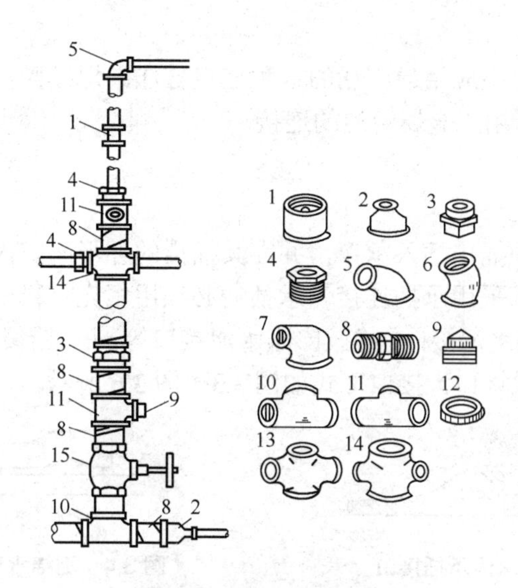


图 3.1　螺纹连接管件

1—管箍；2—异径管箍；3—活接头；4—补心；5—90°弯头；6—45°弯头；7—异径弯头；

8—内管箍；9—管塞；10—等径三通；11、15—异径三通；12—根母；13—等径三通；14—异径四通

## 3.1.3　管道的连接

### 1. 螺纹连接

螺纹连接又称为丝扣连接，是通过管端加工的外螺纹和管件内螺纹将管道与管道、管道与设备等紧密连接。适用于公称直径(或标称直径)DN≤100mm 的镀锌钢管，以及较小管径、较低压力焊接钢管、硬聚氯乙烯塑料管的连接和带螺纹阀门及设备接管的连接。

### 2. 法兰连接

法兰连接是管道通过连接法兰及紧固件螺栓、螺母的紧固，压紧两法兰之间的法兰垫片使管道连接起来的一种连接方法，如图 3.2 所示。法兰连接是可拆卸接头，常用于管道与带法兰配件或设备的连接以及管道需要拆卸检修的场所。

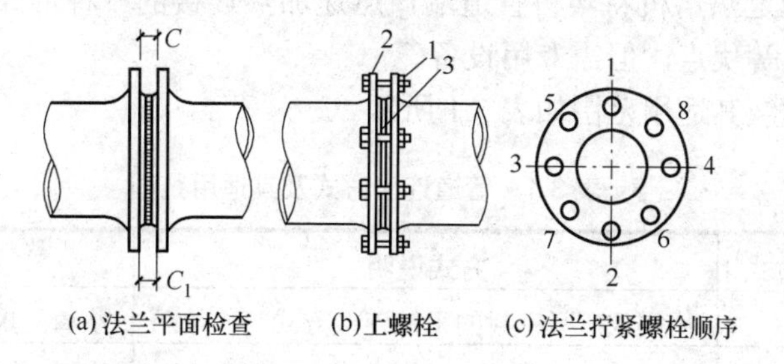


(a) 法兰平面检查　(b) 上螺栓　(c) 法兰拧紧螺栓顺序

图 3.2　法兰连接

1—螺母；2—法兰；3—橡胶垫

3. 焊接

焊接是管道安装工程中应用最广泛的一种连接方法。焊接操作简单，严密性能好，不过管道的维修不方便。常用于金属管道的连接。

4. 承插连接

承插连接是将管道的插口插入承口，并在其插接的环形间隙内填以接口材料的连接。一般铸铁管、混凝土管都采用承插连接。承插后必须用填充材料密实，分为刚性和柔性两种。刚性接口有油麻石棉水泥接口、橡胶膨胀水泥接口等，麻-铅接口则为半刚半柔性接口，胶圈石棉水泥接口为柔性接口，接口形式如图 3.3～图 3.6 所示。

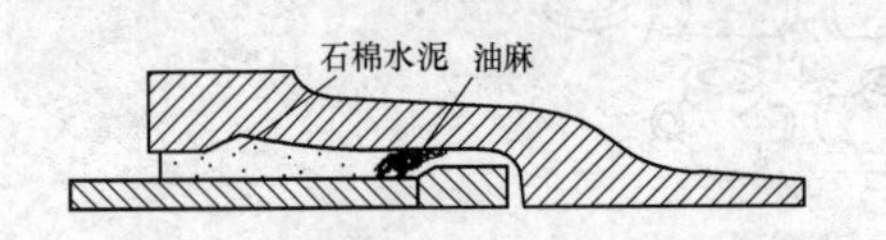


图 3.3　油麻石棉水泥承插接口

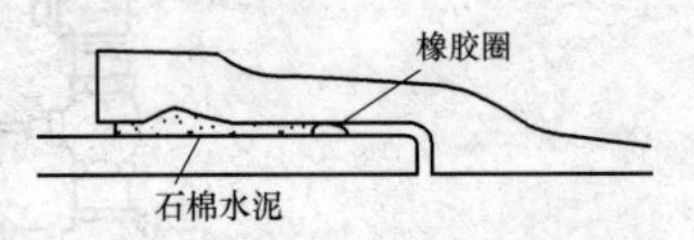


图 3.4　石棉水泥-橡胶圈承插接口

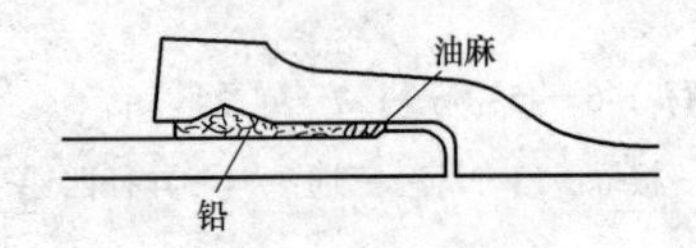


图 3.5　麻-铅承插接口

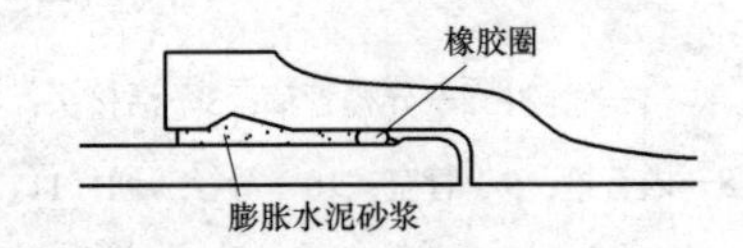


图 3.6　橡胶圈-膨胀水泥承插接口

5. 卡套式连接

卡套式连接是由带锁紧螺帽扣管件组成的专用接头而进行管道连接的一种连接形式，广泛应用于复合管道、塑料管道和 DN＞100mm 的镀锌钢管的连接。

6. 黏结

黏结是在管道端口涂抹黏合胶，将两根管道黏结在一起的连接。黏结施工简单，加工速度快，广泛应用于塑料管道。

7. 热熔连接

热熔连接是通过热熔机将塑料管道端口迅速加热连接的一种形式，具有性能稳定、质量可靠、操作简便等优点，但需专用设备。

管道连接方式及其适用范围如表 3.1 所示。

表 3.1　管道连接方式及其适用范围

| 序号 | 管道连接方式 | 方式说明 | 适用范围 |
|---|---|---|---|
| 1 | 螺纹连接 | 用螺纹压紧密封的机械连接方式 | 小口径焊接钢管、塑料管和钢管 |
| 2 | 法兰连接 | 法兰盘间衬垫垫片后，用螺栓拉紧密封的机械连接方式 | 钢管、铸铁管、塑料管等需经常拆卸的管段或较大口径的管道 |

续表

| 序号 | 管道连接方式 | 方式说明 | 适用范围 |
|---|---|---|---|
| 3 | 卡箍连接 | 在管段部分压一凹槽，接口部位外套橡胶密封圈，外用卡箍固定并对橡胶密封圈施加一定压力的连接方式 | 钢管连接 |
| 4 | 镶嵌连接 | 用外力将镶件与管道表面压合，形成压力密封的机械连接方式 | 塑料管、钢管、铜管 |
| 5 | 焊接连接 | 管道直接对位焊接的连接方式 | 钢管、铜管 |
| 6 | 热熔连接 | 不需加黏结剂和焊料，仅对结合面加热熔融，并施加外力使其融合的焊接连接方式 | 热塑性塑料管 |
| 7 | 承插连接 | 将管道一端的插口插入承口内，并对缝隙用填充材料密封的连接方式 | 铸铁管、塑料管 |
| 8 | 黏结连接 | 用黏结剂将管道黏结密封的连接方式 | 塑料管 |

从本书所提供的某综合楼建筑的给排水专业施工图中的施工说明(二)22 可得知本施工项目采用的管材和管道接口，如表3.2所示。

表3.2　本书介绍的施工项目所采用的管材和管道接口

| 管道系统 | 管道部位 | 管道材料 | 管道接口 | 备　注 |
|---|---|---|---|---|
| 生活给水管道 | 输水干管 | 钢丝网骨架塑料管 | 电热熔 | 含泵站内管道、分户支管之前的管道、入户管等 |
| | 分户支管 | PPR 管(冷水型) | 电热熔 | |
| 热水管道 | 输水干管 | 内衬塑钢管 | 丝接 | |
| | 分户支管 | PPR 管(冷水型) | 电热熔 | |
| 水泵吸水管 | 水泵房 | 不锈钢管 | 法兰 | |
| 消火栓给水管道 | 输水总管 | 热镀锌钢管(加厚) | 法兰 | 工作压力＞1.2MPa的干管及管网 |
| | 其他 | 热镀锌钢管 | 沟槽式卡箍连接或法兰 | DN＞100，法兰焊接后需二次镀锌 |
| 自动喷水管道 | | 热镀锌钢管 | 丝扣 | DN≤100 |
| | | 热镀锌钢管 | 沟槽式卡箍连接或法兰 | DN＞100，法兰焊接后需二次镀锌 |
| | | 热镀锌钢管 | 丝扣 | DN≤100 |
| 污水管道 | 卫生间、管道，通气管 | UPVC 排水管 | 黏结，伸缩节 | 室内UPVC立管按施工说明21条安装施工加装阻火圈 |
| | 二层以上室外立管 | | | |
| | 二层以下横干管 | 卡箍式排水铸铁管 | 卡箍连接 | |
| | 立管、出户管 | | | |
| | 室内立管 | | | |

注：目前钢塑类复合管种类繁多，鉴于此，对于其工作压力和连接方式请参照各厂家的要求执行。

# 3.2 给水系统安装工程

## 3.2.1 室内给水系统概述

给水系统是指通过管道及设备，按照建筑物和用户的生产、生活和消防的要求，有组织地将水输送到用水点的网络。其任务是满足建筑物和用户对水质、水量、水压和水温的要求，保证用水安全、可靠。

### 1. 室内给水系统的分类与组成

室内给水系统按用途可分为生活给水系统、生产给水系统和消防给水系统三类。

室内给水系统的组成分为以下几个部分，如图3.7所示。

(1) 引入管：引入管是由室外给水引入建筑物的管段。

(2) 给水管道：给水管道是输送水流的通道，分为给水干管、给水立管和给水支管。

(3) 给水附件：给水附件是指给水管道中的各种阀门和水龙头等。

(4) 增压和贮水设备：当外管网水压不足或室内对安全供水和稳定水压有要求时，需要设置各种辅助设备，如水泵、水池、水箱及气压给水设备等。

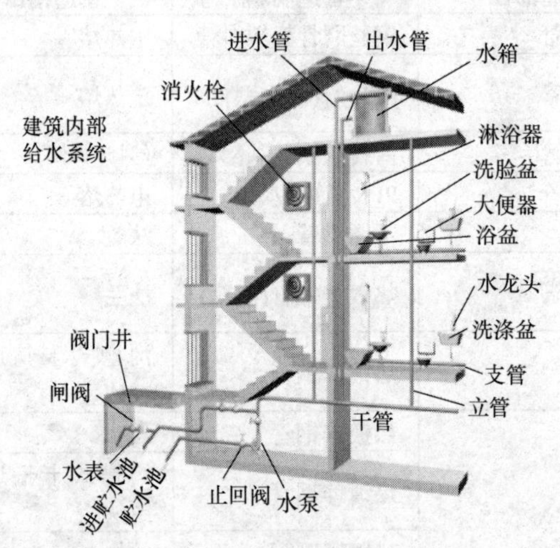


图3.7 给水系统的组成

### 2. 室内给水系统的给水方式

室内给水要根据室内所需水压和室外管网压力来决定给水系统的布置形式，一般分为以下几种。

1) 直接供水方式

直接供水方式如图3.8所示。水经由引入管、给水干管和给水支管直接供到各用水点或配水设备。这种供水方式的特点是：构造简单、经济、维修方便、水质不易被二次污染。

但这种供水方式对供水管网的水压要求较高，适用于低层或多层建筑。

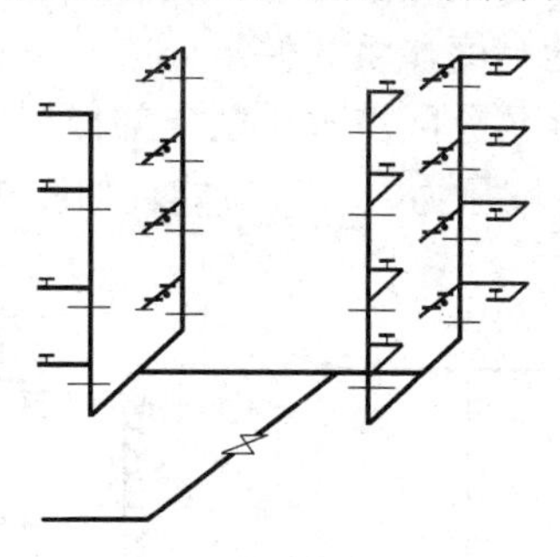

图 3.8　直接供水方式

2)　单设水箱的供水方式

单设水箱的供水方式是在室内给水的最高点(如顶层或屋顶)设置贮水水箱。这种供水方式的主要特点是：利用管网自身水压在水箱中储备一定量的水，实现不间断供水。但水易被二次污染，对建筑物的建构会产生影响。单设水箱的供水方式适用于供水不足的场合，如图 3.9 所示。

3)　单设水泵的供水方式

在供水管网的水量足够、但压力不足的情况下，在引入管上加接抽水泵，通过水泵的作用给各用水点供水，如图 3.10 所示。这种供水方式的主要特点是：能保证各用水点的水压，对与之相连的室外给水干管有较大影响。它适用于室外供水管网的水压常低于室内所需压力，用水量较小的场所，且自来水公司同意用户单设水泵。

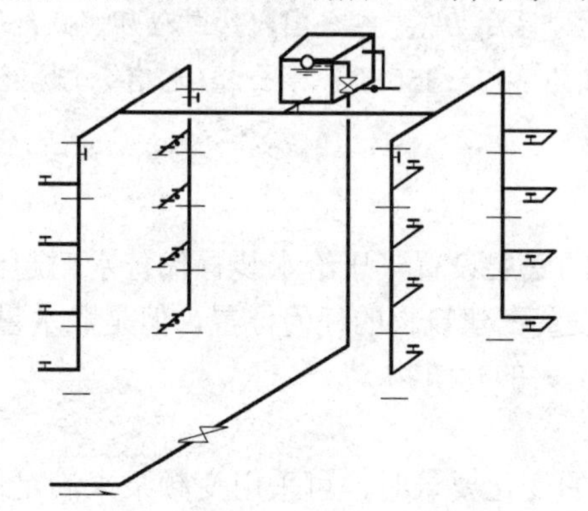

图 3.9　单设水箱的供水方式

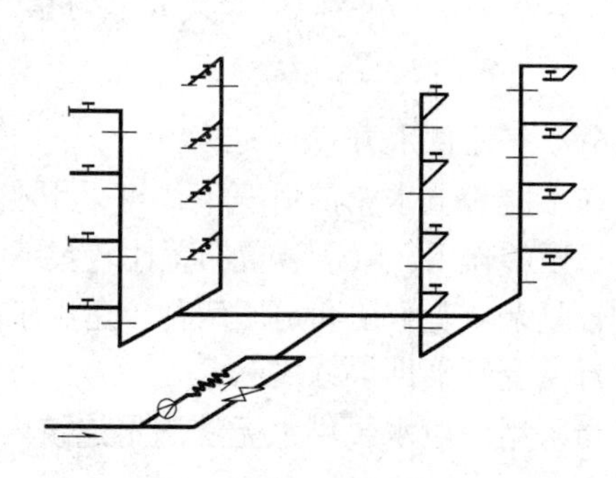

图 3.10　单设水泵的供水方式

4)　水池、水泵、水箱联合的供水方式

针对单设水泵供水方式的缺点，在建筑物的底部设贮水池，将室外给水管网的水引至水池内贮存，在建筑物的顶部设水箱，用水泵从贮水池中抽水送至水箱，再由水箱分别给各用水点供水，如图 3.11 所示。这种供水方式适用于室外管网压力不足，又不允许直接从室外管网抽水的多层、高层建筑物，但由于增设了贮水池、水箱及水泵等设备，因而造价大大提高，并且水质易被二次污染。

5)　分区供水方式

目前高层建筑物越来越多，均需要由水泵加压供水。由于水自重的作用，低层的静水压要比高处楼层的静水压大，会造成底部管道、设备易损坏，这对供水的安全不利。因此为防止静压力过高，根据建筑的高度，将其供水分成若干供水区段。一般来说上层部分依据不同高度，选用不同扬程的水泵分区将水送至上部楼层，下层部分可由室外供水管网的压力供水，这样也能充分利用外网压力，有效节能，如图 3.12 所示。

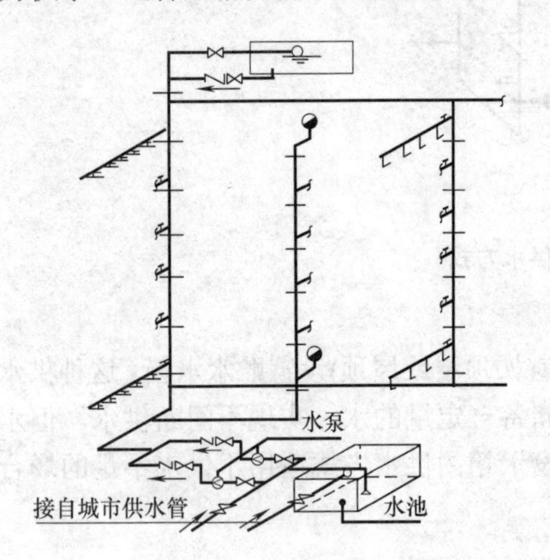


图 3.11　水池、水泵、水箱联合的供水方式

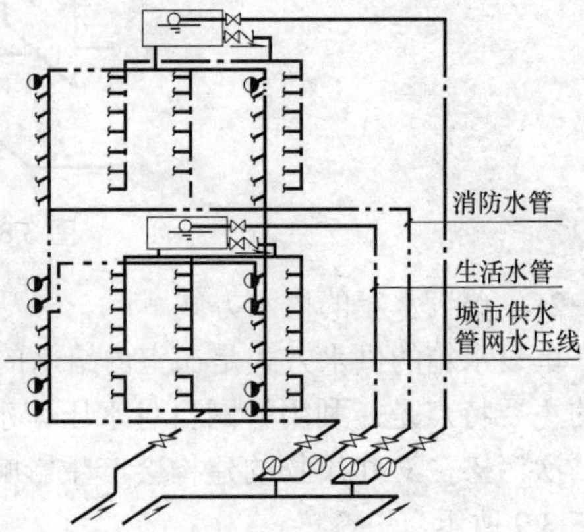

消防水管
生活水管
城市供水
管网水压线

图 3.12　分区供水方式

本书示例中建筑物，采用的是分区供水方式。

**知识拓展：分区压力值**

只有根据具体情况进行优化分析才能获得最优化分区压力值。结合国内外工程师实践经验推荐了分区压力值的取值范围：旅馆、医院、住宅建筑为 300～350kPa，办公楼(无宿舍)为 350～450 kPa。

6)　气压供水方式

在不能设置水箱的情况下，可采用在建筑物的底层设置气压给水装置代替水箱起到增压、稳压的作用。气压装置布置比较灵活，可以设置在建筑物的任何位置，但是贮水量少，结构较复杂，有恒压和定压两种，适用于用水量不大的建筑物。

7)　变频泵供水方式

当采用一般水泵供水无法满足建筑内用水量的变化要求时，可采用变频泵来满足供水要求。

## 3.2.2　室内给水管道安装的基本技术要求

根据第 1 章中水施-01(四)的施工说明和相关验收规范的规定，本工程施工的基本技术要求如下。

(1)　本工程的给水排水设备、仪表、洁具、阀门、管材及其附件必须是合格的产品。

(2)　管道标高标注：给水、热水、冷却水、消防给水、自动喷水等均指管中心。雨水、粪便污水、废水等重力自流管及压力排水管均指管内底。共用支架的管道均指管外底标高。

(3)　生活饮用水管道在使用前应用含 20～30mg/L 游离氯的水灌满管道进行消毒，含氯消毒水在管中应停留 24h 以上。消毒后，再用饮用水冲洗，并经检验符合国家《生活饮用水标准》方可使用。验收时应有卫生防疫部门的检验报告。

**知识拓展：我国《生活饮用水标准》**

生活饮用水水质标准和卫生要求必须满足三项基本要求。

① 为防止介水传染病的发生和传播，要求生活饮用水不含病原微生物。

② 水中所含化学物质及放射性物质不得对人体健康产生危害，要求水中的化学物质及放射性物质不引起急性和慢性中毒及潜在的远期危害(致癌、致畸、致突变作用)。

③ 水的感官性状是人们对饮用水的直观感觉，是评价水质的重要依据。生活饮用水必须确保感官良好，使人们乐于饮用。

我国生活饮用水水质标准共 35 项。其中感官性状和一般化学指标为 15 项，主要是为了保证饮用水的感官性状良好；毒理学指标 15 项、放射指标 2 项，是为了保证水质对人不产生毒性和潜在危害；细菌学指标 3 项是为了保证饮用水在流行病学上安全而制定的。

(4) 管道、设备和卫生洁具安装应与土建施工、通风管道、电缆电线管安装密切配合。

(5) 给排水设备、洁具和管道安装前必须清除内部污垢和杂物；安装中断或完毕，敞口处应临时封闭。

(6) 除地下车库、设备房、设备层和楼梯间内管道明装外，其余均在管井、吊顶或墙体内暗装。

(7) 给水管、热水管、消火栓管、喷水管等钢管、铜管在安装时都应考虑适应管道的热胀冷缩需要，不管图中是否有表示，都应设置波纹伸缩节(当有弯头等自然补偿时可减设)。直线管道上伸缩节间距如表 3.3 所示。

表 3.3　伸缩节间距

| 公称直径/mm | 50 | 70 | 80 | 100 | 125 | 150 | ≥200 |
|---|---|---|---|---|---|---|---|
| 钢管/m | 40 | 40 | 40 | 40 | 50 | 50 | 90 |
| 铜管/m | 25 | 25 | 25 | 25 | 30 | 30 | |

注：塑料给水管及复合管的伸缩节设置见各厂家要求。

(8) 管道穿越沉降缝时，不管图中是否已表示，都应采用同口径不锈钢软管连接沉降缝两边管道。软管长度按沉降量为 25～30cm 来安排。

(9) 管道嵌墙管的墙槽尺寸：宽度宜为 $D$+60，深度宜为 $D$+30。

(10) 管道穿越墙体、楼板的孔洞应配合土建施工预留： $\phi$>300 的楼板预留套管、穿预应力楼板、剪力墙、梁的孔洞、套管以及消火栓的留洞均已在土建图纸上表示，$\phi$≤300 的楼板预留套管，施工单位可按下述原则自行补充预留(套管需紧靠梁、柱)：压力给水管处预留套管为 $\phi=D+50$，重力排水管处预留套管为 $\phi=D+150$，严禁在管道安装时再补充钻孔、打洞。卫生间内楼板预留套管，施工单位可在卫生器具选定后按其尺寸自行补充预留。所有孔洞、套管应在混凝土浇灌前仔细核对，以免遗漏或尺寸不符。

(11) 给水及排水立管底部的立管和弯管、弯管和弯管、弯管和水平管的相互连接应加强，并需设置支墩。有困难时可设置加强的支架。其支承能力应保证在使用时不因动态负载致使产生颤动和位移。

## 3.2.3 室内给水管道的安装

管道安装应结合具体条件，合理安排顺序。一般为：先地下，后地上；先大管，后小管；先主管，后支管。当管道交叉中发生矛盾时，应小管让大管，给水管让排水管，支管让主管。室内给水管道安装的一般程序是：

### 1. 引入管的安装

安装引入管时，首先确定引入管的位置、标高和管径等。正确地按设计图纸规定的位置开挖土(石)方至所需深度，若无设计要求时，管顶覆土厚度应不小于 0.7m，并应敷设在冰冻线以下 0.15m。引入管由基础下部进入室内的敷设方式如图 3.13 所示。

为防止建筑物下沉而破坏引入管，引入管穿地下室外墙或基础时应预留孔洞或钢套管，在地下水位高的地区，应采取防水措施，如设防水套管。引入管敷设在预留孔内，应保持管顶距孔壁的距离不小于建筑物的沉降高度。预留孔与管道的空隙用黏土填实，两侧用 1∶2 水泥砂浆封口，如图 3.14 所示。

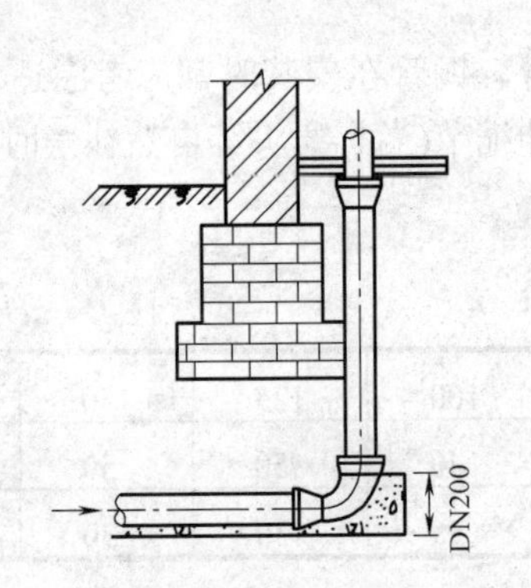


图 3.13 引入管由基础下部进入室内图

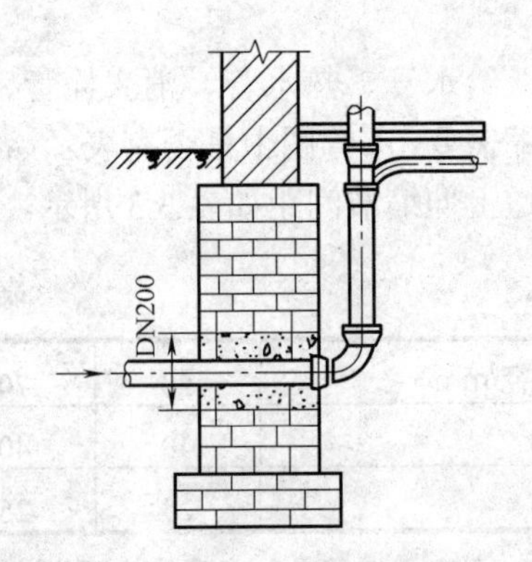


图 3.14 引入管穿墙基础

给水引入管与排水排出管的水平净距不得小于 1m；室内给水管与排水管平行敷设时，两管间的最小水平净距为 500mm。交叉铺设时，垂直净距为 150mm，给水管应铺设在排水管的上方。

本书所提供的某综合楼给排水工程施工图中，引入管在-1.500m 处预埋 A 型 DN150 柔性套管，如图 3.15 所示。

### 2. 干管安装

干管安装一般可在支架安装完毕后进行。可先在主干管中心线上定出各分支主管的位置，标出主管的中心线，然后将各主管间的管段长度测量记录，并在地面进行预制和预组装(组装的长度应以方便吊装为宜)，预制时，同一方向的主管头子应保证在同一直线上，且管道的变径应在分出支管之后进行。组装好的管子，应在地面进行检查有无歪斜扭曲，如有则应进行调直。

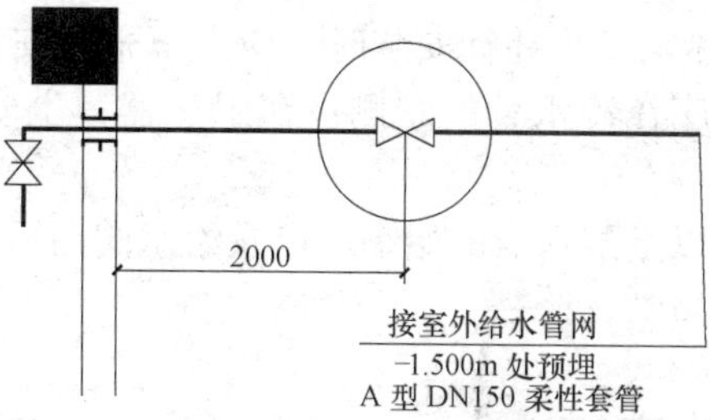

图 3.15　引入管的安装

水平支架位置的确定和分配按照施工说明第 25 条进行。可先根据图纸要求测出一端高度，并根据管段长度和坡度定出另一端的标高，两端标高确定后，再用拉线的方法确定出管道中心线的位置，然后确定和分配支架。钢管管道支架的最大间距如表 3.4 所示。塑料管及复合管管道支架的最大间距如表 3.5 所示。

表 3.4　钢管管道支架的最大间距

| 公称直径/mm | | 15 | 20 | 25 | 32 | 40 | 50 | 65 | 80 | 100 | 125 | 150 | 200 | 250 | 300 |
|---|---|---|---|---|---|---|---|---|---|---|---|---|---|---|---|
| 支架的最大间距/m | 保温管 | 1.5 | 2 | 2 | 2.5 | 3 | 3 | 4 | 4 | 4.5 | 5 | 6 | 7 | 8 | 8.5 |
| | 不保温管 | 2.5 | 3 | 3.5 | 4 | 4.5 | 5 | 6 | 6 | 6.5 | 7 | 8 | 9.5 | 11 | 12 |

表 3.5　塑料管及复合管管道支架的最大间距

| 公称直径/mm | | | 12 | 14 | 16 | 18 | 20 | 25 | 32 | 40 | 50 | 63 | 75 | 90 | 110 |
|---|---|---|---|---|---|---|---|---|---|---|---|---|---|---|---|
| 最大间距/m | 立　管 | | 0.5 | 0.6 | 0.7 | 0.8 | 0.9 | 1.0 | 1.0 | 1.3 | 1.6 | 1.8 | 2.0 | 2.2 | 2.4 |
| | 水平管 | 冷水管 | 0.4 | 0.4 | 0.5 | 0.5 | 0.6 | 0.7 | 0.8 | 0.9 | 1.0 | 1.1 | 1.2 | 1.35 | 1.55 |
| | | 热水管 | 0.2 | 0.2 | 0.25 | 0.3 | 0.3 | 0.35 | 0.4 | 0.5 | 0.6 | 0.7 | 0.8 | | |

### 3. 立管安装

首先根据图纸要求或给水配件及卫生器具的种类确定支管的高度，在墙面上画出横线，再用线坠吊在立管的位置，在墙上弹出或画出垂直线，并根据立管卡的高度在垂直线上确定出立管卡的位置并画好横线，然后再根据所画横线和垂直线的交点打洞并埋栽管卡。

当层高小于或等于 5m 时，每层须安装一个立管管卡，管卡距地面为 1.5～1.8m；层高大于 5m 时，每层安装不少于两个，管卡应均匀安装。成排管道或同一房间的立管卡和阀门等的安装高度应保持一致。

管卡埋好后，再根据干管和支管横线，测出各立管的实际尺寸进行编号记录，在地面统一进行预制和组装，检查和调直后方可进行安装。上立管时，应两人配合，一个人在下端托管，另一人在上端上管，上到一定程度时，要注意下面支管头的方向，以防支管头偏差或过头。上好的立管要进行最后检查，保证垂直度和管墙距离，使其都在同一垂直线上，最后把管卡收紧，配合土建堵好楼板洞。

安装在楼板内的套管，其顶部应高出装饰地面 20mm；安装在卫生间及厨房内的套管，其顶部应高出装饰地面 50mm，底部与楼板地面相平。

4. 支管安装

当冷、热水管或冷、热水龙头并行安装时，应上下平行安装，热水管应在冷水管的上方；垂直安装时，热水管应在冷水管的左侧；在卫生器具上安装时，热水龙头应安装在左侧。

支管上有 3 个或 3 个以上配水点的始端，以及给水阀门后面按水流方向均应设可装拆的连接件(活接头)。

## 3.2.4 水表、阀门的安装

1. 水表的安装

1) 水表的组成和分类

水表是一种计量用水量的仪器。目前使用较多的是流速式水表，一般由表壳、翼轮和减速指示机构组成。其计量原理是当管径一定时，通过水表的流量与流速成正比来计量。水表计量的数值为累计值。

流速式水表按叶轮构造不同分为旋翼式和螺翼式两种，如图 3.16 所示。

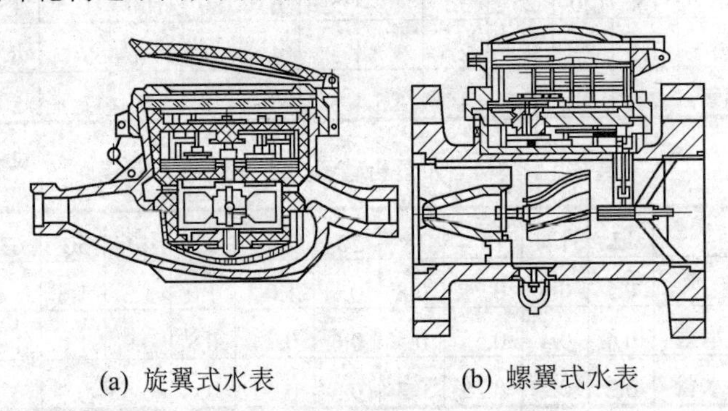

(a) 旋翼式水表　　(b) 螺翼式水表

图 3.16 水表结构

旋翼式水表的叶轮轴与水流方向垂直，阻力大，计量范围小，多为小口径水表。螺翼式水表的叶轮轴与水流方向平行，阻力小，计量范围大，多为大口径水表。

2) 水表安装的注意事项

(1) 水表应安装在便于检修、抄表，不受曝晒、污染、冻结的地方。

(2) 水表应水平安装，箭头方向与水流方向一致。

(3) 表后应设置止回阀，前后均设阀门以便于检修。对于水中含杂质较多的情况，宜在表前设置过滤器以防止水表堵塞。

(4) 安装旋翼式水表，表前与阀门应有不小于 8 倍水表接口直径的直线管段。安装螺翼式水表，表前与阀门应有 8～10 倍水表接口直径的直线管段，表后应有 300mm 直管线段。

(5) 水表进口中心标高按设计要求，允许偏差为 10mm。表外壳距墙面净距为 10～30mm。

(6) 建筑物内的分户水表，水表的后面可以不设阀门，而只在水表前装设一个阀门，如图 3.17 所示。

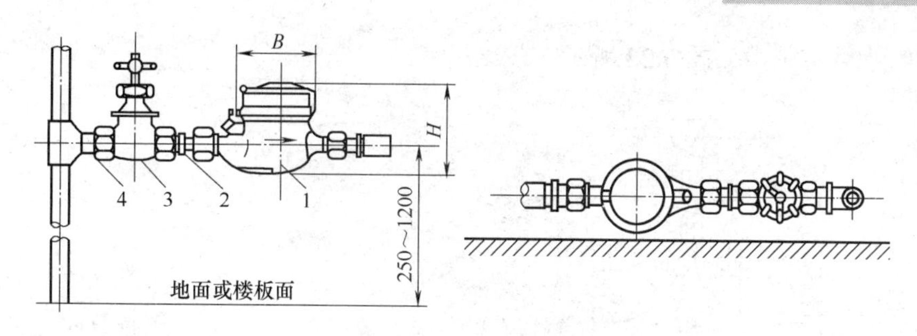


图 3.17 室内水表的安装

1—水表；2—补芯；3—阀门；4—短管

## 2. 阀门的安装

给水附件分为配水附件和控制附件两大类。配水附件用以调节和分配水流，一般指各种水龙头。控制附件用以调节水量、水压，关断水流等，一般指各种类型的阀门。

1) 几种常用阀门

(1) 闸阀：闸阀体内有一闸板与水流方向垂直，闸板与阀座的密封面相配合，利用闸板的升降来控制阀门的启闭，如图 3.18 所示。

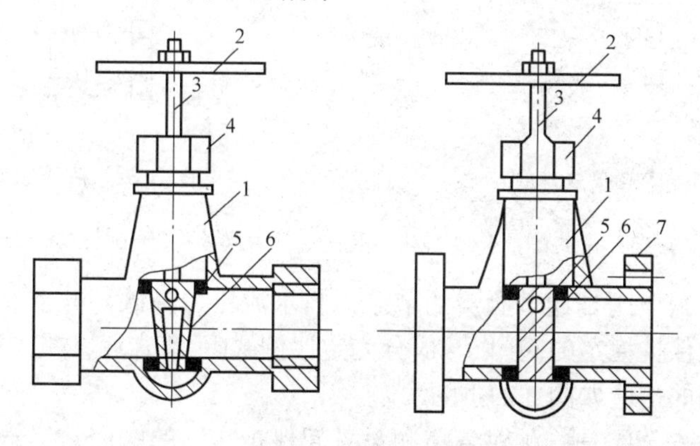


图 3.18 闸阀

1—阀体；2—手轮；3—阀杆；4—压盖；5—密封圈；6—阀板；7—法兰

(2) 截止阀：截止阀是利用装在阀杆下面的阀盘与阀体内突出的阀座相配合来控制阀门开启和关闭，达到开启和截断水流、调节流量的目的。安装时要注意水流方向，不得装反，否则开启费力。在室内给水管道中，当管径 DN＜50mm 时宜选用截止阀，如图 3.19 所示。

(3) 止回阀：止回阀是一种自动启闭的阀门，用于控制水流方向，只允许水流朝一个方向流动，反向流动时阀门自动关闭。按结构形式可分为升降式和旋启式两种。安装止回阀时要注意方向，必须使水流的方向与阀体上的箭头方向一致，不得装反，如图 3.20 所示。

(4) 球阀：球阀是利用一个中间开孔的球体阀芯，靠旋转球体来控制阀门开、关的。球阀只能全开或全关，不允许作节流用，常用于管径较小的给水管道中，如图 3.21 所示。

(5) 旋塞阀：旋塞阀是依靠中央带孔的锥形栓塞来控制水管启闭的。旋塞阀结构简单，水流阻力较小，启闭迅速，操作方便，但开关较费力，密封面容易磨损。常用于压力低、管径小的给水管道中，如图 3.22 所示。

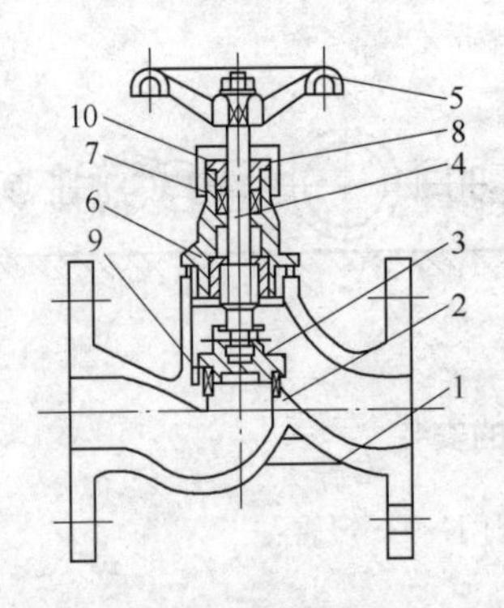


图 3.19　截止阀

1—阀体；2—阀座；3—阀瓣；4—阀杆；5—手轮；
6—阀盖；7—填料；8—压盖；9—密封圈；10—填料压环

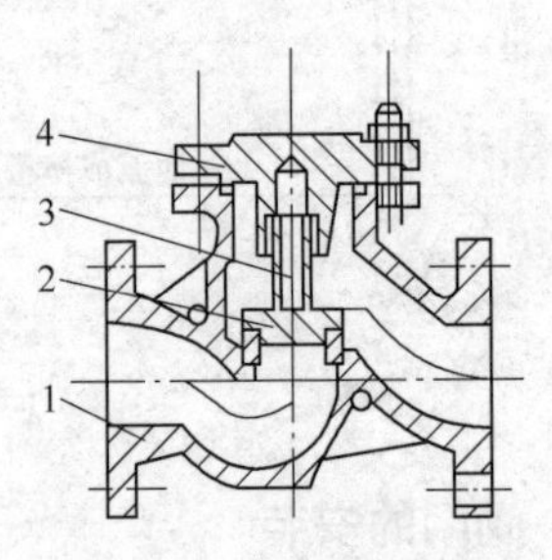


图 3.20　升降式止回阀

1—阀体；2—阀瓣；3—导向套；4—阀盖

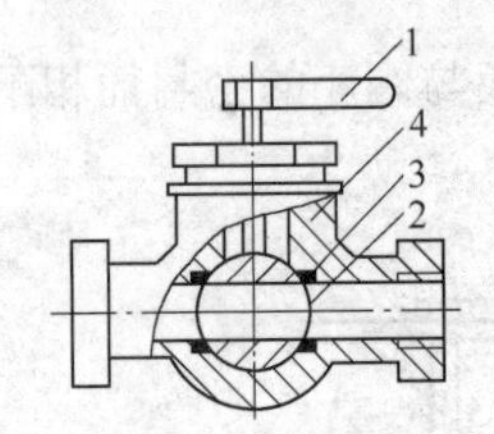


图 3.21　内螺纹式球阀

1—手柄；2—球体；3—密封圈；4—阀体

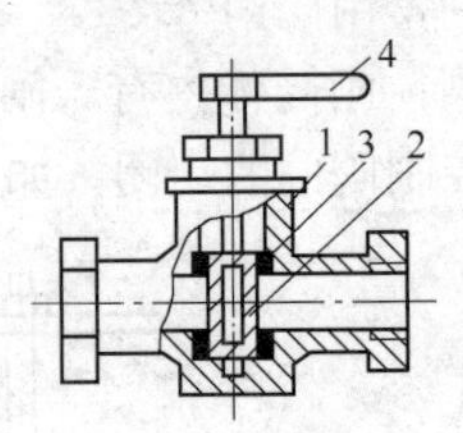


图 3.22　内螺纹式旋塞阀

1—阀体；2—圆柱体；3—密封圈；4—手柄

(6)　减压阀：减压阀是通过阀瓣的节流，将水流压力降低，并依靠水流本身的能量，使出水口压力自动保持稳定的阀门。一般分为定比例式(活塞式)和非定比例式(弹簧式)两种。弹簧薄膜式减压阀的构造如图 3.23 所示。

(7)　安全阀：安全阀是一种对管道和设备起保护作用的阀门。当管道或设备的水流压力超过规定值时，阀瓣自动排放，低于规定值时，自动关闭。按其构造分为杠杆重锤式、弹簧式和脉冲式三种。弹簧式安全阀，如图 3.24 所示。

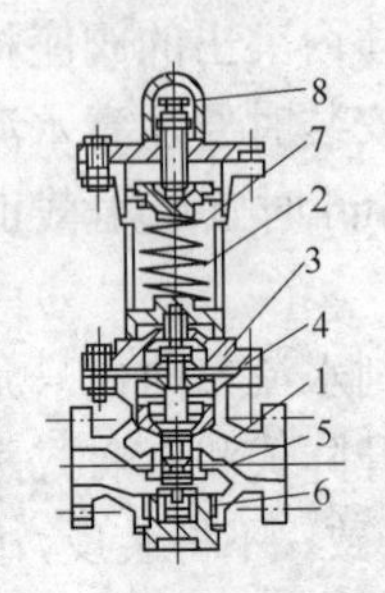


图 3.23　弹簧薄膜式减压阀

1—阀体；2—阀盖；3—薄膜；4—活塞；5—阀瓣；
6—主阀弹簧；7—调节弹簧；8—调节螺栓

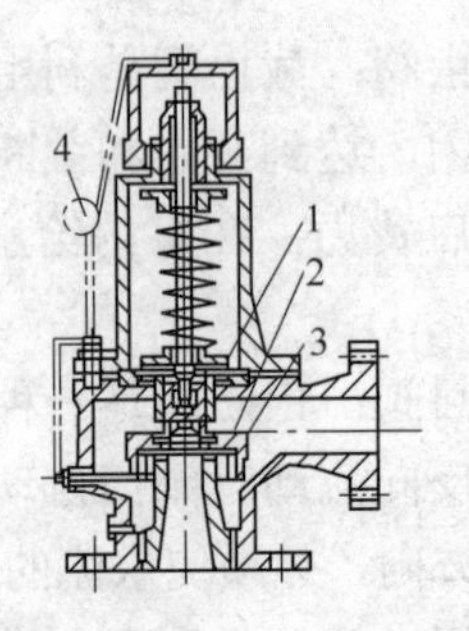


图 3.24　弹簧式安全阀

1—阀瓣；2—反冲盘；3—阀座；4—铅封

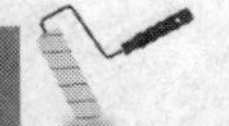

2)　阀门安装一般要求

(1)　阀门的种类、型号、规格必须符合设计规定；启闭灵活严密，无破裂、砂眼等缺陷。

(2)　阀门安装前必须进行强度和严密性试验，试验应在每批(同牌号、同型号、同规格)数量中抽查 10%，且不少于一个，安装在主干管上起切断作用的闭路阀门，应逐个做强度和严密性试验。

**知识拓展：强度试验和严密性试验**

强度试验是指阀门在开启状态下，检查阀门外表面的渗漏情况的试验。
严密性试验是指阀门在关闭状态下，检查阀门密封面是否渗漏的试验。

(3)　给水立管和装有 3 个或 3 个以上配水点的支管始端，均应安装可拆装的连接管件，如活接头。

(4)　所有阀门的压力：用在配水管网的阀门采用公称压力 PN 为 1.0MPa；用在输水管道、水泵房的阀门应大于输水管道的最大工作压力。

(5)　采用的闸阀，除图中专门注明者外，一般在泵房内及消火栓管道上为明杆闸阀，其他部位可为暗杆闸阀(带开启标志)。

(6)　同一房间内、同一设备、同一用途的阀门应排列对称，整齐美观，阀门安装高度应便于操作。

(7)　水平管道上的阀门、阀杆、手轮不可朝下安装，宜向上安装。

(8)　并排立管上的阀门，高度应一致整齐，手轮之间便于操作，净距不应小于 100mm。

(9)　安装有方向要求的阀门，一定要使其安装方向与水流方向一致。

(10) 引入管及各支管的起端应该安装阀门，安装在地下管道的阀门应设在阀门井或检查井内。

### 3.2.5　管道的试压与清洗

#### 1. 管道试压

管道安装完毕，应对管道系统进行压力试验。实验的目的是检查管路的机械强度和严密性能否保证正常运行和投产使用。一般采用水压试验。

1)　试压压力

室内给水管道的水压试验必须合乎设计要求。当设计未注明时，各种材质的给水管道系统试验压力均为工作压力的 1.5 倍，且不得小于 0.6MPa。本书示例中所提供的生活给水试验压力为 1.0MPa，其余支管试验压力为 0.6MPa。

2)　检验方法

金属及复合管给水管道在试验压力下观测 10min，压力降不大于 0.02MPa，然后降到工作压力进行检查，不渗不漏。

塑料管给水管道系统在试验压力下应稳压 1h，压力降不大于 0.05MPa，然后在 1.15 倍工作压力下稳压 2h，压力降不大于 0.03MPa，不渗不漏。

2. 管道冲洗

管道在投入使用前，必须进行清洗，以清除管道内的杂物。一般管道在压力试验合格后清洗。对于管道内杂物较多的管道系统，可在压力试验前进行清洗。

冲洗方法应根据对管道的使用要求、管道内表面污染程度确定。冲洗顺序应先室外，后室内，先地下，后地上。室内部分的冲洗应按配水干管、配水管、配水支管的顺序进行。

冲洗完毕后，经有关部门取样检查，符合国家《生活饮用水标准》方可使用。

3. 管道消毒

生活饮用水的给水管道在放水冲洗后，再充水浸泡24h。取出管道内水样进行细菌检查，如水质化验达不到要求标准，则应用漂白粉溶液注入管道内浸泡消毒，然后再冲洗，经水质部门检验合格后交付验收。

# 3.3 排水系统安装工程

## 3.3.1 室内排水系统概述

排水系统是指通过管道及设备，把屋面雨水及生活和生产过程中的污水、废水及时排放出去的网络。

1. 室内排水系统的分类与组成

室内排水系统按排除水的性质可分为生活污废水系统、生产污废水系统、雨雪水系统。

室内排水系统分为以下几个部分，如图3.25所示。

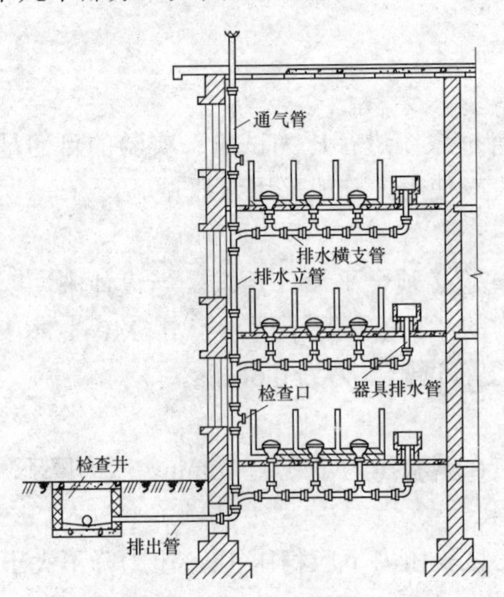


图3.25 排水系统的组成

(1) 污废水收集器(卫生器具)：污废水收集器是用来收集污废水的器具，生产中指的是污废水收集器，生活中指的是卫生器具。

(2) 排水管道：排水管道是用来输送污废水的通道，分为排水支管、排水立管和排出管。

(3) 水封装置：水封装置是在排水设备和排水管道之间的一种存水设备，其作用是用来阻挡排水管道中产生的臭气，使其不致溢到室内，以免污染室内环境，如图 3.26 所示。一般水封高度取 50～100mm，过低水封厚度容易被破坏，过深则不利于固体杂质的排除。

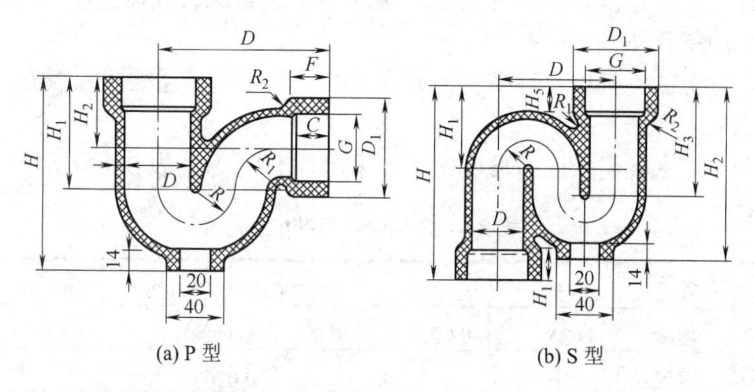


(a) P 型 (b) S 型

图 3.26 存水弯

(4) 通气管：通气管的作用是排除管道中产生的臭气，同时保证排水管道与大气相通，以免在排水管中因局部满流，形成负压，产生抽吸作用致使排水设备下的水封被破坏。

(5) 清通部件：排水管道中排出的污物和杂质较多，很容易发生堵塞现象，因此清通部件的作用是清通排水管道，一般有检查口、清扫口和检查井三种。

(6) 抽升设备：民用和公共建筑物的地下室、人防建筑与工业建筑内部标高低于室外排水管道的标高，其污废水一般难以自流排出室外，需要抽升排泄。一般采用水泵抽升。

(7) 局部处理构筑物：当建筑物内的污水水质不符合排放标准时，需要在排入市政排水系统前进行局部处理。此时在建筑排水系统内应设置局部处理设备。常用的有化粪池、隔油池、降温池和酸碱中和池四种。

### 2. 排水体制

根据污、废水的污染程度来排放称为排水体制，分为合流制和分流制两种。

合流制是采用同一套管道系统将污、废水收集起来一同排放的排水方式。合流制管道简单，但处理设备的处理能力较大。分流制是采用两种或两种以上的管道系统将污、废水分别收集起来，分别排放的排水方式。分流制管道复杂，但污染程度较轻的废水可直接排放，不需要进行处理，降低了处理压力。

**知识拓展：合流制和分流制的好坏**

判别合流制和分流制的好坏，我们往往要从管道系统的投资和处理设备的投资两个方面来考虑。以往的大多数建筑均采用合流制，现在不少高层建筑也开始采用分流制。

本书介绍的建筑工程就采用污、废水合流制的排水方式。

## 3.3.2 室内排水管道安装的基本技术要求

根据第1章中水施-01(四)的施工说明和相关验收规范规定，本工程施工基本技术要求如下。

(1) 本工程的排水设备、仪表、洁具、阀门、管材及其附件必须是合格的产品。

(2) 管道标高标注：雨水、粪便污水、废水等重力自流管及压力排水管均指管内底。共用支架的管道均指管外底标高。

(3) 排水立管上的检查口安装高度为离地1.0m，风帽高出屋面隔热板0.3～0.4m，上人屋面高出屋面2m。

(4) 设计图中排水管道未注明坡度的，均采用标准坡度(如表3.6所示)。

表3.6 常用管材标准坡度

| | | | | | | | |
|---|---|---|---|---|---|---|---|
| 铸铁管 | 管径 | DN50 | DN75 | DN100 | DN125 | DN150 | DN200 |
| | 坡度 | 0.035 | 0.025 | 0.02 | 0.015 | 0.01 | 0.008 |
| 塑料横支管 | 坡度 | 0.026 | | | | | |
| 塑料横干管 | 管径 | DN50 | DN75 | DN100 | DN125 | DN150 | DN200 |
| | 坡度 | 0.025 | 0.015 | 0.012 | 0.01 | 0.007 | 0.005 |

(5) 管道、设备和卫生洁具的安装，应与土建施工、通风管道、电缆电线管的安装密切配合。

(6) 给排水设备、洁具和管道安装前必须清除内部污垢和杂物，安装中断或完毕，敞口处应临时封闭。

(7) 采用的UPVC塑料管，必须是阻燃型的。

(8) UPVC塑料管阻火圈或防火套管的设计和施工详见《建筑排水硬聚氯乙烯管道工程技术规程》(CJJ/T1929—1998)第3.1.3条、第3.1.4条、第3.1.5条、第4.1.14条规定。

(9) 本工程设计的地漏，在接管道时均增设存水弯。

(10) DN75、DN50的排水管道上的清扫口，其尺寸与管道同径。DN≥100的排水管道上的清扫口，其尺寸均为DN100。在排水铸铁管道上清扫口采用铸铁制黄铜口盖，在UPVC排水管道上采用UPVC塑料清扫口。

(11) 存水弯同卫生洁具配套订购，水封$h \nless 50$mm。

(12) 水箱至大便器的冲洗管，高水箱采用DN32，低水箱采用DN50的塑料管。

(13) 除注明者外，洗手盆、洗脸盆、小便器的存水弯管径及楼地面以上管道管径为DN32，其排水横管接口的弯头或三通为DN50。

(14) 排水铸铁管的支架最大间距$L$：横管$L \ngtr 2$m；立管$L \ngtr 3$m。

(15) 给水及排水立管底部的立管和弯管、弯管和弯管、弯管和水平管的相互连接应加强，并需设置支墩。有困难时，可设置加强的支架。其支承能力应保证在使用时，不因动态负载致使产生颤动和位移。

(16) 排水横管应尽量抬高在梁底上方方格空间内和贴梁底敷设。

(17) 洁具通气管、环形通气管，应在卫生洁具上边缘以上不小于0.15m处，按0.01的上升坡度与通气立管连接。

(18) 排水管道的连接应符合《验收规范》第 5.2.15 条。

(19) 排水管上检查口、清扫口除图中标明者外，还应按规范第 5.2.6 条要求设置和安装。但当采用带门三通和弯头时，此门可替代清扫口和检查口。采用给水铸铁管的管段上的清扫口可用钢制管件加法兰堵代替。检查口设置：污水每隔两层及顶、底、转弯层上层，雨水在弯层上层、多层 1/2 楼层处，高层每隔 6 层。

(20) 排水管道的横管与横管、横管与立管的连接必须采用 45° 三通、45° 四通或 90° 斜三通、90° 斜四通。

(21) 排水立管与下部水平管或出户管连接，一般应采用两个 45° 弯头或弯曲半径不小于 4 倍管径的 90° 弯头。

(22) 管道起端的清扫口，其与污水横管相垂直的墙面的距离应≮0.15m，设堵头代替清扫口时，与墙面的距离应≮0.4m。

(23) 地漏应安装在地面最低处，其篦子顶面应低于设置处地面≮5mm。

(24) UPVC 塑料排水管伸缩节的设置要求详见《建筑排水硬聚氯乙烯管道工程技术规程》(CJJ/T 29—98)第 3.1.19 和第 3.1.20 条。

① 当层高≤4m 时，立管应每层设一个伸缩节，否则应根据设计伸缩量确定。

② 横干管设置伸缩节，一般≯4m，或按设计图纸中要求设置。

③ 横支管上合流配件至立管的直线管段＞2m 时，宜设伸缩节，但伸缩节间最大间距≯4m。

④ 管道设计伸缩量：$D$≤110 时，伸缩量≯20mm；$D$≥160 时，伸缩量≤25mm。

(25) 排水管的吊钩或卡箍应固定在承重结构上。

(26) 污水及雨水的立管、横干管，还应按《规范》的要求做通球试验。

## 3.3.3　室内排水管道的安装

室内排水管道安装时应保证排水通畅，力求简短，少拐弯或不拐弯，保护管道不受损害，防止污染，并兼顾其他管道的敷设，安装维修方便。

室内给水管道安装的一般程序如下：

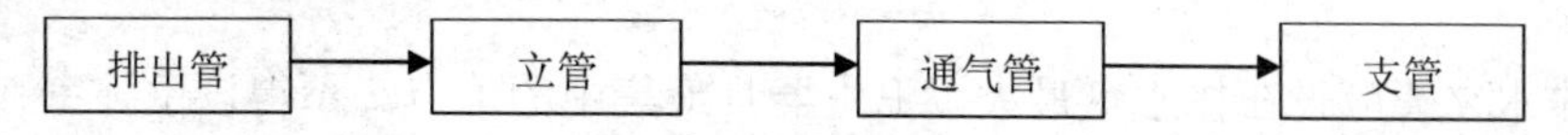


### 1. 排出管的安装

排出管的安装步骤如下。

(1) 埋地铺设的管道宜分两段施工。第一段先作±0.000 以下的室内部分，至伸出外墙为止。待土建施工结束后，再铺设第二段，从外墙接入室外检查井。

(2) 埋地管道的管沟，沟底应平整，无突出的尖硬物，沟底坡度同管道坡度。在挖好的管沟或房心土回填到管底标高处敷设管道时，直接将预制好的管段按照承口朝向来水方向，由出水口处向室内顺序排列。挖好捻灰口用的工作坑，将预制好的管段徐徐放入管沟内，封闭堵严总出水管口，做好临时支撑。按施工图纸的坐标、标高，找好管道的位置和坡度以及各预留管口的方向和中心线，将管段承插口相连。如果管线较长，可逐段定位。

(3) 排水管道穿越基础做预留孔洞时，应配合土建设计的位置与标高进行施工。管顶上部净空不宜小于 150mm。

埋地管穿越地下室外墙时，为达到防水目的可设套管，大管径排水管处预留套管为 $\phi=D+150$，严禁在管道安装时再补充钻孔、打洞。

(4) 为便于检修，排出管的长度不宜太长，一般自室外检查井中心至建筑基础外边缘距离不小于 3m，不大于 10m，如表 3.7 所示。

表 3.7 室外检查井中心离排水立管最大长度

| 管径/mm | 50 | 75 | 100 | >100 |
|---|---|---|---|---|
| 最大长度/m | 10 | 12 | 15 | 20 |

(5) 排出管与排水立管连接，一般应采用两个 45° 弯头或弯曲半径≮4 倍管径的 90° 弯头，如图 3.27 所示。

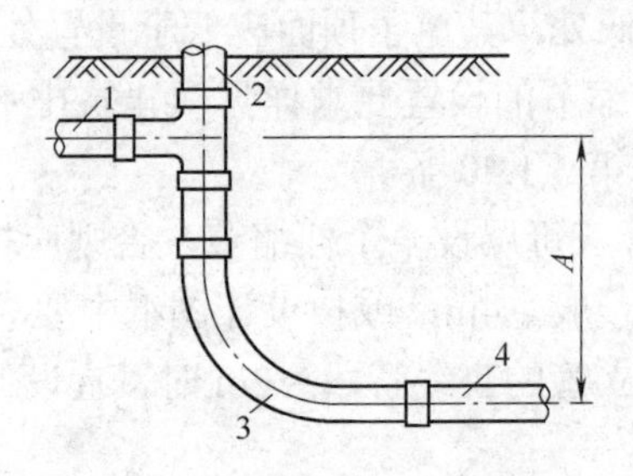


图 3.27 排出管与排水立管的连接

1—支管；2—立管；3- 90° 弯头；4—排出管

(6) 排出管坡度不宜大于 15%。

## 2. 立管的安装

立管的安装步骤如下。

(1) 根据施工图核对预留洞尺寸有无差错，预制混凝土楼板则需剔凿楼板洞，应按位置画好标记，对准标记剔凿。如需断筋，必须征得土建施工队有关人员同意，按规定要求处理。

(2) 排水立管应设在排水量最大、卫生器具最集中的地点。不得设于卧室、病房等卫生条件要求较高的房间。通常沿卫生间墙角设置，宜靠外墙。立管与墙面距离如表 3.8 所示。

表 3.8 立管与墙面距离

| 立管管径/mm | 50 | 75 | 100 | 120 | 150 | 200 |
|---|---|---|---|---|---|---|
| 立管与墙面距离/mm | 50 | 70 | 80 | 90 | 110 | 130 |

(3) 立管穿楼板时，应预留孔洞，如表 3.9 所示，并设套管。安装在楼板内的套管，其顶部应高出装饰地面 20mm；安装在卫生间及厨房内的套管，其顶部应高出装饰地面 50mm，底部与楼板地面相平。

表 3.9　立管穿楼板层预留孔洞尺寸

| 立管管径/mm | 50 | 75～100 | 125～150 | 200～300 |
|---|---|---|---|---|
| 孔洞尺寸/mm² | 100×100 | 200×200 | 300×300 | 400×400 |

(4)　安装立管应两人上下配合，一人在上层楼上，由管洞内投下一个绳头，下面一人将预制好的立管上半部拴牢，上拉下托将立管下部插口插入下层管承口内。立管插入承口后，下层的人把甩口及立管检查口方向找正，上层的人用木楔将管道在楼板洞处临时卡牢，然后将接口打麻、调直、捻灰。复查立管垂直度，将立管临时固定牢固。

(5)　安装立管时，一定要注意将三通口的方向对准横管方向，以免在安装时由于三通口的偏斜而影响安装质量。三通口的高度，应根据横管的长度和坡度来确定。三通口的中心和楼板的净距不得小于 250mm，并不得大于 450mm。

(6)　立管的支架间距不得大于 3m。层高小于或等于 4m，立管可设一个支架。支架距地面 1.5～1.8m，支架应埋设在承重墙上，立管底部的弯管处应设支墩。

(7)　立管安装完毕后，配合土建用不低于楼板标号的混凝土将洞灌满堵实，并拆除临时支架。如果是高层建筑或管井内的管道，应按设计要求用型钢固定支架。

### 3. 横支管安装

横支管的安装步骤如下。

(1)　先将安装横管尺寸测量记录好，按正确尺寸和安装的难易程度应先行预制好(若横管过长或吊装有困难时可分段预制和吊装)，然后将吊卡装在楼板上，并按横管的长度和规范要求的坡度调整好吊卡高度，再开始吊管。

(2)　排水支管不得敷设在遇水易引起燃烧、爆炸或损坏的房间。不得穿越餐厅、贵重商品仓库、变电室、通风间等。排水支管应尽量抬高在梁底上方方格空间内和贴梁底敷设。

(3)　排水支管与立管的连接，应采用 45° 三通和四通或 90° 斜三通、斜四通，尽量少采用 90° 正三通、正四通连接。吊卡的间距不得大于 2m，且吊杆要垂直。

(4)　靠近排水立管底部的排水支管连接，应符合下列要求。

①　排水立管仅设置伸顶通气时，最低排水横支管与立管的连接处距立管管底垂直距离不得小于表 3.10 的规定。其连接关系如图 3.28 所示。

②　当最低横支管与立管连接处距立管管底垂直距离不能满足表 3.10 所规定的要求时，可采用下列形式，如图 3.29 所示。排水支管连接在排出管或排水横管上，连接点距立管底部水平距离不宜小于 3m；排水支管接入横干管竖直转向管段时，连接点应距转向处以下不得小于 0.6m。

表 3.10　最低排水横支管与立管连接处距立管管底垂直距离

| 立管连接卫生器具的层数 | ≤4 | 5～6 | 7～12 | 13～19 | ≥20 |
|---|---|---|---|---|---|
| 垂直距离/m | 0.45 | 0.75 | 1.2 | 3.0 | 6.0 |

注：当与排出管连接的立管底部放大一号管径或横干管比与之连接的立管大一号管径时，可将表中垂直距离缩小一档。

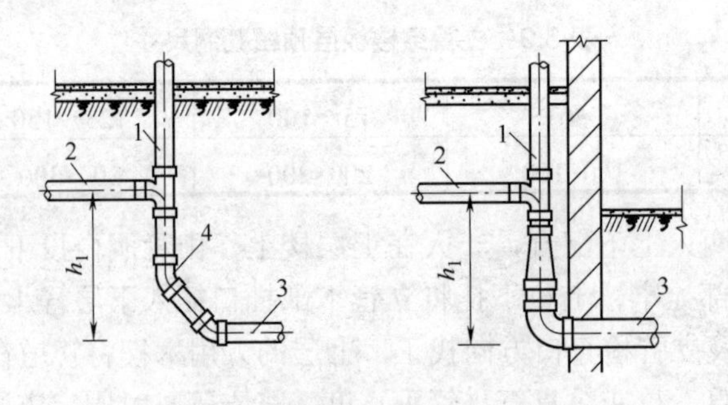


图 3.28　最低横支管与立管连接

1—立管；2—最低横支管；3—排出管；4—45°弯头

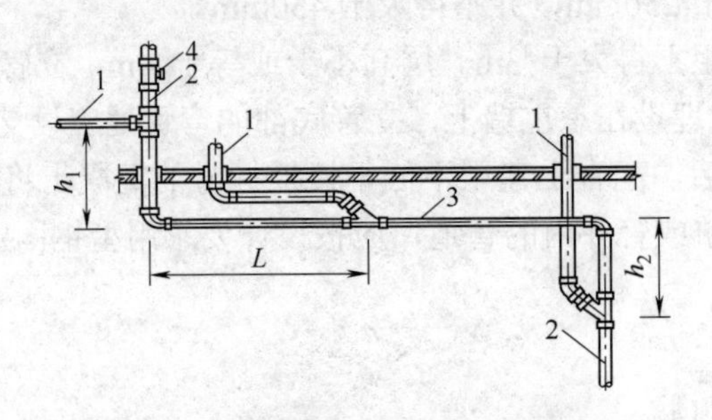


图 3.29　排水支管与排水立管、横管连接

1—最低支管；2—排水立管；3—排水横干管；4—检查口

③　当排水支管都不满足上述垂直距离和水平距离时，采用单独排放的形式或采取有效的防压措施。

### 4. 通气管道安装

排水通气管道的安装应满足下列四个条件。

(1)　对于不上人的平屋顶，通气帽应高出屋面 0.3m，并大于积雪厚度。

(2)　对于上人的平屋顶，通气帽应高出屋面 2m，并设置防雷装置。在距通气管出口 4m 以内有门窗时，通气帽应高出门窗 0.6m 或引向无门窗的位置。

(3)　通气立管不得接纳污水、废水和雨水，通气管不得与通风管道或烟道连接。

(4)　对于伸顶通气管道的管径可以与排水立管管径一致。

本书介绍的工程中，风帽高出屋面隔热板 0.3～0.4m，上人的屋面通气帽高出屋面 2m。

### 5. 清通设备安装

排水系统中的清通设备主要包括检查口、清扫口和检查井。除图中标明之外，还应按《给排水验收规范》第 5.2.6 条要求设置和安装。

(1)　检查口布置在立管上，一般每隔一层设置一个检查口，其间距不大于 10m，但最底层和有卫生器具的最高层必须设置。检查口中心距操作地面一般为 1m，并应高于该层卫生器具上边缘 150mm，允许偏差±20mm。为便于检修，检查口向外与墙成 45°。安装的立管，检查口处应设检查门。

(2) 清扫口布置在横管上，应与地面平齐。当排水横管在楼板层下悬吊敷设时，可将清扫口设在其上一层楼地面上或楼板下排水横管的起点处。在转角小于 135° 的排水横管上，应设置清扫口。管道起端的清扫口，其与污水横管相垂直的墙面的距离应≮0.15m，设堵头代替清扫口时，与墙面的距离应≮0.4m。

(3) 埋在地下或地板下的排水管道的检查口，应设在检查井中。井底表面标高与检查口的法兰相平，井底表面应有 5%坡度，坡度朝向检查口。

#### 6. 伸缩节安装

考虑适应管道的热胀冷缩需要，不管图中是否有表示，都应设置波纹伸缩节(当有弯头等自然补偿时可减设)。UPVC 塑料排水管伸缩节的设置要求详见《建筑排水硬聚氯乙烯管道工程技术规程》(CJJ/T 29—98)第 3.1.19 条和第 3.1.20 条。当层高≤4m 时，立管应每层设一个伸缩节，否则应根据设计伸缩量确定。伸缩节设置应靠近水流汇合的管件，并按情况确定。本书介绍的建筑工程排水支管在楼板下方接入时，伸缩节设置于水流汇合管件之下。

#### 7. 阻火圈与防火套管安装

建筑塑料排水管穿室内楼板按 CJJ/T 29—98 的第 3.1.3 条、第 3.1.4 条、第 3.1.5 条和第 4.1.14 条设置塑料阻火圈或防火套管。具体设置如下。

(1) 立管管径大于或等于 110mm 时，在楼板贯穿部位应设置阻火圈或长度不小于 500mm 的防火套管。

(2) 管径大于或等于 110mm 的横支管与暗设立管相连时，楼板贯穿部位应设置阻火圈或长度不小于 300mm 的防火套管，且防火套管的明露部分长度不宜小于 200mm。

(3) 横干管穿越防火分区隔墙时，管道穿越墙体的两侧应设阻火圈或长度不小于 500mm 的防火套管，且防火套管的明露部分长度不宜小于 200mm。

### 3.3.4 室内卫生器具的安装

#### 1. 卫生器具的分类

卫生器具是用来满足日常生活中各种卫生要求，收集和排放生活及生产中产生的污、废水的设备，按其作用可以分为以下四种。

(1) 便溺用卫生器具：如大便器、小便器、大便槽和小便槽等。

(2) 盥洗淋浴用卫生器具：如洗脸盆、盥洗槽、淋浴器和浴盆等。

(3) 洗涤用卫生器具：如洗涤盆、污水池等。

(4) 专用卫生器具：如化验池地漏等。

#### 2. 卫生器具安装的一般规定

(1) 卫生器具的位置、标高、间距等尺寸，要按施工图纸或《全国通用给水排水标准图集》(90S342)的规定将线放好。

(2) 卫生器具的安装尺寸和安装质量必须符合《全国通用给水排水标准图集》(90S342)的规定。安装高度如设计无要求时，应符合表 3.11 的规定。

表 3.11 卫生器具安装高度

| 序号 | 卫生器具名称 | | | 卫生器具安装高度/mm 居住和公共建筑 | 卫生器具安装高度/mm 幼儿园 | 备注 |
|---|---|---|---|---|---|---|
| 1 | 污水盆(池) | 架空式 | | 800 | 800 | 自地面至卫生器具上边缘 |
| | | 落地式 | | 500 | 500 | |
| 2 | 洗涤盆(池) | | | 800 | 800 | |
| 3 | 洗脸盆与洗手盆 | | | 800 | 500 | |
| 4 | 盥洗槽 | | | 80 | 500 | |
| 5 | 浴盆 | | | 不大于 520 | | |
| 6 | 蹲式大便器 | 高水箱 | | 1800 | 1800 | 自台阶面至高水箱底 |
| | | 低水箱 | | 900 | 900 | 自台阶面至低水箱底 |
| 7 | 坐式大便器 | 高水箱 | | 1800 | 1800 | 自台阶面至高水箱底 |
| | | 低水箱 | 外露排出管式 | 510 | 370 | 自台阶面至低水箱底 |
| | | | 虹吸喷射式 | 470 | | |
| 8 | 小便器 | 立式 | | 100 | 150 | |
| | | 挂式 | | 600 | | |
| 9 | 大便槽 | | | 不低于 2000 | | 自台阶面至冲洗水箱底 |
| 10 | 小便槽 | | | 2000 | 150 | 自地面至台阶面 |
| 11 | 化验盆 | | | 800 | | 自地面至上边缘 |
| 12 | 妇女卫生盆 | | | 380 | | |
| 13 | 饮水器 | | | 900 | | |

(3) 连接卫生器具的排水管管径和最小坡度，如设计无要求，应符合表 3.12 的规定。器具排水管上须设置水封(存水弯)，卫生器具本身有水封可不设(如坐式大便器)，以防排水管中的有害气体进入室内。

表 3.12 连接卫生器具的排水管管径和最小坡度

| 序 号 | 卫生器具名称 | | 排水管管径/mm | 管道的最小坡度 |
|---|---|---|---|---|
| 1 | 污水盆(池) | | 50 | 0.025 |
| 2 | 洗涤盆(池) | | 50 | 0.025 |
| 3 | 洗脸盆与洗手盆 | | 32～50 | 0.020 |
| 4 | 浴盆 | | 50 | 0.020 |
| 5 | 大便器 | 高低位水箱 | 100 | 0.012 |
| | | 闭式冲洗阀 | 100 | 0.012 |
| | | 拉管式冲洗阀 | 100 | 0.012 |

续表

| 序　号 | 卫生器具名称 | | 排水管管径/mm | 管道的最小坡度 |
|---|---|---|---|---|
| 6 | 小便器 | 手动冲洗阀 | 40～50 | 0.020 |
| | | 自动冲洗水箱 | 40～50 | 0.020 |
| 7 | 妇女卫生盆 | | 40～50 | 0.020 |
| 8 | 饮水器 | | 25～50 | 0.01～0.02 |

(4) 需装设冷水和热水龙头的卫生器具，应将冷水龙头装在右手侧，热水龙头装在左手侧。

(5) 安装好的卫生器具要平、稳、准、牢、无渗漏、使用方便、性能良好。

3. 常用卫生器具的安装

本书介绍的建筑工程使用的卫生器具有坐式大便器、蹲式大便器、小便器、洗脸盆、浴盆等，如图 3.30 和图 3.31 所示。具体安装均可见卫生器具安装图集。

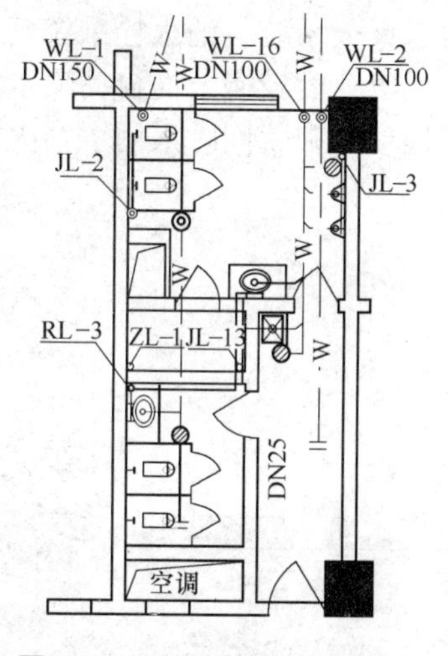


图 3.30　公共卫生间卫生器具

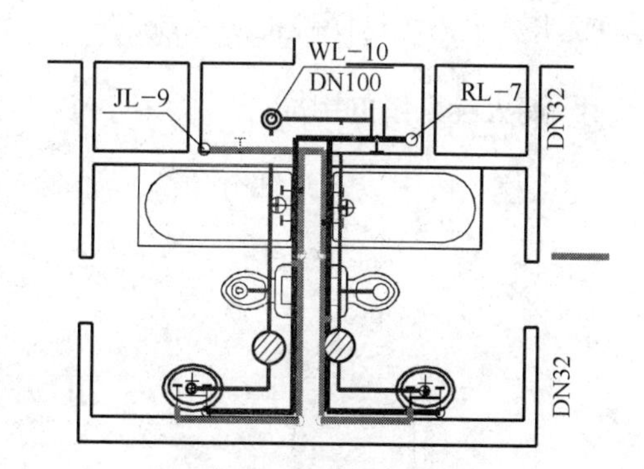


图 3.31　宾馆卫生间卫生器具

## 3.3.5　管道试验

排水管道安装完毕后，还应做通水试验和灌水试验，确保排水通畅，不漏水。

(1) 通水试验：室内排水管道安装完毕后，应对管道的外观质量和安装尺寸进行复核检查，无误后再做通水试验。

检验方法：检查各排水点，系统排水通畅，管道及接口无渗漏为合格。

(2) 灌水试验：暗装或埋地的排水管道，在隐蔽前必须做灌水试验，灌水试验合格后方可回填土或进行隐蔽。对于生活和生产排水管道系统，管内灌水高度须达一层楼高度(不超过 0.05MPa)。埋地的排水管道，其灌水高度不低于底层地面高度。高层建筑的排水管道进行灌水试验时，灌水高度不能超过 8m。雨水内排水管灌水高度必须达到每根立管上部的雨水斗处。

检验方法：满水 15min 水面下降后，再灌满延续 5min，以接口不漏不渗，液面不下降为合格。灌水试验的同时还应检查管道是否有堵塞现象。

# 3.4 消防系统安装

## 3.4.1 室内消防系统概述

室内消防系统主要用于控制和扑灭建筑物内部的初期火灾，是保护人民生命和国家财产安全的重要组成部分。随着建筑物发展规模的不断扩大，一旦发生火灾，火势蔓延快，人员疏散困难，扑救困难，造成火灾危害性进一步扩大，因此我们必须更加重视消防系统。

**知识拓展：火灾的类型**

A 类火灾：固体火灾；B 类火灾：液体火灾；C 类火灾：气体火灾；D 类火灾：金属火灾；E 类火灾：带电设备火灾。

建筑物内消防系统主要分为消火栓系统和自动喷水灭火系统。消火栓系统是一种常用的消防系统，属于低档的灭火系统，需要人工操作，反应速度较慢，而自动喷水灭火系统可以大大提高初期火灾灭火的成功率。本书介绍的工程项目中就同时采用了消火栓系统和自动喷水灭火系统这两种消防系统。

### 1. 消火栓系统的组成

消火栓系统由以下几部分组成，如图 3.32 所示。

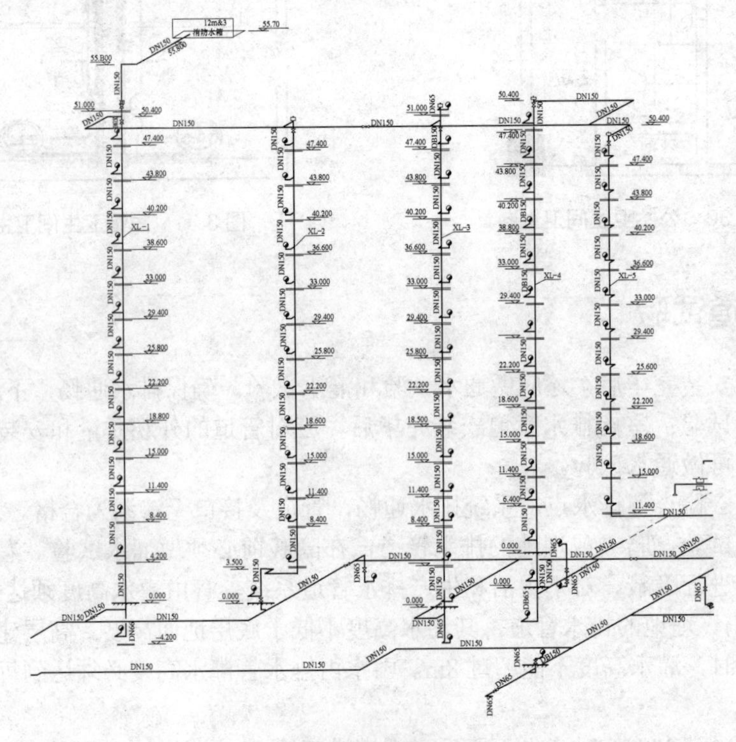


图 3.32　消火栓系统

(1) 消防水池：消防系统的水源，供消防水泵吸水。消防水池的有效容积必须满足火灾延续时间内的消防用水量。

(2) 消防水泵：提升装置，当发生火灾时用于向管道加压供水。

(3) 消防管道：输送水流，同给水系统一样可分为干管、立管和支管。

(4) 消防设备：用于灭火的装置。包括以下5种。

① 消火栓：消防用的龙头，带有内扣的角阀，进口与消防管道相连，出口与水龙带相连。直径规格有DN50和DN65两种，有单出口和双出口两种，又可分为单阀和双阀，如图3.33所示。

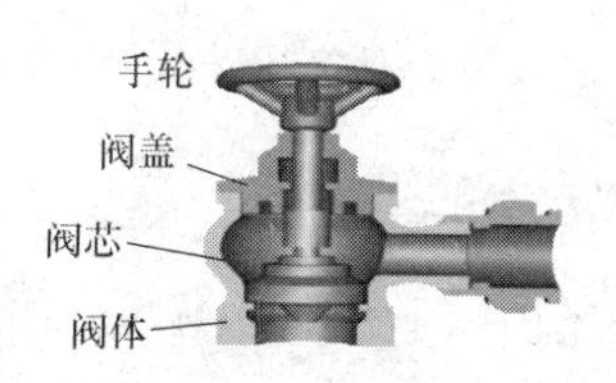


图3.33　消火栓

② 水龙带：连接消火栓与水枪的管道。由于使用过程中要在建筑物内穿梭，因此采用柔性材料，一般有衬胶、麻质等。水龙带的口径与消火栓口径相匹配，有DN50和DN65两种，长度有10m、15m、20m、25m，如图3.34所示。

③ 水枪：灭火的主要工具，通过喷嘴将水流转化为高速水流，直接喷射到着火点，达到灭火、冷却或防护的目的。喷嘴口径分为13mm、16mm、19mm等，一端接水龙带，水枪同样分为DN50和DN65两种。目前在室内消火栓给水系统中配置的水枪一般多为直流式水枪，如图3.35所示。

图3.34　水龙带

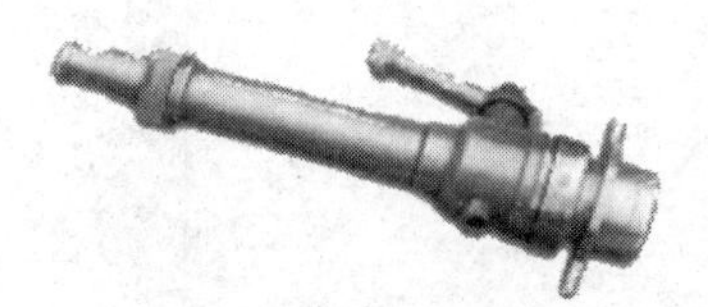

图3.35　直流式水枪

④ 消火栓箱：将室内消火栓、水龙带、水枪及电气设备等集装于一体的装置。有木制箱和铁制箱两种，具有灭火、控制和报警作用。消火栓箱可明装、暗装或半安装于建筑物内，按水龙带的安置方式有挂置式、卷盘式、卷置式和托架式四种，如图3.36所示为带消防卷盘的消火栓。

⑤ 消防卷盘(又称消防水喉)：由25mm的小口径消火栓、内径19mm的胶带和口径不小于6mm的消防卷盘喷嘴组成。高层建筑物必须设消防卷盘。

(5) 水泵接合器：建筑物配套的自备消防设施，用以连接消防车、机动泵向建筑物的消防灭火管网输水。分为地上式、地下式和墙壁式三种，如图3.37所示为地上式水泵接合器。

(6) 消防水箱：消防系统的贮水装置，用于火灾初期的供水。当突然发生火灾时，消防水泵来不及开启，这时可由水箱先供水，然后消防水泵开启，从水池中吸水供应消防管道，因此水箱的有效容积满足10min的消防用水量就可以了。

图 3.36　带消防卷盘的消火栓

图 3.37　地上式水泵接合器

(7) 屋顶消火栓：又称试验消火栓，安装在平屋顶上，用于管道安装完毕做试射试验。

### 2. 自动喷水灭火系统的组成

自动喷水灭火系统由以下几部分组成，如图 3.38 所示。

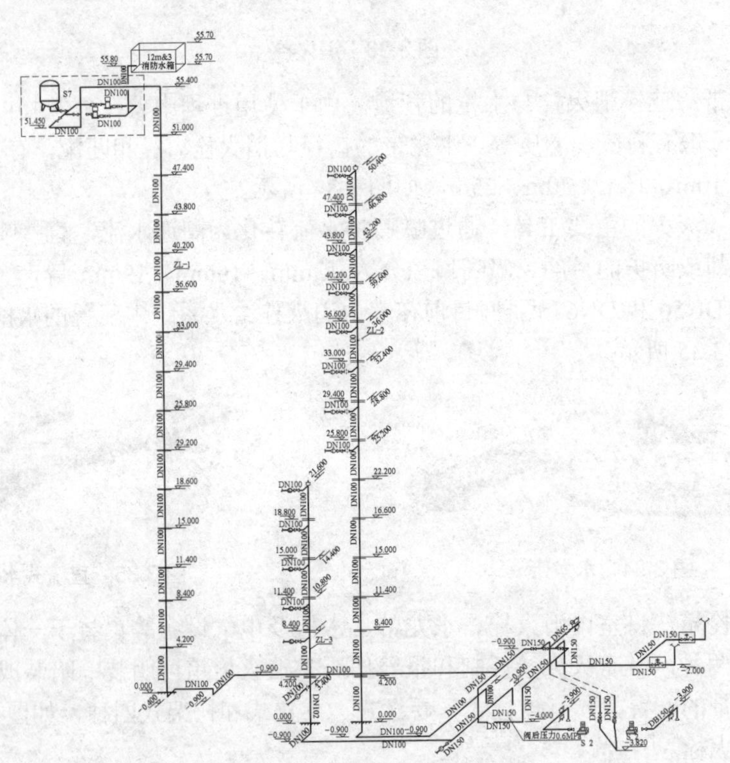

图 3.38　自动喷水灭火系统

(1) 消防水池：消防系统的水源，供消防水泵吸水。消防水池的有效容积必须满足火灾延续时间内的消防用水量。

(2) 消防水泵：同消火栓系统。

(3) 自喷管道：输送水流，布置在该楼层的天花板上或顶棚内。

(4) 报警阀：控制水源、启动系统、启动水力警铃等报警装置的专用阀门。一般按用途和功能不同可分为湿式报警阀、干式报警阀和雨淋阀。

(5) 报警联动装置：用于报警和电气联动，包括以下三种。

① 水力警铃：当报警阀打开消防水源后，具有一定压力的水流冲动叶轮打击报警。水力警铃不得用电动报警装置代替。

② 压力开关：在水力警铃报警的同时，依靠警铃管内水压的升高自动接通电触点，完成电动警铃报警，并向消防控制室传送电信号或启动消防水泵。

③ 水流指示器：当某个喷头开启喷水时，水流指示器能感受到管道中的水流动，并产生电信号告知控制室该区域发生火灾。

(6) 延时器：延时器可以防止由于水压波动引起报警阀开启而导致的误报。报警阀开启后，水流需经过30s左右充满延迟器后方可冲打水力警铃。

(7) 信号阀：信号阀是防止阀门误关闭的装置。当阀门被误关闭25%(全开度的1/4)时，通过电信号装置输出被误关闭的信号到消防控制中心。水流指示器前宜设信号阀。

(8) 喷头：喷头是自动喷水灭火的关键部件，起着探测火灾、喷水灭火的作用。喷头由喷头架、溅水盘和喷水口堵水支撑等组成。按其结构可分为闭式喷头和开式喷头，如图3.39所示。

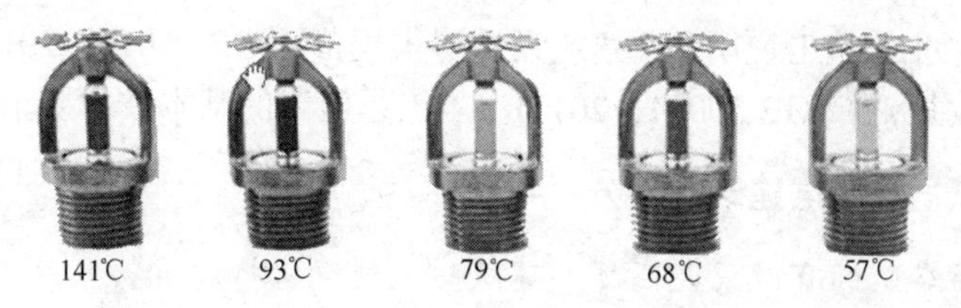


图3.39　喷头

根据喷头的类别，自动喷水灭火系统可分为闭式系统和开式系统。其中闭式系统包括湿式系统、干式系统、干湿式系统、预作用系统四类，开式系统包括雨淋系统、水幕系统、水喷雾系统三类。一般不小于4℃，不高于70℃的场合，常采用湿式系统，其工作流程如图3.40所示。

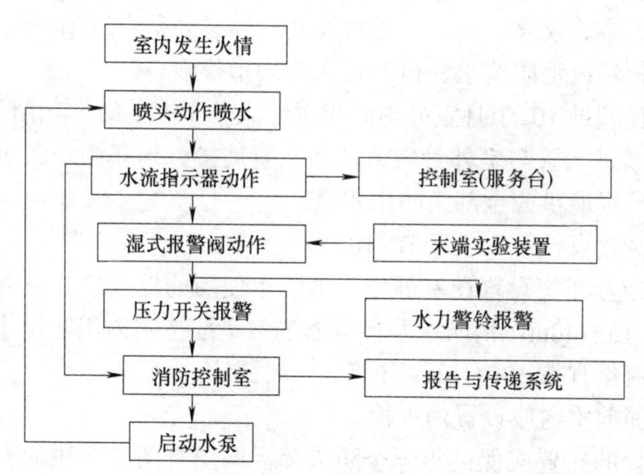


图3.40　湿式自动喷水灭火系统工作流程

(9) 消防水箱，同消火栓系统。

(10) 末端试水装置，用于管道安装完毕后的试验，布置在最不利点喷头的末端，如图3.41所示。

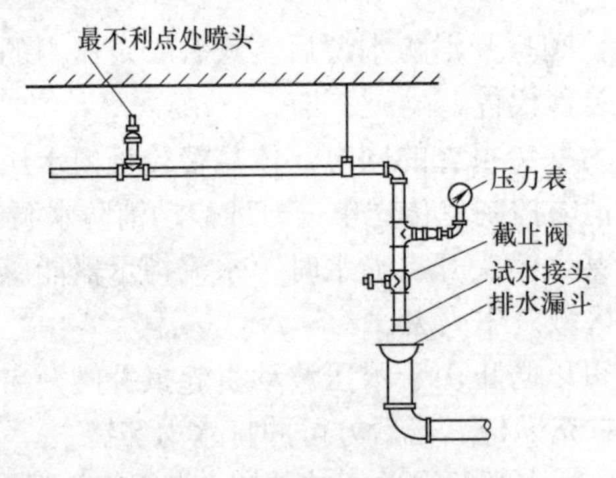


图3.41 末端试水装置

## 3.4.2 室内给水管道安装的基本技术要求

根据水施-01(四)的施工说明和《建筑设计防火规范》(GB 50016—2014)，《自动喷水灭火系统施工及验收规范》(GB 50084—2017)，本工程施工的基本技术要求如下。

**知识拓展：低层与高层建筑的划分**

根据我国消防车队的有效灭火高度，建筑防火规范中将建筑物划分为低层与高层。

低层建筑是指9层及9层以下的住宅(包括底层设置商业网点的住宅)，建筑高度24m以下的其他民用建筑物以及高度不超过24m的单层厂房、库房和单层公共建筑。

高层建筑是指10层及10层以上的住宅和建筑高度24m以上的其他民用建筑物和工业建筑物。

目前还出现了超高层，指的是100m及100m以上的建筑物。

(1) 本工程的设备、仪表、阀门、管材及其附件必须是合格的产品。

(2) 管道标高标注：消防给水、自动喷水等均指管中心。

(3) 室内消火栓超过10个且室外消防用水量大于15L/s时，其消防给水管道应连成环状，且至少应有两条进水管与室外管网或消防水泵连接。当其中一条进水管发生事故时，剩下的一条进水管应仍能供应全部消防用水量。

(4) 室内消防竖管直径不应小于DN100。

(5) 消防水泵接合器应设置在室外便于消防车使用的地点，与室外消火栓或消防水池取水口的距离宜为15～40m。消防水泵接合器的数量应按室内消防用水量计算确定。每个消防水泵接合器的流量宜按10～15L/s计算。

(6) 消防电梯间前室内应设置消火栓。

(7) 室内消火栓的布置应保证每一个防火分区同层有两支水枪的充实水柱同时到达任何部位。建筑高度小于等于24m且体积小于等于5000m$^3$的多层仓库，可采用1支水枪充实水柱到达室内任何部位。

(8) 室内消火栓栓口处的出水压力大于0.5MPa时，应设置减压设施；静水压力大于1.0MPa时，应采用分区给水系统。

(9) 室内消火栓栓口中心安装高度均离楼地板1.10m，栓口垂直墙面安装。

(10) 自动喷水灭火系统的附件、配件安装应按照标准图04S206要求进行。

(11) 不管图纸是否表示，生活给水、消火栓给水及自动喷水立管顶部均应设自动排气阀，规格为DN20，PN=1.0MPa，排气阀下设DN20截止阀一个。

(12) 喷水横支管尽量抬高使其在风管之上，贴梁底敷设。

(13) 喷头的布置应根据系统的喷水强度、喷头的流量系数和工作压力来确定，并不应大于表3.13中的规定，且不宜小于2.4m。本书介绍的工程项目喷头间距见施工安装图纸。

表3.13　同一根配水支管上喷头的间距和相邻配水支管的间距

| 喷水强度 /(l/(min·m$^2$)) | 正方形布置的边长/m | 矩形或平行四边形布置的长边边长/m | 一只喷头的最大保护面积/m$^2$ | 喷头与端墙的最大间距/m |
|---|---|---|---|---|
| 4 | 4.4 | 4.5 | 20.0 | 2.2 |
| 6 | 3.6 | 4.0 | 12.5 | 1.8 |
| 8 | 3.4 | 3.6 | 11.5 | 1.7 |
| 12～20 | 3.0 | 3.6 | 9.0 | 1.5 |

(14) 每根喷洒配水干管和配水管端部一般采用四通，并将多余的一个口用丝堵或法兰盖堵塞，以供系统冲洗用。

(15) 给水管、热水管、消火栓管、喷水管等钢管、铜管在安装时都应考虑适应管道的热胀冷缩的需要，不管图中是否有表示，都应设置波纹伸缩节(当有弯头等自然补偿时可减设)。直线管道上伸缩节间距如表3.3所示。

(16) 消火栓给水管道的试验压力为1.3MPa，保持2h无明显渗漏为合格。

(17) 自动喷水管道的试验压力为1.5MPa，试压方法应按《自动喷水灭火系统工程施工及验收规范》(GB 50261—2005)的规定执行。

## 3.4.3　室内消防管道及设备的安装

### 1. 消火栓系统的安装

1)　消火栓管道的安装

本书介绍的工程中的消防管道采用热镀锌钢管，其连接方式如表3.2所示。

一般是从室内消防干管上直接接出消防立管，再从消防立管上接出短支管与消火栓相连。干管布置在地下室的天花板下，用支架固定，其支架间距如表3.4所示。

管道在穿墙、楼板时预留孔洞，孔洞位置应正确，尺寸比管子直径大50mm左右。穿楼板层时应设套管，套管高度应高出楼板层面20～50mm。管道接口不得设在套管内。套管与穿管之间间隙用阻燃材料填塞。

2)　消火栓箱的安装

安装前检查消火栓设备配件的完整性。

消火栓箱采用暗装形式，如图3.42所示。在安装箱体时必须先取下箱内的各消防部件。不允许用钢钎撬、锤子敲的办法将箱硬塞入预留孔内。

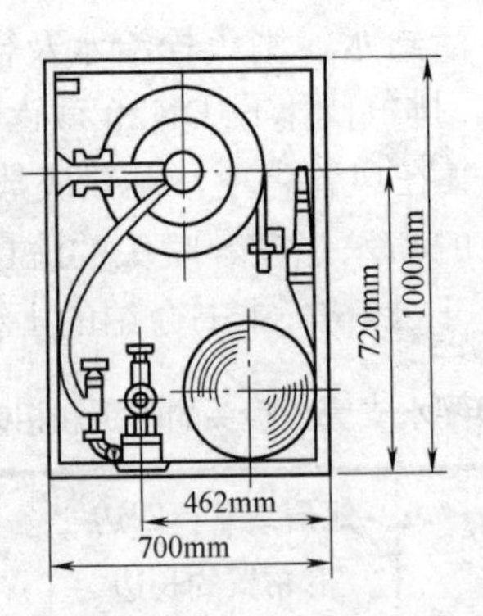


图 3.42　消火栓箱的安装

消火栓栓口中心距地面 1.1m，消火栓支管要以消火栓的坐标、标高定位甩口，核定后再稳固消火栓箱，箱体找正稳固后再把消火栓安装好，消火栓栓口要垂直墙面朝外。

为保证消火栓栓口出水压力不超过 0.5MPa，九层以下的消火栓层采用减压稳压型消火栓。

3)　水泵接合器的安装

采用地上式水泵接合器安装，如图 3.43 所示，阀件采用法兰连接，其安装位置应有明显标志，附近不得有障碍物，注意止回阀安装方向。

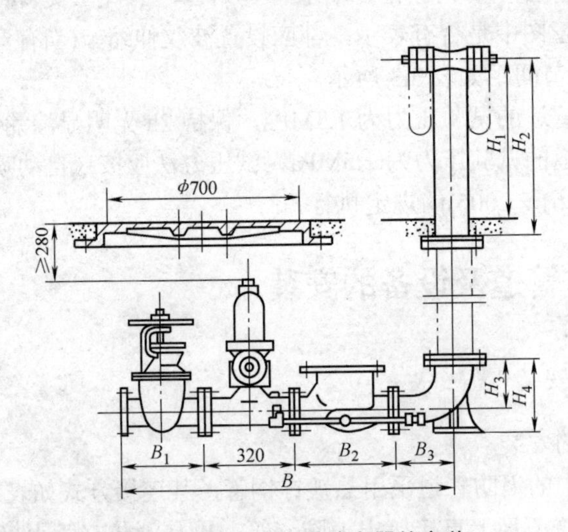


图 3.43　地上式水泵接合器的安装

### 2. 自动喷水灭火系统的安装

1)　支吊架的安装

管道支吊架根据设计要求确定位置和标高，按标高把同一水平直管段两端的支吊架位置刻画在天花板或墙上。对于要求有坡度的管道，应根据两点间的距离和坡度大小，算出两点间的高度差，然后在两点间拉一根直线，按照支架的间距在天花板上刻画出每个支吊架的具体中心位置及安装的标高位置。

支吊架的最大间距见表 3.4。支吊架的位置以不妨碍喷头喷水效果为原则，一般支吊架距喷头应大于 300mm，距末端头的距离不大于 750mm，一般相邻两喷头之间的管段至少应设置 1 个支吊架，若两喷头间距小于 1.8m，允许隔段设置。

2)　自喷管道的安装

管道安装前应彻底清除管道内的异物及污物。管道穿墙处不得有接口(丝接或焊接)，管道穿过伸缩缝处应有防护措施。立管暗装在竖井内时，在管井内预埋铁件上安装卡件固定管道。立管底部的支吊架要牢固，防止立管下坠。管道的分支预留口在吊装前应先预制好，丝接的用三通定位预留口，焊接可在管上开口焊上钢制管箍，调直后吊装。所有预留口均应加好临时堵。

管道中心与梁、柱、顶棚的最小距离符合设计要求，如表 3.14 所示。

表 3.14　管道中心与梁、柱、顶棚的最小距离

| 公称直径/mm | 25 | 32 | 40 | 50 | 65 | 80 | 100 | 125 | 150 | 200 |
|---|---|---|---|---|---|---|---|---|---|---|
| 距离/mm | 40 | 40 | 50 | 60 | 70 | 80 | 100 | 125 | 150 | 200 |

吊顶内的管道安装与通风、空调管道的位置要协调好。

吊顶型喷头的末端一段支管不能与分支干管同时顺序完成，要与吊顶装修同步进行。吊顶龙骨装完，根据吊顶材料厚度定出喷头的预留口标高，按吊顶装修图确定喷头的坐标，使支管预留口做到位置准确。支管管径一律为 DN25，末端用 DN25×15 的异径管箍，管箍口与吊顶装修层平齐，拉线安装。支管末端的弯头处 100mm 以内应加卡件固定，防止喷头与吊顶接触不牢，上下错动。支管装完，预留口用丝堵拧紧，准备系统试压。

3)　报警阀及配件安装

报警阀应设在明显、易于操作的位置，距地面高度宜为 1.2m 左右。安装报警阀装置处的地面应有排水措施。报警阀安装组件如图 3.44 所示。

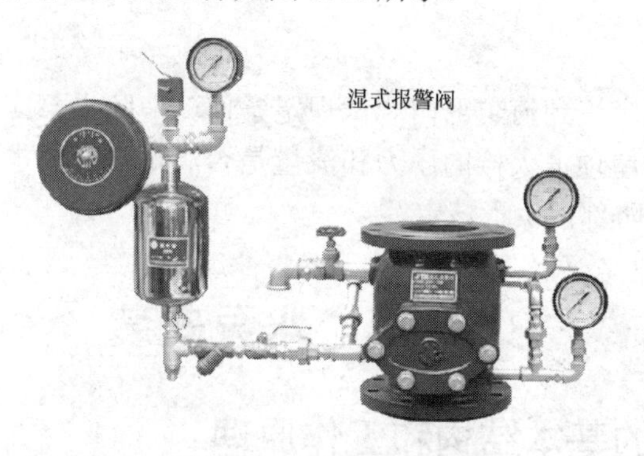


图 3.44　报警阀安装组件

4)　减压孔板的安装

在高层建筑消防系统中，低层的喷头和消火栓流量过大，可采用减压孔板或节流管等装置均衡。减压孔板应设置在直径不小于 50mm 的水平管段上，孔口直径应不小于安装管段直径的 50%，孔板应安装在水流转弯处下游一侧的直管段上，与弯管的距离应不小于设置管段直径的两倍。

5)　水流指示器的安装

喷洒系统的水流指示器，一般安装在每层的水平分支干管或某区域的分支干管上。应

水平立装，倾斜度不宜过大。保证叶片活动灵敏。水流指示器前后应保持有 5 倍安装管径长度的直管段。安装时注意水流方向与指示器的箭头一致。

6) 喷头的安装

喷头安装应在管道系统完成试压、冲洗后，并且待建筑物内装修完成后进行安装。喷头的规格、类型和动作温度要符合设计要求。喷头安装的保护面积、喷头间距及距墙、柱的距离应符合规范要求。喷头的两翼方向应成排统一安装。护口盘要紧贴吊顶，走廊单排的喷头两翼应横向安装。安装喷头应使用特制专用扳手，填料宜采用聚四氟乙烯生料带，防止损坏和污染吊顶。

### 3.4.4 管道试验

#### 1. 管道试压

消防管道试压可分层分段进行。灌水时系统最高点要设有排气装置，高低点各装一个压力表。系统灌满水后检查管路有无渗漏，如有法兰、阀门等部位渗漏，应在加压前紧固，升压后在有部位出现渗漏时做好标记，待泄压后再进行处理，必要时放净水后再处理。冬季试压环境温度不得低于+5℃，试压完后要及时将水排净。夏季试压最好不直接用室外给水管网的水，以防止管外泄漏。试压合格后，应及时办理验收手续。

#### 2. 管道冲洗

消防管道在试压完毕后可连续做冲洗工作。冲洗前应先将系统中的减压孔扳、过滤装置拆除，冲洗完毕后重新装好。冲洗出的水要有排放去向，不得损坏其他成品。

#### 3. 系统通水调试

消防系统通水调试应达到消防部门测试规定条件。消防水泵应接通电源并已试运转，测试最不利点的喷头和屋顶消火栓的压力和流量是否满足设计要求。消防系统的调试、验收结果应由当地公安消防部门负责核定。

## 3.5 离心水泵安装

### 3.5.1 离心水泵的基本结构和工作原理

离心水泵是在各种给排水系统中应用最为广泛的增压提升设备。其结构由许多零件组成，如图 3.45 所示。离心水泵的主要工作部件包括泵轴、叶轮和泵壳。

水泵启动前泵壳及吸水管内需充满水，以排除泵内空气。然后驱动电机，使叶轮和水高速旋转，水受到离心力的作用被甩出，使水获得动能和压能，由泵壳汇入压水管。叶轮中心形成真空，吸水池的水在大气压作用下被吸入泵壳。由于电动机带动叶轮连续回转，水又被甩出，如此形成连续的水流输送。

水泵的能量传递和转化过程：电能—机械能—压能、动能。

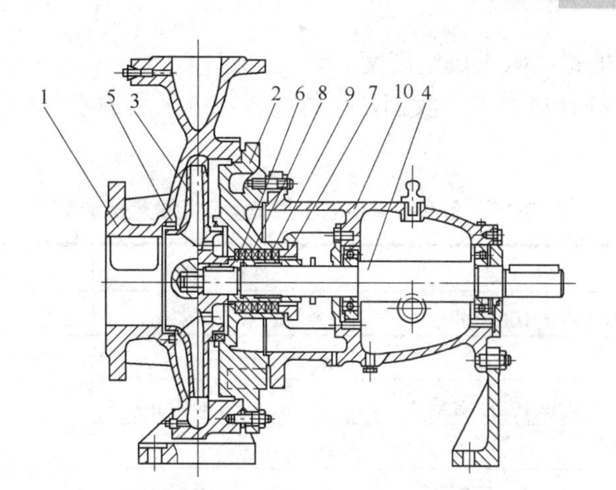


图 3.45　离心水泵的构造剖面图

1—泵体；2—泵盖；3—叶轮；4—泵轴；5—减漏环；6—轴套；7—填料压盖；
8—填料环；9—填料；10—悬架轴承部件

## 3.5.2　离心水泵的分类

目前离心泵的类型繁多，但工作原理相同。

(1)　按叶轮数量可分为单级泵(泵轴上只有一个叶轮)和多级泵(泵轴上连有两个或两个以上的叶轮)。

(2)　按水进入叶轮的形式可分为单吸口(叶轮只有一侧有吸水口，另一侧封闭)和双吸口(叶轮两侧都有吸水口)。

(3)　按充水方式可分为吸入式(泵轴高于吸水池水位)和灌入式(泵轴低于吸水池水位，水能自动地从水池中充满水泵，无须人工充水，因此灌入式又称为自灌式)。

(4)　按水泵的布置可分为立式泵和卧式泵。

(5)　按水泵扬程可分为低压、中压和高压。

(6)　按输送的水质可分为清水泵、污水泵和热水泵。

## 3.5.3　水泵的性能参数

在每台水泵设备上都有一块显示其工作特性的铭牌。铭牌中的参数代表着水泵，有以下几个基本性能。

(1)　流量 $Q$：单位时间内所输送液体的体积。单位：$m^3/h$，L/s。

(2)　扬程 $H$：水泵给予单位重量液体的能量。单位：$mH_2O$，kPa。

(3)　轴功率 $N$：水泵从电机处获得的全部功率。单位：kW。

(4)　有效功率 $N_u$：水泵工作时，由水泵传递给液体的功率。单位：kW。

(5)　总效率 $\eta$：水泵的有效功率 $N_u$ 与轴功率 $N$ 之比。

(6)　转数 $n$：水泵叶轮每分钟旋转的转数。单位：r/min(转/分)。

(7)　允许吸上真空高度 $H_s$：水泵在标准状态下(水温 20℃，表面压力为 1 标准大气压)

运转时，水泵所允许的最大吸上真空高度。单位：m$H_2O$。

从本书介绍的工程材料表中，我们可以得知各系统采用的水泵类型及相关性能参数，如表 3.15 所示。

表 3.15　各系统采用的水泵类型及相关性能参数

| 序号 | 编号 | 名　称 | 性能参数 | 数量 | 备　注 |
|---|---|---|---|---|---|
| 1 | S1 | XBD9.80/20-100L 水泵 | $Q$=20L/s，$H$=83m | 2 台 | 消火栓泵 |
| | | 配电机 | $P_N$=30kW | 2 台 | 一用一备 |
| 2 | S2 | XBD10.2/30-100L 水泵 | $Q$=28L/s，$H$=100m | 2 台 | 自喷泵 |
| | | 配电机 | $P_N$=45kW | | 一用一备 |
| 3 | S3 | 50FL24-15×4 水泵 | $Q$=20.8m$^3$/h，$H$=66.7m | 2 台 | 生活泵 |
| | | 配电机 | $P_N$=7.5kW | | 一用一备 |
| 4 | S4 | FLG25 热水泵 | $Q$=1.0L/s，$H$=13.5m | 2 台 | 热水泵 |
| | | 配电机 | $P_N$=0.55kW | | 一用一备 |
| 5 | S5 | 65JYWQ37-1400-4 潜水泵 | $Q$=37m$^3$/h，$P_N$=4kW，$H$=15m | 2 台 | 消防电梯积水坑 一用一备 |
| 6 | S6 | 50-20-JYWQ-1200-1.5 潜水泵 | $Q$=5.6L/s，$P_N$=1.5kW，$H$=9.5m | 6 台 | 泵房及车库积水坑 五用一备 |
| 7 | S7 | XQG-5/0.4-800L 气压给水设备 | | 1 套 | |
| | | 配气压罐 | 800×2260 | 1 个 | |
| | | 配 25FL2-12×3 稳压泵 | $Q$=0.39L/s，$P_N$=1.1kW，$H$=38.0m | 2 台 | |

## 3.5.4　水泵机组的安装

水泵按安装形式有带底座水泵和不带底座水泵之分。带底座水泵是指水泵和电动机一起固定在同一底座上。不带底座是指水泵和电动机分设基础。工程上多采用带底座水泵。立式水泵按 95SS103 施工。

水泵的安装程序如图 3.46 所示。

1)　放线定位

根据水施-03 在泵房内确定好各水泵机组的平面位置，并确保水泵机组之间，机组与墙壁、水管之间的间距合乎设计要求。

2)　基础预制

水泵的基础是安装机组用的，其作用是固定和支撑机组。

基础的尺寸由水泵机组的安装尺寸确定。一般长度为底座长度加 0.2～0.3m，宽度为底座螺栓孔距加 0.3m，高度为地脚螺栓埋入深度加 0.1～0.15m，地脚螺栓埋入深度约为 $20d+4d$($d$ 为螺栓直径、$4d$ 为弯钩高度)，基础顶部应高出室内地坪 0.1～0.2m。

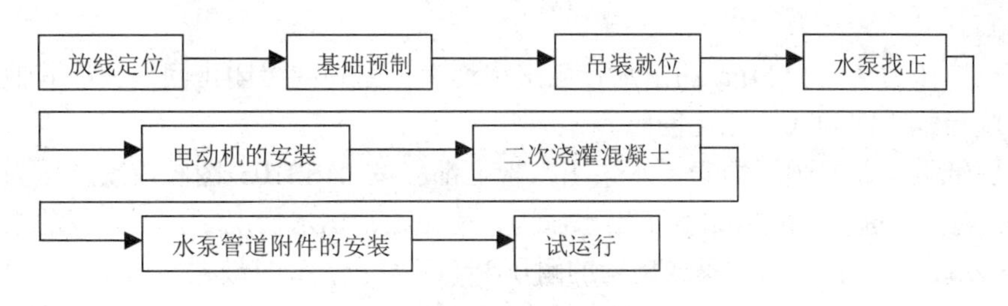


图 3.46　水泵的安装程序

3)　吊装就位

安装带底座的水泵时，先在基础面和底座面上划出水泵中心线，然后将底座吊装在基础上，套上地脚螺栓和螺母，调整底座位置，使底座上的中心线和基础上的中心线一致。然后用水平尺在底座加工面上检查是否水平。不水平时，可在底座下承垫垫铁找平。

4)　水泵找正

水泵就位后应进行找正。水泵找正包括中心线找正、水平线找正和标高找正。

(1)　中心线找正：水泵中心线找正的目的是使水泵摆放的位置正确，不歪斜。找正时，用墨线在基础表面弹出水泵的纵横中心线，然后在水泵的进水口中心和轴的中心分别用线坠吊垂线，移动水泵，使线锤尖和基础表面的纵横中心线相交。

(2)　水平找正：水平找正可用水准仪或 0.1～0.3mm/m 精度的水平尺测量。小型水泵一般用水平尺测量。操作时，把水平尺放在水泵轴上测其轴向水平，调整水泵的轴向位置，使水平尺气泡居中，误差不应超过 0.1mm/m。然后把水平尺平行靠在水泵进出口法兰的垂直面上，测其径向水平。大型水泵找水平可用水准仪或吊垂线法进行测量。吊垂线法是将垂线从水泵进出口吊下，如用铜板尺测出法兰面距垂线的距离上下相等，即为水平。若不相等，说明水泵不水平，应进行调整，直到上下相等为止。

(3)　标高找正：标高找正的目的是检查水泵轴中心线的高程是否与设计要求的安装高程相符。标高找正可用水准仪测量，小型水泵也可用钢板尺直接测量。

5)　电动机安装

安装电动机时以水泵为基准，将电动机轴中心调整到与水泵的轴中心线在同一条直线上。通常是靠测量水泵与电动机连接处两个联轴器的相对位置来完成，把两个联轴器调整到既同心又相互平行的位置。

6)　二次浇灌混凝土

水泵找正找平后，方可向地脚螺栓孔和基础与泵底座之间的空隙内灌注水泥砂浆。待水泥砂浆凝固后再拧紧地脚螺栓，并对水泵的位置和水平进行复查，以免水泵在二次灌浆或拧地脚螺栓过程中发生移动。

电动机找正后，拧紧地脚螺栓和联轴器的连接螺栓，水泵机组即安装完毕。

水泵在安装过程中，应同时填写“水泵安装记录”。

## 3.5.5　配管及附件的安装

以泵 $S_3$ 为例，如图 3.47 所示，水泵的工作管路有出水管和吸水管两条。

出水管是将水泵压出的水送到需要的地方，管路直径应不小于水泵出口的直径，管路上安装闸阀。

水泵出口压力 $P>0.5$MPa 的出水管应采用消声止回阀或缓闭止回阀。在其他部位可采用一般的旋启式止回阀或梭式止回阀。

不管图纸上是否已画压力表，水泵出水管上都应按 01SS105 图阀前安装压力表，型号为 Y-100。规格的选择，应根据水泵出水压力，使在正常供水情况下，压力表的指针达满刻度的 1/2～2/3。压力表前的球阀或旋塞的耐压 PN 应大于水泵的最大工作压力。

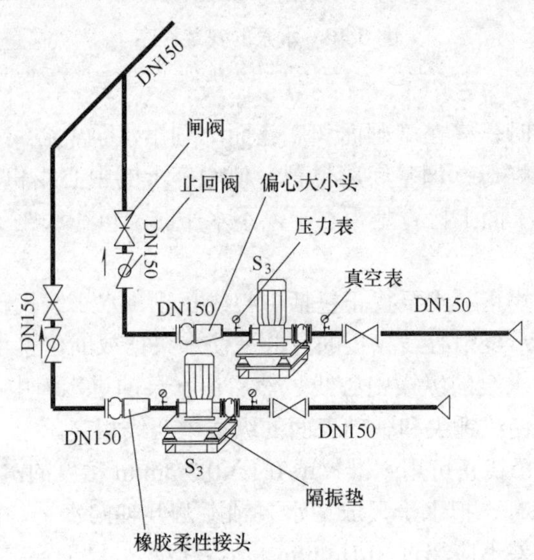


图 3.47　水泵管道配管及附件的安装

吸水管路与水泵出口的连接管件采用偏心大小头连接。吸水管路是将水池中的水送入泵内，管路直径应不小于水泵入口直径，管路上安装闸阀、真空表。水泵入口前的直管段长度应不小于管径的 3 倍。不管图中是否表示，水泵吸水管均应设喇叭口及支座，制作按 02S403。

闸阀在管路中起到调节流量和维护检修水泵、关闭管路的作用。止回阀在管路中起保护水泵、防止停电时水倒流入水泵的作用。压力表和真空表用于测量压力。

水泵的进出口采用柔性橡胶接头连接，以防止泵的震动和噪声沿管路传播。各管道、附件、水泵之间的连接采用法兰连接方式，所有连接的管路应根据需要设置独立、牢固的支架，以削减管路的震动和防止管路的重量压在水泵上。

## 3.5.6　水泵的试运转

水泵安装完毕具备试运转条件后，应进行试运转确保设备正常运行，达到设计要求。具体操作如下。

(1) 试运转前的检查内容如下。①电动机装置已经过单独试运转，其转向应与泵的转向一致；②各紧固件连接部位不得松动；③润滑状况良好，润滑油或油脂已按规定加入；④附属设备及管路是否冲洗干净，管路应保持畅通；⑤安全保护装置是否齐备、可靠；⑥盘车灵活，声音正常。

(2) 无负荷试运转：全关闭阀门，开启泵的传动装置，运转 1～3min 后停车。无负荷试运转应保证：①运转中无不正常的声响；②各紧固部分无松动现象；③轴承无明显的温升。

(3) 负荷试运转：负荷试运转应由建设单位派人操作，安装单位参加。在无负荷试运转合格后进行。负荷试运转的合格标准是：①设备运转正常，系统的压力、流量、温度和其他要求符合设备文件的规定；②水泵运转无杂音；③泵体无渗漏；④紧固部件无松动；⑤轴承温度不高于 75℃，滑动轴承温度不高于 70℃；⑥轴封填料温度正常，软填料宜有少量渗漏(每分钟不超过 10～20 滴)；⑦电动机的电流不超过额定值；⑧安全保护装置灵敏可靠。

(4) 运转后(在设计负荷下连续运转应不小于 2h)应做好下列工作：①关闭出、入口阀门和附属系统阀门；②排尽泵内积水；③采取保护措施，将试车过程中的记录整理好填入“水泵试运转记录”。

## 3.6 本章小结

本章着重介绍了给水排水工程施工准备、给水系统的施工、排水系统的施工、消防系统的施工以及离心泵的施工。这些水系统在很多建筑物中都有，属于常见的工程类型，因此希望读者对这些主要的给水排水工程能够有所认识。其他一些水系统，比如小区给排水、水景、游泳池、直饮水、小型污水处理设备等，读者可自行阅读该系列的给水排水工程读物。

通过本章的学习，读者对给水排水工程中各系统的分类及组成有了进一步的认识。通过对一套完整、典型高层建筑物的施工图的识读，锻炼读者对施工准备、施工步骤、施工方法及施工验收能力的掌握，并将知识扩展到其他类型建筑物中，同时在知识拓展板块中，加入一些实践中能接触到的或常识性的知识。希望本章对给水排水工程施工的初学者或要求更高的读者都有所帮助。

### 1. 给排水施工概述

本章 3.1 节着眼于施工的准备，介绍了一些基本知识，例如：施工工具、管道材料与管件、管道的连接、作业条件以及施工前的准备。让读者对施工有了初步的了解。

### 2. 给水系统安装工程

给水系统是给排水工程的一个重要环节，本章 3.2 节首先介绍了整个给水系统的组成与分类，让初学者对该系统有个总体的认识，然后结合本书介绍的工程项目以及相关规范，阐述了施工要求、管道的施工、阀门水表的施工以及试压与冲洗。

### 3. 排水系统安装工程

本章 3.3 节叙述了排水系统的安装。由于与给水系统完全不同的工作原理，在组成与施工方面，排水系统的特点更为突出，施工的内容也特别多。在 3.3 节还特别介绍了各种典型卫生器具的安装尺寸。

4. 消防系统安装工程

随着建筑规模的不断扩大，对建筑物安全的要求也越来越严格，消防系统的目的就是保障建筑物内人身和财产的安全。室内消防系统主要包括消火栓系统和自动喷水灭火系统，本章3.4节主要就介绍了这两种系统管道、设备的安装。

5. 离心水泵安装工程

水泵在整个给排水系统中属于大型设备，结构比较复杂，主要起提升的作用。通过本章3.5节的学习，让读者对水泵的工作原理、分类、管道附件、安装和试运行等有一定的了解。

## 3.7 习 题

1. 室内给水按用途可分为哪三类，一般由哪些基本部分组成？
2. 给水管道的试验压力是多大，如何检验试压是否合格？
3. 水表分为哪几类，分别适用哪些场合？
4. 给水系统中的引入管如何安装？
5. 管道安装完后还应包括哪些措施？
6. 排水系统由哪几部分组成，分别有什么作用？
7. 排水管道安装有哪些要求？
8. 存水弯有何作用？
9. 排水系统中的清通部件有哪些，如何布置？
10. 卫生器具有哪些分类？
11. 室内消火栓有哪些规格，如何安装？
12. 水泵接合器有什么作用，如何安装？
13. 喷头安装有哪些要求？
14. 末端试水装置有什么用途？
15. 离心泵的安装步骤有哪些？
16. 水泵的管道附件有哪些？
17. 水泵的试运行包括哪些内容？

# 第4章　暖通空调专业范例图纸

**内容提要**

本章是本书特制的某高层综合楼设计中的暖通空调专业范例图纸，描绘了建筑设备中暖通空调专业施工图的有关内容，包括常用空调、通风、防排烟、冷冻机房和卫生热水制备机房等各部分内容。

**教学目标**

- 掌握暖通空调专业施工图纸的组成。
- 了解暖通空调专业施工图纸的内容。
- 学会查阅暖通空调专业施工图纸。

本书选定的某高层综合楼中包括大厅、办公室和标准客房等常见建筑空间类型。

本章图纸设计了此楼暖通空调专业的内容，包括空调、通风、防排烟、冷冻机房和卫生热水制备机房等内容。

本章图纸包括：设计说明和材料表等文字描述部分(暖施-01~暖施-03、暖施-18、暖施-23)、各层平面图(暖施-04～暖施-17)、各局部详图(暖施-10、暖施-21、暖施-22)、各系统的系统图(暖施-18、暖施-19、暖施-20)。本章已列出绝大部分图纸，所缺个别图纸与其邻近的图纸类似，不影响读者阅读。

本章图纸的平面图，综合表达了各系统管道、设备在各楼层中的位置；系统图则将本楼中属于该系统的所有管道、设备抽出，绘出其工作原理。由于本章内容中的设备较多，管线较复杂，且相对建筑物而言比例较小，故细部内容采用详图绘制。

本章图纸为一个整体，是暖通空调设计人员表达设计思想的具有相关效力的文件，也是建设工作中所必须接触的文件。

本章图纸的识图和施工内容将在第5章和第6章详细介绍。在第5章和第6章中未描述到的内容，可在本章举一反三、触类旁通进行印证。

暖通范例图-01 图纸目录.pdf

暖通范例图-02 设计说明.pdf

暖通范例图-03 设备表通风系统表.pdf

暖通范例图-04 负一层通风平面.pdf

暖通范例图-05 负一层空调平面图.pdf

暖通范例图-06 一层空调风管平面图.pdf

暖通范例图-07 一层空调水管平面图.pdf

暖通范例图-08 二层空调风管平面图.pdf

暖通范例图-09 二层空调水管平面图.pdf

暖通范例图-10 一层、二层空调机房详图.pdf

暖通范例图-11 三层(转换层)通风平面图.pdf

暖通范例图-12 四~九层空调风管平面图.pdf

暖通范例图-13 四~九层空调水管平面图.pdf

暖通范例图-14 九层排风转换平面图.pdf

暖通范例图-15 十~十四层空调风管平面图.pdf

暖通范例图-16 十~十四层空调水管平面图.pdf

暖通范例图-17 十四层屋面空调通风平面图.pdf

暖通范例图-18 加压送风系统图.pdf

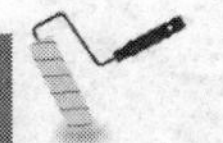

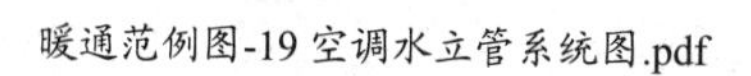

暖通范例图-19 空调水立管系统图.pdf

暖通范例图-20 制冷站、锅炉房流程图.pdf

暖通范例图-21 制冷机房锅炉房配置图一.pdf

暖通范例图-22 制冷机房锅炉房配置图二.pdf

暖通范例图-23 空调系统主要材料表.pdf

# 第 5 章 暖通空调专业识图

内容提要

本章围绕本书给出的某高层综合楼范例，介绍建筑设备中暖通空调专业识图的有关内容，包括：暖通空调专业施工图识图图例、暖通空调专业施工图图纸内容、常用空调系统的主要组成部分和常用空调系统的工作流程。

教学目标

- 掌握暖通空调专业施工图识图方法。
- 掌握暖通空调专业施工图图例。
- 能看懂暖通空调专业施工图图纸。
- 了解常用空调系统的主要组成部分。
- 了解常用空调系统工作流程。

## 5.1 暖通空调工程概述

暖通空调工程是为解决建筑内部热湿环境、空气品质问题而设置的建筑设备系统。

设备众多、系统复杂是暖通空调工程的特点，在识图中应了解建筑功能、识别暖通空调系统和提取有用的信息。

### 5.1.1 暖通空调工程的主要功能

暖通空调工程的主要功能有以下四点。

(1) 为避免冬季、夏季室内温度、湿度过低或过高，室内工作和生活的人员产生不舒适感，采用人工方式，消耗一定的能源，按需要转移空气中的热量、水分，营造使人体感觉舒适的室内环境。

(2) 为使在建筑物内部工作的机器、设备及部件正常运转，维持室内合乎机器设备正常运转的温度和湿度。

(3) 按消防法规要求，暖通空调工程还担负着：在火灾发生时，利用机械通风设备强制排出火灾燃烧烟气和强制输入室外新鲜空气的作用。

(4) 在大多数附有地下室或无外部通风构造的室内空间的建筑物中，暖通空调工程利用机械通风设备强制实现室内外空气的交换。

## 5.1.2 暖通空调工程的主要设备

设备是暖通空调工程的心脏，其功能有提供冷热源、提供输送动力和热能转换等。具体而言，提供冷热源的设备即空调主机，包括制冷机组、供热锅炉等，它们通过输入能量，制造或产生我们需要的冷量或热量；提供输送动力的设备主要指水泵和风机，它们提供了输送动力，使得流体按我们的需要流动；热能转换则是根据我们的需要将流体中的热能通过换热装置转换出来，常见的水-水换热器、汽-水换热器和空气-空气换热器都属于此范畴。值得一提的是，我们常使用的风机盘管、空气处理机组等设备，它们把风机与换热盘管组合在一起，既提供了空气输送动力又提供热能交换，一般被称为空调末端设备。

在空调工程中为保证空气品质还有空气净化设备，如各种过滤器、吸附装置和消毒灭菌设施等；在水系统中则有各种各样的水过滤装置、水处理装置和加药装置；为实施自动控制而设置的各种电动风阀、电动水阀和温控装置等也常被纳入暖通空调设备范畴，但它们在系统中主要起辅助、提升系统品位的作用，我们一般称之为辅助设备或设施。

### 1. 空调冷源设备

1) 空调冷源设备的特点与分类

集中空调系统一般所担负的空调面积大、房间多，因此，空调冷源设备容量通常很大。空调工程能耗是建筑能耗中的重要部分，而冷源设备又是空调工程的主要能耗设备，因此，冷源设备的选择关系到工程的投资、运行费用及能源消耗。冷源设备在空调工程具有十分重要的地位。

空调工程中常用的冷源制冷方法主要分为两大类：一类是蒸汽压缩式制冷；另一类是吸收式制冷。压缩式制冷，根据压缩机的形式可以分为活塞式(往复式)、螺杆式和离心式等三类，一般利用电能作为能源。吸收式制冷，根据利用能源的形式可以分为蒸汽型、热水型、燃油型和燃气型四类，后两类又被称为直燃型，这类制冷机以热能作为能源。根据冷凝器的冷却方式又可分为水冷式、风冷式。根据机型结构特点分类还有压缩机多机头式、模块式等。

2) 电制冷水冷式冷水机组

电制冷水冷式冷水机组属于蒸汽压缩式制冷范畴，一般主要由压缩机、蒸发器、冷凝器、膨胀阀、自动控制和保护装置组成。顾名思义，水冷式冷水机组的冷凝器利用水冷却，一般利用循环冷却水，随着科技的发展和节能的需要，也有采用地表水、地下水冷却的。在实际工程中我们根据压缩机类型一般分为离心式冷水机组、螺杆式冷水机组、活塞式冷水机组和涡旋式冷水机组。

离心式冷水机组单机容量大，制冷性能系数(COP)值高，但在部分负荷下运行时容易发生“喘振”现象。螺杆式冷水机组由于在压缩机构造上的特点，在部分负荷下仍能稳定、高效地运行，常被用于负荷波动大、需要调节的场合。活塞式冷水机组和涡旋式冷水机组均为小容量制冷机，其中活塞式冷水机组由于振动大、运行维护复杂，目前运用较少，而涡旋式冷水机组运行噪声小，调节方便，在小型工程中运用较多。

图 5.1 所示为电制冷水冷式冷水机组的平面示意，一般来说，在图纸上设备以方框表示，图中的电制冷水冷式冷水机组为水冷螺杆式冷水机组，我们可以看到主要的接管有空调冷冻水接管和冷却水接管，均为一进一出，旁边的空调冷冻水循环泵、冷却水循环泵则与空调主机配套形成完整的制冷循环过程。设备接管位置需要留出安装检修空间。而设备控制屏和电源进线位置则需要留出操作空间。设备的参数等要求应能从图纸的设备表查出。

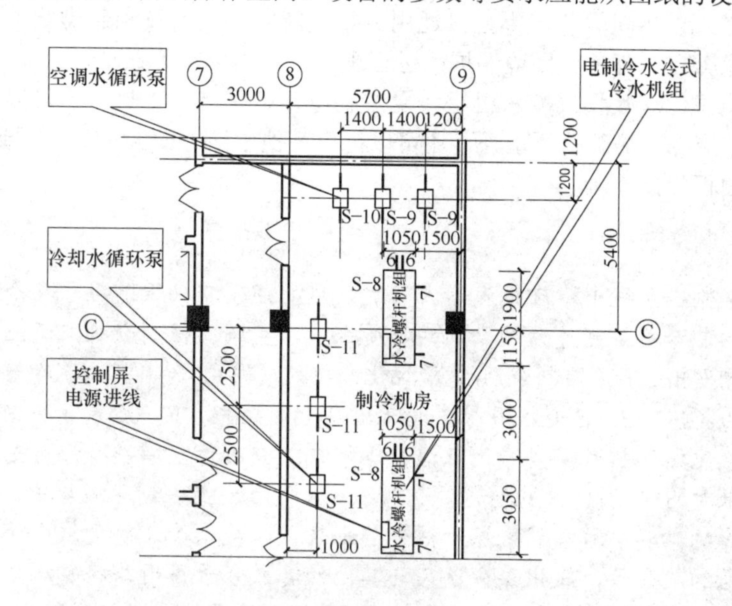


图 5.1　电制冷水冷式冷水机组的平面示意

**知识拓展：性能系数(COP)**

性能系数(COP)又被称为能效比，是在规定条件下制冷机的制冷量与其净输入能量之比。水冷式冷水机组的 COP 值较高，一般为 4～6，其中水冷离心机组 COP 值一般为 5～6，水冷螺杆机组的 COP 值一般为 4.4～5.2，水冷活塞机组或水冷涡旋机组的 COP 值一般为 4～5。风冷热泵机组的 COP 值一般为 3 左右。

3)　电制冷风冷热泵机组

电制冷风冷热泵机组是指利用风冷冷却的蒸汽压缩式制冷机组，其压缩机类型主要有螺杆式、涡旋式和活塞式三种。其中螺杆式压缩机被用于大型的风冷热泵机组，涡旋式和活塞式多用于小型或模块式风冷热泵机组。

风冷热泵机组在制冷循环上设有四通换向阀，蒸发器与冷凝器可以互换，从而实现夏季制冷、冬季制热的功能。其优点是供热效率高，制热 COP 可达 3.0 以上，简化了空调热源的设置，在中、小建筑中得到广泛的应用，缺点是夏季 COP 低于水冷机组，在夏热冬冷地区的冬季工况中，结霜的现象使得供热效果不佳。

4)　溴化锂吸收式冷水机组

溴化锂吸收式冷水机组是利用水在高真空度状态低沸点蒸发吸收热量而达到制冷目的的制冷设备。溴化锂水溶液作为吸收剂吸收其蒸发的水蒸气，从而使制冷机连续运转，形成制冷循环。

溴化锂吸收式冷水机组一般可分为蒸汽型、直燃型和热水型三种类型，直燃型包括燃油和燃气两种类型。它们之间的区别主要在于高压发生器，在高压发生器内吸收水蒸气后变成的溴化锂稀溶液被加热蒸发，浓缩成溴化锂浓溶液，这个过程是吸热过程，其热源可以是蒸汽、热水，也可以是直接在高压发生器内燃烧燃料，如油或气。所以，上述溴化锂冷水机组的分类和命名，主要是根据高压发生器所应用的热源类别而定。溴化锂吸收式冷水机组的优点是：以热能驱动，不直接耗用大量电能；不运用氟利昂类制冷剂，制冷剂采用水，对环境无影响，有利于环境保护；运行平稳，无噪声，无振动。

对于直燃型溴化锂吸收式冷水机组，夏季制冷，冬季可以制热，也可以同时供冷和供热，除了满足空调冷、热源的要求外，还可以提供其他生活方面的供热，做到了一机多用，可以节省占地面积和投资。

**知识拓展：制冷剂**

蒸汽压缩式制冷系统中，在蒸发器内蒸发吸热，经压缩机压缩后，在冷凝器内放热的工作物质被称为制冷剂。可作为制冷剂的物质很多，空调工程制冷机广泛应用氟利昂作为制冷剂。自从开发出 CFC 类制冷剂(氯氟烃化合物的简写)以来，空调制冷曾较多采用的制冷剂有 CFC-11、CFC-12、CFC-500 等，通常用 R-11、R-12、R-500 表示。由于它们具有安全、性能稳定、无毒和热效率高等优点，长期被广泛应用于空调制冷。但是，它们在大气中对臭氧层有很大的破坏性。CFC 类制冷剂漏入大气后，上浮到同温层中，由于受到阳光中紫外射线的影响，其中所含的氯原子被分解出来，而氯原子又使臭氧分子分解，产生氧化氯和一个普通的氧分子，氧化氯分子又与其他的臭氧分子作用，将氯原子还原出来，氯原子又会按上述反应过程去破坏其他臭氧分子。因而，臭氧层中的臭氧遭到连锁性的破坏。臭氧层是防护地球生物免受太阳紫外线影响的一个天然屏障，因此 CFC 类制冷剂对环境有破坏作用，商家相继推出相应的替代制冷剂，如用 HCFC-123 替代 R11，HFC-134a 替代 R12，R22 由于对环境影响较小，根据国际公约在 2030 年前仍可使用。从目前的认识水平看，HCFC-123 和 HFC-134a 虽然是当前应用最广泛的主要制冷剂，性能也比较好，但它们对全球环境均存在或多或少的有害影响，不是对环境完全友好的制冷剂。从长远来看，它们也是一种过渡性制冷剂，还期待开发出一些热工性能好，对环境更友好的替代制冷剂。

### 2. 空调热源设备

1) 暖通空调热源设备的分类

按照热源介质分可分为蒸汽锅炉和热水锅炉；按照能源燃料种类分可分为燃煤锅炉、燃油锅炉、燃气锅炉、电锅炉和热泵设备；按照设备承压分可分为常压热水锅炉、真空锅炉和承压锅炉；按照热源的来源可分为自备热源、城市供热、工厂余热和废热等。

2) 蒸汽锅炉

蒸汽锅炉根据提供蒸汽的压力分为压力锅炉和低压生活锅炉。承压低于 0.1MPa 的蒸汽锅炉在暖通空调供热中属于低压锅炉，不受压力容器类相关规范规程的监督。承压大于等于 0.1MPa 的蒸汽锅炉属压力容器，应当遵守蒸汽锅炉监察规程的规定，空调热源所选择的蒸汽锅炉一般是压力容器。当选用蒸汽锅炉作热源时，需要进行二次换热，将蒸汽通过热交换器加热空调循环水。

蒸汽锅炉可以是燃煤锅炉，也可以是燃油、燃气或电热锅炉。从环保角度而言，燃煤锅炉污染严重，尤其是在城市里，使用受到很大的限制。燃油、燃气和电热锅炉均能满足环保要求，但考虑燃料价格和国家节能政策因素，目前使用较多的是燃气锅炉。

**知识拓展：压力容器**

运行中最高压力大于等于 0.1MPa，内直径大于等于 0.15m 且容积大于等于 0.25m$^3$ 的容器称为压力容器。出于安全生产的需要，我国安全生产监督管理部门对锅炉等压力容器的设计、生产、运行均有一系列的标准和规程规范。

3)　热水锅炉

热水锅炉根据运行压力分为承压热水锅炉、常压热水锅炉和真空热水锅炉。

承压热水锅炉可以提供水温高于 100℃的高温热水，在我国北方的集中供热系统中运用较多，属于压力容器。

常压热水锅炉是指锅炉在运行时所承受的压力相当于大气压，即锅炉本体不承受压力，而空调供水是通过二次换热进行加热，空调循环水可以按设计要求承受不同压力，与锅炉本体无关。常压热水锅炉通常可分为内置式换热器和外置式换热器两类，一般提供热水温度不超过 90℃。

真空热水锅炉的锅炉本体内保持真空，锅炉本体也处在负压下工作，运行安全可靠。真空热水锅炉炉内水容积小，热水供应启动速度快，炉内充水可用软水或纯水，不结垢，无腐蚀，在蒸汽介质下，换热管的传热效率比较高，但需要设置一套真空装置。锅炉内的水容积比较小，相应的其热容量也比较小。

图 5.2 所示为热水锅炉的平面示意图，设备外形按比例绘制在锅炉房内，燃烧机位置的突出表示该位置需要经常操作、检修和维护，需要留有足够的空间。在接管方面需要落实设备的要求，本例中设备表除标明设备供热能力参数外，还标明内置两套换热器，分别提供空调热水和卫生热水，则锅炉本体应有空调热水的供回水接管和卫生热水的供回水接管，锅炉烟道接口、排污管接口和通气管接口等需要通过设备厂家提供的随机文件确认。

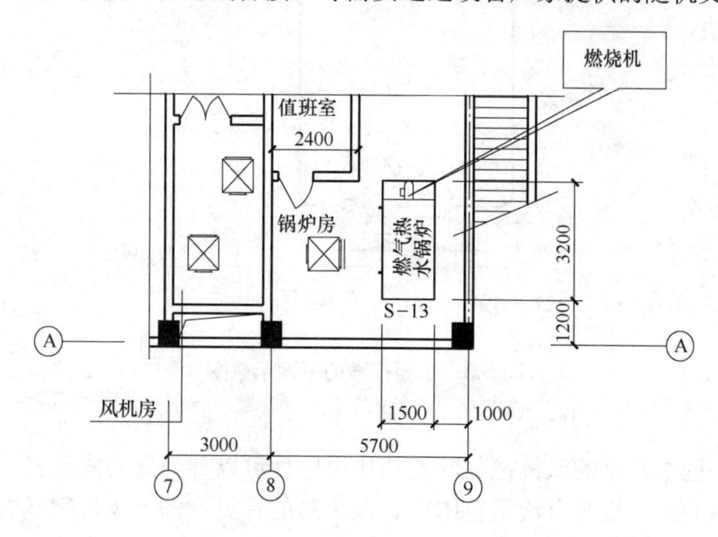


图 5.2　热水锅炉的平面示意图

4) 热泵设备

热泵机组在制冷循环上设有四通换向阀，蒸发器与冷凝器可以互换，从而实现根据需要制冷或制热的功能。根据低位热源的种类可以分为空气源热泵(常称为风冷热泵)、地表水水源热泵和地下水水源热泵等。

热泵设备冬季提供的空调热水温度一般为 45℃，在需要卫生热水的场合，也可以提供50℃以上的热水，由于提供热水的温度并不高，热泵设备有比较高的供热性能系数，空气源热泵的性能系数一般在 3 以上，地下水水源热泵的性能系数可以达到 4.8 以上。

### 3. 流体输送设备与空气处理设备

我们经常遇到的流体输送设备是水泵与风机，在暖通空调工程中，它们将热能的载体(水或空气)输送到需求的地方，同时也消耗了输送能耗。

1) 水泵

暖通空调工程中使用的水泵一般是清水泵或热水泵，其输送液体为不含有体积超过0.1%和粒度大于 0.2mm 的固体杂质的水，清水泵输送液体温度为 0～80℃，热水泵可以输送 130℃以下的液体。比较特殊的一点是：由于蒸汽锅炉给水泵要求小流量、大扬程，其一般采取多级泵。

水泵的主要参数是流量、扬程和电机功率，高层建筑空调水系统为闭式循环，水泵承受的系统静压力远高于水泵自身的扬程，应注意核对，一般而言在最高工作压力不大于1.6MPa 时可不必特殊订货。

图 5.3 所示为水泵接管的平面示意图，图中表示的为立式离心泵，进水管设有闸阀、变径管、软接头，出水管设有软接头、变径管、止回阀和球阀。进出水管上设置的压力表是为了在运行中了解水泵的实际运行参数。应注意到，在设备的进出口接管段都设有软接头，设备与基础的连接设有隔振器，这是为了避免水泵运行的振动通过基础和管道传递出去。

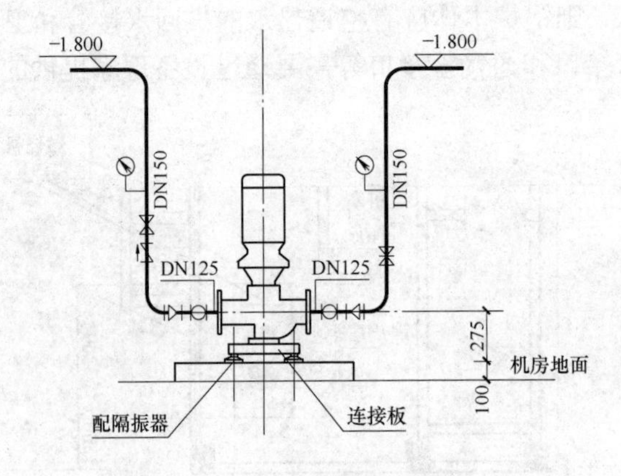


图 5.3 水泵接管的平面示意图

2) 风机

暖通空调工程中常用的风机按其叶轮的作用原理可以分为离心式风机、轴流式风机和斜流式风机。离心式风机具有流量范围广、风压高的特点；轴流风机则具有风压低、流量大的特点；斜流式风机介于前两者之间。

根据风机输送介质的特点，风机有防爆风机、防腐风机、锅炉引风机，民用建筑中还有消防排烟风机。

图5.4所示为风机的平面示意图，本例中风机为柜式离心风机，风机以其外形轮廓线表示，进风口和出风口都设有风管软接头，可以在风机运转时隔离风机振动的影响。风机的参数需要从设备表中提取。

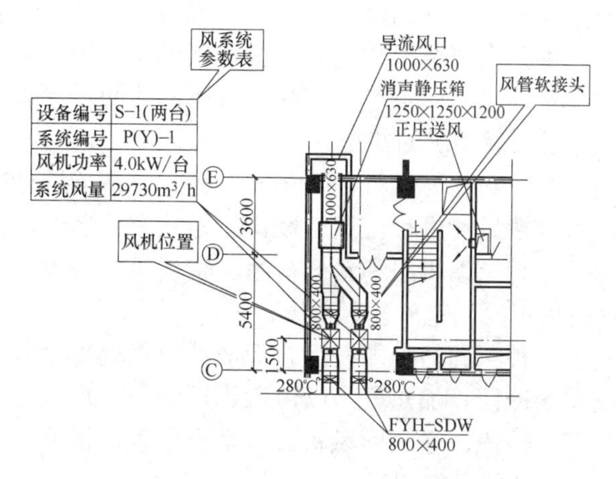


图5.4　风机的平面示意图

**知识拓展：水泵与风机的并联运行**

水泵与风机的并联运行是我们常遇到的情形，在一个暖通空调系统中，管道是固定的，如果有两台或多台输送设备并联运行，系统流量就会增加，但不会与台数成倍数关系。这是因为固定的管路系统在流量增加后，阻力也随之增加。根据相关理论，阻力与流量的平方成正比，所以体现在系统的流量上就不是与设备台数成倍数关系了。如果在正常运行工况下两台设备并联的流量为正常流量，那么单台设备运行时，其流量要大于正常流量的一半，这也导致了电机输出功率增加而有可能烧坏电机。

3)　热交换设备

热交换设备是暖通空调工程中常用的设备，用于不同温度的热媒之间进行热能的转换，如用高温热水或蒸汽加热低温水。对热交换设备的要求是传热效率高、体积小、结构简单和节省金属耗量、维修保养方便、阻力小等。

热交换器根据热媒的种类可分为汽-水换热器、水-水换热器；根据热交换方式可分为表面式热交换器和直接式热交换器；根据换热器的体积可以将其分为容积式换热器、半容积式换热器和即热式换热器。

表面式热交换器是加热热媒与被加热热媒不直接接触，通过金属表面间接进行热交换，直接式热交换器是两种热媒直接混合达到热能转换的目的。

容积式换热器在工程中常遇到的是壳管式换热器，其结构简单、造价低，制作方便，运行可靠，维修方便。浮动盘管式热交换器属于半容积式换热器，传热效率比较高，结构紧凑，占地面积小，运输、安装都十分方便。板式换热器属于即热式换热器，其特点是结构紧凑、体积小，拆洗方便，承压能力高。另外，板式换热器还有一个突出的特点：能够在小温差下传热，因而也广泛用于空调冷水系统竖向分区时的换热设备。

4) 空气处理设备

空气处理设备用于对房间空调送风进行冷却、加热、减湿、加湿以及空气净化等处理，通常使用的有风机盘管、柜式空调器和组合式空调机组等，在暖通空调工程中常被称为空调末端设备。

风机盘管是空调工程中广泛应用的空气处理设备，由风机、换热盘管、机壳和凝结水盘等组成。风机盘管根据安装形式分为卧式暗装、卧式明装、立式暗装和立式明装等几种基本形式，根据送风压力可分为普通型和高静压型。风机盘管的主要设备参数是风量、风压、表冷器排数、运行噪声和电机功率等，产品样本所标注的冷量和热量是在指定工况下的情形，具体运用时应考虑实际工况的修正。

柜式空调器的构造和原理基本与风机盘管相同。柜式空调器处理空气的能力和机外余压都比风机盘管要大，可以接风管进行区域性空调。柜式空调器按结构形式可分为卧式和立式两类；按处理工况可分为空调机组和新风机组。空调机组的设计进风工况为室内回风工况，新风机组的设计进风工况为室外新风工况。

组合式空调机组是由各种不同的功能段组合而成的空气处理设备。组合式空调机组的基本功能段有：混合段、表冷段、加热段、喷淋段、过滤段、加湿段，新风、排风段，送风段、二次回风段、中间检修段，送、回风机段和消声段等。根据空调设计对空气处理过程的需要，可选用其中某些功能段任意组合。

图 5.5 所示为末端设备的接管示意图，风机盘管与吊顶式风柜的水管接管均有三个接口，分别是供水管、回水管和凝结水管，考虑设备振动的因素，接口处均设置软接头。一般来说考虑排出设备内热交换盘管的空气因素，回水管在上，供水管在下，凝结水管为自流排水，因此在设备底部接管。两者也有不同之处，由于吊顶式风柜的处理风量大、风压高，设备的尺寸要比风机盘管大，一般要利用梁内空间安装，因此吊顶式风柜的回水管上需要设置自动放气阀，而风机盘管在设备本体设置手动放气阀，一般可以在梁下安装，利用回水管将盘管内空气带出。在凝结水的接管处理上，风机盘管的凝结水盘是露在外部的，因而直接接管即可，吊顶式风柜因为凝结水盘在设备内部，运行时设备内部存在负压，凝结水管需要设置水封，以利于稳定地排出凝结水，在这个环节上吊顶式风柜与组合式空调机组是相同的。

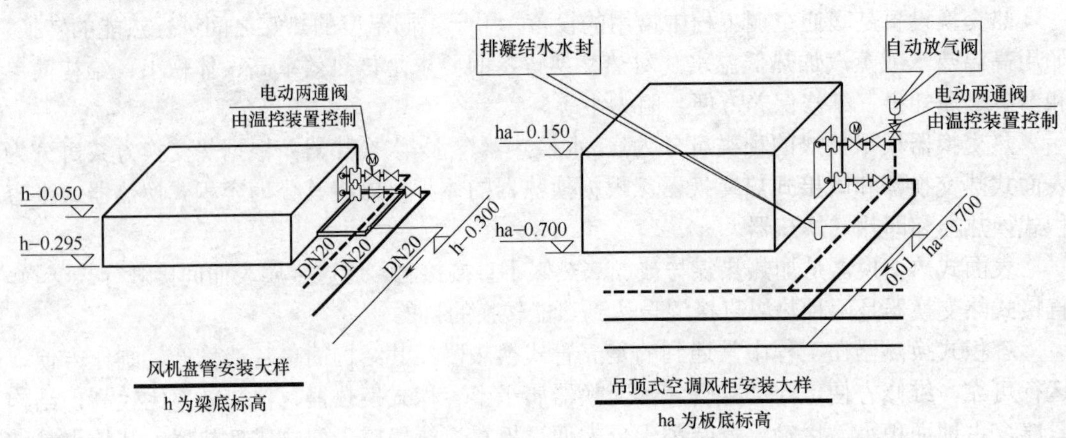


图 5.5 末端设备的接管示意图

**知识拓展：组合式空调机组的小知识**

组合式空调机组的外壳通常是采用双层钢板(彩钢板)中间用聚氨酯发泡作保温层，也有的采用钢板加保温层的做法。混合段设有回风和新风接口，作为新风和回风在此混合用。表冷段和加热段都是采用表面式换热器作为热交换器，根据热媒的情况实现冷却、加热功能，表冷段可以使用 7℃的冷水或 60℃的热水作为热媒；加热段一般使用高温热水或蒸汽作为热媒，两种热媒的换热器结构有一定差别，选型时应标明以免误用。表冷段和加热段是分开设置还是合用一套应根据空气处理过程的需要而定。加湿段用于对空气进行加湿处理，一般在有蒸汽来源时采用蒸汽加湿，有的也采用电加热水产生蒸汽用于加湿。过滤段是对空气进行净化处理，根据对洁净度的要求和空气的质量，可选用粗效过滤器或粗效加高效过滤器两级过滤。中间检修段用于设备检修和运行维护，如热交换器的维修、过滤器的清洗和滤料的更换等，应根据组合情况的需要设置。喷淋段的作用比较复杂，它根据水温的变化可以实现冷却或加热、加湿或减湿等功能，相应的，其运行管理也比较复杂，一般应用不多。

## 5.1.3 暖通空调系统的简介

暖通空调系统涵盖的范围比较广泛，采暖、通风、空调和冷热源系统均属于暖通空调系统。暖通空调系统为建筑内部空间提供舒适的工作条件和生活条件，可以说，建筑的外在美要看建筑造型和立面；内在美则要看暖通空调系统运行的效果。所以，暖通空调系统在建筑中占有很重要的地位。

### 1. 采暖系统简介

采暖系统由热源或供热装置、散热设备和管道组成，它可以使室内获得热量并保持一定温度，以达到适宜的生活条件和工作条件。采暖系统一般以热媒类型为依据分为低温热水采暖、高温热水采暖、低压蒸汽采暖、高压蒸汽采暖四种，也有以散热设备形式为依据分为散热器采暖、辐射采暖、热风机采暖三种。

在民用建筑中，采暖系统以低温热水采暖最为常见，散热设备形式也以各种各样的对流式散热器和辐射采暖为主。热源方面在北方严寒和寒冷地区由城市集中供热网提供热源，在没有集中供热网时则设置独立的锅炉房为系统提供热源。

长江中下游地区单独设置采暖系统的建筑并不多见，大部分建筑在空调系统的设置中利用空调系统向建筑提供热量，以保证室内的舒适性。随着人们生活水平的提高，部分高档次住宅设置了分户的采暖系统，热源采用燃气壁挂炉，散热设备采用散热器方式或地板辐射采暖方式。

### 2. 通风系统简介

广义的通风系统包括机械通风和自然通风，自然通风是利用空气的温度差通过建筑的门、窗和洞口进行流动，达到通风换气的目的；机械通风则是以风机为动力，通过管道实现空气的定向流动。机械通风系统的识图与安装是我们本书介绍的重点。

在民用建筑中，通风系统根据使用功能划分主要有排风系统、送风系统和防排烟通风系统，也有在燃气锅炉房等使用易燃易爆物质或其他有毒有害物质的房间设置事故通风系统、厨房含油烟气的通风净化处理系统等。通风系统的设置需要了解建筑功能需求，其过程不仅有空气的流动，往往还伴随着热量和湿度的变化。

**知识拓展：风量平衡、热平衡与湿平衡**

根据能量守恒与质量守恒的原理，通风系统具有风量平衡、热平衡和湿平衡的特点。风量平衡即针对某一建筑房间，进入房间的空气质量与排出房间的空气质量相等；热平衡即房间进风与排风的热量差值应等于房间内部热源产热与房间散热之间的差值；而湿平衡则是房间进风与排风的湿量差值应等于房间内部散湿量。这几个平衡是我们理解通风系统的基础。

### 3. 空调系统简介

空调系统是以空气调节为目而对空气进行处理、输送、分配，并满足房间相关参数的所有设备、管道及附件、仪器仪表的总和。

在空调系统的分类上有许多方法，较多的是以负担室内热湿负荷所用的介质为依据分为全空气系统、全水系统、空气-水系统和冷剂系统。

(1) 全空气系统：全空气系统的特征是室内负荷全部由处理过的空气来负担，由于空气的比热、密度比较小，需要的空气流量大，风管断面大，输送能耗高。这种系统在实现空调目的的同时也可以实现室内换气的控制，保证良好的室内空气品质，目前在体育馆、影剧院和商业建筑等大空间建筑中应用广泛。

(2) 全水系统：全水系统的特征是室内负荷由一定的水来负担，水管的输送断面小，输送能耗相对较低。典型的全水系统有风机盘管系统、辐射板供冷供热系统等，因为其没有通风换气作用，在实际工程中单独使用全水系统的很少，一般需要配合通风系统一起设置。

(3) 空气-水系统：空气-水系统的特征介于全空气系统和全水系统之间，由处理过的空气和水共同负担室内负荷，典型的空气-水系统是风机盘管+新风系统，这种系统由于比较适应大多数建筑的情形，因此，在实际工程中应用最多，酒店客房、办公建筑和居住建筑等大多采用风机盘管+新风系统。

(4) 冷剂系统：冷剂系统，顾名思义就是由制冷系统的蒸发器或冷凝器直接向房间吸收或放出热量，在这一过程中，负担室内热湿负荷的介质是制冷系统的制冷剂，而制冷剂的输送能量损失是最小的。最常见的冷剂系统是分体式空调、闭式水环热泵机组系统，近年来随着技术的进步，变制冷剂流量多联分体式空调系统(也就是我们俗称的 VRV、MRV 和 HRV 等)在实际工程中得到了越来越多的应用，这也是一种典型的冷剂系统。

**知识拓展：变制冷剂流量多联分体式空调系统**

变制冷剂流量多联分体式空调系统，即控制冷媒流通量并且通过冷媒的直接蒸发或冷凝来实现制冷或制热的空调系统，其特点是一台室外机可连接多达 40 台的室内机，室内机和室外机的配管长度可达 150m，可以灵活运用在各种规模、各种用途的建筑物内。

在一般情况下，空调系统的分类没有上述那么专业，常按室内温湿度控制要求分为舒适性空调和工艺性空调，按提供冷热源设备的集中或分散分为中央空调或分体空调。舒适性空调是以人体舒适为目的，室内温湿度的精度要求不高，如我们常见的商场、酒店和办公楼等民用建筑；工艺性空调则以满足工艺生产要求或室内设备要求而设置的空调系统，一般对温湿度等参数的精度要求高，如医院手术室的净化空调系统、电子厂房的恒温恒湿空调系统和印刷车间的恒温恒湿空调系统等。

在实际工程中，中央空调的称谓可能更加广泛，其含义是由空调主机提供冷热源，通过管道、末端设备将冷、热量提供给有需要的房间，上述的全空气系统、全水系统、空气-水系统和冷剂系统中的变制冷剂流量多联分体式空调系统常被我们称为中央空调系统。

# 5.2　暖通空调专业施工图识图

暖通空调专业中常用的空调工程，一般包含冷冻水、冷却水系统和风路系统等，其中风路系统为空调工程所独有，冷冻水、冷却水系统识图方面的内容，基本等同于给排水工程的识图内容，因此本节对于冷冻水、冷却水系统的识图内容不再赘述，着重介绍风路系统和暖通空调设备、部件方面的识图内容。

## 5.2.1　知识要点准备

### 1. 建筑构造识图制图的相应基本知识

(1) 具备建筑构造识图制图基本知识：建筑平面图、立面图、剖面图的概念及基本画法。

(2) 具备建筑识图的投影关系的概念。

### 2. 画法几何的相应基本知识

(1) 具备画法几何中轴测图的基本概念。

(2) 具备将平面图转换绘制成轴测图的基本能力。

### 3. 空间想象能力

(1) 具备将平面图、原理图或者系统图中所表现出来的管道系统在脑海中形成立体架构的形象思维能力。

(2) 具备通过文字注释和说明将简单线条、图块所表达的暖通空调专业的图例等同认识为本专业不同形态、不同参数的管道和设备的能力。

### 4. 基本专业知识

(1) 具备理解图中所出现的专业术语、名词的含义的能力。

(2) 具备了解设计选用设备的基本工作原理、工作流程的能力。

(3) 具备了解设计选用材料的基本性能和物理化学性质的能力。

## 5.2.2 暖通空调专业施工图识图方法

### 1. 图纸目录

图纸目录是为了在一套图纸中能快速地查阅到需要了解的单张图纸而建立起来的一份提纲挈领的独立文件。暖通空调专业的图纸目录也不例外，在本书所提供的某综合楼建筑的暖通专业施工图中，第一张图纸就是目录，图5.6所示为图纸目录的组成。

(1) 暖通空调工程施工图图纸目录的内容一般有：设备表、材料表、设计施工说明、平面图、原理图、系统图、大样、详图等(与给排水工程施工图目录相同)。

(2) 一般因不同的设计院、设计工程师的传统和习惯不同，目录内容编制的顺序会有所差别，不过一般会按照：说明—平面图—系统、原理图—大样、详图的基本顺序进行编排(与给排水工程施工图目录相同)。

(3) 图纸目录内容大致会有体现：设计单位、建设单位、项目名称、图纸阶段(方案、初步设计、施工图等)、整套图号、页数、序号、名称、单张图号、标准或复用图号、折2#图张数、备注、制表、校核和审核等内容，上述内容编制的顺序会有所差别，不过一般会按照：说明—平面图—系统、原理图—大样、详图的基本顺序进行编排(与给排水工程施工图目录相同)。

(4) 图纸目录一般先列新绘图纸，后列选用的标准图或重复利用图。

(5) 初次接触一套暖通空调工程施工图，其识图顺序应按照图纸目录进行。

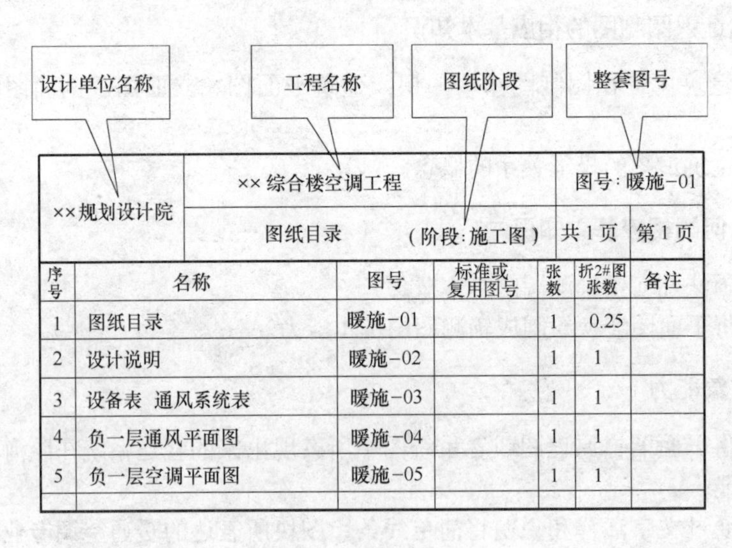


| ××规划设计院 | ××综合楼空调工程 | | | | | 图号：暖施-01 |
|---|---|---|---|---|---|---|
| | 图纸目录 | | (阶段：施工图) | | 共1页 | 第1页 |

| 序号 | 名称 | 图号 | 标准或复用图号 | 张数 | 折2#图张数 | 备注 |
|---|---|---|---|---|---|---|
| 1 | 图纸目录 | 暖施-01 | | 1 | 0.25 | |
| 2 | 设计说明 | 暖施-02 | | 1 | 1 | |
| 3 | 设备表 通风系统表 | 暖施-03 | | 1 | 1 | |
| 4 | 负一层通风平面图 | 暖施-04 | | 1 | 1 | |
| 5 | 负一层空调平面图 | 暖施-05 | | 1 | 1 | |
| | | | | | | |

图5.6 图纸目录组成

### 2. 设计说明和施工说明

设计说明部分介绍设计概况和暖通空调室内外设计参数，冷源情况，冷媒参数，空调冷热负荷、冷热量指标，系统形式和控制方法，说明系统的使用操作要点等内容。

施工说明部分介绍系统所使用的材料和附件，系统工作压力和试压要求，施工安装要

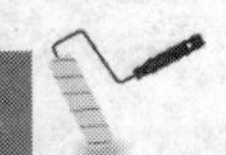

求及注意事项等内容。

在本书所提供的某综合楼建筑的暖通专业施工图中，第二张图纸就是设计说明，编号：暖施-02。本设计说明包括了设计说明和施工说明两部分内容。

本书所提供的某综合楼暖通空调工程施工图设计说明的内容如下。

1)　设计依据

设计依据必须来自国家规范性文件，具有权威性。这些文件是强制执行的，具有法律效应。并且必须标明规范性文件的详细编号，还应精确到文件颁布实施的年份。

设计采用的标准和规范，只需列出规范的名称、编号、年份，设计气象参数则需列出具体数据，因本书所提供的某综合楼建筑虚拟位于湖南省长沙市，所以均采用长沙市的设计气象参数。气象参数可以从专业设计手册或者工程所在地气象局获得。如图 5.7 所示为本书提供施工图中采用的标准、规范和气象参数。

一、设计依据

1. 设计采用的标准与规范

a) 工业建筑供暖通风与空气调节设计规范　(GB 50019—2015)

b) 建筑设计防火规范　(GB 50015—2003)(2009年版)

c) 公共建筑节能设计标准　(GBJ 50189—2015)

d) 建筑专业提供的平面图

2. 室外设计气象参数

长沙地区室外设计气象参数如下：

| | |
|---|---|
| 夏季空调计算干球温度 | 35.8℃ |
| 夏季空调计算湿球温度 | 27.7℃ |
| 冬季空调计算干球温度 | -3℃ |
| 冬季采暖计算干球温度 | 0℃ |
| 最冷月月平均相对湿度 | 81% |

图 5.7　设计依据一

**知识拓展：国家标准与规范的颁行年份**

随着社会和经济的发展，国家对某些规范在一定的时机会组织相关人员针对那些存在争议或者已经过时的条文进行修订，由于进行的工作仅仅是修订，所以在规范中，很多还能满足实际需要的条文会得到保留，整个标准和规范的框架都没有发生变化，所以，很多新修订的规范，在颁行时往往在规范名称和编号后面缀以(××年版)，以示与以前规范的区别。并且，也标明了该标准和规范的法律效应从某一时间开始，那么，在设计文件中就不能援引过时的标准和规范。

暖通空调专业的设计依据中还包括有室内计算参数，其表达的意思是：我们这幢建筑物室内的温湿度环境，在实施本设计后应该达到的目标。如图 5.8 所示，图纸上的表格详细给出了各类型的房间在冬季和夏季计算工况要实现的目标。

3. 室内设计参数

参照有关规定及类似工程设计资料确定建筑物室内设计参数如下:

| 建筑功能 | 温度(℃) | | 相对湿度(%) | | 新风量 | 噪声 | 备注 |
|---|---|---|---|---|---|---|---|
| | 夏季 | 冬季 | 夏季 | 冬季 | m³/h.人 | dBA | |
| 办公 | 26 | 18 | 60 | 45 | 30 | <45 | |
| 营业厅 | 26 | 16 | 60 | 45 | 20 | <55 | |
| 客房 | 26 | 18 | 60 | 45 | 40 | <45 | |
| 会议 | 26 | 18 | 60 | 45 | 25 | <50 | |

图 5.8　设计依据二

2)　设计说明

本书所提供的某综合楼暖通空调工程施工图设计说明通过表格的方式叙述了各房间的设计负荷，如图 5.9 所示。其中包括建筑功能、计算负荷、指标、建筑面积和夏季最大负荷出现时间等数值，实际上是对本幢建筑负荷计算的总体表现。

二、设计说明

1. 本工程设计中央空调，空调负荷见下表

参照有关规定及类似工程设计资料确定建筑物室内设计参数如下:

| 建筑功能 | 计算负荷(kW) | | 指标(W/m²) | | 建筑面积 | 夏季最大负荷 |
|---|---|---|---|---|---|---|
| | 夏季 | 冬季 | 夏季 | 冬季 | (m²) | 出现时间 |
| 办公楼 | 412 | 267 | 89.3 | 57.9 | 4615 | 15:00 |
| 客房 | 392 | 306 | 70.8 | 55.3 | 5538 | 20:00 |
| 营业厅 | 526 | 185 | 184.6 | 64.9 | 2850 | 16:00 |

2. 最大空调负荷出现时间在 16:00，空调供能负荷为 1226kW；空调供热负荷为 758kW。

图 5.9　设计说明一

**知识拓展：暖通空调工程负荷**

设计计算负荷：在室外设计计算温度下，为达到一定的室内设计温度，暖通空调系统在单位时间内向建筑物供给的热量或冷量。

指标：指标的含意是在进行负荷计算后按建筑面积或空调面积分摊的负荷数据，通过大量工程实际的积累，可以作为同类项目空调负荷估算的依据，并由此引出一种简便易行的负荷估算方法——面积指标法：同样使用功能的房间，在同一个地区，按照单位建筑面积给出负荷经验数值，计算时直接将房间建筑面积乘以面积指标，则很快得出该房间的负荷。

本书所提供的某综合楼暖通空调工程施工图设计说明通过文字的方式叙述了本设计总的设计思路、冷源和热源形式、设计范围以及标注方法。

设计范围：详见暖施-02 图中设计说明的第 6 条和第 7 条。这两条界定了：锅炉的燃气供气系统未包含在本设计内；风口、风管的具体形式和走向将与装饰专业配合，这部分的设计是有更改余地的。

3)　施工说明与要求

本书所提供的某综合楼暖通空调工程施工图设计说明通过文字的方式叙述了本设计采用的安装形式、主辅材料、系统承压能力及一些需注意的事项(详见暖施-02)。

其内容大部分来自本专业相应施工规范，但因为一个工程只能采取一种方式进行施工，所以其内容具有鲜明的本工程的特异性。

这一段文字，对于施工来说是非常重要的，如果在施工中没有依据这些文字来进行，则会违背设计，没有做到按图施工。

4)　运行管理说明

本书所提供的某综合楼暖通空调工程施工图运行管理说明通过文字的方式叙述了本设计在系统施工完毕、投入日常运行之后需要注意的事项(详见暖施-02)。其叙述的“考虑部分负荷运行时的水泵输送节能，采取分季节、大小泵组合的方式”就是今后本工程投入日常运行之后，节约耗电的举措。

**知识拓展：暖通空调工程节能运行管理**

我国近年来经济发展很快，人口众多，单位 GDP 的能耗居世界前列，加上我国能源蕴藏量不高，所以目前能源日趋紧张。《民用建筑节能条例》《公共机构节能条例》已于 2008 年 7 月 23 日国务院第 18 次常务会议通过，自 2008 年 10 月 1 日起施行。

而在现代建筑中，用于空调供冷、供热的能源消耗约占整幢建筑总能耗的 60%，而空调系统经过设计、安装到最终被用户使用，真正的耗能阶段是在实用阶段，如果不抓好这个阶段的管理，再节能的设计或设备也会造成能源浪费，所以暖通空调工程的节能运行管理就显得十分重要了。

### 3. 设备表、通风系统表、图例

(1)　设备表：一般小型工程中，设备表和材料表会统一作为一份设备材料表出现，但是在本书所介绍的某综合楼暖通空调工程，这种大型工程的施工图中，由于使用的设备和材料众多，所以设计人员一般会将设备表和材料表分开。

设备表中，主要是对本设计中选用的主要运行设备进行描述，其组成主要有：设备科学称谓、在图纸中的图例标号、设备性能参数、设备主要用途和特殊要求等内容。如图 5.10 所示，这是一个典型的设备表格式。

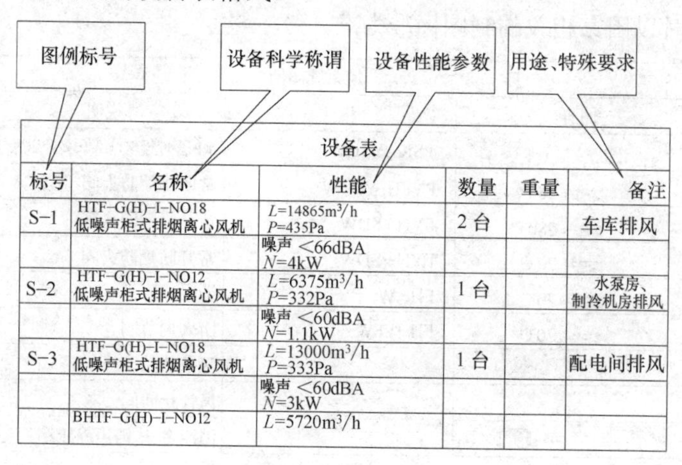


设备表

| 标号 | 名称 | 性能 | 数量 | 重量 | 备注 |
|---|---|---|---|---|---|
| S-1 | HTF-G(H)-I-NO18 低噪声柜式排烟离心风机 | $L$=14865m³/h $P$=435Pa | 2 台 | | 车库排风 |
| | | 噪声<66dBA $N$=4kW | | | |
| S-2 | HTF-G(H)-I-NO12 低噪声柜式排烟离心风机 | $L$=6375m³/h $P$=332Pa | 1 台 | | 水泵房、制冷机房排风 |
| | | 噪声<60dBA $N$=1.1kW | | | |
| S-3 | HTF-G(H)-I-NO18 低噪声柜式排烟离心风机 | $L$=13000m³/h $P$=333Pa | 1 台 | | 配电间排风 |
| | | 噪声<60dBA $N$=3kW | | | |
| | BHTF-G(H)-I-NO12 | $L$=5720m³/h | | | |

图 5.10　设备表

①　科学称谓：应采用国家本行业通用术语表示，一般比较精准，不易混淆，阅读时

要注意每个字眼，一字之差就可能变为另外一种设备了。

② 图例标号：在图纸中，设备一般用抽象的方框、圆等图形来表示，仅以图例标号来表示该设备属性，所以在阅读设备表的同时，最好能够记忆图例标号所代表的设备，以便后期阅读图纸时，能够更加快捷、高效，同时也利于后期阅读图纸时，能够顺利根据图例标号查找到该设备的名称及参数。

③ 设备性能参数：一般标明了本设备的主要参数，例如风机的主要参数是风量(用 *L* 表示)和风压(用 *P* 表示)、噪声和耗电功率(用 *N* 表示)；水泵的主要性能参数是流量(用 *L* 表示)、扬程(用 *H* 表示)和耗电功率(用 *N* 表示)等。

④ 设备主要用途及特殊要求：标明该设备用在何处、作何用途；有些设备还必须用增补文字来更加明确地指出其特殊要求，例如：卧式暗装风机盘管，生产厂家能够提供带回风箱的产品，也能提供不带回风箱的产品，所以本设计的设备表中标明：必须带回风箱。

**知识拓展：回风箱**

回风箱是位于风机盘管进风端的附属构造物，其用途是便于连接回风口，规范风机盘管进风的方向。有的工程是选用不带回风箱的风机盘管，然后在现场利用多种材料和方式实现回风箱的用途。在实际工程中，带回风箱的盘管噪声稍大，这是由于带回风箱的风机盘管通过回风箱、回风口将风机噪声传入室内，而不带回风箱的风机盘管则被吊顶内的装饰材料吸收了部分噪声。如果工程中需要使用带回风箱的风机盘管，应使用由生产厂家成套制作外观质量较好的带回风箱的风机盘管。

(2) 通风系统表：一般简单设计中，通风系统单一，设计人员一般不列出通风系统表；但就本书所介绍的某综合楼暖通空调工程，这种大型工程的施工图中，通风系统复杂，系统数量多，用途各异，所以应列出通风系统表，以便于对照平面图理解设计意图(详见暖施-03)。

(3) 图例：暖通空调工程的图例由两部分组成：风系统图例和水系统图例。

① 风系统图例：图 5.11 所示为本书所提供某综合楼暖通空调工程暖通施工图的风系统图例，需要说明的是不同的设计图例有可能不同，在识图中应以该套图纸的图例为准，在没有特殊说明时以国家相关的制图标准为准。

| 风系统图例 | | |
|---|---|---|
| 图样 | 标注 | 说明 |
| | PSK-YSDW | 常闭多叶排烟口,常闭多叶送风口 |
| 280℃ | PYFH-YSDW | 常闭排烟防火阀 |
| 280℃ | FYH-SDW | 常开排烟防火阀 |
| 70℃ | FYH-SDW | 常开防烟防火阀 |
| 70℃ | FH-W | 防火阀 |
| 70℃ | FH-SFW | 防火调节阀 |
| | | 风管软接头 |
| | | 风管止回阀 |
| | | 消声弯头,消声静压箱 |

图 5.11 风系统图例

② 水系统图例：暖通工程的水系统图例基本与给排水工程相同。图 5.12 所示为本书

提供的某综合楼暖通空调工程暖通施工图的水系统图例。

| 水系统图例 | | | |
|---|---|---|---|
| 图例 | 名称、附注 | 图例 | 名称、附注 |
| $L_1$ | 空调供水管 | $i$=0.003 | 坡度及坡向 |
| $L_2$ | 空调回水管 | | 浮球阀 |
| | 截止阀 | | 可曲挠橡胶软接头 |
| | 闸阀 | LQ | 空调冷却水管 |
| | 球阀 | P | 膨胀管 |
| | 快速排污阀 | | 水泵 |
| | 止回阀 | | 差压旁通阀 |
| | 减压阀 | | 压力表 |
| | 平衡阀 | | 温度计 |
| | 自动排气阀 | | Y型过滤器 |
| | 波纹管补偿器 | | |

图 5.12　水系统图例

③　系统代号：一般简单设计中，冷冻水、通风系统单一，设计人员一般不列出冷冻水、通风系统代号；但就本书所介绍的某综合楼暖通空调工程，这种大型工程的施工图中，冷冻水、通风系统复杂，系统数量多，用途各异，为便于识别，图纸中列出冷冻水、通风系统代号，如图 5.13 所示。

| 系统代号 | | | | | |
|---|---|---|---|---|---|
| 序号 | 系统名称 | 系统图例 | 序号 | 系统名称 | 系统图例 |
| 1 | 排烟系统 | PY- | 4 | 送风系统 | SF- |
| 2 | 排风兼排烟系统 | P(Y)- | 5 | 加压送风系统 | HS- |
| 3 | 排风系统 | PF- | 6 | 事故排风系统 | PSG- |

图 5.13　系统代号

**知识拓展：系统代号**

系统代号一般是由系统的科学称谓的拼音字母组合而成，例如：PY 代表排烟，SF 代表送风等。在给排水工程中，我们也见过类似情况，例如：J 代表给水，W 代表排水或污水等。对于系统代号并没有统一的规定，一般以图纸说明为准，没有特殊说明的可参照制图标准。

### 4. 平面图、剖面图

平面图.mp4

平面图主要体现建筑平面功能和暖通空调设备与管道的平面位置、相互关系，在本书所附的范例图纸中，平面图主要包括地下室通风平面图、各层空调风管平面图和各层空调水管平面图等。应当说明的是，在一些比较简单的项目中，空调风管和水管可能在同一张图上表达。剖面图则主要体现在垂直关系上各种管道、设备与建筑之间的关系，一般而言在平面管道与设备有交叉或建筑较复杂，平面图无法体现其设计意图时，就通过绘制剖面图来体现。

在看平面图前，应先了解建筑功能、建筑朝向、室内外地面标高和建筑防火分区等信息，有一个基本的概念后再进一步了解暖通空调的系统设置情况和一些基本的参数，如系统的总供冷量和供热量、循环水量等，这些可以从设计说明、通风系统表和设备表中提取。了解以上基本情况对于下一步的识图有很大的帮助。

1) 风管平面图

风管平面图主要体现通风、空调、防排烟风管或风道的平面布局，在施工图中一般用双线绘出，并在图中标注风管尺寸(圆形风管标注管径，矩形风管标注宽×高)、主要风管的定位尺寸、标高、各种设备及风口的定位尺寸和编号；消声器、调节阀和防火阀等各种部件的安装位置；风口、消声器、调节阀和防火阀的尺寸，相关要求在相应材料表中体现。在图面上，风管一般为粗线，设备、风口和风阀管件为细线。

风管平面图.mp4

如图 5.14 所示为暖施-04 图负一层通风平面图的局部，因为该部位是配电间、锅炉房部位，因而风管比较复杂，通风系统的设置和参数可以通过通风系统表了解，在平面图中，通风管道的走向和管径、设备位置、风口位置比较直观，但我们还应注意风管在穿过房间隔墙、进出设备、风管交叉时图面上表示的相关部件，如图 5.14 中配电间排风兼排烟系统的风管在穿越配电间的隔墙处设置了排烟防火阀，风机进出口不仅设置了风管软接头，还设置了风管止回阀，在风机房内，由于平面尺度小，风管有重叠交叉，此时在平面图中完全表述比较困难，应注意到风机房画有剖面符号 B—B 和 C—C，从剖视符号看，C—C 剖面可以体现出该位置的重叠关系，可以直接寻找这一剖面来了解这一部位管道的相互关系。

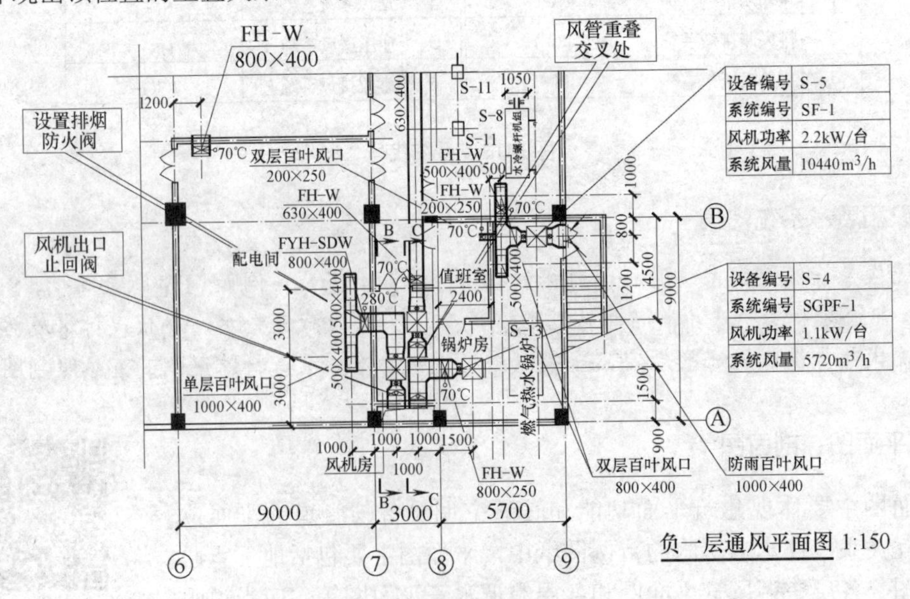


图 5.14　通风平面图

在风管平面图中，风机房、风井部位需要给予关注，因为风井还牵涉上下楼层的平面，而风机房部位则由于风机的安装往往存在比较复杂的空间关系。图 5.14 中防火阀的类型较多，有常开防火阀、常开排烟防火阀。为表达清楚，分别设置了不同的阀门代号，如 FH-W 表示常开防火阀，边上的 70℃表示防火阀的动作温度；FYH-SDW 表示常开排烟防火阀，边上的 280℃表示防火阀的动作温度。防火阀其余的要求可以通过材料表查询。在风管平面图中，识图的目的是了解通风系统的组成、管线走向、风井的位置、管径大小、设备的位置和相关阀门管件的位置等。

**知识拓展：风管的管径**

在设计图纸没有明确说明时，采用金属、非金属或其他材料板材制作的风管管径以外径或外边长为准，采用混凝土、砖等建筑材料砌筑的土建风道以内径或内边长为准。圆形风管的管径系列规格如下(单位为 mm)：100、120、140、160、180、200、220、250、280、320、360、400、450、500、560、630、700、800、900、1000、1120、1250、1400、1600、1800、2000；矩形风管的风管边长规格如下(单位为 mm)：120、160、200、250、320、400、500、630、800、1000、1250、1600、2000、2500、3000、3500、4000。应当说明的是，在民用建筑中，由于建筑空间的限制，矩形风管容易布置和加工，因而应用很普遍，在风管高度上由于建筑尺寸限制一般控制在 400mm 以内。综合考虑风管的经济性和阻力特点，矩形风管的宽高比一般应控制在 6 以内，不应超过 10。

2)　水管平面图

空调水管平面图主要体现空调冷热水管道、冷凝水管道的平面布局，在施工图中一般用单线绘出，并在图中标注水管管径、标高，识图时应注意各种调节阀门、放气阀、泄水阀、固定支架和伸缩器等各种部件的安装位置，管路上的阀门、伸缩器等未单独注明管径时均按与管路相同处理。在图面上，水管为粗线，设备、水阀管件为细线，各种管线的线型以及阀门管件的图样详见相关图例说明。

水管平面图.mp4

在水管平面图中，水系统立管位置应引起重视，因为立管是起着连接各层空调水管的作用，理清立管也就理清了空调水系统的主要管线。

图 5.15 所示是一张空调水管平面图的局部，空调水管管线的线型通过查阅图例可知粗实线为空调供水管，粗虚线为空调回水管，细双点划线表示凝结水管，在相应的管径标注和立管编号标注中，也相应以 $L_1$、$L_2$ 和 N 来表示。管井是水管平面图中应注意的位置，大多数立管均由管井引出，而立管的编号又可以与上下楼层对应，帮助识图者了解整个空调水系统的走向。图纸中在空调供回水立管引出处设置有阀门，一般来说每层的供回水管、设备的进出口均有阀门，本设备进出口的阀门没有体现是因为平面图中表示这些阀门太烦琐，也容易导致图面不清，因此，用另外绘制有设备接管的大样图来表示设备进出接管阀门管件。

空调水管平面图提供的信息仅限于所绘楼层的空调水管平面部分的信息，空调水管在竖向标高的变化(如立管等)情况并不能通过空调水管平面图来反映，因此，要了解空调水系统的整体情况还需要绘制空调水系统图或立管系统图。在空调水管平面图中，我们应注意了解空调供回水水管的平面走向与布局、管径的大小和与其他楼层的立管联系以及因跨越建筑伸缩缝而设置的水管软接头、因直管段太长而设置的固定支架、伸缩节等。一般来说，除特殊情况外，空调水管平面图不标注水管的定位尺寸，而由施工单位根据现场安装空间确定。

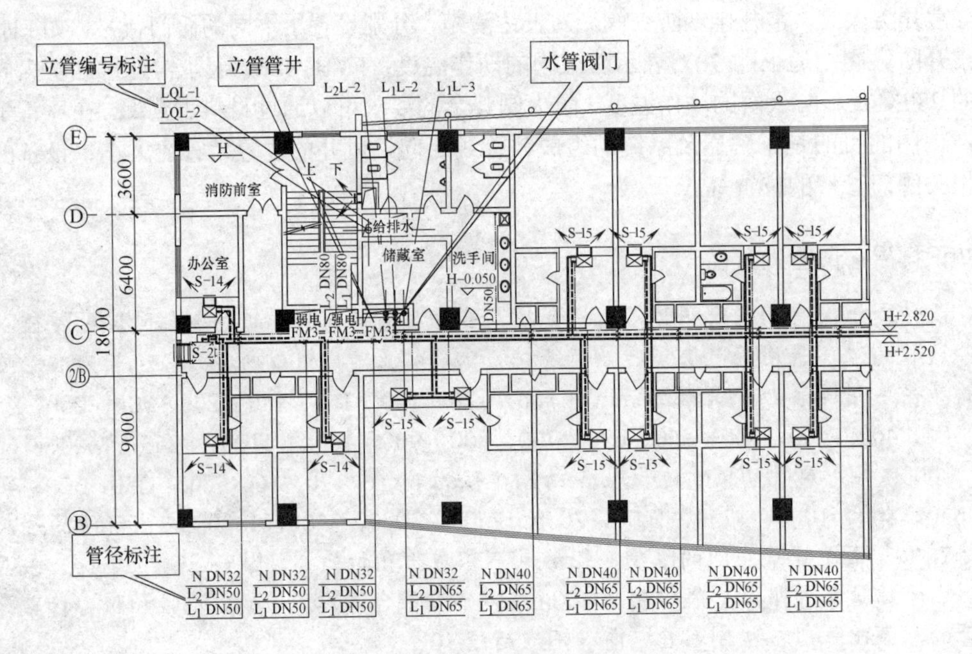


图 5.15 水管平面图

**知识拓展：水管的种类与标注**

空调水管目前应用最多的是镀锌钢管、焊接钢管和无缝钢管。采用的管径标注系列为公称直径 DN(单位为 mm)：15、20、25、32、40、50、65、80、100、125、150、200 等(数值为管内径)。镀锌钢管一般直接标注 DN××，无缝钢管和焊接钢管则应标注管外径×壁厚，也可以在材料表中注明。随着科技的发展，塑料管材也开始在工程中使用，如 PP-R 管、PB 管、PE-X 管等经过计算均可用于某些空调工程，塑料管的管径标注一般是公称外径×壁厚，在识图中应根据国家相关标准确定。

3) 剖面图

剖面图.mp4

当平面图不能表达复杂管道的相对关系及竖向位置时，就通过剖面图来体现。在剖面图中应以正投影方式绘出对应于机房平面图的设备、设备基础、管道和附件，注明设备和附件编号，标注竖向尺寸和标高；在平面图设备、风管等尺寸和定位尺寸标注不清时可在剖面图上标注。

图 5.16 所示就是前文以暖施-04 图局部为例(图 5.14)时提到的 C—C 剖面，我们可以看到在风管重叠处风管上下布置，在竖向上错开，这也是这个剖面图要强调表示的内容。

图 5.17 所示为暖施-04 中的 A—A 剖面，在这里应该强调一下，它主要表现了车库排风兼排烟系统 P(Y)-1 由风机排入排风井之间管道的竖向关系，由图 5.17 中可以看到消声静压箱高度较高，因此其安装位置错开结构主梁位置，利用了部分梁内空间。表达管道设备与结构梁、板的相对关系是剖面图在图面表达上的特点。

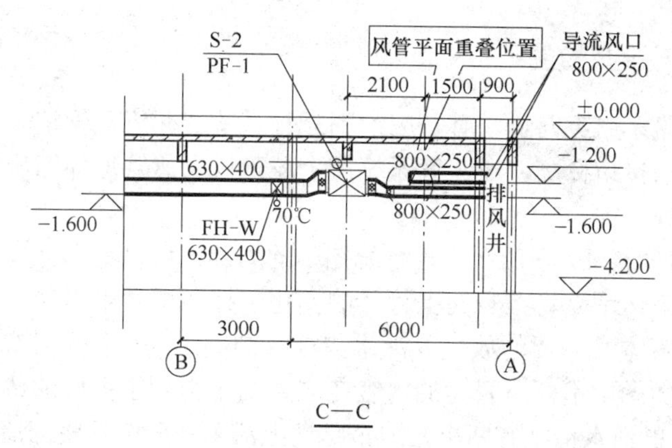


图 5.16　C—C 剖面

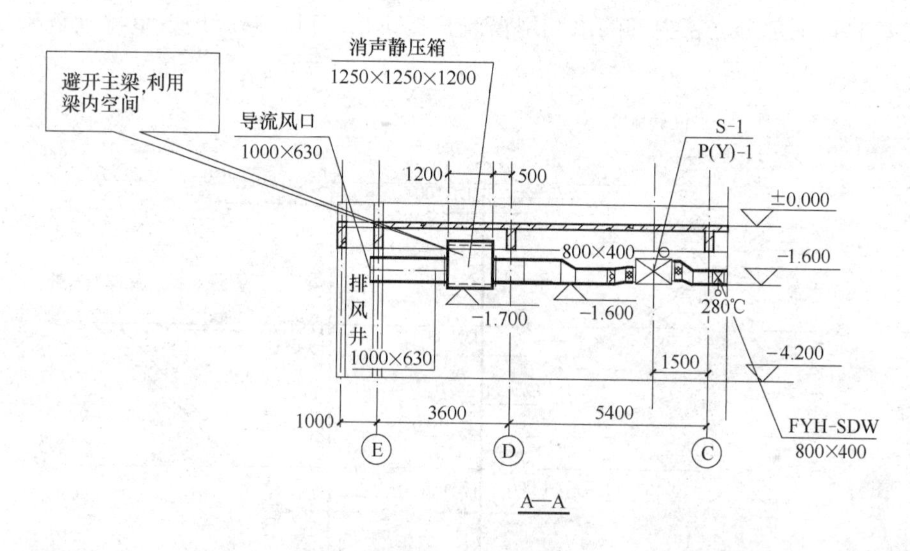


图 5.17　A—A 剖面

在剖面图中我们需要了解的信息是竖向上管道设备的相互关系，与结构梁板的相互关系以及与其他管线设备的相互关系。剖面图作为平面图的补充，应结合平面图相互对照比较才能准确识图。

**知识拓展：风管的导流措施**

风管是空气流动的管路，在设计中对空气的流向和流量有明确的要求，在风管的直管段上没有问题，但在风管的拐弯处、合流分流三通处、进入排风井处空气的流动存在不确定性，如果没有引导措施，则会导致气流的异动，增加噪声和风机动力消耗。因此，在制作安装过程中应在风管的上述部位增加导流板引导空气自然顺畅流动。在前面列举的两个剖面图中，排风井的宽度尺寸并不大，排风管排入排风井时若无导流措施就会发生气流直冲至排风井井壁并部分反射回来，与后续进入的空气发生振荡，消耗风机的输送能耗，最终导致排风量大大小于设计风量，而导流板的加入则可以引导气流流向排风井的通气口，避免能量的浪费。在流速较高的风管安装中按气流方向增加导流措施已成为常识。

### 5. 立管系统图或竖风道图

立管系统图和竖风道图.mp4

空调冷热水管路采用竖向输送时，应绘制立管系统图并给立管编号，注明立管管径、接口标高，在立管系统图上还可以表达管道伸缩器、固定支架位置等。

图 5.18 所示为暖施-19 空调水立管系统图中的局部，可以看出立管系统图很清晰地表达了立管在竖向上管径的变化，接各楼层水平管标高与管径，而立管本身需要的放气、泄水措施在图 5.18 中也得到了体现，这些在平面图中不便于表达的内容在立管图中得到了很好的体现。应当说明的是在图 5.18 中，立管的泄水措施有两个，一个是地上泄水，一个是底部泄水，这是考虑地下室排水均需要通过积水坑收集后用水泵排出，不仅流量有限，还需要耗费电能，在地上设置排水管，将地上部分立管内部的水利用自流直接排出，可以减轻地下室排水负荷，节约能源。

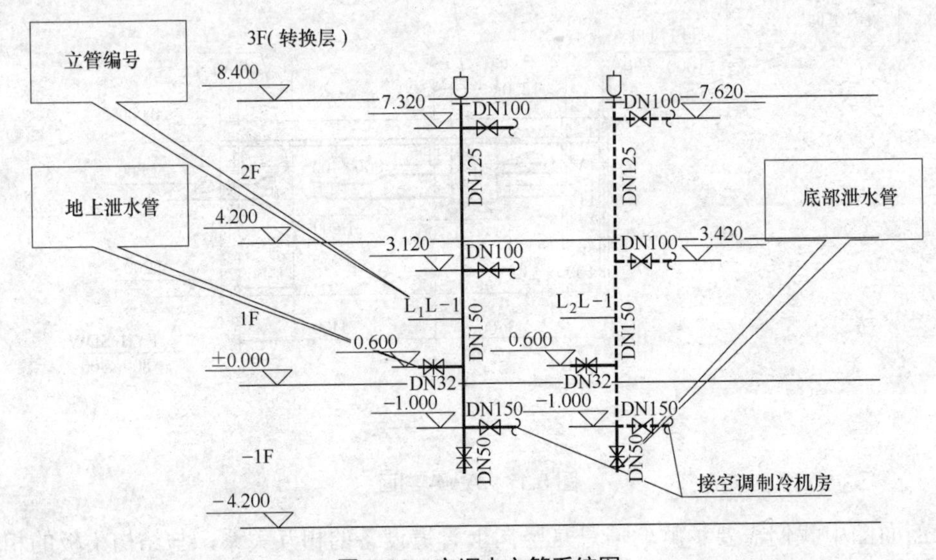


图 5.18　空调水立管系统图

空调水立管系统图的识图需要对应平面图中的立管编号，重点了解在竖向上立管的管径变化、接口标高和伸缩器、固定支架、泄水和放气措施。

#### 知识拓展：管道的伸缩

热胀冷缩的原理在暖通空调系统的管路中随处可见，空调水管夏季输送冷水冬季输送热水，锅炉烟道排出锅炉燃烧的烟气等，由于运行中管道内介质与管道外具有相当大的温度差，热胀冷缩就不可避免了。热胀冷缩产生的热应力在工程中是要充分重视的，其后果往往是管路弯曲、支管连接处焊缝开裂，在支吊架固定牢固时甚至可以顶裂结构梁、板。管道的伸缩量与管材、温差有关，一般来说塑料管的伸缩率远大于钢管，温差越大，伸缩量越大。在设计中应核算管道的伸缩量，当其超过一定限度时就应该采取增设固定支架和伸缩器的措施来减小伸缩量。

对于层数较多、分段加压、分段排烟或者中途竖风井有转换的防排烟通风系统，可以绘制竖风道图。图 5.19 所示为暖施-18 中加压送风的竖风道系统图。

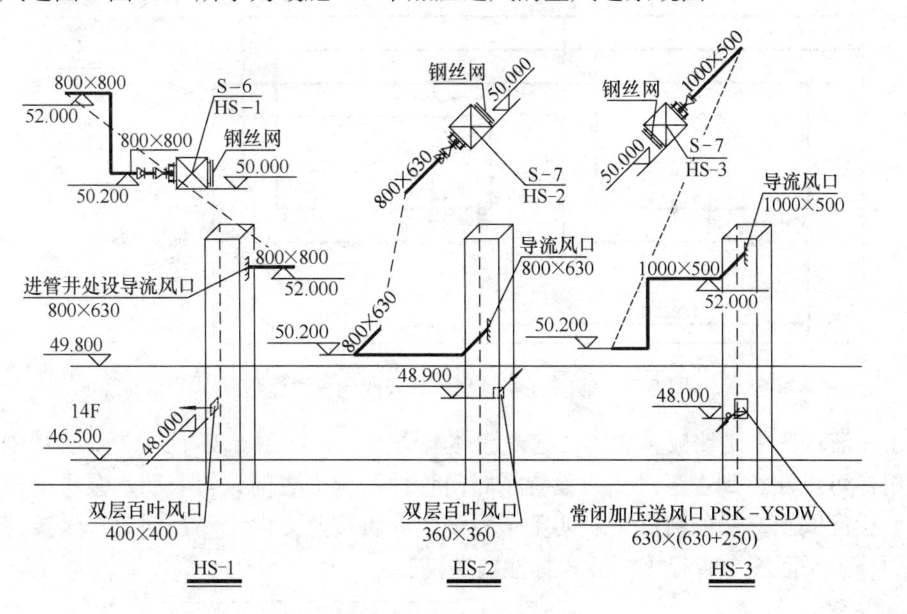


图 5.19 竖风道系统图

在竖风道系统图中可以清楚地看出各加压送风系统的送风口标高、尺寸，出于完整表达系统的需要，还将加压送风机的安装标高、送风管管径等绘制在图纸上，将竖风道系统图与相应的风管平面图对照观看，可以迅速了解整个系统的基本情况。

在本书所提供的某综合楼暖通空调工程施工图中，通过在空调水管平面图上标注标高，绘制空调水立管系统图方式来体现空调水系统在竖向上的变化内容，因此没有专门绘制空调水系统图。应当指出，对于复杂的建筑，尤其是建筑竖向上变化较多时，还是需要绘制专门的空调水系统图，在空调水系统图上表示立管编号及管径、各水平管管径和标高、所接设备的设备编号和标高，对于有坡度要求的管道还应注意坡度的标注。对于系统图的识图方法，与立管系统图一样，也是要与平面图对照，逐条管线区分落实。

### 6. 流程图

流程图.mp4

流程图一般用于体现复杂的设备与管道连接，在本书所提供的某综合楼暖通空调工程施工图中绘制的制冷站、锅炉房流程图就是为了表达冷热源设备与相应管线连接的。

流程图表达的重点是整个冷热源系统的组织与原理，通过设备、阀门配件、仪表和介质流向等的绘制表达出设备与管道的连接、设备接口处阀门仪表的配备、系统的工作原理。流程图的识图先要了解相关的图例、设备表，对照设备表参数可以了解系统基本工作参数。

图 5.20 中表示了制冷主机进出水管设置的阀门仪表，包括空调冷却水管和空调冷冻水管，为了识图的方便和不引起误解，不同类型管线交叉的地方用圆弧线绕过。图 5.20 中在设备进出口均设置了温度计和压力表，表示经过制冷主机 S-8 后，介质的压力、温度发生了

变化，需要进行监控。

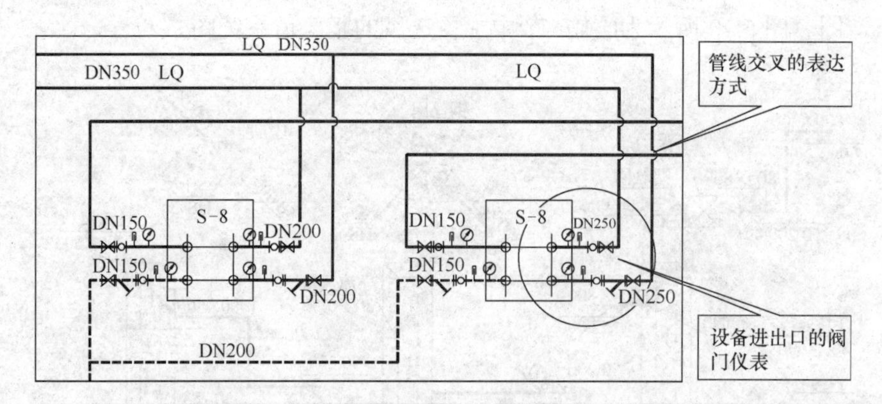


图 5.20 制冷主机进出水管及阀门仪表流程图

泵组在流程图中是比较重要的，它是流体输送的动力，图 5.21 所示为流程图中的冷却水泵泵组，可以注意到水泵进出口设置了阀门管件，压力表的设置表明水泵进出口压力的变化，而止回阀上介质的流向则表明整个系统中介质按此方向流动，而每台泵接管管径的标注也弥补了平面图中管径无法逐段标注的遗憾。

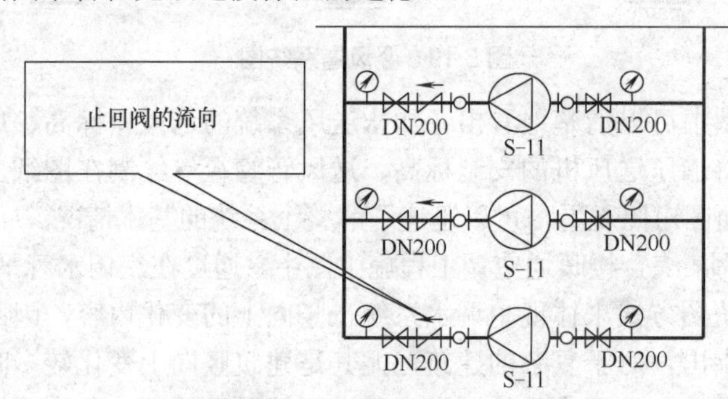


图 5.21 冷却水泵泵组流程图

图 5.22 所示为流程图中的冷却塔(S-12)接管，应该注意到除空调循环冷却水的进水和出水外，由于水分的不断蒸发和排污的需要，不仅有排污管还需要有新水补入管，排污水管除直接排屋面雨水沟外，还可以考虑引至卫生间作为冲洗用水，以达到冷却水的排污水的综合利用，提高用水效率，节约水资源。在自来水补水管段上设置的止回阀、上弯管段和放气阀组成一个防止回流的安全装置，可以确保在止回阀失效的情况下冷却塔底盘的水也不会回流污染自来水。

图 5.23 所示为流程图中分、集水器接管部分。流程图中的分、集水器部分体现了空调水系统根据建筑功能设置的空调供回水环路，考虑到随室外气象参数的变化，不同功能建筑房间的空调负荷变化是不一样的，在回水管上设置温度计可以对不同环路的负荷情况有一个基本的判断，并依据此判断调节分水器上供水环路的平衡阀，使其流量分配能适应负荷的变化。在分、集水器之间的连通管上设置差压旁通阀是为了保证主机的流量，达到稳定运行的要求。因为在末端设备的电动两通阀大多关闭时，空调水系统的阻力增加很多，流量下降较大，而此时差压旁通阀根据压差动作，使得分水器内的空调冷冻水直接回流到水泵和主机，保证了主机的流量。

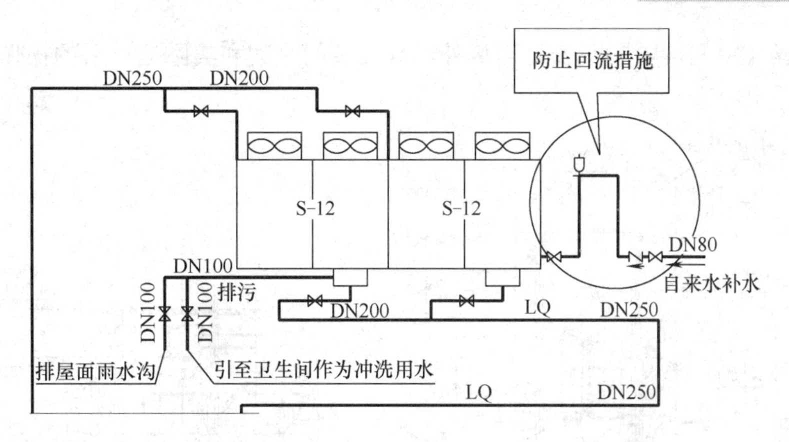


图 5.22　冷却塔接管流程图

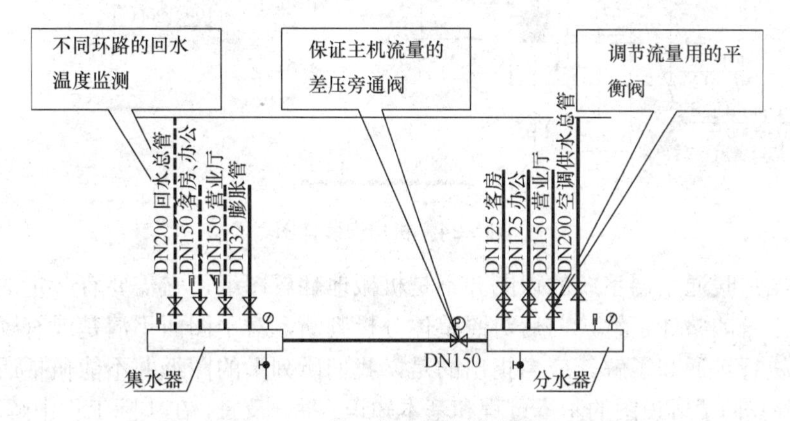


图 5.23　分、集水器接管流程图

流程图的识图需要对空调系统有一定的专业基础知识，对设备的情况有一定的了解，虽然其图面简单但包含的专业知识较多，这需要在实际工作中给予重视。

**知识拓展：吸入式与压入式**

在空调冷热源系统中，吸入式与压入式指水泵位于空调主机的进水端还是出水端，循环水泵出水进入空调主机被称为压入式，而循环水泵自空调主机吸水则称为吸入式。两者的差别在于空调主机承受的运行压力不同，压入式系统中空调主机承受的压力较高，因为水泵扬程提供的压力加上水系统高度的静水压都传递到了空调主机，所以，在水系统高度不高时多采用压入式，而吸入式则在高层建筑中采用较多。本书所提供的某综合楼暖通空调工程施工图的空调冷热源系统采取的就是吸入式系统。

### 7. 机房安装详图

空调机房是风管与设备连接交叉复杂的部位，在平面图表达不清时就通过机房安装详图来体现。

图 5.24 是本书示例图中一层和二层的空调机房的安装详图(见暖施-10)。机房安装详图一般通过平面和剖面来表示风管、风道、设备与建筑梁、板、柱及地面的尺寸关系，其识图的要点与前文介绍的平面图、剖面图相同。在机房安装详图部分，更重视的是设备、管

道的安装和操作空间，除图面表达详尽外，其安装的空间和实际运行后的操作需要的空间应在图面上留出。

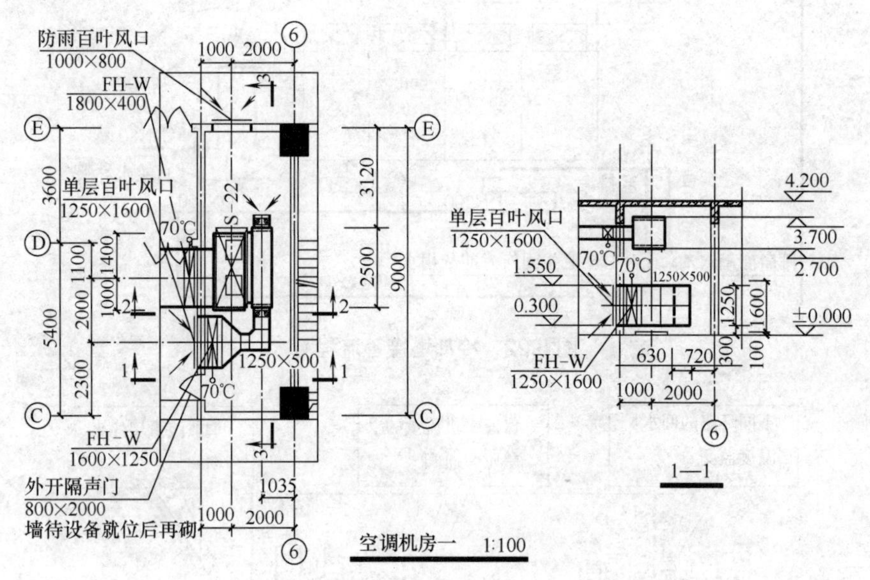


图 5.24 机房安装详图

本节总结：暖通空调系统的识图并不是机械地翻看图纸，它需要有一定的专业基础，对暖通空调系统的整体了解，前后对照整体分析判断，对于图面不清楚或有疑问的地方也应与设计方进行沟通和了解。应当指出的是，我们所列举的图纸并不能概括所有的工程项目，这就需要我们了解识图的基本过程和基本知识，举一反三，在实际工程中解决实际问题。

## 5.3 本章小结

本章学习的目的是了解暖通空调工程的基本系统与主要设备，了解暖通空调专业图纸的表达方法，掌握暖通空调图纸的识图方法。

### 1. 暖通空调工程的主要设备

暖通空调工程的主要设备在我们的实际工程中一般分为主机设备、输送设备、末端设备和辅助设备。主机设备泛指空调冷热源设备，包括锅炉、各种冷水机组等；输送设备指水泵与风机；末端设备主要指风机盘管和散热器等；辅助设备是指为保证系统良好运行设置的设施，如水处理装置、自动控制装置等。我们需要了解暖通空调工程这些主要设备的基本工作原理、主要工作参数，为下一步的看图识图工作打下基础。

### 2. 暖通空调工程的主要系统

采暖系统、通风系统和空气调节系统是暖通空调工程的几个基本的系统，根据设备选型、系统工作流程因素又可以细分为各种类型的系统，了解这些基本的暖通空调系统有助于我们建立全局的观点，理解、掌握图纸的设计意图，提高看图识图效率。

### 3. 暖通空调图纸的表达

设计说明、平面图、剖面图、系统图和安装大样图是暖通空调图纸的基本表达方式，了解各表达方式的特点和表达重点，有助于在看图识图过程中提取有用的信息，迅速查找需要了解的信息。

### 4. 暖通空调图纸的识图

暖通空调图纸的识图，首先要有全局的观点，了解工程基本情况，暖通空调系统设置的基本情况，要善于从设计说明中了解设计基本思路和设计意图。在识图中，要注意不同项目图纸的表达有所不同，因此，图纸中的图例就成为我们理解图纸的工具；设备表提供的设备性能参数有助于我们理解系统工作的原理；而各平面图、剖面图、系统图和流程图则各有侧重地表达了暖通空调系统的组成组织和衔接；必要的安装大样图则体现了设备管道连接的细节。

## 5.4 习　　题

1. 空调冷源设备的主要类型，COP 的含义是什么？
2. 常见暖通空调系统有哪些？举例说明。
3. 结合本书案例中制冷站、锅炉房流程图说明其中的主要设备和性能参数以及主要设备的接管情况。
4. 结合本书案例中负一层通风平面图和通风系统主要材料表说明组成通风系统的主要设备材料有哪些？

# 第 6 章　通风与空调工程施工

**内容提要**

本章结合图纸讲述通风与空调工程常用的设备：包括空调用冷水机组、空调机组及空调末端设备、空调用冷却塔、空调系统常用的风系统的阀门、常见的风机类型、常见风管用材料，以及安装和使用时应注意的事项。

**教学目标**

- 通过图片了解各种设备的外形，分辨出各种设备的名称及作用。
- 学习并了解风管材料的选用原则及方法。
- 可以根据图纸的要求，对工程图纸中所要求的设备及材料的准备有大致的了解。
- 通过学习，对工程中主要设备的安装要求有一定的了解。

## 6.1　通风工程常用的材料与机具

设备与材料准备是施工中重要的一环，正确地选择、安装材料及工具是工程技术人员应具备的基本能力。

### 6.1.1　常用的工具

在通风管道及管件的加工制作中，需要多种设备及工具，按照操作方式及工作过程，分为手工工具、机械操作工具和设备以及检测工具三大类。

**1. 手工工具**

常用的手工工具包括手剪、弯剪、铡刀剪、拉铆枪、手锤等剪切及连接工具；钢直尺、角尺、量角器、划规、地规、划针和样冲等划线工具。手剪又分为直线剪和弯剪两种，用于剪切厚度不超过 1.5mm 的薄钢板，铡刀剪用于剪切厚度为 0.6～2.0mm 的钢板。部分手工工具外形如图 6.1 和图 6.2 所示。

### 2. 机械操作工具

为减轻工人的操作强度，在风管制作及安装过程中会使用一些机械及设备，它们包括：电冲剪、曲线剪板机、龙门剪板机、型钢切割机、咬口机、压边机、折方机、卷管机、角钢卷圆机、螺旋卷管机、插条法兰机、手电钻、冲击钻、电器焊接设备及吊装设备等。图 6.3 给出了 SAF-7 型及 SAF-5 型咬口折边机的正视图。

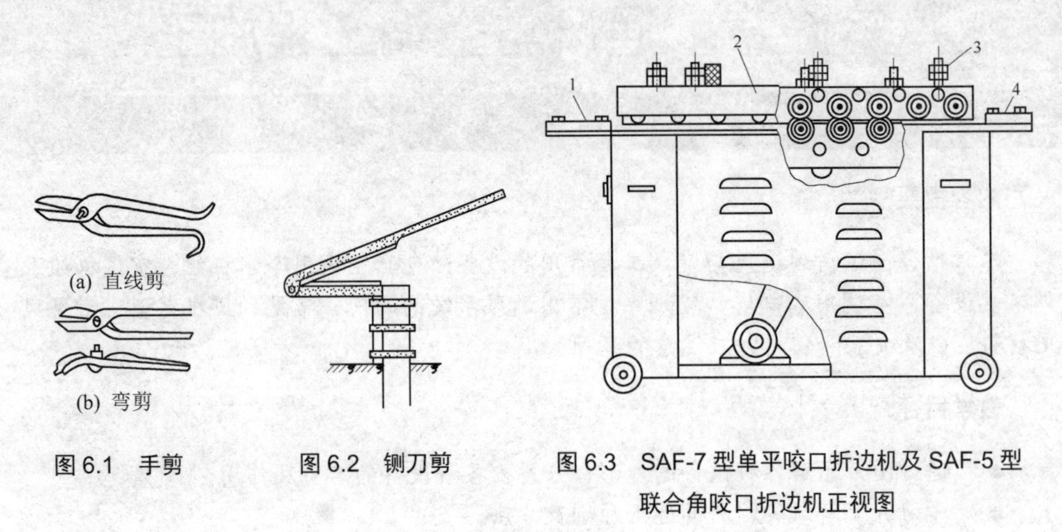


图 6.1　手剪　　图 6.2　铡刀剪　　图 6.3　SAF-7 型单平咬口折边机及 SAF-5 型联合角咬口折边机正视图

1—进料端靠尺；2—操作机构；
3—调整螺母；4—成型段靠尺

### 3. 检测工具

为了保证工程的质量符合设计及规范的要求，需要随时对风管的制作及安装进行检查，常用的检测工具有：经纬仪、水准仪、水平尺、不锈钢尺、钢卷尺、游标卡尺和吊坠等。部分检测工具如图 6.4 所示。

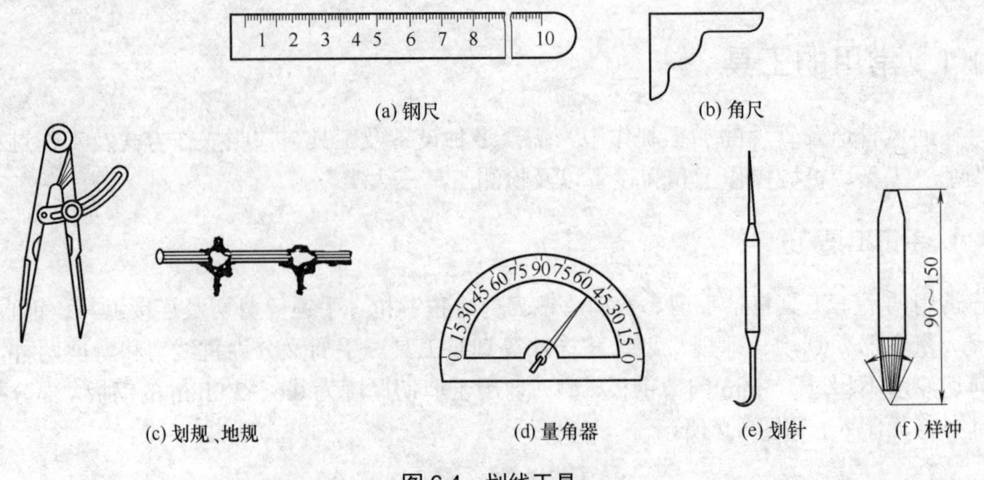


图 6.4　划线工具

## 6.1.2　常用的材料

在风管加工连接的过程中，一般根据图纸设计的要求选用材料，本设计中按照施工的要求，水管部分选用了热浸镀锌钢管和无缝钢管，这部分内容在本书前三章给排水的范例图纸和说明中有介绍，这里不再赘述。风管部分选用了镀锌钢板制作、无机铝箔复合风管及不锈钢成品烟道，选择风管的材料有一定的要求，通风与空调工程所用的材料一般分为主材、辅材和消耗材料三种。

### 1. 主材

主材主要是指板材和型钢，板材又分为金属板材和非金属材料两类。常用主材有以下几种。

1)　金属板材

金属板材是制作风管和风管配件的主要材料，其表面应平滑，厚度应均匀一致，无凹凸及明显的压伤现象，不得有裂纹、结疤、砂眼、夹层及刺边等情况，但允许有紧密的氧化铁薄膜。常用的金属板材有普通钢板、镀锌薄钢板、铝板、不锈钢板和塑料复合钢板等。

(1)　普通钢板：普通钢板俗称黑铁皮，其厚度一般为0.5～2.0mm，具有良好的机械强度和加工性能，价格比较便宜，所以在通风工程中应用最为广泛。但其表面较易生锈，故在应用前应进行刷油防腐。

(2)　镀锌薄钢板：镀锌薄钢板是用普通薄钢板在表面镀锌制成的，因其表面呈银白色，故又称白铁皮，厚度为0.25～2.0mm，通风与空调工程中常用的厚度为0.5～1.5mm，镀锌层的厚度应不小于0.02mm。镀锌薄钢板的表面有锌层，具有良好的防腐性能，故使用时一般不需做防腐处理。镀锌薄钢板的表面应光滑洁净，且有镀锌特有的结晶花纹，其表面不得有大面积的白花、锌层粉化等严重损坏的现象。镀锌薄钢板一般用于制作不受酸雾作用的、在潮湿环境中使用的风管。镀锌薄钢板施工时，应注意使镀锌层不受破坏，以免腐蚀钢板。

(3)　铝及铝合金板：用于通风空调工程中的铝板多用纯铝制作，有退火的和冷作硬化的两种。铝板的加工性能好，有良好的耐腐蚀性，但纯铝的强度低，它的用途受到了限制。铝合金板以铝为主，加入一种或几种其他元素制作而成的铝合金板具有较强的机械强度，比重轻，塑性及耐腐蚀性能也很好，易于加工成型。铝及铝合金板在摩擦时不易产生火花，因此常用于通风工程中的防爆系统。铝板风管和配件加工时，应注意保护材料的表面，不得出现划痕等现象，划线时应采用铅笔或色笔。

(4)　不锈钢板：不锈钢板又叫不锈耐酸钢板，其表面有铬元素形成的钝化保护膜，起隔绝空气、使钢不被氧化的作用。它具有较高的强度和硬度，韧性大，可焊性强，在空气、酸及碱性溶液或其他介质中有较高的化学稳定性。由于不锈钢板具有表面光洁，不易锈蚀和耐酸等特点，不锈钢板多用于化学工业输送含有腐蚀性介质的通风系统中。但是，为了不影响不锈钢板的表面质量，特别是它的耐腐蚀性能，在加工和存放过程中都应特别注意，不应使板材的表面产生划痕、刮伤和凹穴等现象，因为其表面的钝化膜一旦被破坏就会降低它的耐腐蚀性。加工时不得使用铁锤敲打，避免破坏合金元素的晶体结构，否则在被铁锤敲击处会出现腐蚀中心，产生锈斑并蔓延破坏其表面的钝化膜，从而使不锈钢板表面形成腐蚀。

(5) 塑料复合钢板：塑料复合钢板是在普通薄钢板的表面上喷一层0.2～0.4mm厚的软质或半硬质塑料膜。这种复合板既有普通薄钢板的切断、弯曲、钻孔、铆接、咬合、折边等加工性能和较强的机械强度，又有较好的耐腐蚀性能。常用于防尘要求较高的空调系统和温度为-10～70℃的耐腐蚀系统的风管。

在一般的通风空调系统中，加工风管所采用的板材厚度，应按设计要求选用，若无设计要求时，可按表6.1～表6.3所列来选用。

表6.1 钢板风管板材厚度 mm

| 风管直径 *D* 或边长 *b* | 类别 | | | |
|---|---|---|---|---|
| | 圆形风管 | 矩形风管 | | 除尘系统风管 |
| | | 中、低压系统 | 高压系统 | |
| *D*(*b*)≤320 | 0.5 | 0.5 | 0.75 | 1.5 |
| 320＜*D*(*b*) ≤450 | 0.6 | 0.6 | 0.75 | 1.5 |
| 450＜*D*(*b*) ≤630 | 0.75 | 0.6 | 0.75 | 2.0 |
| 630＜*D*(*b*) ≤1000 | 0.75 | 0.75 | 1.0 | 2.0 |
| 1000＜*D*(*b*) ≤1250 | 1.0 | 1.0 | 1.0 | 2.0 |
| 1250＜*D*(*b*) ≤2000 | 1.2 | 1.0 | 1.2 | 按设计 |
| 2000＜*D*(*b*) ≤4000 | 按设计 | 1.2 | 按设计 | 按设计 |

注：① 螺旋风管的厚度可适当减小10%～15%。

② 排烟系统风管钢板厚度可按高压系统确定。

③ 特殊除尘系统风管钢板厚度符合设计要求。

④ 不适用于地下人防与防火隔墙的预埋管。

表6.2 铝板风管和配件板材厚度 mm

| 圆形风管直径或矩形风管大边长 | 铝板厚度 |
|---|---|
| 100～320 | 1.0 |
| 360～630 | 1.5 |
| 700～2000 | 2.0 |
| 2000～4000 | 按设计 |

表6.3 不锈钢风管和配件板材厚度 mm

| 圆形风管直径或矩形风管大边长 | 不锈钢板厚度 |
|---|---|
| 100～500 | 0.5 |
| 500～1120 | 0.75 |
| 1250～2000 | 1.0 |
| 2000～4000 | 1.2 |

**知识拓展：高、中、低压风管**

根据风管系统工作压力的大小，空调系统将风管的类型分为高压、中压和低压三类，当系统的工作压力$P \leqslant 500$Pa时，定义风管为低压系统；当系统的工作压力介于500～1500 Pa时(即$500\text{Pa} < P \leqslant 1500\text{Pa}$)，定义为中压风管；当系统工作压力大于1500Pa时，定义为高压风管。在施工中，除了板材需要根据风管的类型选择外，在风管系统施工完成后进行的严密性检验，同样需要根据风管的类型检查风管的漏风量。

2)　非金属材料

在通风与空调工程中，常用的非金属材料有玻璃钢风管、硬聚氯乙烯板等。

(1)　玻璃钢风管：玻璃钢是由玻璃纤维与合成树脂组成的一种轻质高强度的复合材料，具有较好的耐腐蚀性、耐火性和成型工艺简单等优点。它是一种新型建筑材料，由它制成的通风管道、配件和部件等，广泛应用于纺织、印染等生产车间以及含有腐蚀性气体和大量水蒸气的通风系统。玻璃钢风管及配件的加工制作，一般在玻璃钢厂用模具生产，保温玻璃钢风管可将管壁制成夹层，中间可采用聚苯乙烯、聚氨酯泡沫塑料和蜂窝纸等材料填充。

中、低压系统有机玻璃钢风管板材厚度如表6.4所示。

表6.4　中、低压系统有机玻璃风管板材厚度

mm

| 圆形风管直径 $D$ 或矩形风管长边尺寸 $b$ | 壁　厚 |
|---|---|
| $D(b) \leqslant 200$ | 2.5 |
| $200 < D(b) \leqslant 400$ | 3.2 |
| $500 < D(b) \leqslant 800$ | 4.0 |
| $800 < D(b) \leqslant 1250$ | 4.8 |
| $1250 < D(b) \leqslant 2000$ | 6.2 |

(2)　硬聚氯乙烯板：硬聚氯乙烯板又称硬塑料板，具有一定的机械强度、弹性和良好的耐腐蚀性及良好的化学稳定性，又便于加工成型，所以在通风工程中得到了广泛的应用。聚氯乙烯板的热稳定性较差，一般在-10～60℃之间使用。

硬聚氯乙烯板表面应平整、光滑、无伤痕，厚度应均匀，不得含有气泡和未塑化杂质，颜色为灰色，允许有轻微的色差、斑点及凹凸等。

塑料风管和配件的板材厚度如表6.5所示。

表6.5　塑料风管和配件的板材厚度

mm

| 圆　形 | | 矩　形 | |
|---|---|---|---|
| 风管直径 | 板材厚度 | 风管大边长 | 板材厚度 |
| 100～320 | 3 | 120～320 | 3 |
| 360～630 | 4 | 400～500 | 4 |
| 700～1000 | 5 | 630～800 | 5 |
| 1120～2000 | 6 | 1000～1250 | 6 |
| | | 1600～2000 | 8 |

3)　型钢

通风空调工程中，除了采用板材用于加工制作风管和配件外，还需用大量的型钢来制作风管法兰、支架和部件的框架等。常用的型钢有扁钢、角钢、圆钢和槽钢等。要求型钢的外观应全长等形、均匀，无裂纹和气泡，无严重的锈蚀现象。

**知识拓展：风管用新材料技术**

随着我国经济的发展及改革开放的进行，越来越多的新材料在空调系统中应用，复合型酚醛风管、纤维织布风管不断在工程中应用，它们质量轻、安装便捷，但是由于造价高等原因没有上述风管应用普遍。

4) 其他材料

在通风与空调工程中，常用的其他材料主要包括用于砌筑各种风道的砖、石和混凝土等。

2. 辅材

1) 垫料

垫料作为衬垫主要用于风管法兰接口连接、空气过滤器与风管的连接以及通风、空调器各处理段的连接等部位，以保持接口处的严密性。它具有不吸水、不透气和较好的弹性等特点，其厚度为3～5mm，空气洁净系统的法兰垫料厚度不能小于5mm，一般为5～8mm。工程中常用的垫料有石棉绳、橡胶板、石棉橡胶板、乳胶海绵板、闭孔海绵橡胶板、耐酸橡胶板、软聚氯乙烯塑料板和新型密封垫料等，可按风管壁厚、所输送介质的性质以及要求密闭程度的不同来选用。

(1) 橡胶板：常用的橡胶板除了在-50～150℃温度范围内具有极好的弹性外，还具有良好的不透水性、不透气性、耐酸碱和电绝缘性能以及一定的扯断强力和耐疲劳强力。其厚度一般为3～5mm。

(2) 石棉绳：石棉绳由矿物中的石棉纤维加工编制而成。可用于空气加热器附近的风管及输送温度大于 70℃的排风系统，一般使用直径为 3～5mm。石棉绳不宜作为一般风管法兰的垫料。

(3) 石棉橡胶板：石棉橡胶板可分为普通石棉橡胶板和耐油石棉橡胶板两种，应按使用对象的要求来选用。石棉橡胶板的弹性较差，一般不作为风管法兰的垫料。但高温(大于70℃)排风系统的风管采用石棉橡胶板作为风管法兰的垫料比较好。

(4) 闭孔海绵橡胶板：闭孔海绵橡胶板是由氯丁橡胶经发泡成型，构成闭孔直径小而稠密的海绵体，其弹性介于一般橡胶板和乳胶海绵板之间，用于密封要求严格的部位，常用于空气洁净系统风管、设备等连接的垫片。

近年来，有关单位研制以橡胶为基料并添加补强剂、增黏剂等填料，配置而成的浅黄色或白色黏性胶带，用作通风、空调风管法兰的密封垫料。这种新型密封垫料(XM-37M 型)与金属、多种非金属材料均有良好的黏附能力，并具有密封性好、使用方便、无毒、无味等特点。XM-37M 型密封黏胶带的规格为 7500mm×12mm×3mm、7500mm×20mm×3mm，用硅酮纸成卷包装。另外，8501 型阻燃密封胶带也是一种专门用于风管法兰密封的新型垫料，多年来已被市场认可，使用相当普遍。

在实际工程应用中，风管垫料的种类若无具体设计要求时，可参照下列规定进行选用。

- 输送介质温度低于 70℃的风管，应选用橡胶板或闭孔海绵橡胶板塑料等。
- 输送介质温度高于 70℃的风管，应选用石棉绳或石棉橡胶板等。
- 输送含有腐蚀性介质的风管，应选用耐酸橡胶板或软聚氯乙烯塑料板等。

- 输送会产生凝结水或含有蒸汽的潮湿空气的风管，应选用橡胶板或闭孔海绵橡胶板。
- 除尘系统的风管，应选用橡胶板。
- 输送洁净空气的风管，应选用橡胶板或闭孔海绵橡胶板，严禁使用厚纸板、石棉绳、铅油麻丝及油毛毡等易产生尘粒的材料作为风管的垫料。

在本工程在中，对于 SF、HS 系统的密封材料可以采用橡胶板，而对于 PY、P(Y)系统则采用石棉绳或石棉橡胶板。

2) 螺栓和螺母

螺栓和螺母用于风管法兰的连接和通风设备与支架的连接，一般是六角螺栓和六角螺母配套使用。

六角螺栓按产品等级(精度)分为 C 级、A 级和 B 级。C 级主要适用于表面比较粗糙、对精度要求不高的钢(木)结构、机械和设备上；A 级和 B 级主要适用于表面光洁、对精度要求较高的机械和设备上。六角螺栓按螺纹的长短分为部分螺纹和全螺纹两种，通常采用部分螺纹螺栓，在要求较长螺纹长度的场合，可采用全螺纹螺栓。螺栓的规格以螺栓的公称直径×螺杆长度表示。

六角螺母按其产品等级也可分为 C 级、A 级和 B 级。C 级螺母(粗制螺母)应用于表面比较粗糙、对精度要求不高的机械设备或结构上，A 级和 B 级螺母(精制螺母)应用于表面粗糙度小、对精度要求较高的机械设备或结构上。

3) 铆钉

铆钉在通风与空调工程中，主要用于板材与板材、风管或部件与法兰之间的连接。常用的铆钉有抽芯铆钉、半圆头铆钉和平头铆钉等几种。

### 3. 消耗材料

消耗材料主要是指在通风与空调工程的加工制作和施工过程中使用，但安装完成后又无其原形存在，在工程中被消耗掉的材料，如在工程中使用的氧气、乙炔气、锯条和焊条等。

## 6.2 风管与部件的加工制作和连接

风管的加工制作可以在加工厂或预制厂进行，也可以在施工现场与安装联合进行。一般工程量较小、施工人员的技术水平较高而施工现场场地又允许时，可采用现场制作的方法加工风管，这种方法多半采用手工操作和使用一些小型轻便的施工机械，由现场工人手工完成。对于工程量较大或安装要求较高的工程，一般采用加工和安装分开进行的方式。在加工厂或预制厂内集中加工制作成品或半成品后运到施工现场，然后由现场的施工队伍来完成安装任务。这种组织形式要求安装企业具有严密的技术管理、组织和机械化程度比较高的后方基地，也可根据现场条件和需要，在施工区内暂设加工厂。这种形式有利于提高工程质量和劳动生产率，有利于提高企业的管理水平和施工技术水平。

### 6.2.1 风管与部件的加工阶段简介

通风管道及部件、配件的加工制作是通风空调工程安装施工的主要工序。风管、部件和配件的加工制作过程是一个由平面图形到空间立体、由设计蓝图到实际物体的变化过程。在加工过程中，由于使用材料的不同、形状的变化而各不相同，按其加工的基本工序可划分为划线、剪切、成型(折方或卷圆)、连接和制作与安装法兰等步骤。总体来说，风管和部、配件的加工制作可分为四个阶段，即准备阶段、加工制作阶段、装配阶段和完成阶段。

1. 准备阶段

风管及部、配件在加工和制作前，应事先做好准备工作，为施工创造良好的条件。准备工作主要包括绘制加工草图，选料，配备好加工机具和人员，安排好运输工具、加工场地，板材的整平、除锈和划线等工作。风管和部件、配件在加工制作之前，应对所选用的材料进行检查，不能有弯曲、扭曲、波浪形变形及凹凸不平等缺陷。对有变形缺陷的材料，在放样加工之前必须进行校正。由于板材在运输和堆放的过程中，易于产生卷曲和变形，因此在使用之前应进行整平，使其变成平面后方可使用。板材的校正方法一般常用手工校正和机械校正。风管和部、配件的制作所采用的板材有时是所供应的卷材，常采用钢板校平机，用多辊反复弯曲来校正钢板。一般平板的弯曲变形则用锤击的手工校正法来进行校正。

2. 加工制作阶段

这个阶段是风管加工制作过程的主要阶段，包括板材的剪切、折方或卷圆、连接等工序。

3. 装配阶段

这个阶段是将已经加工制作好的各种部、配件和风管，组合装配成成品的过程。

4. 完成阶段

这个阶段是风管加工制作过程的收尾阶段，是对加工制作好的产品进行质量检查、刷油防腐、管段编号和运输等。

### 6.2.2 风管与部件加工制作的具体过程

1. 划线

划线工作是风管加工的第一个环节，也是至关重要的一环。划线的正确与否直接关系到风管和配件的尺寸大小以及制作质量，直接影响整个工程的质量。

所谓划线，就是利用几何作图的基本方法，划出各种线段和几何图形的过程。在风管和配件的加工制作时，按照风管和配件的立体空间的外形尺寸，把它的表面展成平面，在平板上根据它的实际尺寸划成平面图，这个过程称为风管的展开划线。

为了能准确地划线，所有的工具均应保持清洁和精确度，对于划规及划针，端部应保持尖锐度，否则，划线太粗，误差太大。钢板尺、直尺的边一定要直。角尺的角度应当是直角，划线工具在使用前均应进行检查。

### 2. 剪切

板材的剪切就是将板材按照划线的形状进行裁剪下料的过程。剪切前，必须对已划好的线进行复核，剪切时必须按照划线形状进行裁剪，避免下错料造成浪费。剪切应做到切口准确、整齐、直线平直和曲线圆滑。剪切的方法可分手工剪切和机械剪切两种。

### 3. 连接

在用平面板材加工制作风管和各种配件时，必须把板材的各种纵向闭合缝或横向闭合缝进行连接。根据连接口的不同，可将连接分为拼接、闭合接和延长接三种。

- 拼接是把两张板材的板边相连，以增大板材的面积，适应风管及配件的加工要求。
- 闭合接是把板材加工成风管和配件时，其板边相连的纵向对口缝的连接。
- 延长接是把短管连成长管或将配件的各分段节拼装成成品或半成品的连接。

在通风空调工程中，用金属薄板加工制作风管和配件时，其加工连接的方法有咬口连接、焊接和铆接三种，其中咬口连接是最常见的连接方式。

1)　咬口连接

咬口连接就是用折边法，把要相互连接的两个板材的板边，折曲成能相互咬合的各种钩形，然后相互钩住咬合后压紧折边即可。咬口连接是通风空调工程中最常用的一种连接方法，在可能的情况下，应尽量采用咬口连接，这种方法不需要其他的辅助材料，且可以增加风管的强度，变形小，外形美观。

(1)　适用条件：咬口连接适用于板厚$\delta \leqslant 1.2$mm 的普通薄钢板和镀锌薄钢板，板厚$\delta \leqslant 1.0$mm 的不锈钢板和板厚$\delta \leqslant 1.5$mm 的铝板。

(2)　咬口的种类及其适用场合：根据咬口断面结构的不同，常见的咬口形式可分为单平咬口、单立咬口、转角咬口、联合角咬口和按扣式咬口，如图 6.5 所示。

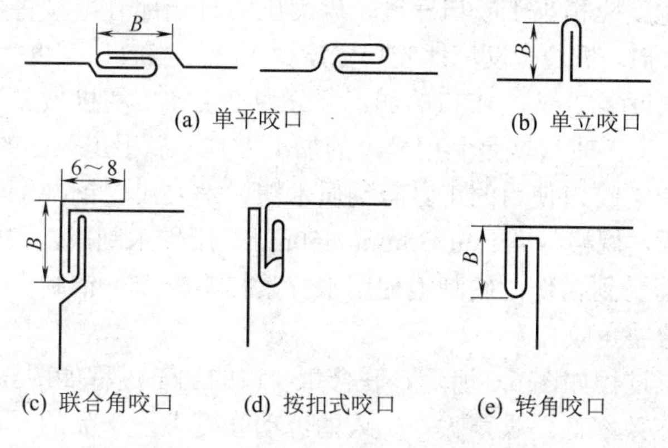


图 6.5　咬口的种类(*B*：咬口宽度)

- 单平咬口主要用于板材的拼接缝和圆形风管或部、配件的纵向闭合缝。
- 单立咬口主要用于圆形弯管或直管、网形来回弯的横向节间闭合缝。

- 转角咬口多用于矩形风管或部、配件的纵向闭合缝和有净化要求的空调系统，有时也用于矩形弯管、矩形三通的转角缝。
- 联合角咬口也称包角咬口，主要用于矩形风管、弯管、三通管及四通管的咬接。
- 按扣式咬口主要用于矩形风管的咬接，有时也用于矩形弯管、三通或四通等配件的咬接，它是近年来研制和投入使用的较理想的咬口形式，便于机械化加工、运输和组装，有利于文明施工，可降低环境噪声并提高生产效率，但该咬口的漏风量较高，对严密性要求较高的风管需补加密封措施，铝板风管不宜采用该咬口形式。

(3) 咬口宽度的确定：风管和部、配件的咬口宽度 *B*，如图 6.5 所示，与所选板材的厚度和加工咬口的机械性能有关，一般应符合表 6.6 所列的要求。

表 6.6 咬口宽度表

mm

| 钢板厚度 | 单平、单立咬口宽度 *B* | 转角咬口宽度 *B* |
|---|---|---|
| 0.5 以下 | 6～8 | 6～7 |
| 0.5～1.0 | 8～10 | 7～8 |
| 1.0～1.2 | 10～12 | 9～10 |

(4) 咬口留量的确定：咬口留量的大小与咬口的宽度 *B*、重叠层数和加工方法以及使用的加工机械等有关。一般对于单平咬口、单立咬口和转角咬口，其总的咬口量等于三倍的咬口宽度，在其中一块板材上的咬口留量等于一倍的咬口宽度，而在另一块板材上的咬口留量是两倍的咬口宽度。联合角咬口和按扣式咬口的总咬口留量等于四倍的咬口宽度，在其中一块板材上的咬口留量为一倍的咬口的宽度，而在另一块板材上为三倍的咬口宽度。例如，选用 0.5m 厚的钢板加工制作风管，若采用单平咬口连接时，选用的咬口宽度为 7mm，则咬口留量为 7mm×3=21mm，在其中的一块板上留量为 7mm，在另一块板上为 7mm×2=14mm。若采用联合角咬口连接时，则咬口宽度选定为 6mm，咬口留量为 6mm×4=24mm，在其中的一块板上留量为 6mm，而在另一块板上为 6mm×3=18mm。

(5) 咬口的加工过程：板材咬口的加工过程，主要是折边(打咬口)和咬合压实。折边的质量应能保证咬口的严密和牢固，要求折边的宽度应一致，平直均匀，不得出现含半咬口和张裂现象。折边宽度应稍小于咬口宽度，因为压实时一部分留量将变为咬口的宽度。当咬口宽度小于 10mm 时，折边宽度应比咬口宽度少 1mm，当咬口宽度大于或等于 10mm 时，折边宽度应比咬口宽度多 2mm。咬口的加工可分为手工加工和机械加工两种。

① 手工咬口：手工咬口就是利用简单的加工工具，靠手工操作的方法进行风管和部、配件加工的过程。手工咬口使用的工具有硬质木槌、木方尺、钢制小方锤和各种型钢等。木方尺又称硬木拍板，规格为 45mm×35mm×450mm，用硬木制成，主要用来平整板材和拍打咬口，以免使板面受到损伤；硬制木槌用来打紧打实咬口；钢制小方锤用来碾打圆形风管单立咬口或咬合修整角咬口。

单平咬口的加工过程如图 6.6 所示。联合角咬口的加工过程如图 6.7 所示。

手工咬口的工作效率低，噪声大，工人的劳动强度大，产品的质量不稳定，但使用的工具简单，在机械化程度不高及加工量不大的情况下，可采用这种办法。

② 机械咬口：机械咬口常用的加工机械有多种型号，性能各不相同，常用的咬口机械主要有直线多轮咬口机、圆形弯头联合咬口机、矩形弯头咬口机、按扣式咬口机和咬口

压实机等。利用咬口机、压实机等机械加工的咬口，成型平整光滑，生产效率高，操作简便，无噪声，大大改善了劳动条件。目前生产的咬口机体积小，搬动方便，既适用于集中预制加工，也适合于施工现场使用。

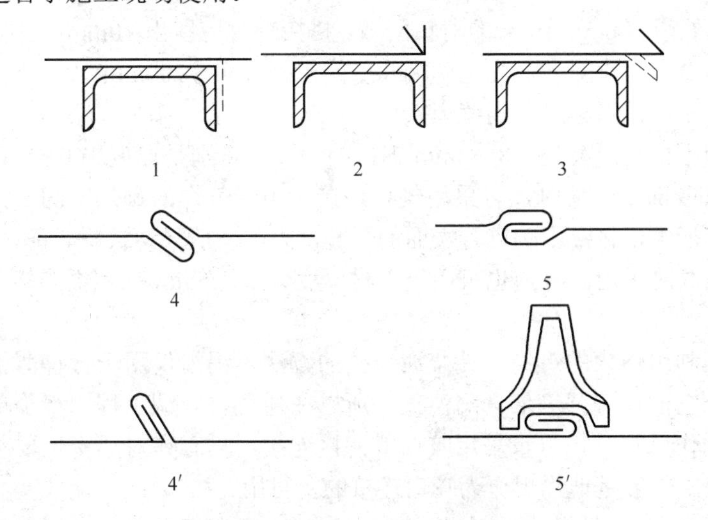


图 6.6　单平咬口的加工过程

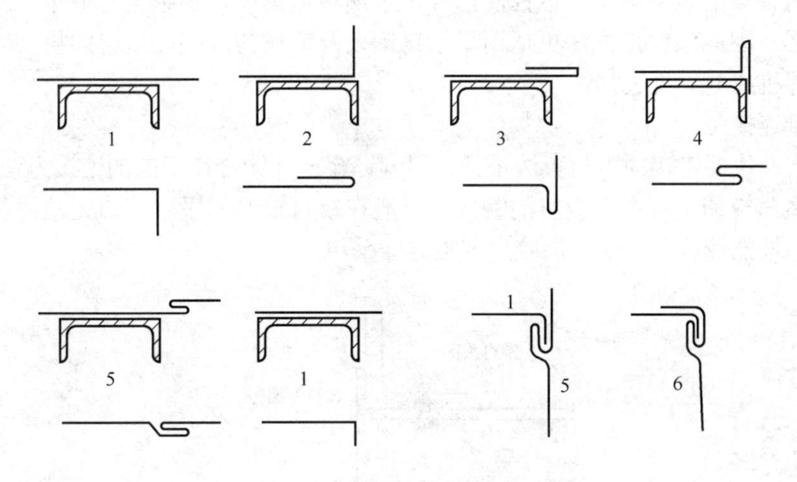


图 6.7　联合角咬口的加工过程

2)　焊接连接

风管及其配件在利用板材进行加工制作时，除采用咬口连接之外，对于通风或空调管道密封要求较高或板材较厚不宜采用咬口连接时，还广泛采用焊接连接。

(1)　适用条件：在风管及部、配件加工所选板材厚度较厚时，若仍采用咬口连接，则会因机械强度较高而难以加工，且咬口质量也较差，这时应采用焊接。一般情况下，焊接连接适用于板厚 $\delta$>1.2mm 的薄钢板、板厚 $\delta$>1.0mm 的不锈钢板和板厚 $d$>1.5mm 的铝板。

(2)　焊接方法及其选择：可根据工程需要、工程量大小、选用材料的类型及厚度以及装备条件等，选用适当的焊接方法。常用的焊接方法有电焊、气焊(氧乙炔焊)、锡焊和氩弧焊等。

①　电焊一般用于厚度大于 1.2mm 的普通薄钢板的焊接，或用于钢板风管与法兰之间

的连接。电焊的预热时间短、穿透力强、焊接速度快，焊接变形比气焊小，但较薄的钢板容易焊透。为了保持风管表面的平整，特别是矩形风管，尽量采用电焊焊接。焊接时，焊缝两边的铁锈、污物等应用钢丝刷清除干净。在对接焊时，因为风管板材较薄，不必做坡口，但应在焊缝处留出 0.5～1mm 的对口间隙。搭接焊时应留出 10mm 左右的搭接量。焊接前，将两个板边全长平直对齐，先把两端和中间每隔 150～200mm 点焊好，用小锤进一步把焊缝不平处打平，然后再进行连续焊接。

② 气焊用于板材厚度为 0.8～3mm 钢板的焊接，特别是厚度为 0.8～1.2mm 的钢板，在用于制作风管或部、配件时，可采用气焊焊接。由于气焊的预热时间长，加热面积大，焊接后板材的变形大，将会影响风管表面的平整，因此一般只在板材较薄，电焊容易烧穿，且严密性要求较高时采用。气焊也可用于板材厚度大于 1.5mm 的铝板连接，但不得用于不锈钢板的连接。

③ 锡焊是利用熔化的焊锡，使金属连接的方法。锡焊仅用于镀锌薄钢板咬口连接的配合使用。由于它的焊缝强度低，耐温低，所以在通风与空调工程中很少单独使用。在用镀锌钢板加工制作风管时，尽量采用咬口或铆接连接，只有在对严密性要求较高或咬口补满时才采用锡焊。一般是把锡焊作为咬口连接的密封用。

④ 氩弧焊是利用氩气作保护气体的气电焊。由于有氩气保护被焊接的金属板材，所以熔焊接头有很高的强度和耐腐蚀性能，且由于加热量集中，热影响区域小，板材焊接后不易发生变形，因此该焊接方法更适用于不锈钢板及铝板的焊接。风管的拼接缝和闭合缝还可以用点焊机或缝焊机进行焊接。

3) 铆接连接

铆接是将两块要连接的板材扳边搭接，用铆钉穿连并铆合在一起的连接方法，如图 6.8 所示。在通风与空调工程中，板材的铆接，一般在板材较厚，采用咬口无法进行，或板材虽然不厚，但性能较脆，不能采用咬口连接时才采用。

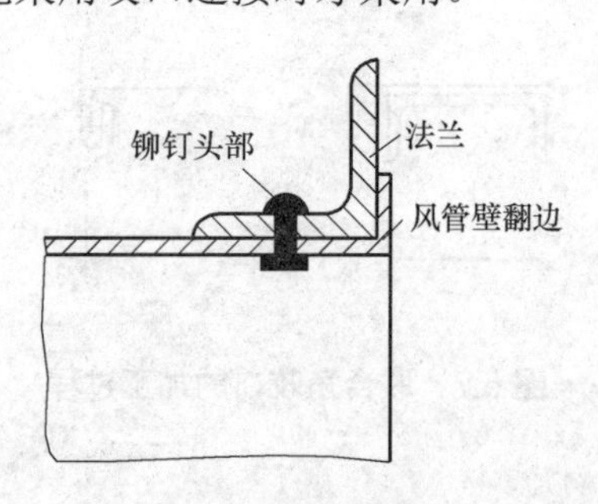


图 6.8 铆接

铆接时，必须使铆钉中心垂直于板面，铆钉帽应把板材压紧，使板缝密合，并且铆钉应排列整齐，间距一致。铆钉应打牢，不得歪斜。铆接的方法有手工铆接和机械铆接两种。

(1) 手工铆接时，先将板材划好线，再根据铆钉之间的间距和铆钉孔中心到板边的距离来确定铆钉孔的位置，再按铆钉直径用手电钻打铆钉孔，使铆钉自内向外穿过，垫好垫铁，用手锤打钉尾，然后用罩模罩上，把钉尾打成半圆形的钉帽。为了防止铆接时产生位移，造成错孔，可先钻出两端的铆钉孔，并先铆好，然后再把中间的铆钉孔钻出并铆好。这种方法工序较多，工效低，锤打噪声大。

板材之间的铆接，一般中间可不加垫料，设计若有特殊要求时，应按设计的规定进行。

(2) 机械铆接是通风与空调工程中常用的铆接方法之一，其中手提式电动液压铆接钳是一种效果良好的铆接机械。它主要由液压系统、电气系统和铆钉弓钳三部分组成，如图6.9所示。

手提式电动液压铆接钳的使用方法和工作原理是：先将铆钉钳导向冲头插入角铁法兰铆钉孔内，再把铆钉放入磁性座中，然后按动手钳上的电钮，使压力油通过软管注入工作油罐，罐内活塞迅速伸出使铆钉顶穿铁皮实现冲孔。活塞杆上的铆扣将工件压紧，使铆钉尾部与风管壁紧密结合，这时加大油压，使铆钉在法兰孔内变形膨胀挤压紧，外露部分则因塑性变形成为大于孔径的鼓头。铆接完成后，松开按钮，活塞杆复位。整个操作过程平均用时2.2s。使用铆接钳工效高，省力，操作简便，穿孔、铆接一次完成，噪声很小。

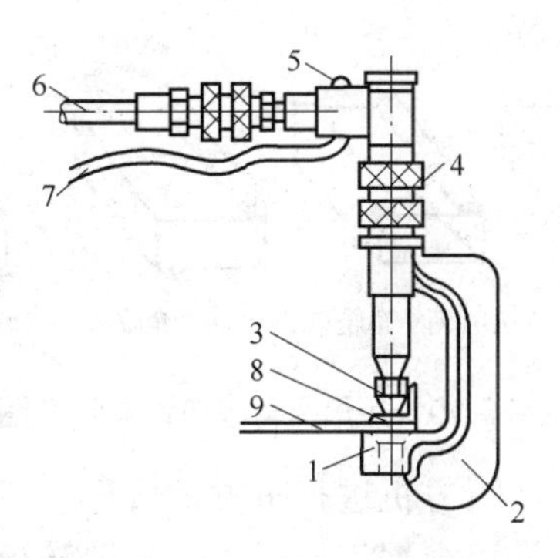


图6.9 手提式电动液压铆接钳

1—磁性铆钉座；2—弓钳；3—铆扣及冲头；4—油缸；
5—按钮开关；6—油管；7—电线；8—角钢法兰

## 6.2.3 金属风管的加工与加固

金属风管的加工制作工艺主要包括板材的选择、展开下料、剪切、咬口加工，圆形风管的卷圆或矩形风管的折方、连接以及风管端部安装法兰等工艺过程。

### 1. 风管的加工

1) 圆形风管的加工

圆形风管的加工，通常采用手工或机械进行。手工加工前应将剪切好的板材先做好咬口，然后将板材贴在工作台上的圆管垫铁上压圆，再用拍板修整，使咬口能互相扣合，再把咬口打紧打实，最后用木方尺找圆，找圆时木方尺用力应均匀，不宜过大，以免出现明显的痕迹，直到风管的圆弧均匀为止。

机械加工是用卷圆机进行滚压。该机适用于厚度2mm以内，板宽2000mm以内的板材卷圆。卷圆机由电动机通过带轮和蜗轮减速，经齿轮带动两个下辊旋转，当板材送入辊轮间时，上辊因与板材之间的摩擦力而转动，从而将板材压成圆形。操作时，应先把咬口附近的板边在钢管上手工拍圆，再把板材送入上下辊之间，辊子带动板材转动，板材即被压成圆形。上下辊的间距可以随时进行调节，板材经卷圆机卷圆后，再由咬口机压实，就成为圆形风管。

2) 矩形风管的加工

在矩形风管的加工制作中，当风管的周长小于板宽时，即用整张钢板宽度折边成型，可设一个角咬口，如图 6.10(a)所示；当板宽小于周长，大于周长的一半时，可设两个角咬口，如图 6.10(b)、(c)所示；当周长很大时，可在风管的四个边角分别设四个角咬口，如图 6.10(d)所示。

矩形风管的加工，可采用手工加工或机械加工。手工加工前应将剪切好的板材先做好咬口，划好折曲线，再把板材放在工作台上，使折曲线与槽钢边对齐，一般较长的风管由两人操作，两人分别站在板材的两端，一手将板材压在工作台上，不使板材移动，一手把板材向下压成 90° 直角，然后用木方尺进行修整，直到打出棱角，使板材平整为止，最后将咬口相互咬合，打紧打实即可。

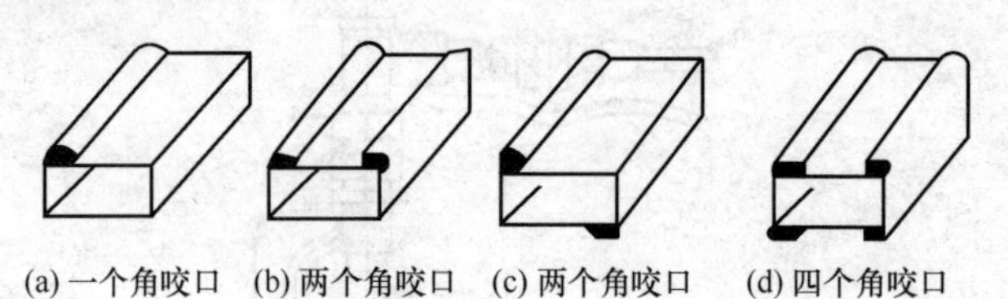


图 6.10 矩形风臂咬口设置示意图

机械加工是用手动扳边机或折方机进行折方，再将咬口咬合打实后即成矩形风管。其操作方法简单、便捷。矩形风管可根据工程要求，采用转角咬口、联合角咬口或按扣式咬口等不同的咬口形式。

3) 风管加工制作的要求

制作风管时，划线、下料要正确，板面应保持平整，咬口缝应紧密，防止因风管与法兰尺寸不匹配，而使风管起皱或扭曲翘角。咬口缝宽度应均匀，纵向接缝应错开一定距离，以不降低风管质量为准。焊接风管的焊缝应平整，不应有气孔、砂眼、凸瘤、夹渣及裂纹等缺陷，焊接后的变形应进行校正。

4) 矩形法兰的制作

(1) 矩形风管法兰制作材料和螺栓要按表 6.7 选用。法兰螺栓及铆钉间距：低、中压系统应小于 150mm；高压系统应小于 100mm；法兰四角处要有螺孔。

(2) 法兰加工前，要调整好型钢外形，再按长、短下料，其长面角钢立翼切去一半成 45°。组对时要平整，偏差不超过 2/1000，两翼应垂直。

(3) 焊接时，只焊背面，不得焊平面和里面，四角要焊牢。

(4) 钻孔时，孔距要相同，位置应处于型钢面中心，铆钉孔与螺孔应交叉设置。

(5) 法兰内边应比风管外边大 2～3mm。

(6) 法兰与风管连接：板厚小于 1.5mm，选用翻边铆接；大于 1.5mm 可翻边后断续焊或满焊。风管与扁钢法兰连接，可选用翻边或焊接。翻边尺寸一般为 6～9mm，翻边要平整，不能有孔洞，如图 6.11 所示。

5) 圆形法兰制作

圆形风管法兰的形式如图 6.12 所示，制作材料和螺栓应按表 6.8 选用，法兰螺栓及铆钉的间距：低、中压系统应小于 150mm；高压系统应小于 100mm。

表 6.7 矩形风管法兰尺寸表

| 风管规格/ mm | | 法兰用料规格 | | | | | 配用螺栓规格/mm | 配用铆钉规格/mm |
|---|---|---|---|---|---|---|---|---|
| | | 角钢规格/mm | 螺孔 | | 铆孔 | | | |
| *A* | *B* | | $\phi$1/mm | 孔数/个 | $\phi$1/mm | 孔数/个 | | |
| 120 | 120 | L25×4 | 7.5 | 4 | 4.5 | 8 | M6×20 | $\phi$4×8 |
| 160 | 120 | | | 6 | | | | |
| | 160 | | | 8 | | | | |
| 200 | 120 | | | 6 | | | | |
| | 160 | | | 8 | | | | |
| | 200 | | | 8 | | | | |
| 250 | 120 | | | 6 | | 10 | | |
| | 160 | | | 8 | | | | |
| | 200 | | | 8 | | 10 | | |
| | 250 | | | 8 | | 12 | | |
| 320 | 160 | | | 8 | | 10 | | |
| | 200 | | | 10 | | | | |
| | 250 | | | | | 12 | | |
| | 320 | | | 12 | | | | |
| 400 | 200 | | | 10 | | 12 | | |
| | 250 | | | | | 14 | | |
| | 320 | | | 12 | | | | |
| | 400 | | | | | 16 | | |
| 500 | 200 | | 9.5 | | | 14 | | |
| | 250 | | | | | 16 | | |
| | 320 | | | 14 | | | | |
| | 400 | | | | | 18 | | |
| | 500 | | | 16 | | 20 | | |
| 630 | 250 | | | 14 | | 18 | | |
| | 320 | | | 16 | | | | |
| | 400 | | | | | 20 | | |
| | 500 | | | 18 | | 22 | | |
| | 630 | | | 20 | | 24 | | |
| 800 | 320 | L30×4 | | 18 | 5.5 | 20 | M8×25 | $\phi$5×10 |
| | 400 | | | | | 22 | | |
| | 500 | | | 20 | | 24 | | |
| | 630 | | | 22 | | 26 | | |
| | 800 | | | 24 | | 28 | | |
| 1000 | 320 | | | 20 | | 22 | | |
| | 400 | | | | | 24 | | |
| | 500 | | | 22 | | 26 | | |
| | 630 | | | 24 | | 28 | | |
| | 800 | | | 26 | | 30 | | |
| | 1000 | | | 28 | | 32 | | |
| 1250 | 400 | L40×4 | | 22 | | 28 | | |
| | 500 | | | 24 | | 30 | | |
| | 600 | | | 26 | | 32 | | |
| | 800 | | | 28 | | 34 | | |
| | 1000 | | | 30 | | 36 | | |
| 1600 | 500 | | | | | 34 | | |
| | 630 | | | 32 | | 36 | | |
| | 800 | | | 34 | | 38 | | |
| | 1000 | | | 36 | | 40 | | |
| | 1250 | | | 38 | | 44 | | |
| 2000 | 800 | | | | | | | |
| | 1000 | | | 40 | | 46 | | |
| | 1250 | | | 42 | | 50 | | |

表 6.8　圆形风管法兰尺寸表

| 风管外径 $D$ /mm | 法兰用料规格 | | | | | 配用螺栓规格 /mm | 配用铆钉规格 /mm |
|---|---|---|---|---|---|---|---|
| | 型钢规格 $b×s$ /(mm×mm) | 螺孔 $\phi1$/mm | 螺孔 $n_1$/个 | 铆孔 $\phi1$/mm | 铆孔 $n_1$/个 | | |
| 80 | −20×4 | 7.5 | 4 | 4.5 | | M6×20 | |
| 90 | | | | | | | |
| 100 | | | 6 | | | | |
| 110 | | | | | | | |
| 120 | | | | | | | |
| 130 | | | | | | | |
| 140 | | | | | | | |
| 150 | −25×4 | | 8 | | | | |
| 160 | | | | | | | |
| 170 | | | | | | | |
| 180 | | | | | | | |
| 190 | | | | | | | |
| 200 | | | | | | | |
| 210 | | | | | 8 | | $\phi$4×8 |
| 220 | | | | | | | |
| 230 | | | | | | | |
| 240 | | | | | | | |
| 250 | | | | | | | |
| 260 | | | | | | | |
| 270 | | | | | | | |
| 280 | | | | | | | |
| 300 | L25×4 | | 10 | | 10 | | |
| 320 | | | | | | | |
| 340 | | | | | | | |
| 360 | | | | | | | |
| 380 | | | 12 | | 12 | | |
| 400 | | | | | | | |
| 420 | | | | | | | |
| 450 | | | | | | | |
| 480 | | | 12 | | 12 | | |
| 500 | | | | | | | |
| 530 | L30×4 | 9.5 | 14 | 5.5 | 14 | M8×25 | $\phi$5×10 |
| 560 | | | | | | | |
| 600 | | | 16 | | 16 | | |
| 630 | | | | | | | |
| 670 | | | 18 | | 18 | | |
| 700 | | | | | | | |
| 750 | | | 20 | | 20 | | |
| 800 | | | | | | | |
| 850 | | | 22 | | 22 | | |
| 900 | | | | | | | |
| 950 | L36×4 | | 24 | | 24 | | |
| 1000 | | | | | | | |
| 1060 | | | 26 | | 26 | | |
| 1120 | | | | | | | |
| 1180 | | | 28 | | 28 | | |
| 1250 | | | | | | | |
| 1320 | L40×4 | | 32 | | 32 | | |
| 1400 | | | | | | | |
| 1500 | | | 36 | | 36 | | |
| 1600 | | | | | | | |
| 1700 | | | 40 | | 40 | | |
| 1800 | | | | | | | |
| 1900 | | | 44 | | 44 | | |
| 2000 | | | | | | | |

在本书的范例图纸中，地下车库排风及排烟系统的P(Y)-1中800×400的风管，采用法兰连接方式进行连接，选用角钢的规格为L30×4，打孔规格9.5mm，一共需要打孔18个，长边6个，短边3个，均匀布置，选用螺栓的规格为M8×25。对于风机的圆形接口，接口尺寸$\phi$600，选用角钢规格L30×4，采用铆钉连接的方式，铆孔的规格$\phi$5.5，一共打铆钉孔16个，选用铆钉规格$\phi$5×10。

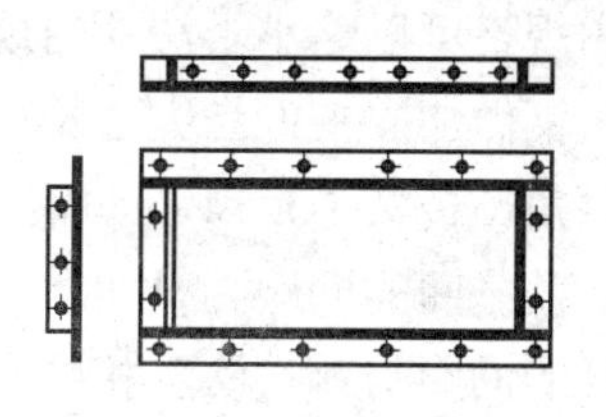

图6.11　矩形风管法兰

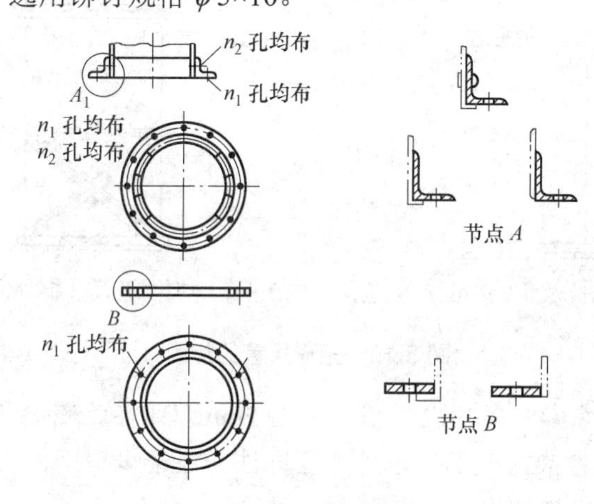


图6.12　圆形风管法兰

## 2. 风管的加固

对于直径或边长较大的风管，为了避免风管断面变形和减少管壁在系统运转中由于震动而产生的噪声，需要对风管进行加固。

1)　圆形风管的加固

圆形风管由于其本身的强度较高，而且风管两端的法兰起到一定的加固作用，因此，一般不再考虑风管自身的加固。只有当圆形风管的直径大于或等于800mm，且其管段长度大于1250mm或管段总表面积大于4m$^2$时，每隔1500mm才加设一个扁钢加固圈，并用铆钉固定在风管上。为了防止咬口在运输或吊装时裂开，圆形风管的直径大于500mm时，其纵向咬口的两端用铆钉或点焊固定。

2)　矩形风管的加固

与圆形风管相比，矩形风管自身的强度低，易产生变形。施工及验收规范规定：当矩形风管的大边长大于或等于630mm，保温风管大边长大于800mm，管段长度在1250mm以上，或低压风管的单边平面积大于1.2m$^2$，中、高压风管大于1.0m$^2$时，为了减少风管在运输和安装中的变形，制作时必须采取加固措施。

矩形风管的加固方法应根据风管大边尺寸来确定。常用的加固方法有以下几种。

(1)　接头起高的加固法(即采用立咬口)。虽然可节省钢材，但加工工艺复杂，且接头处易于漏风，所以目前采用得较少。

(2)　在风管或弯头中部采用角钢框加固。这是一种使用较普遍的加固方法。选用角钢的规格可以略小于法兰的规格，当矩形风管的大边长在1000mm以内时，可采用L25×4的角钢做加固框；当大边长在1000～1600mm时，可采用L30×4的角钢做加固框。也可采用对角凸棱及L30×4的角钢加固框同时使用，如图6.13(a)所示，加固框之间或加固框与管端法兰之间的间距为1200～1400mm。加固框必须铆接在风管的外侧，如图6.13(b)所示，铆钉的间距与铆接法兰相同。当风管边长在1500～2000mm时，除采用加固框加固外，还应在风管外侧的对角线上铆接L30×4的角钢加固条。

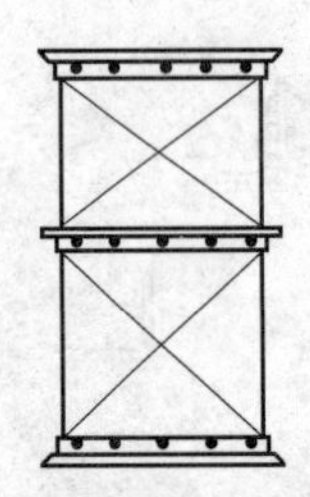

(a) 一对角凸棱及角钢加固框示意图

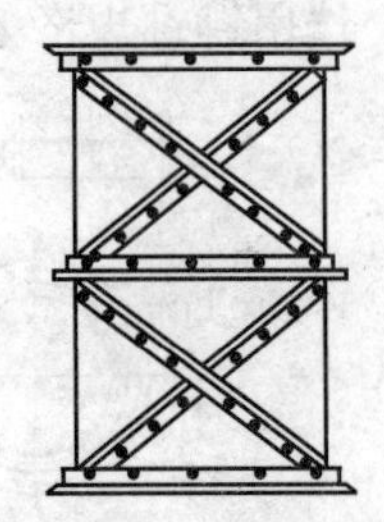

(b) 角钢加固条及角钢加固框示意图

图6.13 矩形风管的加固

(3) 风管内壁设置纵向肋条加固。用1.0～1.5mm厚的镀锌钢板条压成三角棱形(∧)作为加固肋条，铆接在风管的内壁上。这种加固方法一般很少采用，仅用于外形要求美观的明装风管，但洁净系统不能使用。

(4) 风管壁上滚槽加固。风管展开下料后，先将壁板放到滚槽机械上进行十字线或直线滚槽，加工出凸棱，大面上的凸棱呈对角线交叉，然后咬口、合缝，但在风管展开下料时要考虑到滚槽对尺寸的影响。不保温风管的凸棱凸向外侧，保温风管凸向内侧。这种方法工艺简单，不需要加固钢材。但仅适用于边长不大的风管，且在空气净化系统中不能使用该加固法。

(5) 风管大边角钢加固。它是在风管的大边侧采用角钢框或在对角线上铆接角钢加固条进行加固，而在风管的小边侧不做任何加固。这种方法适用于风管大边尺寸在加固规定范围之内，而风管的小边尺寸却较小，不在加固的规定范围之内的风管。该法施工简单，可节省人工和材料，但其外观不美观，因此，明装风管较少采用。

## 6.2.4 金属风管的配件制作

工程中常见的风管配件有弯头、三通、四通、变径管(也称大小头)、天圆地方和来回弯等。这些配件制作时，通常采用画法几何中的平行线法、求实长线法、放射线法、三角形法和梯形法等方法来下料及展开，这方面内容较多，请参看有关书籍。图6.14以P(Y)-1系统为例介绍配件的名称。

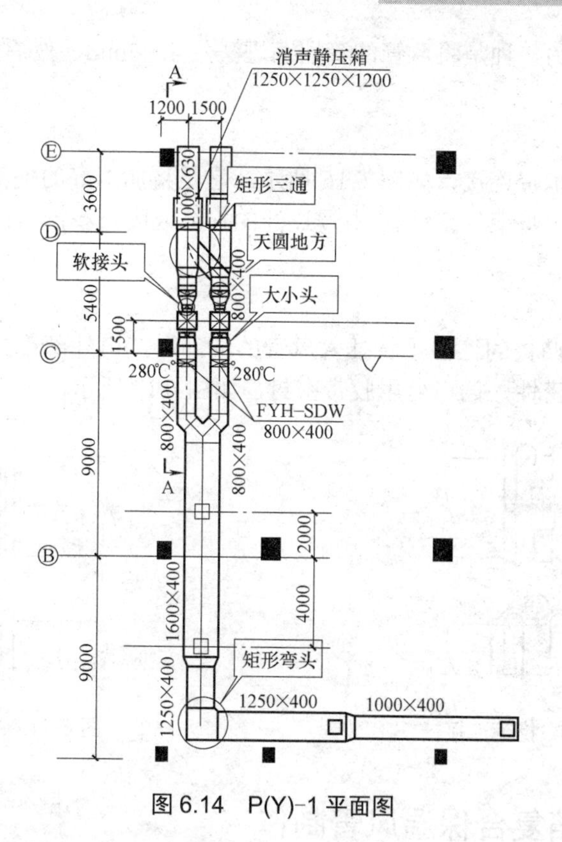


图 6.14　P(Y)-1 平面图

## 6.2.5　风管及配件之间的连接

风管之间的连接常用法兰连接、抱箍连接和插入连接，其中法兰连接应用最广，后两种连接多用在圆形风管的送排风以及除尘系统中。

### 1. 法兰连接

加工制作的风管和配件，在未安装前，应先装上法兰，风管和法兰的连接可采用翻边、铆接或焊接等方式，如图 6.15 所示。

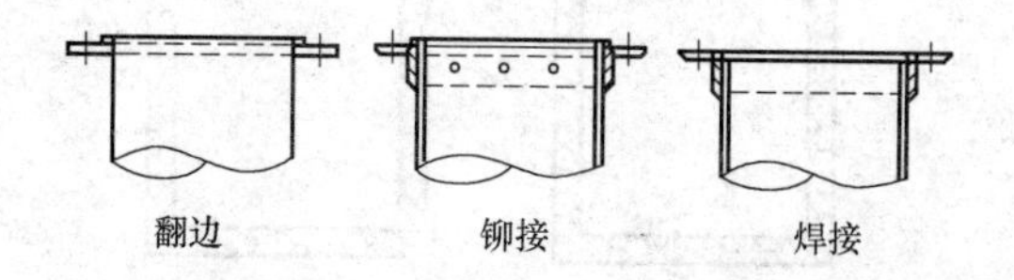


图 6.15　法兰与风管的连接

当风管与扁钢法兰连接时，可采用 6～10mm 的翻边，将法兰套在风管上，并使之接触紧密。翻边尺寸不能太大，防止遮住螺栓孔，使安装不便。当风管与角钢法兰连接，管壁厚度小于或等于 1.5mm 时，可采用翻边铆接。铆接时先将法兰与风管用直径 4～5mm 的铆钉铆接起来，然后用小锤将管端翻边。

如果风管壁厚大于 1.5mm 时，风管与角钢法兰连接可采用焊接。一种是翻边后，将风管法兰点焊在一起；另一种是将风管的管端缩进法兰 4～5mm，然后沿风管周边焊满。

2. 抱箍连接

抱箍连接又称为抱带连接，如图 6.16 所示。它是将加工好的抱箍套在风管上，将两根风管对在一起，在箍内垫上气密性材料(浸过油的棉纱或废布条)，上紧螺栓即可。

3. 插入连接

插入连接是将带凸棱的连接短管插入风管的端部，接口外部用抽芯铆钉或自攻螺丝加以固定，为保证其严密性，插口处用胶带密封，如图 6.17 所示。

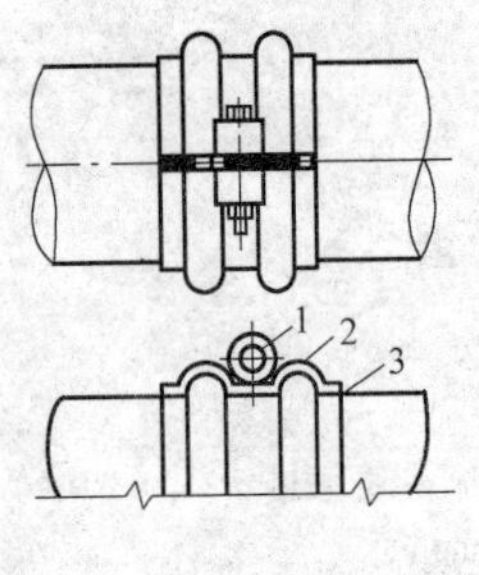


图 6.16　抱箍连接

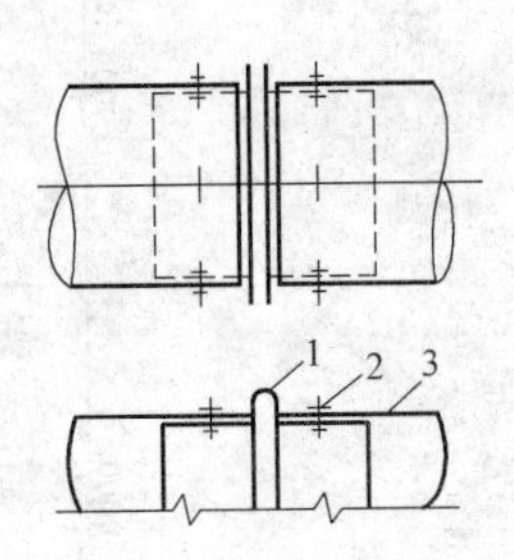


图 6.17　插入连接

## 6.2.6　双面铝箔复合保温风管制作

双面铝箔复合保温风管是指用两面覆贴铝箔、中间夹有聚氨酯或酚醛泡沫绝热材料的板材制作的风管。由于其具有外形美、不用保温、隔声性能好、施工速度快和安全卫生等优点，国内广泛采用。如本工程使用的管材，空调风管采用的就是铝箔复合风管。

1. 板材下料、成型

(1) 矩形铝箔复合保温风管的四面壁板可由一片整板切 3 个 90° 豁口、两个 45° 边口折合黏结而成，也可由两片整板、4 片整板切口、切边拼合黏结而成，如图 6.18 所示。

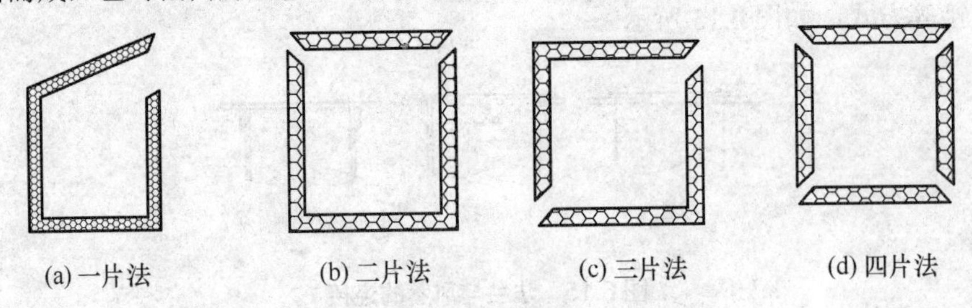


图 6.18　切口、切边成形

(2) 板材厚 20mm、板宽 1200mm、长度为 4000mm；当风管长边尺寸≤160mm 或风管两边之和≤1120mm，风管可按板材长度做成每节 4m，以减少管段接口。

(3) 风管板材可以拼接，如图 6.19 所示，当风管长边尺寸≤1600mm，可切 45° 角直接黏结，黏结后在接缝处双面贴铝箔胶带；当风管长边尺寸>1600mm 时，板材的拼接需采用“H”形专用连接件，以增强拼接强度。

(a) 切45°角黏结

(b) 中间加“H”形连接件拼接

图6.19　风管板材拼接方式

(4) 风管的三通、四通宜采用分隔式或分叉式；弯头、三通、四通、大小头的圆弧面或折线面应等分对称划线。风管每节管段(包括三通、弯头等管件)的两端面应平行，与管中线垂直。

(5) 采用机械压弯成型制作风管弯头的圆弧面，其内弧半径<150mm时，轧压间距宜为20～35mm；内弧半径为150～300mm时，轧压间距宜在35～50mm之间；内弧半径>300mm时，轧压间距宜在50～70mm之间。轧压深度不宜超过5mm。

(6) 矩形弯管应采用内外同心弧形或内外同心折线形，曲率半径宜为一个平面边长。当采用其他形式的弯管，平面边长>500mm时应设置弯管导流片，导流片数量按平面边长$b$确定；当1000mm≥$b$>500mm时设1片；当1500mm≥$b$>1000mm时设两片；当$b$>1500mm时设3片。导流片设置的位置：第1片为$b/2$处，第2片为$b/4$处，第3片为$b/8$处。

(7) 导流片可采用PVC定型产品，也可由镀锌板弯压成圆弧，两端头翻边，铆到上下两块平行连接板上(连接板也可用镀锌板裁剪而成)组成导流板组。在已下好料的弯头平面板上划出安装位置线，在组合弯头时将导流板组用黏合剂同时黏上。导流板组的高度宜大于弯头管口2mm，使其连接更紧密。

### 2. 合口黏结、贴胶带

(1) 铝箔复合保温风管所用的胶黏剂应是板材厂商认定的专用胶黏剂。如另行采购不同品牌的胶黏剂，必须做黏结效果对比试验，并经监理、板材厂商检查、认可后方可使用。

(2) 矩形风管直管段，不管是同一块板材黏结，还是几块板材组合拼接，均须准确，角线平直。风管组合前应清除板材切口表面的切割粉末、灰尘及杂物。在黏合前需预组合，检查拼接缝全部贴合无误时再涂黏合剂，黏结前的时间控制与季节温度、湿度及胶黏剂的性能有关，批量加工前应做样板试验，确定最佳黏合时间。

(3) 管段组合后，黏结成型的45°角切边外部接缝，需贴铝箔胶带封合板材外壳面，每边宽度不小于20mm。用角尺、钢卷尺检查、调整垂直度及对角线偏差，应符合规定，黏结组合后的管段应垂直摆放至定型后方可移动。

(4) 风管的圆弧面或折线面，下完料折压成弧线或折线后，应与平面板预组合无误后再涂胶黏结，以保证管件的几何形状尺寸及观感。

### 3. 法兰下料、黏结、管段打胶

(1) 法兰下料，风管定型后黏结两端面法兰连接件，检查法兰端面平面度偏差及对角线偏差，应符合规定。复合材料风管法兰与风管板材的连接应可靠，其绝热层不得外露，不得采用降低板材强度和绝热性能的连接方法。

(2) 当复合风管组合定型后，风管 4 个内角的黏结缝及法兰连接件四角内边接缝处用密封胶封堵，使泡沫绝热材料及胶黏剂不裸露。涂密封胶处，应清除油渍、水渍及灰尘、杂物。

(3) 低压风管长边尺寸>2000mm 或中高压风管长边尺寸>1500mm 时，风管法兰材料宜采用铝合金。当风管采用金属法兰连接件时，其外露金属须采取防止“冷桥”结露的措施。矩形风管法兰连接形式及适用范围如表 6.9 所示。

(4) 长边尺寸≥630mm 的矩形风管在安装插接法兰时，宜在四角粘贴厚度≥10.5mm 的 90°镀锌板垫片，直角垫片宽度应与风管板材厚度相等，垫片边长不小于 50mm。也可在插接法兰四角采用 PVC 加强件。

表 6.9 矩形风管法兰连接形式及适用范围 mm

| 法兰主要连接形式 | | 法兰材料 | 适用范围 |
|---|---|---|---|
| 槽形插接连接 | | PVC | 聚氨酯、酚醛复合风管<br>低压风管边长≤2000<br>中高压风管边长≤1500 |
| 工形插接连接 | | PVC | 聚氨酯、酚醛复合风管<br>风管边长≤3000 |
| “h”连接法兰 | | PVC<br>铝合金 | 聚氨酯、酚醛复合风管<br>与阀部件及设备的连接 |

## 4. 风管的加固

(1) 风管内、外支撑横向加固点数量及纵向加固间距，如表 6.10 所示。铝箔复合风管的法兰连接处可视为一个纵(横)向加固点。

表 6.10 双面铝箔复合风管横向加固数量(个)、纵向加固间距表

| 压力/Pa | | <300 | 310～500 | 510～750 | 760～1000 | 1100～1250 | 1260～1500 | 1510～2000 |
|---|---|---|---|---|---|---|---|---|
| 长边尺寸/mm | 10～630 | | | | 1 | 1 | 1 | 1 |
| | 640～800 | | 1 | 1 | 1 | 1 | 1 | 2 |
| | 810～1000 | 1 | 1 | 1 | 1 | 1 | 2 | 2 |
| | 1010～1250 | 1 | 1 | 1 | 1 | 1 | 2 | 2 |
| | 1260～1500 | 1 | 1 | 1 | 2 | 2 | 2 | 2 |
| | 1510～1700 | 2 | 2 | 2 | 2 | 2 | 2 | 2 |
| | 1710～2000 | 2 | 2 | 2 | 2 | 2 | 2 | 3 |
| 聚氨酯类纵向加固间距/mm | | 1000 | 800 | 600 | | | 400 | |
| 酚醛类纵向加固间距/mm | | 800 | | 600 | | | 400 | |

(2) 风管内加固形式及加固件如表 6.11 所示。风管的加固也可采用角钢或 U 形、UC 形镀锌吊顶龙骨外加固或十字支撑式内加固，增加风管板面与加固点的接触面，使风管受风压后变形小、不胀开。

表 6.11　风管内加固形式及加固件

| 风管加固形式 | 加固名称 | 适用风管类别 | 加固件名称 |
|---|---|---|---|
| | 内支撑加固木螺钉连接 | 聚氨酯及酚醛复合风管 | 金属垫板、支撑管(不燃材料)、自攻螺钉、锥形尼龙塞、塑料胀管、木螺钉 |
| | 内支撑加固自攻螺钉连接 | 聚氨酯、酚醛、玻纤复合风管、玻璃钢复合风管 | |

## 6.3　风管支吊架的形式与安装

支架是保证通风和空调管路系统安装和运行稳定的部件。常见的支架形式有托架和吊架两种类型，可根据管路的现场情况，按国标图选用和加工各类支吊架。

### 6.3.1　风管支吊架的形式

#### 1. 风管的托架

风管沿墙、柱敷设时，常采用托架来承托管道的重量，风管能否安装得平直、稳定，主要取决于支架安装得是否合适。托架由横梁和抱箍两部分构成，当风管断面尺寸较大、重量较重时，在托架横梁和墙壁之间还应增加一个斜撑。安装时，托架横梁固定在墙壁或柱子上，风管安装在横梁上，然后用抱箍将风管固定在托架横梁上。托架的安装形式如图 6.20 和图 6.21 所示。

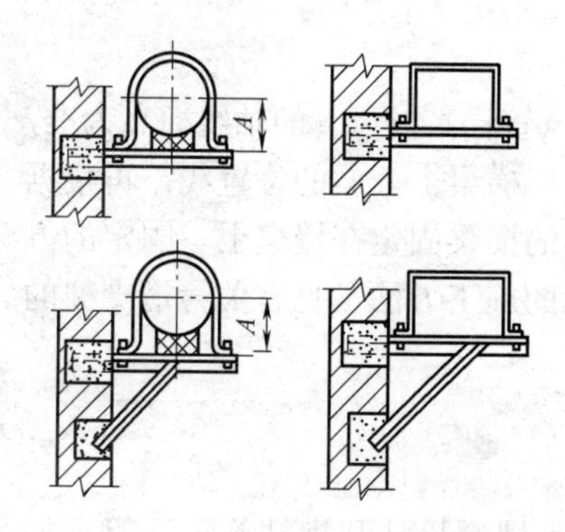

图 6.20　砖墙托架的安装形式

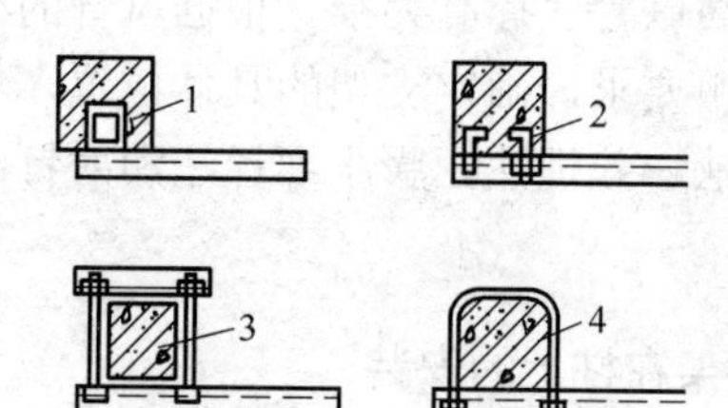


图 6.21　柱上托架的安装形式

1—预埋件焊接；2—预埋螺栓紧固；3—双头螺栓紧固；4—抱箍紧固

2. 风管的吊架

风管在梁、楼板、屋面及桁架等下面敷设时，由于风管距墙壁较远，无法在墙上进行固定，这时应采用吊架将风管吊装在梁或楼板上。吊架分为单杆和双杆两种形式，矩形风管的吊架由吊杆和横梁构成，圆形风管的吊架由吊杆和抱箍构成，如图6.22所示。

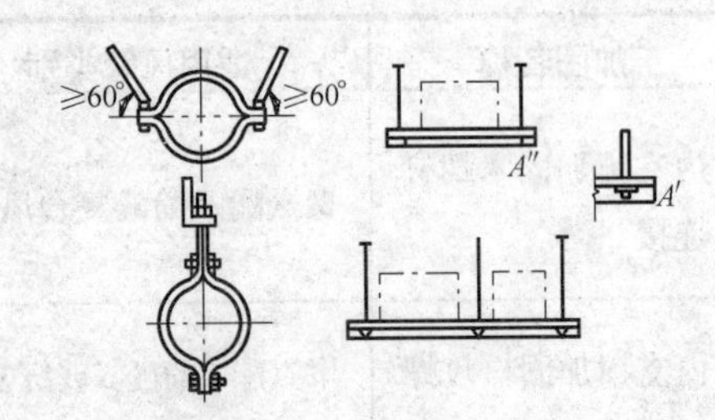


图6.22 风管吊架的形式

3. 支吊架的间距

应根据风管断面尺寸的大小、加工风管所选板材的类型和厚度、风管是否保温等情况，综合进行确定。若无设计要求时，不保温风管的支吊架的间距可按表6.12所示确定，保温风管可按表6.12中所示的要求值乘以系数0.85。

表6.12 风管支吊架间距

| 圆形风管直径或矩形风管大边长 /mm | 水平风管间距 /m | 垂直风管间距 /m | 最少吊架数 /副 |
|---|---|---|---|
| ≤400 | ≤4 | ≤4 | 2 |
| ≤1000 | ≤3 | ≤3.5 | 2 |
| >1000 | ≤2 | ≤2 | 2 |

## 6.3.2 风管支吊架的安装

1. 风管支架在墙上的安装

沿墙敷设的风管常采用托架固定。托架安装时，圆形风管标高以风管的轴线标高为准，矩形风管的标高以管底标高为准。根据风管的标高画出托架横梁上表面的位置线，再根据风管支架的间距要求，确定支架的具体位置，然后将托架的横梁固定在墙壁上。固定的方法可采用预埋法、栽埋法、膨胀螺栓法和射钉法等，具体的施工方法参见有关管道支架的安装部分。

2. 风管支架在柱上的安装

风管支架在柱上安装固定的方法有预埋钢板接法、预埋螺栓法和抱柱施工法等，如图6.21所示。

3. 风管吊架的安装

首先根据风管的中心线找出吊杆的安装位置。单杆吊杆在风管的中心线上，双杆吊杆可以按风管的中心线对称安装，然后再根据风管支架的间距要求，画出吊杆的具体安装位置。最后再根据风管的标高确定吊杆的安装高度。当风管较长，需要安装很多支架时，可先把两端的吊架安装好，然后以两端的支架为基准，用拉线法确定中间各支架的标高进行安装。

如本书范例图纸中，地下车库排风及排烟系统的 P(Y)-1 风管(其平面图及剖面图参见图 6.23)的安装步骤如下。

第一步，确定风管的支吊架形式：因该段风管靠墙安装，所以安装选托架形式比较合适，然后确定风管托架的距离，从 1000×400 到 1600×400 段，按照表 6-12 的规定，选择 2m 一个支架，而 800×400 段，则选择 3m 一个支架，这样总支架数就有 14 副，1000×400 到 1600×400 管段 7 副，800×400 管段 7 副。

第二步，确定支吊架的安装高度：从 A—A 剖面图上，我们可以知道，风管的安装高度为 2.6m(4.2−1.6=2.6)，我们将托架表面的位置线放到 2.6m 高，这部分可用铅垂线和钢卷尺共同完成，然后用拉线的方法确定整个墙面的安装位置。

第三步，安装支吊架：无论采用栽埋法、预埋法，还是膨胀螺栓法，都应将托架的横梁固定在墙壁上，应该引起注意的是，风管的支吊架不得安装在风口、阀门、检查孔及自控机构处，离风口的距离不宜小于 200mm，在风管转弯处的两端应加支架，风管与通风机的连接部位应设置支架。

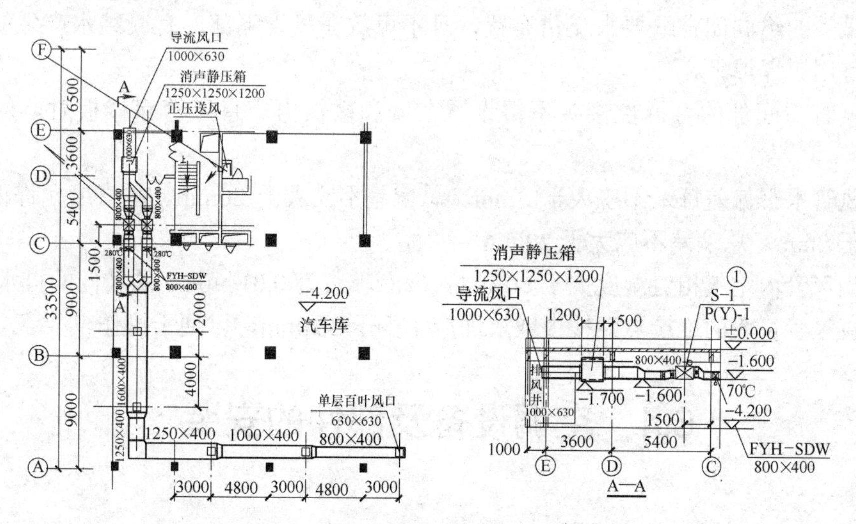


图 6.23　P(Y)-1 平面及剖面图

**知识拓展：支架的安装方法**

管道支架的安装方法可以根据现场的情况，灵活采用多种施工方法，栽埋法、预埋钢板焊接固定法、射钉固定法和抱柱固定法是常用的方法。栽埋法是将支架的型钢横梁直接栽埋在墙体之上的一种施工方法；预埋钢板焊接固定法是将钢板直接预埋在墙体或柱子上的一种施工方法；膨胀螺栓固定法是将膨胀螺栓打入由电钻打好的洞中，然后拧紧螺母，将支架安装在墙上的一种施工方法；射钉固定法是用射钉枪将射钉射入建筑物的构体上，再用螺母将支架固定在射钉上的一种施工方法；抱柱固定法是用两根支架横梁紧贴柱子安装，然后用两条双头螺栓把角钢和支架固定于柱子上的一种施工方法。

### 6.3.3 风管的安装

1. 风管的预安装

把加工制作完的风管及配件，放在安装现场的地面上，按顺序组对、复核，同时检查风管配件的质量，若满足现场要求，方可正式安装。

2. 风管的安装方法

预先可在地面上把干管和支管分段连接好，根据吊装情况和风管连接情况，直管段长度约为10m。法兰之间要加垫片，连接法兰的螺栓及螺帽应在同一侧。安装前，应检查支、吊架是否牢固、准确。高空作业时，吊装风管的绳应绑扎结实，待风管与配件连接牢固，并通过支架找平固定后方可松开。垂直风管可从下向上一节一节地吊装连接，安装后用线锤找正。

3. 风管安装的技术要求

(1) 风管的纵向闭合缝要求交错布置，且不可放在风管下部，有凝结水产生的风管底部横向缝宜用锡焊焊平。

(2) 风管与配件的可拆性接头不得设置在墙和楼板内。直风管穿楼板时，应与楼板隔离。

(3) 风管水平偏差每米不应大于3mm，总偏差不应大于20mm，垂直度允许偏差，每米不应大于2mm，总偏差不应大于20mm。

(4) 当风管内空气相对湿度大于60%时，要有坡度为0.01～0.15的坡向的排水装置。

(5) 直风管每段的连接点距楼板或墙面应不少于200mm，以便于操作。

## 6.4 空调设备及部件的安装

### 6.4.1 冷水机组的安装

1. 安装准备及基础验收

安装准备前，应检查现场的运输空间、机组孔洞尺寸及现场的清理情况，进行技术交底，核对设备型号及基础尺寸。实际上，最好能在设备到货前按图样核对预留孔洞尺寸、位置无误后，再进行浇注基础。浇筑时安装人员应配合土建施工人员进行尺寸的核对。

2. 设备开箱检验及运输

设备开箱前应有业主代表或监理在场，检查外包装有无受损、受潮，设备名称、型号、技术条件是否与设计文件一致，产品说明书、合格证、装箱清单和设备技术文件是否齐全，设备表面是否缺损、锈蚀，随机附件、专用工具、备用配件是否齐全等。

3. 搬运和吊装

安装前，使用衬垫将设备垫好，在吊装的过程中，应防止因受力点低于设备重心而倾斜，设备要捆扎稳固，吊索与设备接触的部位，要用软质材料衬垫，防止设备机体、管路、仪表及其他附件受损或擦伤表面油漆。

4. 放线就位

设备基础检查合格后，在设备的基础上放出纵横中心线，然后将冷水机组吊放在基础上，调整设备使之与中心线相符，再用垫铁垫平设备。

5. 设备的找平、找正

一般螺杆式压缩机组与电动机直连，装在同一机架上，安装时仅需在公用底座上找平，待地角螺栓孔浇筑混凝土后，拧紧各地脚螺栓，这时应再找平校核，使之达到允许的偏差范围。

## 6.4.2　冷却塔的安装

1. 冷却塔的类型

冷却塔的类型较多，一般按通风方式、淋水方式及水和空气的流动方向等进行分类。

(1)　按通风方式，冷却塔可分为自然通风和机械通风两类。

(2)　冷却塔按淋水装置、配水系统可分为点滴式、点滴薄膜式、薄膜式和喷水式四类。

(3)　按水和空气的流动方向，冷却塔可分为逆流式和横流式两类。

一般单座塔和小型塔多采用逆流圆形冷却塔，而多座塔或大型塔多采用横流式冷却塔。冷却塔的材料多采用玻璃钢制作。图 6.24 和图 6.25 是冷却塔的示意图及现场安装图片。

2. 冷却塔的安装

冷却塔必须安装在通风良好的场所，一般安装在冷冻站的屋顶上。安装时冷却塔位置的选择应根据下列因素综合确定。

(1)　气流应畅通，湿热空气回流影响小，且应布置在建筑物最小频率风向的上风侧。

(2)　冷却塔不应布置在热源、烟气排放口附近，不宜布置在高大建筑物中间的狭长地带上。

(3)　冷却塔与相邻建筑物之间的距离，除满足冷却塔的通风要求外，还应考虑噪声、飘水对建筑物的影响。

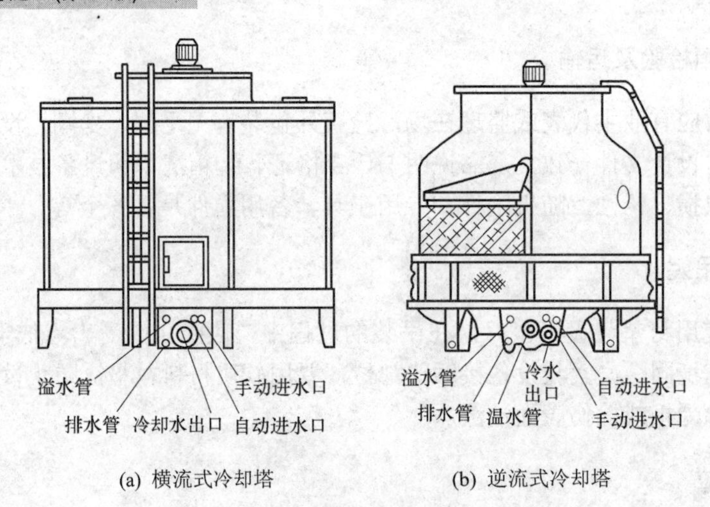


图 6.24 冷却塔示意图

图 6.25 冷却塔现场安装图片

## 6.4.3 风机盘管的安装

### 1. 风机盘管的形式

风机盘管有立式、卧式和吊顶式等多种形式，可明装亦可暗装，如图 6.26 所示为卧式暗装的示意图。其中普通型送回风所接风管总长度不宜大于 2m，高静压型不宜大于 6m，且风管断面宜与风机盘管送回风口相同。

### 2. 风机盘管的安装

风机盘管的安装步骤如下。

(1) 风机盘管水系统水平管段和盘管接管的最高点应设排气装置，最低点应设排污泄水阀，凝结水盘的排水支管坡度不宜小于 0.01。

(2) 机组安装前宜进行单机三速试运转及水压检漏试验。试验压力为系统工作压力的 1.5 倍，试验观察时间为 2min，不渗不漏为合格。机组应设单独支、吊架，吊杆与设备连接处应使用双螺母紧固找平、找正，使 4 个吊点均匀受力。也可采用橡胶减振吊架，机组与风管回风箱或风口的连接要严密可靠。

(3) 机组供、回水配管必须采用弹性连接，多用金属软管和非金属软管。橡胶软管只可用于水压较低且是只供热的场合。

(4) 暗装卧式风机盘管的下部吊顶应留有活动检查口，以便于机组整体拆卸和维修。

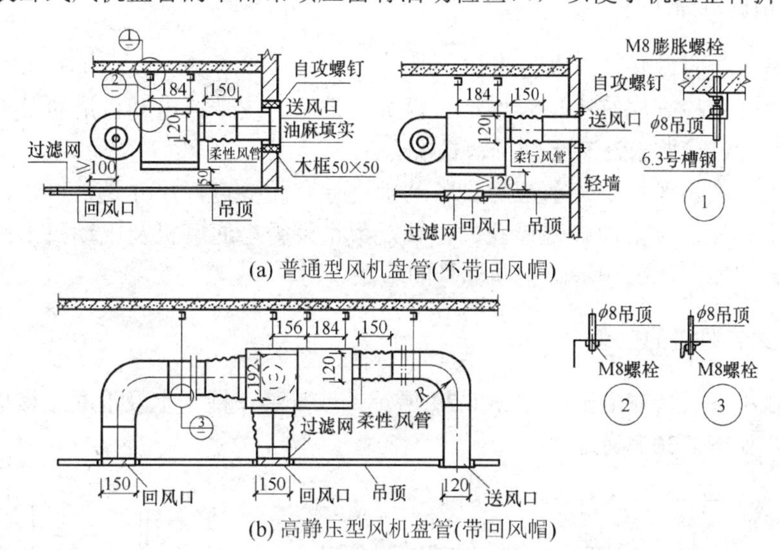


图 6.26　卧式暗装风机盘管示意图

## 6.4.4　吊顶式空调机组的安装

吊顶式空调机组通常安装在距办公区较近的位置，机组与送回风管及水管均应采用柔性连接，且宜采用弹簧减振吊架安装。如图 6.27 所示为吊顶式空调机组安装示意图，图 6.28 所示为吊顶式空调机组现场安装示意图。对于噪声控制严格的场所，机组外表面应采用 30mm 橡塑保温材料进行保温、吸声处理。

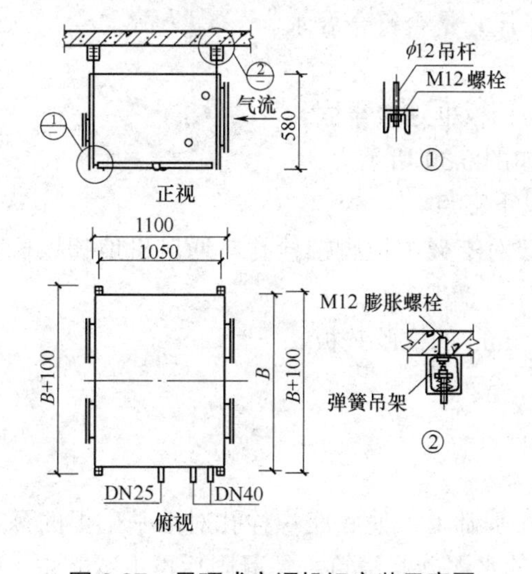


图 6.27　吊顶式空调机组安装示意图

图 6.28　吊顶式空调机组现场安装示意图

## 6.4.5 风机的安装

目前在空调系统中，常用的风机有轴流式风机和离心式风机两种。

### 1. 安装前的准备工作

在安装风机前应做好以下准备工作。

(1) 风机开箱检查应有出厂合格证。检查皮带轮、皮带、电动机滑轨及地脚螺栓是否齐全，是否符合设计要求，有无缺损等情况。

(2) 基础验收。风机安装前应对设备基础进行全面检查，尺寸是否符合，标高是否正确，预埋地脚螺栓或预留地脚螺栓孔的位置及数量是否与通风机及电动机上地脚螺栓孔相符。浇灌地脚螺栓应使用与基础相同标号的水泥。

### 2. 轴流式通风机的安装

轴流式风机多安装在墙上，如图 6.29 所示，或安装在柱子上及混凝土楼板下，也可安装在砖墙内，如图 6.30 所示。

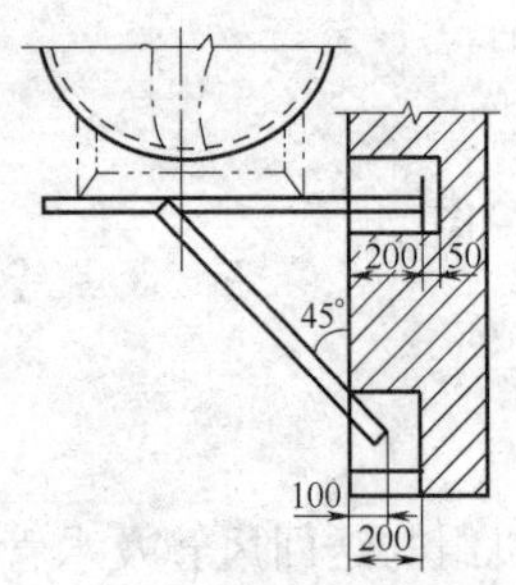


图 6.29 轴流式风机在砖墙上安装图

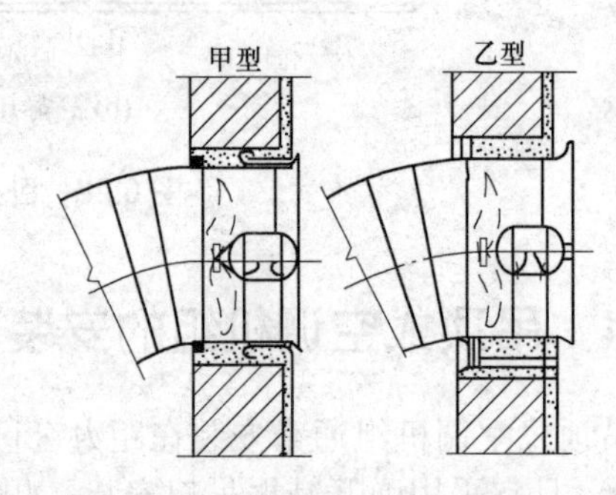


图 6.30 轴流式风机在墙内的安装图

(1) 轴流式风机安装在墙洞内，应注意的要求有以下四点。

① 检查土建施工预留墙洞的位置、标高及尺寸是否符合要求。

② 固定风机的挡板框和支座的预埋质量。

③ 通风机安装后，地脚螺栓应拧紧，并与挡板框连接牢固。

④ 在风机出口处安设 45° 防雨雪弯头，如图 6.30 所示。

(2) 轴流式通风机安装在支架上，应注意以下三点。

① 检查通风机与支架是否符合要求，并核对支架上地脚螺栓孔与通风机地脚螺栓孔的位置、尺寸是否相符。

② 通风机放在支架上时，应垫厚度为 4～5mm 的橡胶垫板。

③ 留出检查和接线用的孔。

### 3. 离心式通风机的安装

安装小型直连的通风机，只要把风机吊放在基础上，使底座螺栓孔对准基础上的预留螺栓孔，经找平后，再插入地脚螺栓，用 1∶2 的水泥砂浆浇筑，待凝固后再上紧螺帽，应保证壳壁面垂直底座水平面、叶轮和机壳及进气短管不相碰。图 6.31 所示为离心式通风机的现场安装照片。

图 6.31　离心式通风机的现场安装照片

## 6.4.6　防火阀的安装

风管常用的防火阀分为重力式、弹簧式和百叶式三种，如图 6.32 所示。

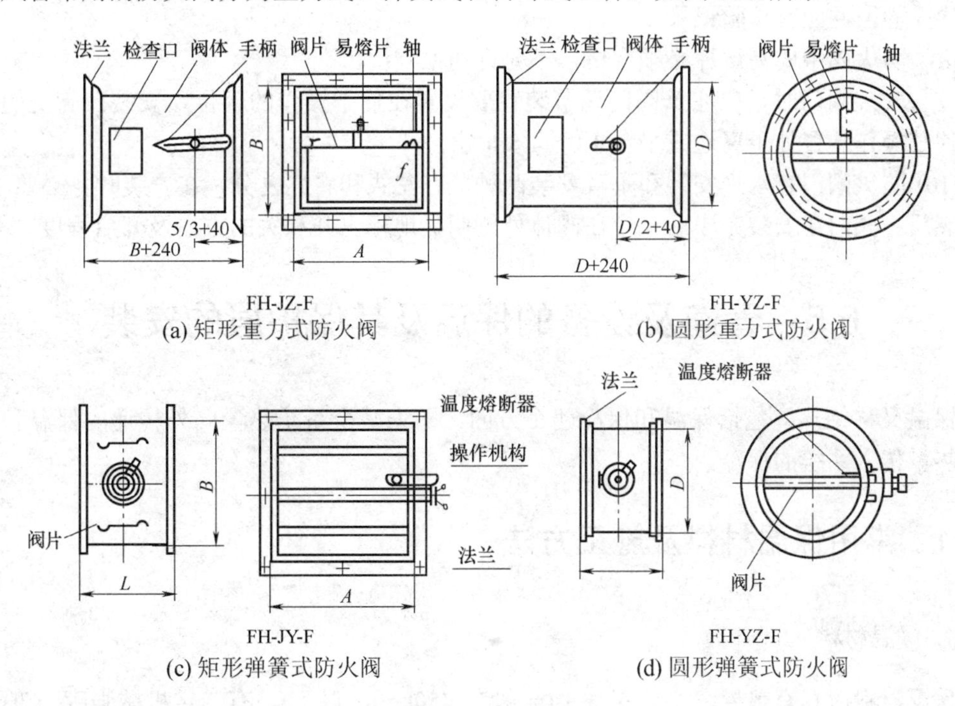


图 6.32　防火阀

防火阀安装注意事项如下。

(1)　防火阀安装时，阀门四周要留有一定的建筑空间，以便于检修和更换零、部件。

(2)　防火阀温度熔断器一定要安装在迎风面一侧。

(3)　安装阀门之前应先检查阀门外形及操作构件是否完好，检查动作的灵活性，然后再进行安装。

(4) 防火阀与防火墙(或楼板)之间的风管壁厚应采用 $b \geq 2$mm 的钢板制作，在风管外面用耐火的绝热材料隔热，如图 6.33 所示。

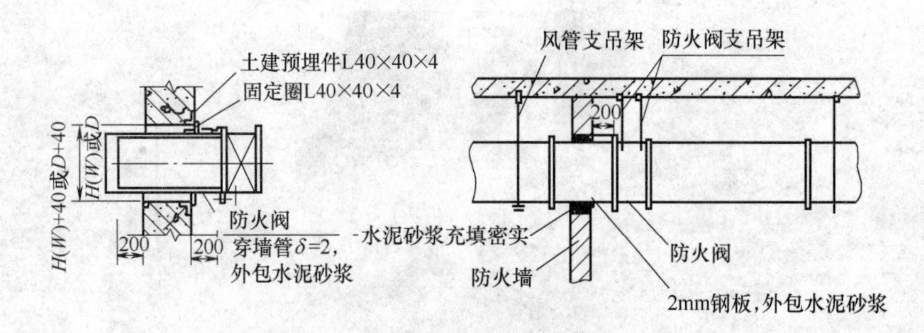


图 6.33 防火阀安装示意图

(5) 防火阀应有单独的支、吊架，以避免风管在高温下变形，影响阀门功能。

(6) 阀门在建筑吊顶上或风道中安装时，应在吊顶板上或风管壁上设检修孔，一般孔尺寸不小于 450mm×450mm。

(7) 阀门在安装以后的使用过程中，应定期进行关闭动作试验，一般每半年或一年进行一次检验，并应有检验记录。

(8) 防火阀中的易熔片必须合格，不允许随便代用。

(9) 安装阀门时，应注意阀门调节装置要设置在便于操作的部位，安装在高处的阀门也要使其操作装置处于离地或平台 1.0～1.5m 处。

(10) 防火阀门有水平安装和垂直安装两种，有左式和右式之分，在安装时务必要注意，不能装反。阀门在安装完毕后，应在阀体外侧明显地标出开和关的方向及开启程度。

# 6.5 管道及设备的保温及其保护层的安装

保温又称绝热，包括保温和保冷两个方面，即为减少系统热量向外传递的保温和减少外部热量传入系统的保冷。

## 6.5.1 常用保温材料及施工方法

### 1. 保温材料

保温材料应具有热导率小、密度小(一般在 450kg/m$^3$ 以下)、有一定机械强度(一般能承受 0.3MPa 以上的压力)、吸湿率低、抗水蒸气渗透性强、耐热、不燃、无毒、无臭味、不腐蚀金属、能避免鼠咬虫蛀、不易霉烂、经久耐用、施工方便、价格便宜等特点。

目前，常用的保温材料有岩棉、玻璃棉、矿渣棉、珍珠岩、硅藻土、石棉、水泥蛭石、碳化软木、聚苯乙烯泡沫塑料、聚氨酯泡沫塑料和橡塑 NBR/PVC 发泡保温材料等，而橡塑保温材料因其重量轻、施工简便等优点正日益受到施工单位的青睐。

### 2. 保温结构的组成

保温结构一般由防锈层、保温层、防潮层(对保冷结构而言)、保护层、防腐层及识别标志等组成。

保温结构和保冷结构所用的防锈层材料是不同的，保温结构用防锈漆涂料，保冷结构用沥青冷底子油或其他防锈力强的涂料，直接涂刷于干燥洁净的管道或设备表面，以防止金属受潮后产生锈蚀。

防潮层的作用是防止水蒸气或雨水渗入保温层，设置在保温层的外面，防潮层目前常用材料有沥青及沥青油毡、玻璃丝布、聚乙烯薄膜和铝箔等。橡塑 NBR/PVC 发泡保温材料因其自身结构特点，一般不作防潮层。

保护层的主要作用是保护保温层或防潮层不受机械损伤，改善保温效果，外表美观，设置在保温层或防潮层外面。保护层常用材料有石棉石膏、石棉水泥、玻璃丝布及金属薄板等。

保温结构最外面的防腐蚀及识别标志层，作用在于防止保护层被腐蚀，一般采用耐气候性较强的涂料直接涂刷在保护层上，同时为了区别管道内的不同介质，常用不同颜色的涂料涂刷，所以防腐蚀层同时起识别标志的作用。

### 3. 保温层的施工

保温层的施工方法取决于保温材料的形状和特性。常用的保温方法有以下几种。

(1)　涂抹法保温：涂抹法保温适用于膨胀珍珠岩、膨胀蛭石、石棉白云石粉、石棉纤维等不定型的散状材料。保温施工时，将所用材料按一定比例用水调成胶泥状，加入黏结剂，如水泥、水玻璃和耐火黏土等，或再加入促凝剂(氟硅酸钠或霞石安基比林)，加水混拌均匀，成为塑性泥团，用手或工具采用分层涂抹，即第一层用较稀的胶泥涂抹，其厚度为5mm，以增加胶泥与管壁的附着力；第二层用干一些的胶泥涂抹，厚度为10～15mm；以后每层涂抹厚度为15～25mm。每层涂抹均应在上一层干燥后进行，直到达到要求的厚度为止。其结构如图 6.34 所示。涂抹法保温整体性好，保温层和保温面结合紧密，且不受保温物体形状的限制，多用于热力管道和设备的保温。

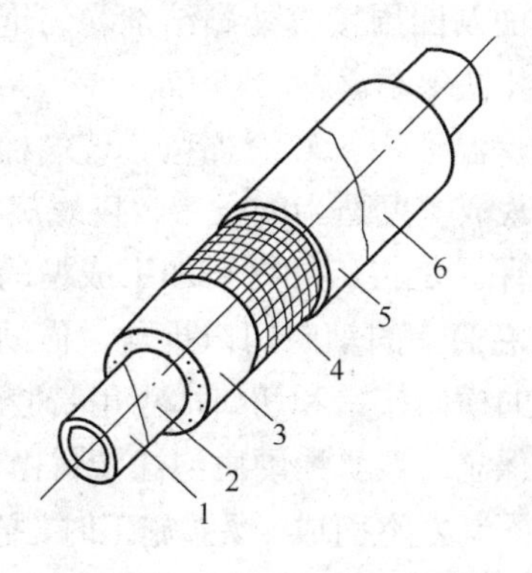


图 6.34　涂抹法保温结构

1—管道；2—防锈漆；3—保温层；4—铁丝网；5—保护层；6—防腐漆

(2) 绑扎法保温：绑扎法保温适用于预制保温瓦或板块料，用镀锌铁丝将保温材料绑扎在管道的防锈层表面。

保温施工时，先在保温材料块的内侧抹 5mm 的石棉粉或石棉硅藻土胶泥，使保温材料能与管壁紧密结合，对于矿渣棉、玻璃棉和岩棉等矿纤材料预制品，因为它们的抗湿性差，可不涂抹胶泥，然后将保温材料绑扎在管壁上。

绑扎用镀锌铁丝直径一般为 1～1.2mm，绑扎间距不应超过 300mm，且每块预制品至少应绑扎两处，每处绑扎铁丝不应少于两圈，绑扎接头不应过长，应嵌入预制品接缝处，以便抹入接缝处。

(3) 粘贴法保温：粘贴法保温也适用于各种加工成型的保温预制品，它用黏结剂与保温物体表面固定，多用于空调和制冷系统的保温，如图 6.35 所示。

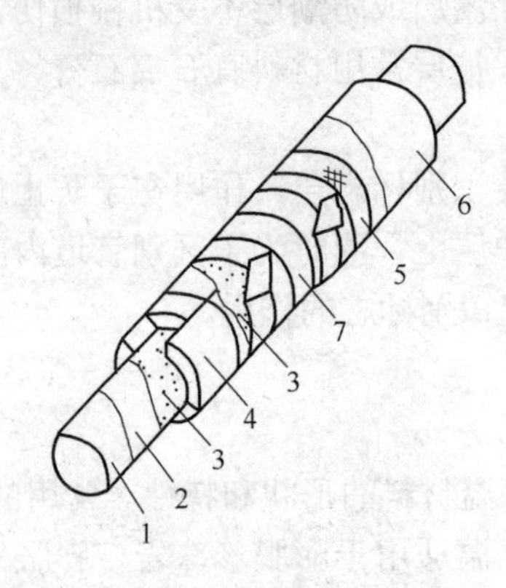


图 6.35 粘贴保温结构

1—管道；2—防锈漆；3—黏结剂；4—保温材料；
5—玻璃丝布；6—防腐漆；7—聚乙烯薄膜

选用黏结剂时，对一般保温材料可用石油沥青玛㻋脂做黏结剂。对聚苯乙烯泡沫塑料保温材料制品，不能用热沥青或沥青玛㻋脂做黏结剂，而应该用聚氨酸预聚体或醋酸乙烯乳胶、酚醛树脂、环氧树脂等材料作黏结剂。

涂刷黏结剂时，要求粘贴面及四周接缝处黏结剂均匀饱满。粘贴保温材料时，应将接缝相互错开，错缝的做法同绑扎法保温。

(4) 缠包法保温：缠包法保温适用于矿渣棉毡、玻璃棉毡等保温材料。保温施工时，先根据管径的大小将保温材料裁成宽度适当的条带，以螺旋状包缠到管道的防锈层表面。

(5) 套筒式保温：套筒式保温是将矿纤材料加工成型的保温筒直接套在管道上的一种保温方法。施工时，只要将保温筒上的轴向切口扒开，借助矿纤材料的弹性便可将保温筒紧紧地套在管道上。对保温筒的横向接口和切口，可用带胶铝箔带黏合。

(6) 聚氨酯硬质泡沫塑料保温：聚氨酯硬质泡沫塑料由聚醚、多元异氰酸酯加催化剂、发泡剂和稳定剂等原料按比例配制发泡而成。保温施工时，把原料组合成两组(A 组和 B 组，或称黑液、白液)，A 组为聚醚和其他原料的混合液，B 组为异氰酸酯，两种液体均匀混合在一起，即发泡生成硬质泡沫塑料。

## 6.5.2　常用保护层施工及做法

无论是保温结构还是保冷结构，都应设置保护层，常用的保护层材料有沥青油毡和玻璃丝布构成的保护层；单独用玻璃丝布缠包的保护层；石棉石膏、石棉水泥等保护层；金属薄板保护层。

### 1. 沥青油毡和玻璃丝布构成的保护层

先将沥青油毡按保温层(或加防潮层)外圆周长度加搭接长度(一般为 50mm)裁剪成块状，包裹在管子上，用镀锌铁丝绑扎紧固，间距为 250～300mm。沥青油毡包裹应自下而上进行，纵向接缝应用沥青或沥青玛琋脂封口，使纵向接缝留在管道外侧，接口朝下。在油毡表面再用螺旋式缠绕的方法缠绕玻璃丝布，玻璃丝布搭接宽度为玻璃丝布宽度的一半，缠绕的起点和终点均应用铁丝扎牢，缠绕的玻璃丝布应平整无皱纹且松紧适当。

油毡和玻璃丝布保护层一般用于室外露天敷设的管道保温，在玻璃丝布表面还应根据需要涂刷一遍耐气候变化的、可区别管内介质的不同颜色的涂料。

### 2. 单独用玻璃丝布缠包的保护层

在保温层或防潮层表面只用玻璃丝布缠绕作为保护层时，其施工方法同上，多用于室外不易受到碰撞的管道。当管道未做防潮层而又处于潮湿空气中时，为防止保温材料吸水受潮，可先在保温层上涂刷一道沥青或沥青玛琋脂，然后再缠绕玻璃丝布。

### 3. 石棉石膏、石棉水泥保护层

采用石棉石膏、石棉水泥、石棉灰水泥麻刀和白灰麻刀等材料作保护层时，均采用涂抹法施工。施工时，先将选用材料按一定比例用水调配成胶泥，将胶泥直接涂抹在保温层或防潮层上。涂抹时，一般分两次进行。第一次粗抹，厚度为设计厚度的 1/3 左右，胶泥可干一些，待凝固干燥后，再进行第二次精抹，精抹的胶泥应稍稀一些，精抹必须保证设计厚度，并使表面光滑平整，不得有明显裂纹。涂抹厚度为：保温层(或防潮层)外径小于或等于 500mm 时为 10mm；保温层(或防潮层)外径大于 500mm 时为 15mm；设备、容器不小于 15mm。需要注意的是，当保温层(或防潮层)外径大于或等于 200mm 时，还应在保温层(或防潮层)外先用 30×30～50×50 网孔的镀锌铁丝网包扎，并用镀锌铁丝将网口扎牢，胶泥涂抹在镀锌铁丝网外面。

石棉石膏、石棉水泥保护层一般用于室外及有防火要求的非矿纤材料保温的管道。为防止保护层在冷热应力影响下产生裂缝，可在精抹胶泥未干时，缠绕一道玻璃丝布，搭接宽度为 10mm，待胶泥凝固干燥后即与玻璃丝布结为一体。

### 4. 金属薄板保护层

金属薄板保护层一般用厚度为 0.5～0.8mm 的镀锌铁皮或黑铁皮制作，当用黑铁皮时应在内外刷两遍防锈漆。施工时先按管道保护层(或防潮层)外径加工成型，再套在管道保温层上，搭接宽度均保持 30～40mm，为了顺利排除雨水，纵向接缝朝向视线背面，接缝一般用自攻螺钉固定，先用手提式电钻打孔，打孔钻头直径为螺钉直径的0.8倍，螺钉间距为200mm左右。禁止用冲孔和其他方式打孔。对有防潮层的保温管不能用自攻螺栓固定，应用镀锌铁皮卡具扎紧防护层接缝。金属壳保护层工程造价高，主要适用于有防火、美观等特殊要求的管道。

# 6.6 通风空调系统的调试与验收

通风空调工程的验收，一般由建设单位负责并组织设计、施工等有关单位共同参加。首先对设备安装进行检查，然后单机试运转和在没有生产负荷情况下的联合试运转。若设备运行正常(系统连续正常运行不少于8h后)，即可认为该工程已达到设计要求，可以向建设单位办理交工手续，其有关事项如下。

## 6.6.1 准备工作

### 1. 熟悉资料

熟悉通风空调工程的全部设计图纸、设计参数、系统全貌、设备性能和使用方法等内容。

### 2. 外观检查

对整个通风与空调工程做全面的外观质量检查，主要包括以下三点内容。

(1) 风管、管道和设备安装质量是否符合规定，连接处是否符合要求。

(2) 各类阀门安装是否符合要求，操作调节是否灵活方便。

(3) 系统的防腐及绝热工作是否符合规定。

检查中凡质量有不符合规范规定的地方应逐一做好记录，并及时修正，直到合格为止。

### 3. 编制调试计划

编制调试计划如下。

(1) 确定调试的目标要求：时间、进度、试调项目、试调程序和方法以及人员安排等，并做好统一指挥，统一行动。

(2) 准备好需要用的仪表、工具，接通水源、电源及冷源和热源。各项准备工作就绪和检查无误后，即可按计划投入试运转。

## 6.6.2 单机试运转

单机试运转主要包括通风机、空调机、水泵、制冷机、带有动力的除尘器与空气过滤器的单机试运转。

运转后要检查设备的减振器是否有位移现象，设备的试运转要根据各种设备的操作规程进行，并做好记录。

### 6.6.3 无生产负荷的联合试运转

在单机试运转合格的基础上，方可进行设备的联合试运转。联合试运转前需进行以下操作。

#### 1. 系统风压及风量的测定

系统风压及风量的测定主要是测定新风、回风、排风及各支风道的送回风，其原理是借助有关仪器(风速仪、微压计等)，先测出风道中某一断面的动压值，再利用公式计算出风道中的风速和风量。

#### 2. 通风机的风量、风压及转速的确定

借助于毕托管和倾斜式微压计测量风机的风量，借助于转速表直接测量通风机或电动机的转速。

#### 3. 风管系统的风量平衡

风量平衡就是风量的调整，使之达到设计要求，为保证室内的温度和湿度提供重要条件。

具体可采用流量等比分配法或基准风口法等方法进行。

#### 4. 系统送风温度和相对湿度的测定与调整

通风空调系统空气温度和相对湿度的测定是在系统的风量平衡后进行的，其测定的部位可以在风管内或风口处。若实际测量的温度和湿度达不到设计要求，应会同使用方、设计方、施工单位共同分析系统可能存在的问题和可能产生的原因，提出恰当的改进意见，做必要的处理。

#### 5. 空调系统带冷源、热源的联合试运转

这种联合试运转不少于 8h，但当竣工季节条件与设计条件相差较大时，仅作不带冷源、热源的试运转。通风、除尘系统的连续运转应不少于 2h。

无负荷联合试运转是指空调室内没有工艺设备或虽有工艺设备并未投入运转，也无生产人员的情况下进行的联合试运转。

在试运转时应考虑到各种因素，如建筑物装修材料是否干燥，室内的热、湿负荷是否符合设计条件等。同时，在无生产负荷联合试运转时，一般能排除的影响因素应尽可能地排除，如室内温度达不到要求应检查盘管的过滤网是否堵塞，风机皮带是否打滑，新风过滤器的集尘量是否超过要求，或制冷量是否达到要求等。检查出的问题应由施工、设计及建设单位共同商定改进措施。如果运转情况良好，试运转工作即告结束。

### 6.6.4 竣工验收

1. 提交验收资料

施工单位在进行了无负荷联合试运转后，应向建设单位提供以下资料。

(1) 设计修改的证明文件、变更图和竣工图。

(2) 主要材料、设备、仪表和部件的出厂合格证或检验资料。

(3) 隐蔽工程验收单和中间验收记录。

(4) 分部、分项工程质量评定记录。

(5) 制冷系统试验记录。

(6) 空调系统无生产负荷的联合试运转记录。

2. 竣工验收

由建设单位组织，质量监督部门逐项验收，待验收合格后，即将工程正式移交建设单位管理。

3. 综合效能试验

对于通风空调系统应在人员进入室内及工艺设备投入运行的状态下，进行一次带生产负荷的联合试运转试验，即综合效能试验，检验各项参数是否达到设计要求。由建设单位组织，设计、施工单位配合进行。综合效能试验主要是针对通风空调车间或室内温度、湿度、洁净度、气流组织和正压值噪声级等。每一项空调工程都应根据工程需要对其中若干项进行测定。

## 6.7 本章小结

通风与空调的施工是建立在空调施工图的基础上的，本书依据所提供的某综合楼建筑的通风空调专业施工图，结合现场的一些情况，讲述了通风与空调工程安装过程的一般施工技术，对于较复杂的内容和较复杂的设备没有进行讲解，有兴趣的读者可以参照有关的空调专业的施工书籍进行自学。

本章通过讲解完整的施工过程，从机具的选用、板材的选择、部件的制作过程、安装时应注意的技术细节入手，逐一进行说明，通过本章的学习，读者对工具的使用应有一定的了解，同时对一般空调管道(主要是风管系统)的技术要点应有明确的认识，关于水管安装的部分，可参阅给排水部分章节的有关内容。

1. 通风工程常用的机具与材料

本章6.1节主要是使读者了解施工过程中所需要的材料类型以及材料加工的步骤，在加工前一定要熟悉空调的施工图纸，正确选择材料及加工机具，对于有条件的读者，可以参观并见习一些材料的现场，了解材料的规格、加工机具的外形及加工机具的操作方法，为进一步学习打下扎实的基础。

2. 风管与部件的加工与制作

本章 6.2 节是将图纸的具体内容变成实物的过程，包括主材的加工，连接件的选材与加工，连接方法的确定等内容，有条件的读者可以对照图纸的内容加工部分的部件，这样可以起到事半功倍的效果。

3. 风管的支吊架与安装

本章 6.3 节介绍了风管的支吊架形式，读者可以对照工程图纸，在结合现场的情况下进行支架的制作与安装工作，这对于正确理解安装的要点大有裨益。

4. 空调设备与部件安装

本章 6.4 节结合提供的空调图纸，讲述了常见空调部件及设备的安装要点，同时配有部分图片供读者参考。读者可以对照图片同时结合工程实际以及所用到的标准图集的内容，正确了解设备及部件的安装步骤，最好是现场安装完成部分设备，这样印象会更深刻。

5. 管道设备的保温及其保护层的安装

本章 6.5 节讲述了管道、设备保温层的作用以及保温层的制作方法，对于保护层的制作也在 6.5 节中给予了阐述。读者可以结合工程实例了解更多的保温层及保护层的制作技术，这样对一些技术细节会了解得更好。

6. 空调与通风系统的调试与验收

在整个工程安装完成的基础上，这部分的内容是最后一关。通过学习，读者可以了解整个验收的程序，读者可以结合本章 6.6 节的内容自制一些表格，对照表格逐一进行填写，实际工程验收时应填写的有关参数，可以帮助施工企业发现施工中没有引起重视的问题。

## 6.8　习　　题

### 一、思考题(应自行查阅相关资料后结合本章内容综合答题)

1. 矩形风管为什么要加固，加固的方法有哪些？
2. 金属风管的连接方式有哪几种，分别适用的板材厚度是多少？
3. 试叙述离心风机的安装程序，安装中的主要技术环节有哪些？
4. 通风与空调的风管安装的基本技术要求是什么？
5. 通风与空调系统的调试与运行的参加单位有哪些，验收工作应如何进行？
6. 风管吊装时选用吊(支)架的依据是什么，安装应注意的技术细节有哪些？
7. 风管保温的作用是什么，保温层的做法有哪些？

8. 防火阀安装应注意哪些细节？

## 二、实训题(查阅相关资料结合学校或学校实训基地做下列练习)

1. 完成规格为630mm×250mm，长度为6m直管段的制作并吊装。
2. 分组完成离心风机的外观检查及现场安装，并互相检查安装质量。
3. 完成实训题第1题所示风管的保温制作，并检查完成的质量。
4. 完成一台风机盘管的安装内容。

# 第 7 章　建筑电气专业范例图纸

**内容提要**

本章是为本书特制的某高层综合楼设计中的电气专业范例图纸，描绘了建筑设备中电气专业施工图的有关内容，包括：常用照明、插座、配电、防雷和接地等部分内容。

**教学目标**

- 掌握电气专业施工图纸的组成。
- 了解电气专业施工图纸的内容。
- 学会查阅电气专业施工图纸。

本书选定的某高层综合楼中包括了大厅、办公室和标准客房等常见建筑空间类型。

本章图纸设计的此楼电气专业的内容，包括照明、插座、配电、防雷和接地等内容。

本章图纸包括：设计说明和材料表等文字的描述部分(电施-01～电施-02)、各层照明、插座、空调配电平面图(电施-03～电施-20)、详图(电施-21)、防雷接地平面图(电施-22)、各系统图(电施-24～电施-32)。本章已列出绝大部分图纸，所缺个别图纸与其邻近的图纸类似，不影响读者阅读。

本章图纸的平面图综合表达了各系统管线、设备在各楼层中的位置；系统图则是将本楼中属于该系统的所有管道、设备抽出，将其工作原理绘出；细部内容采用详图绘制。

本章图纸为一个整体，是电气设计人员表达设计思想的具有相关效力的文件，也是建设工作中必须接触的文件。

本章图纸的识图和施工内容将在第 8 章和第 9 章中详细编写。在第 8 章和第 9 章中未描述到的内容，可在本章中举一反三、触类旁通进行印证。

电气范例图-01 目录一.pdf

电气范例图-01 目录二.pdf

电气范例图-02 设计说明与材料表.pdf

电气范例图-03 负一层照明平面图.pdf

电气范例图-04 负一层插座平面图.pdf

电气范例图-05 一层照明平面图.pdf

电气范例图-06 一层插座平面图.pdf

电气范例图-07 二层照明平面图.pdf

电气范例图-08 二层插座平面图.pdf

电气范例图-09 三层照明平面图.pdf

电气范例图-10 三层插座平面图.pdf

电气范例图-11 四-九层照明平面图.pdf

电气范例图-12 十-十四层照明平面图.pdf

电气范例图-13 十~十四层插座平面图.pdf

电气范例图-14 屋面照明平面图.pdf

电气范例图-15 屋顶层插座平面图.pdf

电气范例图-16 负一层空调配电平面图.pdf

电气范例图-17 一层空调配电平面图.pdf

电气范例图-18 二层空调配电平面图.pdf

电气范例图-19 四~九层空调配电平面图.pdf

电气范例图-20 十~十四层空调配电平面图.pdf

电气范例图-21 配电间及电缆井布置图.pdf

电气范例图-22 防雷平面图.pdf

电气范例图-23 接地平面图.pdf

电气范例图-24 配电系统图(一).pdf

电气范例图-25 配电系统图(二).pdf

电气范例图-26 配电系统图(三).pdf

电气范例图-27 低压配电系统图(一).pdf

电气范例图-28 低压配电系统图(二).pdf

电气范例图-29 照明配电系统图(一).pdf

电气范例图-30 照明配电系统图(二).pdf

电气范例图-31 照明配电系统图(三).pdf

电气范例图-32 照明配电系统图(四).pdf

<table>
<tr><td rowspan="2">××规划设计院</td><td>××综合楼电气工程</td><td colspan="2">图 号：弱电－01</td></tr>
<tr><td>图 纸 目 录 （阶段:施工图 ）</td><td>共 1 页</td><td>第 1 页</td></tr>
</table>

| 序号 | 名 称 | 图 号 | 标准或复用图号 | 张数 | 折2#图张数 | 备注 |
|---|---|---|---|---|---|---|
| 1 | 图纸目录 | 弱电－01 | | 1 | 0.25 | |
| 2 | 火灾报警说明及材料表 | 弱电－02 | | 1 | 1 | |
| 3 | 负一层火灾报警平面图 | 弱电－03 | | 1 | 1 | |
| 4 | 一层火灾报警平面图 | 弱电－04 | | 1 | 1 | |
| 5 | 二层火灾报警平面图 | 弱电－05 | | 1 | 1 | |
| 6 | 三层火灾报警平面图 | 弱电－06 | | 1 | 1 | |
| 7 | 四－九层火灾报警平面图 | 弱电－07 | | 1 | 1 | |
| 8 | 十～十四层火灾报警平面图 | 弱电－08 | | 1 | 1 | |
| 9 | 十四层屋面火灾报警平面图 | 弱电－09 | | 1 | 1 | |
| 10 | 火灾自动报警及联动系统 | 弱电－10 | | 1 | 1 | |
| 11 | 一层智能布线平面图 | 弱电－11 | | 1 | 1 | |
| 12 | 二层智能布线平面图 | 弱电－12 | | 1 | 1 | |
| 13 | 四～九层智能布线平面图 | 弱电－13 | | 1 | 1 | |
| 14 | 十～十四层智能布线平面图 | 弱电－14 | | 1 | 1 | |
| 15 | 智能布线系统图 | 弱电－15 | | 1 | 1 | |
| | | | | | | |
| | | | | | | |
| | | | | | | |
| | | | | | | |
| | | | | | | |
| | | | | | | |
| | | | | | | |

制表: 校核: 审核:

火灾自动报警范例图-01 图纸目录.pdf

火灾自动报警范例图-02 火灾自动报警及消防联动系统设计说明.pdf

火灾自动报警范例图-03 负一层火灾报警平面图.pdf

火灾自动报警范例图-04 一层火灾报警平面图.pdf

火灾自动报警范例图-05 二层火灾报警平面图.pdf

火灾自动报警范例图-06 三层火灾报警平面图.pdf

火灾自动报警范例图-07 四-九层火灾报警平面图.pdf

火灾自动报警范例图-08 十~十四层火灾报警平面图.pdf

火灾自动报警范例图-09 十四层屋面火灾报警平面图.pdf

火灾自动报警范例图-10 火灾自动报警及联动系统.pdf

# 第 8 章 建筑电气专业识图

**内容提要**

本章围绕本书给出的某高层综合楼范例，介绍建筑电气专业识图的有关内容，包括：识图的一些基础知识、建筑电气专业施工图图纸内容和建筑电气专业施工图识图图例。

**教学目标**

- 了解电气图的构成、种类和特点。
- 掌握建筑电气专业施工图识图方法。
- 掌握建筑电气专业施工图图例。
- 能看懂建筑电气专业施工图图纸。

## 8.1 电气识图的基础知识

根据国家最新标准，由电气图形符号组成的各种电气工程图是各类电气工程技术人员进行沟通、交流的共同语言。在设计、安装、调试和维修管理电气设备时，通过识图，可以了解各电器元件之间的相互关系以及电路的工作原理，为正确安装、调试、维修及管理提供可靠的保证。

要做到会看图和看懂图，首先应掌握识图的基本知识，即应当了解电气图的构成、种类及特点等，同时应掌握电气工程中最新常用的国家标准图形符号，了解这些符号的意义。其次，还应掌握识图的基本方法和步骤等相关知识。

### 8.1.1 电气施工图的特点

电气施工图有以下几个特点。

(1) 建筑电气工程图大多是采用统一的图形符号并加注文字符号绘制而成的。

(2) 电气线路都必须构成闭合回路。

(3) 线路中的各种设备、元件都是通过导线连接成一个整体的。

(4) 在进行建筑电气工程图识读时应阅读相应的土建工程图及其他安装工程图，以了解相互间的配合关系。

(5) 建筑电气工程图对于设备的安装方法、质量要求以及使用维修方面的技术要求等往往不能完全反映出来，所以在阅读图纸时有关安装方法、技术要求等问题，要参照相关图集和规范。

## 8.1.2 电气施工图的组成

### 1. 图纸目录与设计说明

图纸目录与设计说明包括图纸内容、数量、工程概况、设计依据以及图中未能表达清楚的各有关事项，如供电电源的来源、供电方式、电压等级、线路敷设方式、防雷接地、设备安装高度及安装方式、工程主要技术数据和施工注意事项等。

### 2. 主要材料设备表

材料设备表包括工程中使用的各种设备和材料的名称、型号、规格和数量等，它是编制设备、材料购置计划的重要依据之一。

### 3. 系统图

系统图：如变配电工程的供配电系统图、照明工程的照明系统图和电缆电视系统图等。系统图反映了系统的基本组成、主要电气设备和元件之间的连接情况以及它们的规格、型号和参数等。

### 4. 平面布置图

平面布置图是电气施工图中的重要图纸之一，如变、配电所电气设备安装平面图、照明平面图、防雷接地平面图等，用来表示电气设备的编号、名称、型号及安装位置、线路的起始点、敷设部位、敷设方式及所用导线型号、规格、根数和管径大小等。通过阅读系统图，了解系统基本组成之后，就可以依据平面图编制工程预算和施工方案，然后组织施工。

### 5. 控制原理图

控制原理图包括系统中各所用电气设备的电气控制原理，用以指导电气设备的安装和控制系统的调试运行工作。

### 6. 安装接线图

安装接线图包括电气设备的布置与接线，应与控制原理图对照阅读，进行系统的配线和调校。

### 7. 安装大样图

安装大样图(详图)是详细表示电气设备安装方法的图纸，对安装部件的各部位注有具体图形和详细尺寸，是进行安装施工和编制工程材料计划的重要参考。

## 8.1.3　电气施工图的阅读方法

### 1. 熟悉电气图例符号，弄清图例、符号所代表的内容

电气符号主要包括文字符号、图形符号、项目代号和回路标号等。在绘制电气图时，所有电气设备和电气元件都应使用国家统一标准符号，当没有国际标准符号时，可采用国家标准或行业标准符号。要想看懂电气图，就应了解各种电气符号的含义、标准原则和使用方法，充分掌握由图形符号和文字符号所提供的信息，才能正确地识图。

电气技术文字符号在电气图中一般标注在电气设备、装置和元器件图形符号上或者其旁边，以表明设备、装置和元器件的名称、功能、状态和特征。

单字母符号是用拉丁字母将各种电气设备、装置和元器件分为 23 类，每大类用一个大写字母表示。如用“V”表示半导体器件和电真空器件，用“K”表示继电器、接触器类等。

双字母符号是由一个表示种类的单字母符号与另一个表示用途、功能、状态和特征的字母组成，种类字母在前，功能名称字母在后。如“T”表示变压器类，则“TA”表示电流互感器，“TV”表示电压互感器，“TM”表示电力变压器等。

辅助文字符号基本上是英文词语的缩写，表示电气设备、装置和元器件的功能、状态和特征。例如，“启动”采用“START”的前两位字母“ST”作为辅助文字符号，另外辅助文字符号也可单独使用，如“N”表示交流电源的中性线；“OFF”表示断开；“DC”表示直流等。

平面图中一些常见的图形如图 8.1 所示。

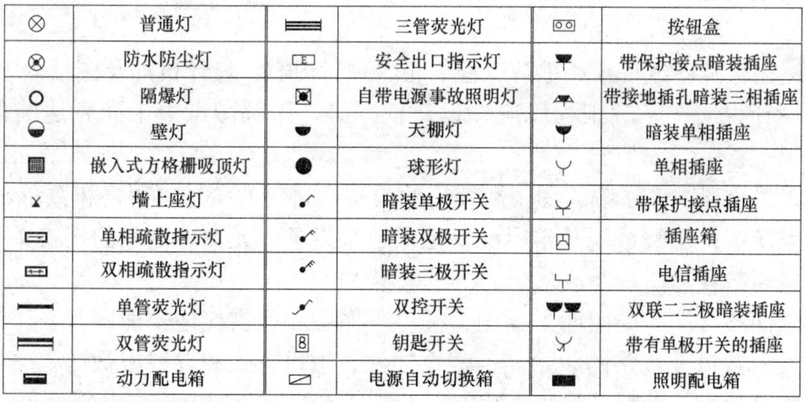

| | | | | | |
|---|---|---|---|---|---|
| | 普通灯 | | 三管荧光灯 | | 按钮盒 |
| | 防水防尘灯 | | 安全出口指示灯 | | 带保护接点暗装插座 |
| | 隔爆灯 | | 自带电源事故照明灯 | | 带接地插孔暗装三相插座 |
| | 壁灯 | | 天棚灯 | | 暗装单相插座 |
| | 嵌入式方格栅吸顶灯 | | 球形灯 | | 单相插座 |
| | 墙上座灯 | | 暗装单极开关 | | 带保护接点插座 |
| | 单相疏散指示灯 | | 暗装双极开关 | | 插座箱 |
| | 双相疏散指示灯 | | 暗装三极开关 | | 电信插座 |
| | 单管荧光灯 | | 双控开关 | | 双联二三极暗装插座 |
| | 双管荧光灯 | | 钥匙开关 | | 带有单极开关的插座 |
| | 动力配电箱 | | 电源自动切换箱 | | 照明配电箱 |

图 8.1　常见电气图形

常见的线路敷设方式如表 8.1 所示。

表 8.1　线路敷设方式的标注

| 名　称 | 标注文字符号 | 名　称 | 标注文字符号 |
|---|---|---|---|
| 穿焊接钢管敷设 | SC | 穿电线管敷设 | MT |
| 穿硬塑料管敷设 | PC | 穿阻燃半硬聚氯乙烯管敷设 | FPC |

续表

| 名　称 | 标注文字符号 | 名　称 | 标注文字符号 |
|---|---|---|---|
| 电缆桥架敷设 | CT | 金属线槽敷设 | MR |
| 塑料线槽敷设 | PR | 用钢索敷设 | M |
| 穿金属软管敷设 | CP | 穿聚氯乙烯塑料波纹电线管敷设 | KPC |
| 直接埋设 | DB | 电缆沟敷设 | TC |
| 混凝土排管敷设 | CE | | |

常见的导线敷设部位如表 8.2 所示。

表 8.2　导线敷设部位的标注

| 名　称 | 标注文字符号 | 名　称 | 标注文字符号 |
|---|---|---|---|
| 沿或跨梁(屋架)敷设 | AB | 暗敷设在梁内 | BC |
| 沿或跨柱敷设 | AC | 暗敷设在柱内 | CLC |
| 沿墙面敷设 | WS | 暗敷设在墙内 | WC |
| 沿天棚或顶板面敷设 | CE | 暗敷设在屋面或顶板内 | CC |
| 吊顶内敷设 | SCE | 地板或地面下敷设 | F |

更多常用的电气工程图例及文字符号可参见国家颁布的《电气图形符号标准》。

### 2. 识图顺序

针对一套电气施工图，一般应先按以下顺序进行阅读，然后再对某部分内容进行重点识读。

(1) 看标题栏及图纸目录：了解工程名称、项目内容、设计日期及图纸内容和数量等。

(2) 看设计说明：了解工程概况、设计依据等，了解图纸中未能表达清楚的各有关事项。

(3) 看设备材料表：了解工程中所使用的设备、材料的型号、规格和数量。

(4) 看系统图：了解系统基本组成，主要电气设备、元器件之间的连接关系以及它们的规格、型号和参数等，掌握该系统的组成概况。

(5) 看平面布置图：如照明平面图、插座平面图和防雷接地平面图等。了解电气设备的规格、型号、数量及线路的起始点、敷设部位、敷设方式和导线根数等。平面图的阅读可按照以下顺序进行：电源进线—总配电箱干线—支线—分配电箱—电气设备。

(6) 看控制原理图：了解系统中电气设备的电气自动控制原理，以指导设备安装调试工作。

(7) 看安装接线图：了解电气设备的布置与接线。

(8) 看安装大样图：了解电气设备的具体安装方法、安装部件的具体尺寸等。

### 3. 抓住电气施工图要点进行识读

在识图时，应抓住以下四个要点进行识读。

(1) 在明确负荷等级的基础上，了解供电电源的来源、引入方式及路数。

(2) 了解电源的进户方式是由室外低压架空引入还是电缆直埋引入。
(3) 明确各配电回路的相序、路径、管线敷设部位、敷设方式及导线的型号和根数。
(4) 明确电气设备、元器件的平面安装位置。

### 4. 结合土建施工图进行阅读

电气施工与土建施工结合得非常紧密，施工中常常涉及各工种之间的配合问题。电气施工平面图只反映了电气设备的平面布置情况，结合土建施工图的阅读还可以了解电气设备的立体布设情况。

### 5. 熟悉施工顺序，便于阅读电气施工图

如识读配电系统图、照明与插座平面图时，就应先了解室内配线的施工顺序。
(1) 根据电气施工图确定设备安装位置、导线敷设方式、敷设路径及导线穿墙或楼板的位置。
(2) 结合土建施工进行各种预埋件、线管、接线盒和保护管的预埋。
(3) 装设绝缘支持物、线夹等，敷设导线。
(4) 安装灯具、开关、插座及电气设备。
(5) 进行导线绝缘测试、检查及通电试验。
(6) 工程验收。

### 6. 识读时，施工图中各图纸应协调配合阅读

对于具体工程来说，为说明配电关系，需要有配电系统图；为说明电气设备、器件的具体安装位置，需要有平面布置图；为说明设备的工作原理，需要有控制原理图；为表示元件连接关系，需要有安装接线图；为说明设备、材料的特性、参数，需要有设备材料表等。这些图纸各自的用途不同，但相互之间是有联系并协调一致的。在识读时应根据需要，将各图纸结合起来识读，以达到对整个工程或分部项目全面了解的目的。

## 8.2　建筑电气专业施工图识读

建筑电气施工图一般由设计说明、平面图、系统图及安装详图等组成。工程上的电气施工图按工程规模的大小、难易程度等的差异而有所不同，在建筑物内一般用平面图来表示。图中用符号和线条表示出电路的路径和电器的位置，上下楼层间的电路一般用向上或向下的专用符号来表示。在看电气施工图时，应有一个整体的概念，这样才能掌握好工程进度、质量和组织施工，主要了解工程材料的计算和施工进度。

阅图时的注意事项如下。
(1) 接收图纸时必须按图纸目录清点数量是否齐全。
(2) 图纸内容变更手续是否齐全。
(3) 图纸审批手续是否齐全。
(4) 设计引用规范是否有效。

(5) 技术参数、标准及型号是否齐全正确。

(6) 阅图发现错误、疑问时应通过技术联系单同甲方或设计单位确认。

上述注意事项可以在扩初设计或施工交底的会议上一并解决。

## 8.2.1 识读设计说明

对一个读图者来说，首先要看清楚图纸的设计说明，了解施工方法及要求。图纸和说明是电气设计工程师表达设计意图的两种工程语言，在电气施工中起指导作用。

设计说明主要标注图中交代不清，不能表达或没有必要用图表示的要求、标准、规范及方法等，一般说明在电气施工图纸的第一张，常与材料表绘制在一起。

在本书所提供的某综合楼建筑的电气专业施工图中，第一张图纸就是设计说明。说明中通常指出本施工图中以下的一些问题。

(1) 工程概况(参见图 8.2)。

电气说明：

1. 工程设计概况

本图册为×××综合楼低压配电系统及照明、防雷接地设计。

本大楼建筑面积为 14278m$^2$，地面十四层，地下一层、屋面标高 46.2m。属于二类高层建筑，地下室设有水泵房、低压配电间、空调机房、停车场。一、二层为办公室，三层为转换层，四～九层为客房，十～十四层为办公室，消防监控中心设在一层。

图 8.2 工程概况

(2) 设计内容。

(3) 供电情况(参见图 8.3)。

(4) 电力负荷级别及设计容量(参见图 8.3 中的 2.2 条)。

2. 供电

2.1 电源

根据工程的性质，引入两路独立的 10kV 电源至小区高压配电间，变压器容量为 2×630kVA，从小区高压配电间引入二路高压电源，其中一路提供 1#变压器电源，一路为提供 2#变压器电源。

2.2 负荷等级

消防负荷为一级负荷，其他为三级负荷。

设备总装机容量 930kW(含消防设备容量)

照明负荷容量 298kW

空调负荷容量 331.5kW

动力负荷容量 128.5kW 消防设备容量为 172kW

变压器容量为 2×630kVA

小区内高压配电屏放在小区配电间内，本图册未详细标出该部分设计。

2.3 计量方式

动力、照明负荷分开计量，均在低压配电屏上集中计量。

图 8.3 供电及电力负荷情况

(5) 线路敷设方法及要求(参见图 8.4)。

3.4 配电线路:
一般采用电缆沿阻燃型电缆桥架在电缆井敷设，配电线路采用电缆（导线）穿钢管（电线管）沿地、墙敷设。非消防负荷采用普通电缆（VV-1KV）或（YJV-1KV）型，消防负荷配电电缆采用阻燃型电缆（ZR-YJV-1KV）型，除疏散照明导线采用阻燃型外，其他采用普通导线（BV-450）型。

图 8.4 线路敷设

(6) 安全保护措施(防雷、防火、接地或接零种类，参见图 8.5)。

6.保护措施:
6.1 接地形式及等电位联结措施
低压配电系统的接地形式为TN-S型系统，所有正常不带电的电气设备金属外壳均应与PE线相连。PE线可利用电力电缆、控制电缆的多余芯线，也可利用钢管（厚壁）或采用专用导线。在电缆井内沿井壁垂直敷设一根40×4的热镀锌扁钢作为PE干线。电缆桥架、插接母线槽的金属支架等金属构件均应与之相连。
在配电间设有一个总等电位联结端子板（MEB），低压配电屏内PE母排、消火栓给水管、喷淋给水管、空调冷冻水管等金属管道均应与总等电位联结端子板联结，并与建筑物基础钢筋在两个不同位置进行等电位联结，联结线详见图纸。
在机房的适当位置设有辅助等电位联结板(SEB)，具体做法由专业设计确定。
6.2 漏电保护
所有插座回路均装设漏电断路器，漏电动作电流$I_n$=30mA.
6.3 雷电保护
本楼按二类防雷建筑物进行防雷设计，屋顶采用避雷网防雷，所有突出屋面的金属物体均应与避雷带焊接，避雷带网格尺寸不大于10m×10m，利用柱内两根以上的主钢筋通长焊接作为引下线，利用结构基础内钢筋通长焊接作为接地装置。
施工时参见中南标98ZD501。
6.4 接地
本楼采用共同接地方式，接地内容包括：电源进线处重复接地，所有配电屏、柜、箱的金属外壳，金属支架等接地，建筑物防雷接地、火灾报警系统接地，总接地电阻不大于1Ω。

图 8.5 保护措施

(7) 主要设备安装要求、材料使用要求：如配电屏、箱、柜、照明灯具和开关插座的选型，参见图 8.6。

3.5 设备安装:
照明箱、墙挂式动力箱、控制箱、翘板开关均中心距地1.5m，暗装（照明箱电缆井内明装）；插座底边距地0.3m，地下室为0.6m,落地式动力箱安装在200mm高的角钢支架上。
疏散指示灯为嵌入式，底边距地0.3m，车库为0.6m，安全疏散指示灯为杆吊式（地下室为链吊式），底边距地3.0m，其他照明灯具均为吸顶式安装。
电缆井内预留洞、各墙洞、楼板洞等在设备安装完毕后，均应用不燃材料进行封堵。
封闭母线槽的安装参见国标：D701-1~2
电缆桥架的安装参见国标：D701-1~2

图 8.6 设备安装

(8) 典型房间的电气安装要求等。

**知识拓展：电力负荷分级及供电要求**

电力系统上的用电设备所消耗的功率称为用电负荷或电力负荷。根据电力负荷对供电可靠性的要求及中断供电在政治、经济上所造成的损失或影响的程度，分为三级。

1. 一级负荷

当中断供电将造成人身伤亡，造成重大政治影响和经济损失，或造成公共场所秩序严重混乱的电力负荷，属于一级负荷。如国家级的大会堂、国际候机厅、医院手术室和省级以上体育场(馆)等建筑的电力负荷。对于某些特等建筑，如重要的交通枢纽、重要的通信枢纽、重要宾馆、国家级及承担重大国事活动的会堂、国家级大型体育中心，以及经常用于重要国际活动的大量人员集中的公共场所等的一级负荷，为特别重要负荷。一级负荷应由两个电源供电，一用一备，当一个电源发生故障时，另一个电源应不致同时受到损坏。一级负荷中的特别重要负荷，除上述两个电源外，还必须增设应急电源。为保证对特别重要负荷的供电，禁止将其他负荷接入应急供电系统。

常用的应急电源有以下几种：独立于正常电源的发电机组、供电网络中有效地独立于正常电源的专门馈电线路、蓄电池。

2. 二级负荷

当中断供电将造成较大政治影响、较大经济损失或将造成公共场所秩序混乱的电力负荷，属于二级负荷。如省部级的办公楼、甲等电影院、市级体育场馆、高层普通住宅、高层宿舍等建筑的照明负荷。对于二级负荷，要求采用两个电源供电，一用一备，两个电源应做到当发生电力变压器故障或线路常见故障时不致中断供电(或中断供电后能迅速恢复)。在负荷较小或地区供电条件困难时，二级负荷可由一路6kV及以上的专用架空线供电。

3. 三级负荷

不属于一级和二级负荷的一般电力负荷，均属于三级负荷。三级负荷对供电电源无要求，一般为一路电源供电即可，但在可能的情况下，也应提高其供电的可靠性。

## 8.2.2 识读设备材料表

一般工程中，电气部分的设备表和材料表会统一作为一张表格出现，附在说明的旁边。设备材料表是以表格形式列出工程所需的材料、设备名称、规格、型号、数量和要求等。以某综合楼电气专业施工图为例，其组成主要有：设备序号、设备图例、设备名称、设备型号(规格)、设备单位、设备数量以及备注(对设备主要用途和特殊要求的补充)，如图8.7所示。

| 序号 | 图例 | 名称及规格 | | 单位 | 数量 | 备注 |
|---|---|---|---|---|---|---|
| 11 | | 双管荧光灯 | (自带蓄电池) | 盏 | 48 | 供电时间大于60min |
| 10 | | 单管荧光灯 | (自带蓄电池) | 盏 | 49 | 供电时间大于60min |
| 9 | | 自带电源应急灯 | 2×10W | 盏 | 29 | 供电时间大于60min |
| 8 | | 喷淋泵配电箱 | | 台 | 1 | |
| 7 | | 消火栓配电箱 | | 台 | 1 | |
| 6 | | 客房内照明箱 | | 台 | B4 | |
| 5 | | 排污泵动力箱 | KBS10-3P | 台 | 4 | |
| 4 | | 消防电梯动力箱 | | 台 | 1 | |
| 3 | | 双电源互投配电箱 | XLS9CK型 XLS9C型 | 台 | 17 | |
| 2 | | 照明配电箱 | 见系统图 | 台 | 17 | |
| 1 | | 低压配电屏 | GCS | 台 | 14 | |

图8.7 设备材料表

(1) 图例：图例是用表格形式列出图纸中使用的图形符号或文字符号的含义，方便读图者读懂图纸。

除统一图例外，专业图例各有不同表示，读图时应注意图例及说明，最好能够记忆图例所代表的设备，以便后期阅读图纸时，能够更加快捷、高效，同时也利于后期阅读图纸时，能够顺利根据图例查找到该设备的名称及参数。

(2) 名称：应采用国家本行业通用术语表示，一般都比较精准，不易混淆，阅读时要注意每个字眼，一字之差就变成另外一种设备了。

(3) 设备型号(规格)：一般都标明了设备的主要参数，例如灯具的功耗，电线电缆的截面积，开关的大小等。

(4) 备注(设备主要用途及特殊要求)：标明该设备用在何处、作何用途，有些设备还必须增补文字来更加明确地说明其特殊要求，如图 8.7 中的应急灯对其供电时间就做出了特殊要求。

## 8.2.3 识读配电系统图

### 1. 电气主线图

变(配)电所是联系发电厂与用户的中间环节，它起着变换与分配电能的作用。主要由变压器、高压开关柜(断路器)、低压开关柜(隔离开关、空气开关、电流互感器及计量仪表)和母线等组成。

变(配)电所的主接线(一次接线)是指由各种开关电器、电力变压器、互感器、母线、电力电缆和并联电容器等电气设备按一定次序连接的接受和分配电能的电路。它是电气设备选择及确定配电装置安装方式的依据，也是运行人员进行各种倒闸操作和事故处理的重要依据。用图形符号表示主要电气设备在电路中连接的相互关系，称为电气主接线图。电气主接线图通常以单线图形式表示。

主接线的基本形式有单母线接线、双母线接线和桥式接线等多种，本节配合例图只介绍建筑电气中最常见的单母线接线。

(1) 单母线不分段主接线：这种接线的优点是线路简单，使用设备少，造价低；缺点是供电的可靠性及灵活性差，母线故障检修时将造成所有用户停电。因此，它适用于容量较小、对供电可靠性要求不高的场合。单母线不分段主接线，如图 8.8 所示。

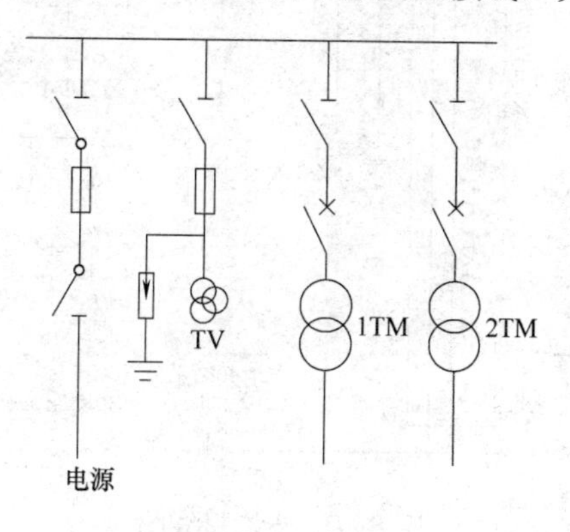


图 8.8　单母线不分段主接线

(2) 单母线分段主接线：它在每一段接一个或两个电源，在母线中间用隔离开关或断路器来分段。引出的各支路分别接到各段母线上。这种接线的优点是供电可靠性较高，灵活性增强，可以分段检修。缺点是线路相对复杂，当母线故障时，该段母线的用户停电。采用断路器连接分段的单母线，可适用于一、二级负荷。采用这种供电方式要注意保证两路电源不并联运行。单母线分段主接线，如图 8.9 所示。

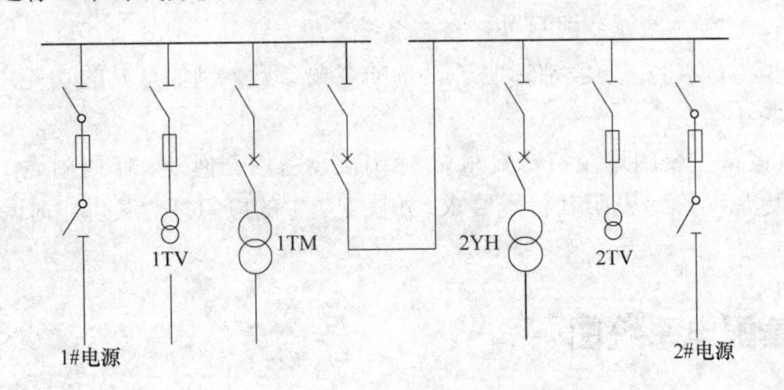


图 8.9 单母线分段主接线

实际工程中的一次接线往往比较复杂，以配电系统图(二)为例。

其中图的上部分为一次接线图，是由各种开关电器、电力变压器、互感器、母线、电力电缆及并联电容器等电气设备按一定次序连接的接受和分配电能的电路，如图 8.10 所示。图 8.10 中接线采用单母线分段主接线，在母线中间用断路器来分段。图 8.10 中这段的电源为 2#10/0.4kV 变压器，变压器容量为 630kVA，壳罩防护等级为 IP40。

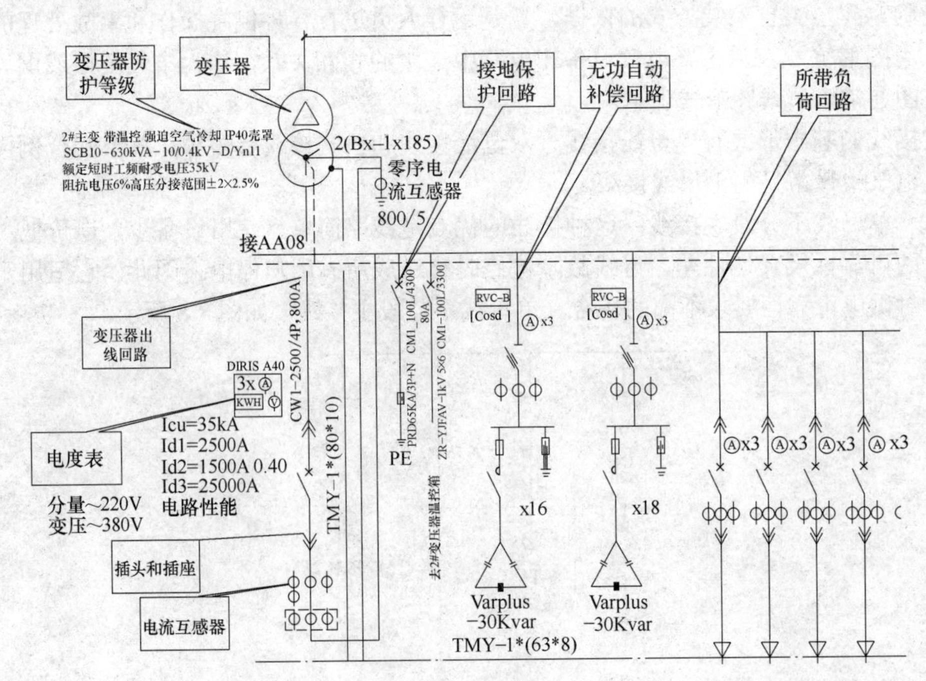


图 8.10 一次接线图

如图 8.11 所示为图 8.10 上部分线路所对应的配电屏回路的参数表。

| 低压配电屏编号 | AA8 | AA9 | AA10 | AA11 | | | |
|---|---|---|---|---|---|---|---|
| 低压配电屏型号 | GCS | GCS | GCS | GCS | | | |
| 外型尺寸（宽x深x高） | 1000x1000x2200 | 1000x1000x2200 | 1000x1000x2200 | 800x800x2200 | | | |
| 抽屉单元高度（mm） | 1840 | 1840 | 1840 | 160 | 160 | 160 | 160 |
| 馈电回路编号 | N2 | | | J2-01 | J2-02 | J2-03 | J2-04 |
| 空气断路器 | CW1-2000/4P,800A | | | | | | |
| 空气断路器 | | | | CM1-100M/3300 32A | CM1-100M/3300 50A | CM1-100M/3300 40A | CM1-100M/3300 63A |
| 刀熔开关 | | QSA630/3P 630A | QSA630/3P 630A | | | | |
| 熔断器 | | NT00-80*30 | NT00-80*30 | | | | |
| 交流接触器 | | UA63-30-11*8 | UA63-30-11*8 | | | | |
| 避雷器 | | Y1.5W-0.28/1.3 | Y1.5W-0.28/1.3 | | | | |
| 电流互感器 LMK3-0.66 | 1000/5 | 750/5 | 750/5 | 25/5 | 50/5 | 30/5 | 75/5 |
| 多功能计量表 DIRIS-A20 | 0~1000 | 0~1000 | 0~1000 | 0~25 | 0~50 | 0~30 | 0~75 |
| 装机容量（kW） | 630kVA | 4*30kvar | 4*30kvar | 10kW | 18kW | 12kW | 24kW |
| 计算电流（A） | 756 | | | 20 | 36 | 24 | 48 |
| 馈电电缆 | | | | ZR-YJV-1KV 5x6 | YJV-1KV 5x16 | ZR-YJV-1KV 5X10 | ZR-YJV-1KV 5X16 |
| 负荷名称 | 总开关 | 无功自动补偿 | 无功自动补偿 | 地下室照明（备用）-1AL-1 | 一层大厅照明（备用）1AL-1 | 地下室消防泵房 配电室用电(备用) | 事故照明干线用电（备用） |

图 8.11　配电屏型号及参数表

例图中低压配电系统选用 GCS 型抽屉式配电柜，配电柜内的水平及垂直母线均为五线制，主进线断路器具有三段保护过流脱扣器。配电屏的进线和出线方式要根据摆放位置的实际情况来选定。配电屏要求设有专用接地铜母排。

**知识拓展：防护等级、无功功率补偿和电涌保护器**

防护等级：IP 防护等级是由两个数字组成，第一个数字是表示防尘、防止外物侵入的等级；第二个数字表示防湿气、防水侵入的密闭程度。数字越大，表示其防护等级越高。

无功功率补偿：无功功率补偿器的使用是为了提高供配电系统功率因数($\cos\varphi$)。提高功率因数($\cos\varphi$)主要有以下作用。

(1) 提高供电设备的利用率。在供电设备视在功率 $S$ 一定的情况下，功率因数越大，该供电设备就可以带更多的有功负载($P=S\times\cos\varphi$)。

(2) 提高输电效率。当有功负载($P$)一定时，因为($P=UI\times\cos\varphi$)，$U$ 不变，$\cos\varphi$ 越大，则 $I$ 越小，$I$ 在线路中的损耗就越小。

(3) 改善供电质量。$I$ 越小，线路中电压损耗就越小，线路末端电压就可以得到更好的保证。

(4) 提高输电安全性。$I$ 小，线路发热降低，可以提高输电线路的安全性。

电涌保护器：电涌保护器(Surge Protection Device)是电子设备雷电防护中不可缺少的一种装置，过去常称为“避雷器”或“过电压保护器”英文简写为 SPD。

电涌保护器的工作原理是把窜入电力线、信号传输线的瞬时过电压限制在设备或系统所能承受的电压范围内，或将强大的雷电流泄流入地，确保被保护的设备或系统不因受冲击而损坏。

电流互感器：电流互感器装入断路器内，起电流、电能测量及继电保护作用。

### 2. 变(配)电所的组成布置及位置选择

由变压器、高压开关柜(断路器)、低压开关柜(隔离开关、空气开关、电流互感器、计量仪表)和母线等就构成了变(配)电所。

1) 变(配)电所的组成

变(配)电所一般由高压配电室、变压器室和低压配电室三部分组成。

(1) 高压配电室：高压配电室内设置高压开关柜，柜内设置断路器、隔离开关、电压互感器和母线等。高压配电室的面积取决于高压开关的数量和柜的尺寸。高压配电一般设有高压进线柜、计量柜、电容补偿柜和馈线柜等。高压柜前留有巡检操作通道，应大于 1.8m；柜后及两端应留有检修通道，应大于 1m；高压配电室的高度应大于 2.5m；高压配电室的门应大于设备的宽度，且应向外开。

(2) 变压器室：当采用油浸变压器时，为使变压器与高、低压开关柜等设备隔离应单独设置变压器室。变压器室要求通风良好，进出风口面积应达到 0.5～0.6m$^2$。对于设在地下室内的变电所，可采用机械通风。变压器室的面积取决于变压器台数、体积，还要考虑周围的维护通道。10kV 以下的高压裸导线距地高度应大于 2.5m，而低压裸导线要求距地高度大于 2.2m。

(3) 低压配电室：低压配电室应靠近变压器室，低压裸导线(铜母排)架空穿墙引入。低压配电室有进线柜、仪表柜、配出柜、低压补偿柜(采用高压电容补偿的可不设)等。低压配电室配出回路多，低压开关数量也多。低压配电室的面积取决于低压开关柜数量，柜前应留有巡检通道(大于 1.8m)，柜后应留有维修通道(大于 0.8m)。低压开关柜有单列布置和双列布置(柜数量较多时采用)等。

2) 变(配)电所的布置

本书选用的图例中，变(配)电所的平面布置如图 8.12 所示。

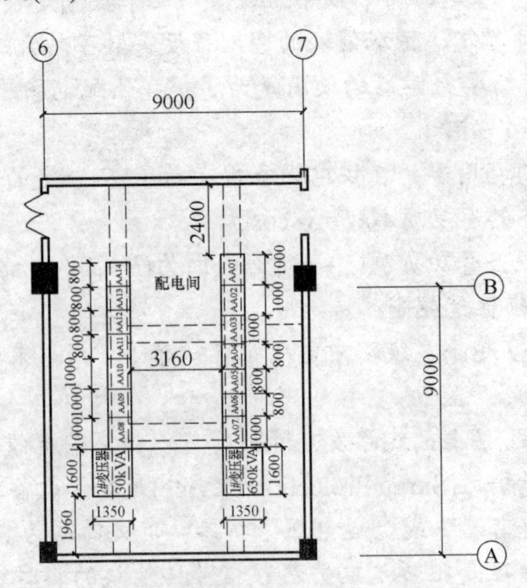


图 8.12　变(配)电所平面布置图

变压器外廓(防护外壳)与变压器室墙壁和门的最小净距(m)不得小于表 8.3 中要求的数值。

表 8.3　变压器外廓(防护外壳)与变压器室墙壁和门的最小净距　m

| 变压器容量/kVA | 100～1000 | 1250～2500 |
|---|---|---|
| 油浸变压器外廓与后壁、侧壁净距 | 0.6 | 0.8 |
| 油浸变压器外廓与门净距 | 0.8 | 1.0 |
| 干式变压器带有 IP2X 及以上防护等级金属外壳与后壁、侧壁净距 | 0.6 | 0.8 |
| 干式变压器带有 IP2X 及以上防护等级金属外壳与门净距 | 0.8 | 1.0 |

注：表中各值不适用于制造厂的成套产品。

如果多台干式变压器布置在同一房间内时，变压器防护外壳间的最小净距应不小于表 8.4 与图 8.13、图 8.14 所列的规定。

表 8.4　变压器防护外壳间的最小净距　m

| 变压器容量/kVA | | 100～1000 | 1250～2500 |
|---|---|---|---|
| 油浸变压器外廓与后壁、侧壁净距 | *A* | 0.6 | 0.8 |
| 油浸变压器外廓与门净距 | *A* | 可贴邻布置 | 可贴邻布置 |
| 干式变压器带有 IP2X 及以上防护等级金属外壳与后壁、侧壁净距 | *B* | 变压器宽度 *b*+0.6 | 变压器宽度 *b*+0.6 |
| 干式变压器带有 IP2X 及以上防护等级金属外壳与门净距 | *B* | 1.0 | 1.2 |

注：当变压器外壳的门为不可拆卸式时，其 *B* 值应是门扇的宽度 *c* 加变压器宽度 *b* 之和再加 0.3m。

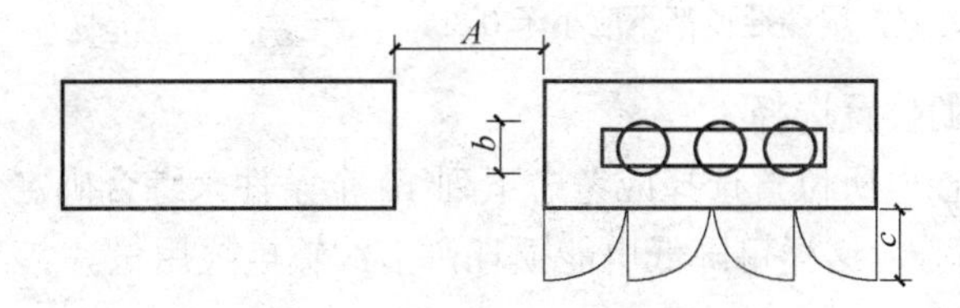


图 8.13　多台干式变压器之间 *A* 值

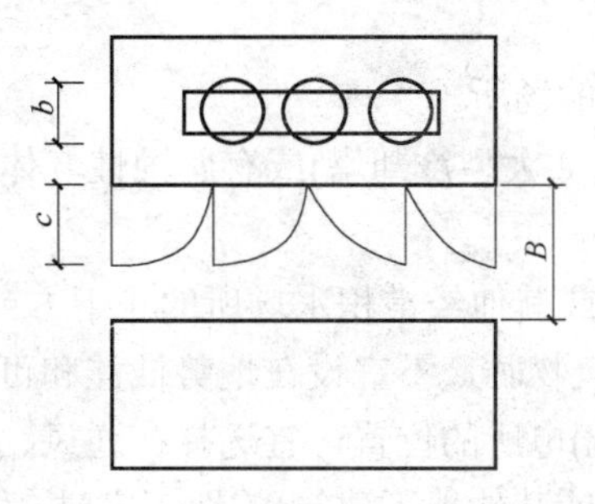


图 8.14　多台干式变压器之间 *B* 值

配电装置室内各种通道的净宽不应小于表8.5中的规定值。

表8.5　配电装置室内各种通道的最小净宽　　m

| 开关柜布置方式 | 柜后维护通道 | 柜前操作通道 | |
|---|---|---|---|
| | | 固 定 式 | 手 车 式 |
| 单排布置 | 0.8 | 1.5 | 单车长度+1.2 |
| 双排面对面布置 | 0.8 | 2.0 | 双车长度+0.9 |
| 双排背对背布置 | 1.0 | 1.5 | 单车长度+1.2 |

注：① 固定式开关柜靠墙布置时，柜后与墙净距应大于0.05m，侧面与墙净距应大于0.2m。

② 当建筑物的墙面遇有柱类局部突出时，突出部位的通道宽度可以减少0.2m。

当成排布置的配电屏长度大于6m时，屏后面的通道应设置两个出口。当两出口之间的距离大于15m时，应增加出口。

成排布置的配电屏，其屏前和屏后的通道净宽应不小于表8.6中的规定值。

表8.6　配电屏前后的通道净宽　　m

| 装置种类 | 布置方式 | | | | | |
|---|---|---|---|---|---|---|
| | 单排布置 | | 双排对面布置 | | 双排背对背布置 | |
| | 屏前 | 屏后 | 屏前 | 屏后 | 屏前 | 屏后 |
| 固定式 | 1.5 | 1.0 | 2.0 | 1.0 | 1.5 | 1.5 |
| 抽屉式 | 1.8 | 1.0 | 2.3 | 1.0 | 1.8 | 1.0 |
| 控制屏(柜) | 1.5 | 0.8 | 2.0 | 0.8 | — | — |

注：① 当建筑物墙面遇有柱类局部突出时，突出部位的通道宽度可减少0.2m。

② 各种布置方式，屏端通道都不应小于0.8m。

3) 变(配)电所的位置选择

一般来讲，变(配)电所位置选择应考虑下列10个条件来综合确定。

(1) 接近负荷中心，这样可降低电能损耗，节约输电线用量。

(2) 进出线方便。

(3) 接近电源侧。

(4) 设备吊装、运输方便。

(5) 不应设在有剧烈振动的场所。

(6) 不宜设在多尘、水雾(如大型冷却塔)或有腐蚀性气体的场所，如无法远离时，不应设在污染源的下风侧。

(7) 不应设在厕所、浴室或其他经常积水场所的正下方或贴邻。

(8) 变(配)电所为独立建筑物时，不宜设在地势低洼和可能积水的场所。

(9) 高层建筑地下层变(配)电所的位置，宜选择在通风、散热条件较好的场所。

(10) 变(配)电所位于高层(或其他地下建筑)的地下室时，不宜设在最底层。当地下仅有一层时，应采取适当抬高地面等防水措施。并应避免洪水或积水从其他渠道淹渍变(配)电所的可能。

4) 变(配)电所建设应满足的条件

变(配)电所的建设还应满足以下 4 个条件。

(1) 变(配)电所应保持室内干燥、严防雨水进入。

(2) 变(配)电所应通风良好，使电气设备正常工作。

(3) 变(配)电所的高度应大于 4m，应设置便于大型设备进出的大门和人员出入的门，且所有的门均应向外开。

(4) 变(配)电所的容量较大时，应单设值班室、设备维修室和设备库房等。

### 3. 配电箱系统图

配电箱系统图.mp4

配电箱系统图是把整个工程的供电线路用单线连接形式准确、概括的电路示意图，它不表示相互的空间位置关系。

以图 8.15 所示为例，照明配电箱系统图的主要内容如下。

(1) 电源进户线、各级照明配电箱和供电回路，并表示其相互连接形式。

(2) 配电箱型号或编号，总照明配电箱及分照明配电箱所选用计量装置、开关和熔断器等器件的型号、规格。

(3) 各供电回路的编号，导线型号、根数、截面和线管直径，以及敷设导线的长度等。

(4) 照明器具等用电设备或供电回路的型号、名称、计算容量和计算电流等。

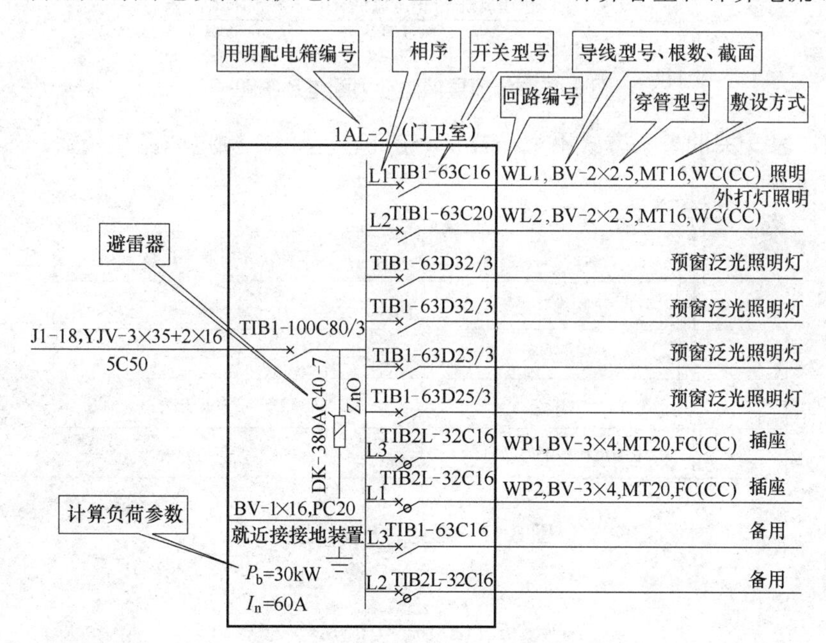


图 8.15 照明配电箱系统图

例图中所选建筑属于高层建筑，其低压配电系统的确定应满足计量、维护管理、供电安全及可靠性的要求。应将照明与电力负荷分成不同的配电系统；消防及其他消防用电设施的配电亦自成体系。因此，我们在教材提供的图例中还可以看到其他动力设备及消防设备的配电系统图。我们以图 8.16 所示的屋顶层消防动力配电系统为例，主要对其与普通照明配电系统的不同之处加以说明。

首先，由于消防系统的负荷等级高于普通照明系统，所以要求采用两个电源供电，一用一备，两个电源应做到：当发生电力变压器故障或线路常见故障时不致中断供电(或中断供电后能迅速恢复)；其次，开关处与消防进行了联动，从图上可以看到每个开关有两路线控制，设有手动及自动两种控制方式。手动控制为机旁按钮，自动控制根据消防控制中心的火灾信号自动启停，泵的工作信号返回消防中心。

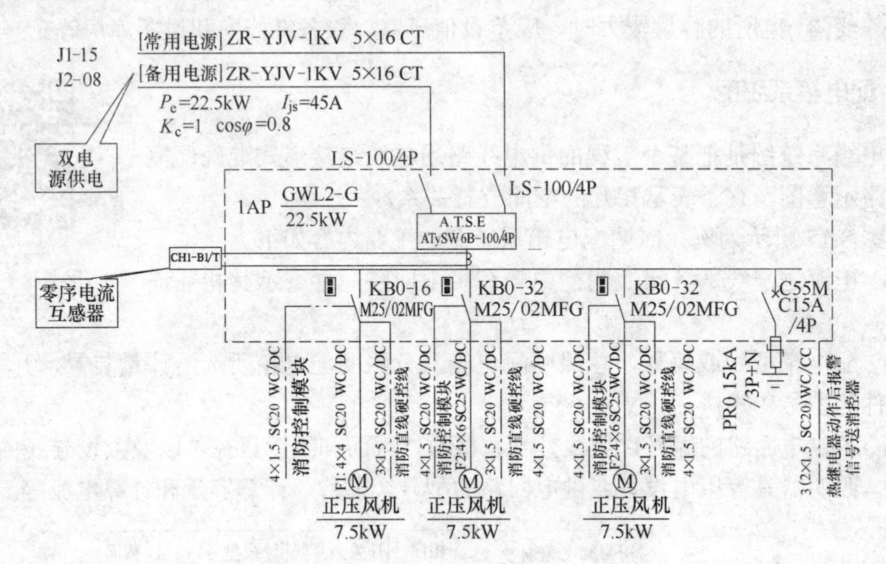


图 8.16 屋顶层消防动力配电系统图

不同的厂家开关的表示方式不太一样，一般包括型号、额定电流和极数。常见的开关类型如图 8.17 所示。

| 符号 | 名称 | 符号 | 名称 |
|---|---|---|---|
|  | 断路器 |  | 熔断器式开关 |
|  | 接触器 |  | 熔断器 |
|  | 隔离开关 |  | 熔断器式隔离开关 |
|  | 刀开关 |  | 多极开关 |
|  | 带漏电流保护的断路器 |  | 负荷开关 |

图 8.17 常见的开关类型

线路的标注格式：

$$ab\text{-}c(d\times e+f\times g)i\text{-}jh$$

式中：$a$——线缆编号；

$b$——型号(不需要可以省略)；

$c$——线缆根数；

$d$——电缆线芯数；

$e$——线芯截面积($mm^2$)；

*f*——PE(保护线)、N(中性线)线芯数；

*g*——线芯截面积($mm^2$)；

*i*——线缆敷设方式；

*j*——线缆敷设部位；

*h*——线缆敷设安装高度。

上述字母无内容则可省略。如图 8.15 中 BV-2×2.5，MT16，WC(CC)表示线路是铜芯塑料绝缘导线，两根 $2.5mm^2$，穿管径为 16mm 的电线管暗敷设在墙内(暗敷设在屋面或顶板内)。由系统图中我们可以看出，一般配电箱的主进线都为电缆，而支线为电线。

电缆通常是由几根或几组导线(每组至少两根)绞合而成的类似绳索的电缆，每组导线之间相互绝缘，并常围绕着一根中心扭成，整个外面包有高度绝缘的覆盖层。电线电缆是指用于电力、通信及相关传输用途的材料。“电线”和“电缆”并没有严格的界限。通常将芯数少、直径小、结构简单的产品称为电线，没有绝缘的称为裸电线，其他的称为电缆。导体截面积较大的(大于 $6mm^2$)称为大电线，较小的(小于或等于 $6mm^2$)称为小电线，绝缘电线又称为布电线。电线电缆主要包括裸线、电磁线及电机电器用绝缘电线、电力电缆、通信电缆与光缆。

电线电缆的完整命名通常较为复杂，所以，人们有时用一个简单的名称(通常是一个类别的名称)结合型号规格来代替完整的名称，如“低压电缆”代表 0.6/1kV 级的所有塑料绝缘类电力电缆，建筑电气中用到的电缆大多为低压电缆。电线电缆的型谱较为完善，可以说，只要写出电线电缆的标准型号规格，就能明确具体的产品。

电线电缆产品的名称中一般包括：产品应用场合或大小类名称，产品结构材料或形式；产品的重要特征或附加特征。有时为了强调重要或附加特征，将特征写到前面或相应的结构描述前。

配电箱的计算容量是所有负荷回路容量的总和，即所有三相回路的容量与最大单相负荷容量的三倍之和。计算电流由计算容量得到。

**知识拓展：避雷器**

避雷器的作用是用来保护电力系统中各种电器设备免受雷电过电压、操作过电压、工频暂态过电压冲击而损坏的一个电器。避雷器是能释放雷电或兼能释放电力系统操作过电压能量，保护电工设备免受瞬时过电压危害，又能截断续流，不致引起系统接地短路的电器装置。避雷器通常接于带电导线与地之间，与被保护设备并联。当过电压值达到规定的动作电压时，避雷器立即动作，流过电荷，限制过电压幅值，保护设备绝缘；电压值正常后，避雷器又迅速恢复原状，以保证系统正常供电。

避雷器有管式和阀式两大类。阀式避雷器分为碳化硅避雷器和金属氧化物避雷器(又称氧化锌避雷器)。管式避雷器主要用于变电所、发电厂的进线保护和线路绝缘弱点的保护。碳化硅避雷器广泛应用于交、直流系统，保护发电、变电设备的绝缘。氧化锌避雷器由于保护性能优于碳化硅避雷器，正在逐步取代后者，广泛应用于交、直流系统，保护发电、变电设备的绝缘，尤其适用于中性点有效接地的 110kV 及以上电网。图例中选用的就是氧化锌避雷器。

## 8.2.4　识读平面图

识读平面图.mp4

在建筑电气施工图中，平面图通常对建筑物的地理位置和主体结构进行宏观描述，将墙体、门窗和梁柱等淡化，而电气线路突出重点描述。其他管线，如水暖和煤气等线路则不出现在电气施工图上。

电气平面图是表示假想从建筑物门、窗沿水平方向将建筑物切开，移去上面部分，从上面向下面看，所看到的建筑物平面形状、大小，墙柱的位置、厚度，门窗的类型以及建筑物内配电设备、照明设备等平面布置、线路走向等情况。根据平面图表示的内容，识读平面图要沿着电源、引入线、配电箱、引出线、用电器这样一个“线”来读。在识读过程中，要注意了解电源进户装置、照明配电箱、灯具、插座和开关等电气设备的数量、型号规格、安装位置和安装高度，表示照明线路的敷设位置、敷设方式、敷设路径和导线的型号规格等。

阅读时应按下列顺序进行。

(1)　看建筑物概况，楼层、每层房间数目、墙体厚度、门窗位置和承重梁柱的平面结构。

(2)　看各支路用电器的种类、功率及布置。图中灯具标注的内容一般有：灯具数量、灯具类型、每盏灯的灯泡数、每个灯(泡)的功率及灯(泡)的安装高度等。

(3)　看导线的根数和走向：各条线路导线的根数和走向，是电气平面图表现的主要内容。比较好的阅读方法如下。

首先了解各用电器的控制接线方式，然后再按配线回路情况将建筑物分成若干单元，按“电源—导线—照明及其他电气设备”的顺序将回路连通。

(4)　看电气设备的安装位置：由定位轴线和图上标注的有关尺寸可直接确定用电设备、线路管线的安装位置，并可计算管线长度。

### 1. 照明平面图

照明平面图.mp4

以某综合楼二层照明平面图为例，来说明照明平面图，见附图二层照明平面图。

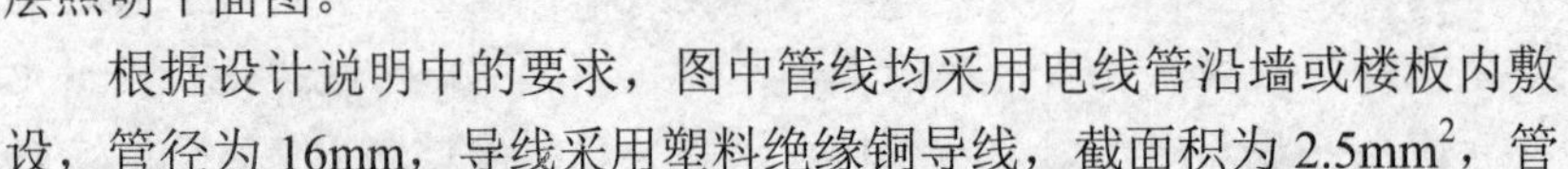

根据设计说明中的要求，图中管线均采用电线管沿墙或楼板内敷设，管径为 16mm，导线采用塑料绝缘铜导线，截面积为 2.5mm$^2$，管内导线的根数按图中标注，在黑实线(表示管线)上没有标注的表示敷设两根导线，在黑实线上的短斜线上标注的数字则表示导线根数，如斜线上标注“4”即为四根导线。在图中办公室里，开关到灯具间的导线即为四根(如图 8.18 所示)，以此类推。

大厅、中厅上空和边厅上空的电源是由大厅照明配电箱 2AL 引入的，分为 WL1、WL2、WL3、WL4、WL5 和 WL6 六个照明回路；左侧区域的电源是从走道靠左侧楼梯间的电井中的照明配电箱 2AL-1 引入的，分为 WL1、WL2 照明回路和 2WE1、2WE2 应急照明回路；右侧办公区域的电源是从消防前室的照明配电箱引来的，只有 WL1 一个照明回路；右侧公共区域的应急照明电源是从一楼 1AT-1 箱引来的，共有 1AT-1，2WE1 和 1AT-1，2WE2 两回路。在配电箱内一般由自动开关控制，不经过漏电保护器。所有进门处均应安装开关，安装高度为 1.4m，距离门框 150～200mm。

在进行照明设计时，应根据视觉要求、作业性质和环境条件，通过对光源、灯具的选择和配置，使工作区或空间具备合理的照度、显色性和适宜的亮度分布及舒适的视觉环境。灯具的选择是根据具体房间和区域的功能而定的，在确定照明方案时，应考虑不同类型建筑对照明的特殊要求，并处理好电气照明与天然采光的关系。室内照明一般采用同一种类型的光源，当有装饰性或功能性要求时，亦可采用不同类型的光源。图 8.19 中办公室采用直管荧光灯，公共走道、走廊和楼梯间设人工照明，此建筑为高层建筑，所以还设置了自带电源的应急照明灯、疏散指示灯和安全出口指示灯，如图 8.19 所示。疏散指示灯为嵌入式安装，底边距地 0.3m，安全出口指示灯为杆吊式安装，底边距地 3.0m，荧光灯为吸顶式安装。

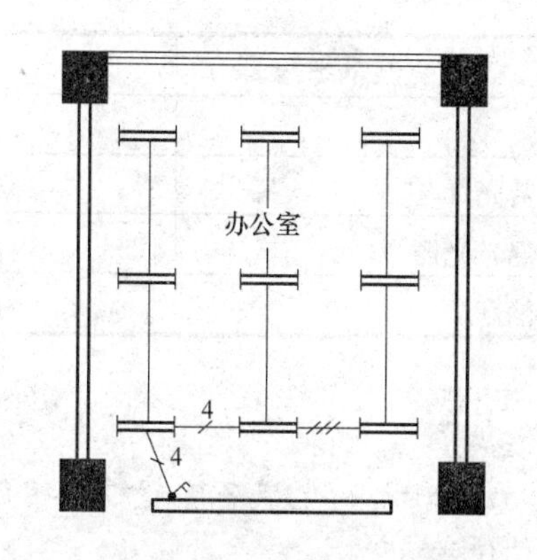


图 8.18　照明平面图(一)

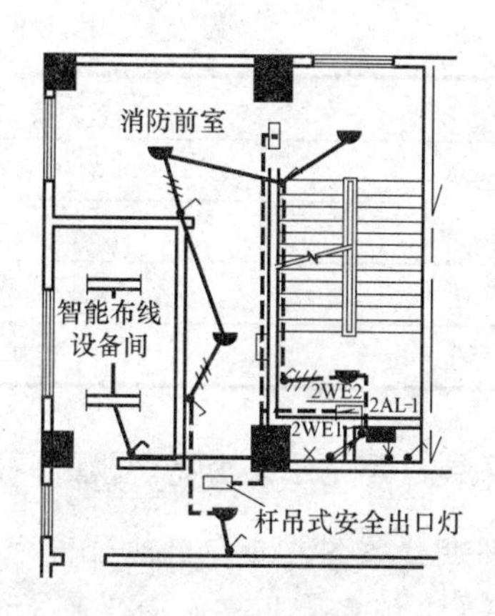


图 8.19　照明平面图(二)

照明灯具的标注格式：

$$a-b\frac{c\times d\times L}{e}f$$

式中：$a$——灯数；

$b$——型号或编号(无则省略)；

$c$——每盏照明灯具的灯泡数；

$d$——灯泡安装容量；

$L$——光源种类；

$e$——灯泡安装高度(m)，“-”表示吸顶安装；

$f$——安装方式。

例如：$5-\mathrm{BYS80}\frac{2\times 40\times \mathrm{Y}}{3.5}\mathrm{CS}$表示 5 盏 BYS80 型灯具，灯管为两根 40W 荧光灯管，灯具链吊安装，安装高度为 3.5m。在同一房间内的多盏相同型号、相同安装方式和相同安装高度的灯具，可以只标注一处。

常见的灯具安装方式如表 8.7 所示。

常见光源的种类及代号如表 8.8 所示。

表 8.7 灯具安装方式的标注

| 名 称 | 标注文字符号 | 名 称 | 标注文字符号 |
|---|---|---|---|
| 线吊式、自在器线吊式 | SW | 链吊式 | CS |
| 管吊式 | DS | 壁装式 | W |
| 吸顶式 | C | 嵌入式 | R |
| 顶棚内安装 | CR | 墙壁内安装 | WR |
| 支架上安装 | S | 柱上安装 | CL |
| 座装 | HM | | |

表 8.8 光源的种类及代号

| 光源种类 | 代 号 | 光源种类 | 代 号 |
|---|---|---|---|
| 白炽灯 | 不注 | 汞灯 | G |
| 金属卤化物灯 | J | 荧光灯 | Y |
| 氙灯 | X | 混光光源 | H |
| 卤钨灯 | L | 钠灯 | N |

**知识拓展：照明系统容易忽视的问题**

三相照明线路各相负荷的分配宜保持平衡，最大相负荷电流不宜超过三相负荷平均值的 115%，最小相负荷电流不宜小于三相负荷平均值的 85%。

照明系统中的每一单相分支回路电流不宜超过 16A，光源数量不宜超过 25 个；大型建筑组合灯具每一单相回路电流不宜超过 25A，光源数量不宜超过 60 个(采用 LED 光源时除外)。

### 2. 插座平面图

以某综合楼二层插座平面图为例来说明插座平面图，见附图二层插座平面图。

根据设计说明中的要求，图中管线均采用电线管沿墙或楼内敷设，管径为 20mm，导线采用 3 根塑料绝缘铜导线，截面积为 $4mm^2$。

中间和左侧的插座电源是由走道靠左侧楼梯间的电井中的照明配电箱 2AL-1 引入的，分为 WP1、WP2、WP3、WP4 和 WP5 五个回路；右侧区域的插座电源是从消防前室的照明配电箱引入的，分为 WP1、WP2 两个回路。插座回路在配电箱内一般由漏电开关控制。附图中所有插座均为单相二、三极插座，安装高度为插座底边距地 0.3m。插座的数量一般按建筑的开间或根据办公室的基本单元进行布置，一个房间内的插座宜由同一回路配电，如图 8.20 所示。

**知识拓展：配置插座时易忽视的问题**

当插座为单独回路时，每一回路插座数量不宜超过 10 个(组)；用于计算机电源的插座数量不宜超过 5 个(组)，并应采用 A 型剩余电流动作保护装置。

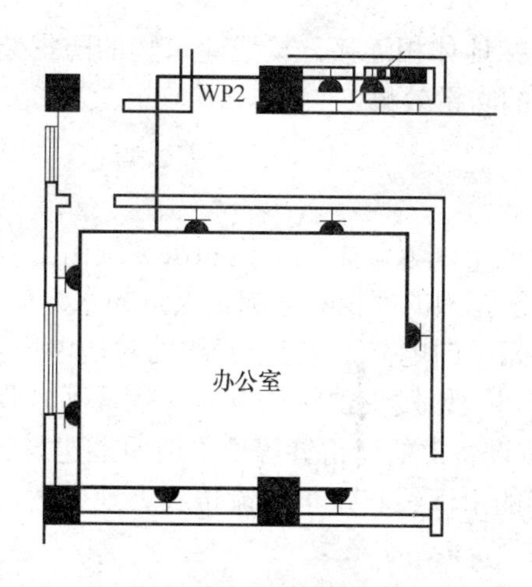


图8.20　插座平面图

3. 动力平面图

以某综合楼二层空调配电平面图为例来说明动力平面图，见附图二层空调配电平面图。

动力系统的电气施工方式，有明敷设和暗敷设两种。一般随土建同步施工的电气安装均为暗敷设，只有对原建筑物内电气线路进行更新改造时，才有可能采用明敷设。附图为暗敷设的空调配电平面图。

本层楼共有3个配电箱，2AL、2AL-1和2AL-2，暗装于墙上，底边距地高度为1.4m。2AL的电源由低压配电屏，用3根25mm$^2$和2根15mm$^2$的电力电缆穿50mm焊接钢管引来；而2AL-1和2AL-2的电源由2AL的三相回路，分别用5根10mm$^2$的电力电缆穿40mm焊接钢管和5根6mm$^2$的电力电缆穿32mm焊接钢管引来。

此大楼安装的为中央空调，根据风机盘管电源单三相的不同情况，管径大小和导线根数会不同。图中单相空调管线均采用电线管沿吊顶内敷设，管径为20mm，导线采用3根塑料绝缘铜导线，截面积为4mm$^2$；三相空调管线也采用电线管沿吊顶内敷设，但管径为32mm，导线采用5根塑料绝缘铜导线，截面积为6mm$^2$。

电源是由走道靠左侧楼梯间的电井中的照明配电箱2AL引入的，分为F1、F2、F3、F4和F5五个回路，其中F1、F2和F4为单相回路，F3、F5为三相回路。

注意：所有电气平面图中箱体及回路的编号，均应与系统图中的箱体及回路编号一一对应。

## 8.2.5　识读防雷接地图

防雷接地是为了泄雷电电流，而对建筑物、电气设备和设施采取的保护措施。对建筑物、电气设备和设施的安全使用是十分必要的。建筑物的防雷接地，一般分为避雷针和避雷线两种方式。电力系统的接地一般与防雷系统接地分别进行安装和使用，以免造成雷电对电气设备的损害。对于高层建筑，除屋顶防雷外，还有防侧雷击的避雷带以及接地装置等。通常是将楼顶的避雷针、避雷线与建筑物的主钢筋

防雷接地识图.mp4

焊接为一体，再与地面下的接地体相连接，构成建筑物的防雷装置，即自然接地体与人工接地体相结合，以达到最好的防雷效果。

### 1. 防雷的基本原理

雷电是自然界中的一种放电现象。大气中饱和水蒸气由于气候的变化，发生上升和下降的对流，在对流过程中由于强烈的摩擦和碰撞，大量的水滴聚集成带有不同电荷的雷云，大地就会感应出与雷云极性相反的电荷。当带电云块的对地电场强度达到25～30kV/cm时，周围的空气会被击穿，雷云对大地发生击穿放电，这就是平时我们看到的闪电，放电时间一般为30～50μs。因为避雷设备上的避雷针等处于地面上建筑物的最高处，所以比较容易使雷电经避雷针和与之连接的引下线将雷电电流传到大地中去，从而使被保护的建筑物等免受直接雷击。

1) 避雷针

避雷针是用来防护电气设备和较高建筑物使其避免遭受直接雷击的装置，避雷针实际上是起引雷(接闪器)作用。因为避雷针的高度超过被保护的建筑物，所以在雷云笼罩下，它的尖端有较大的电能场，能首先将空气中的雷电电流引向尖端而泄入大地，从而避免了该处的雷云向被保护物体放电。

避雷针一般使用镀锌圆钢或镀锌钢管加工制成。圆钢的直径一般不小于8mm，钢管的直径一般不小于25mm。它通常安装在电杆或构架、烟囱、建筑物上，下端经引下线与接地装置焊接。避雷针的长度一般不大于5m。

避雷针引下线的安装一般采用圆钢或扁钢，其规格要求为：圆钢直径不小于8mm，扁钢厚度为4mm、截面积不小于48mm$^2$。

安装在烟囱上的避雷针引下线规格要求为：圆钢直径不小于12mm，扁钢厚度为4mm、截面积不小于100mm$^2$。

所有避雷针引下线均要镀锌或涂漆，在腐蚀性较强的场所，还应加大截面积或采取其他防腐措施。

避雷针引下线的固定支持点间隔不得大于1.5～2m，引下线的敷设应保持一定的松紧度。从接口到接地体，引下线的敷设越短越好。距离地面2m以内的引下线，应有良好的保护覆盖物，可穿塑料管进行保护，避免人员触及。

避雷针的引下线应安装在人不易碰到的隐蔽处，以免受到机械损坏或接触电压对人员造成伤害。墙壁较厚的建筑物可将引下线埋设在墙壁里，也可以放在伸缩缝中。但圆钢规格直径应大于12mm，若采用扁钢，其截面积应大于100mm$^2$。

为了便于检查和摇测避雷针设施的导电情况及接地电阻，应在引下线距地面2m处留有断口。暗装引下线也应在相应的地方做断接卡子接线盒，断接卡子必须镀锌，卡接螺栓直径应大于8mm，使用时应配有平垫和弹簧垫。

在现代建筑施工中，常利用建筑物的金属钢筋作为避雷针引下线，实践证明，这种方法有很多优点。因为雷电电流流入钢筋后将通过梁、楼板等钢筋网连接，尽管大多数为绑扎，却也基本连接成网，雷电流能分散到各部分，成为一个良好的散流网，有利于使整座建筑物处于等电位状态，避免建筑物各部分之间的反击，这样就增加了安全系数。使用主钢筋作为引下线，人们往往担心雷电电流通过钢筋是否会使钢筋过热而影响钢筋的强度，实际上当雷电电流流入钢筋网后，很快便会分散，各部分流过的电流并不是很大(尤其是多柱的大楼)，至于与接闪器连接处的柱子的主钢筋，由于通过绑扎或焊接(施工中已经考虑到其应用)达到多条钢筋并联，所以也不至因温度升高而影响钢筋的强度。这种做法成本低、可靠性好，所以得到了广泛的应用。

2)　避雷线

避雷线用途有两种，一种用于架空电力线路，以保护电力线路防止遭受雷电侵害，确保架空电力线路的正常运行；另一种用于高层建筑物的防雷，即在建筑物的最高处，沿屋顶边，用直径不小于 8mm 的镀锌钢筋敷设，钢筋距离建筑物的垂直距离不小于 100mm，以防建筑物遭受雷击。

### 2. 防雷接地平面图

建筑物的防雷接地平面图通常表示出该建筑防雷接地系统的构成情况及安装要求，一般由屋顶防雷平面图、基础接地平面图等组成。

(1) 屋顶防雷平面图见附图防雷平面图：该图例利用$\phi 12$ 热镀锌圆钢作避雷带，水平敷设时，支架间距为1.0m，转弯处为0.5m。垂直敷设时，支架间距为1.5m，支架为12mm×4mm扁钢，$L$=150mm。不在同一平面的避雷带应做好垂直连接，引下线距地 1.8m 处设断接卡，一共设两处，供摇测使用。屋顶的金属构件通过$\phi 10$ 热镀锌圆钢与避雷带就近焊接连通；避雷带在各连接点与主筋引下线通长焊接，每个柱筋在深处的箍筋与每根主筋通长焊接。建筑物外墙金属构件应与建筑物接闪器、引下线连接为一个等电位体。

(2) 基础接地平面图见附图接地平面图：该建筑按二类防雷建筑考虑，接地体利用建筑物基础部分混凝土内两根主钢筋和建筑物四周按网格尺寸不大于10m×10m敷设的环形接地体相互焊接为一体，网格交叉点及钢筋自身连接均应焊牢靠。防雷装置引下线利用大楼结构的外侧主钢筋(不少于两根)，钢筋自身上下连接点采用搭接焊，且其上端应与房顶避雷装置，下端应与地网，中间应与各均压带焊接，大楼的总电阻应不大于 1Ω。此工程采用联合接地，如图 8.21 所示。联合接地是将设备的工作接地、保护接地以及建筑物防雷接地共用一组接地体的接地方式，由接地体、接地引入线、接地汇集线和接地极四部分组成。在负一楼低压配电室设接地总汇集排(MEB)一处，防止无关人员触动，各层接地分汇集排设在电缆井内，各层分汇集排之间用 40×4mm 的热镀锌扁钢连接。到接地分汇集排的水平接地分汇集线用 VV-1×35mm$^2$ 电缆连接，到金属管道和设备金属外壳的水平分汇集线用 BV-1×25mm$^2$ 电缆连接。接地极按每隔 5m 打 L50×50×2500 的热镀锌角钢，埋深 0.8m。

**知识拓展：民用建筑物的防雷等级**

1. 一类防雷建筑物

(1) 具有特别重要用途的建筑物。

(2) 国家级文物保护的建筑物及构筑物。

(3) 超高层建筑物，如 40 层及以上的住宅建筑、高度超过 100m 的其他建筑。

2. 二类防雷建筑物

(1) 重要的或人员密集的大型建筑。

(2) 省级文物保护的建筑物及构筑物。

(3) 19 层及以上的住宅建筑和高度超过 50m 的其他建筑。

(4) 省级及以上的大型计算中心和装有重要电子设备的建筑物。

3. 三类防雷建筑物

(1) 10层至18层的普通住宅。

(2) 高度不超过50 m的教学楼、普通旅馆、办公楼和图书馆等建筑。

(3) 均压带：围绕建筑物形成一个回路的导体，它与建筑物雷电引导体间相互连接，并使雷电流在各引下导体间分布比较均匀。

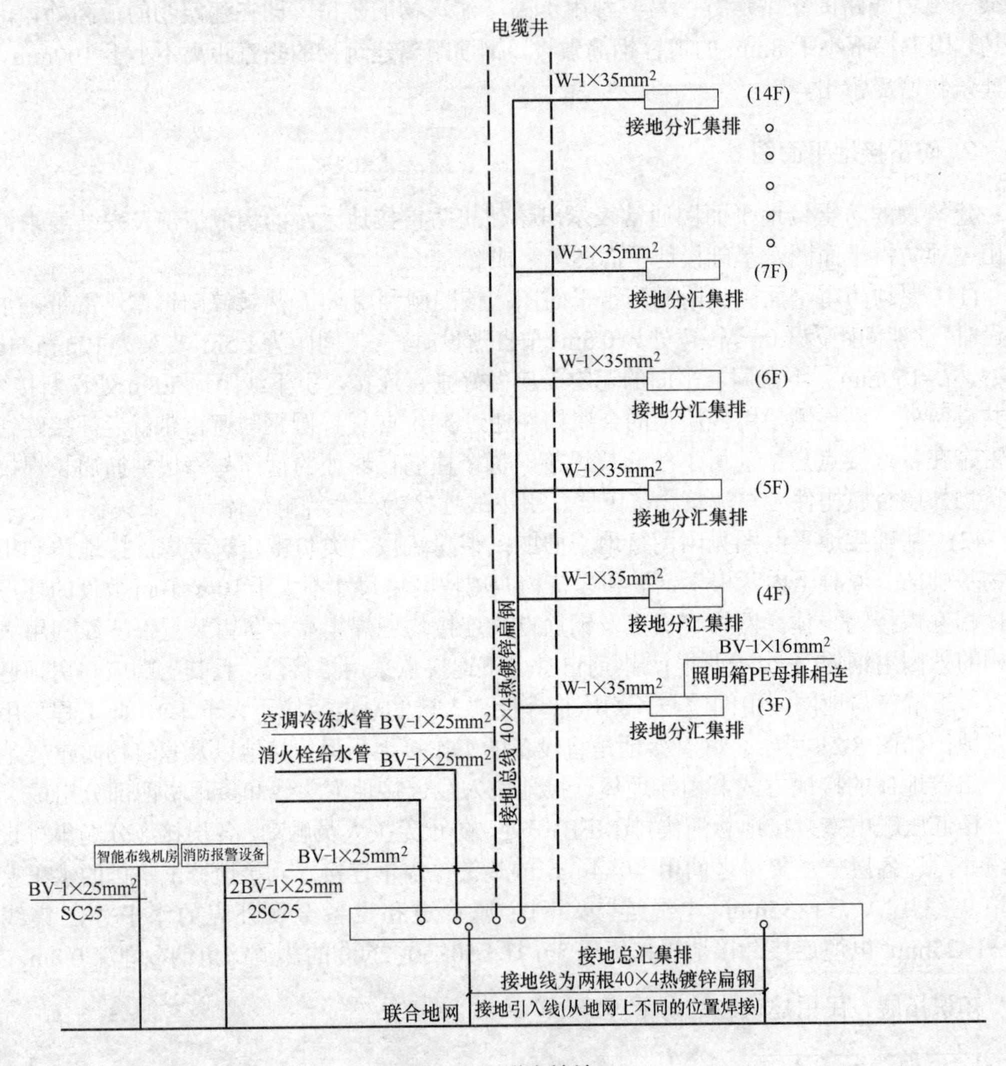


图 8.21 联合接地

## 8.3 火灾报警系统识图

### 8.3.1 概述

火灾自动报警系统是用于尽早探测初期火灾并发出警报，以便采取相应措施(如：疏散

人员、呼叫消防队、启动灭火系统、操作防火门、防火卷帘、防烟和排烟风机等)的系统。

火灾自动报警与消防联动是现代消防工程的主要内容，其原理是自动监测区域内火灾发生时的热、光和烟雾，从而发出声、光报警并联动其他设备的输出接点，控制自动灭火、紧急广播、事故照明、电梯、消防给水和排烟等系统，实现监测、报警和灭火自动化。

高层建筑应根据其使用性质、火灾危险性、疏散和扑救难度等进行分类。并应符合表 8.9 所示的规定。

表 8.9　建筑分类

| 名　称 | 一　类 | 二　类 |
|---|---|---|
| 居住建筑 | 高级住宅 | |
| | 十九层及十九层以上的普通住宅 | 十层至十八层的普通住宅 |
| 公共建筑 | 1.医院 | 1.除一类建筑以外商业楼、展览楼、综合楼、电信楼、财贸金融楼、商住楼、图书馆和书库等 |
| | 2.高级旅馆 | |
| | 3.建筑高度超过 50m 或每层建筑面积超过 1000m² 的商业楼、展览楼、综合楼、电信楼和财贸金融楼 | |
| | 4.建筑高度超过 50m 或每层建筑面积超过 1500m² 的商住楼 | 2.省级以下的邮政楼、防灾指挥调度楼、广播电视楼、电力调度楼 |
| | 5.中央级和省级(含计划单列市)广播电视楼 | |
| | 6.网局级和省级(含计划单列市)电力调度楼 | |
| | 7.省级(含计划单列市)邮政楼、防灾指挥调度楼 | 3.建筑高度不超过 50m 的教学楼和普通的旅馆、办公楼、科研楼、档案楼等 |
| | 8.藏书超过 100 万册的图书馆、书库 | |
| | 9.重要的办公楼、科研楼、档案楼 | |
| | 10.建筑高度超过 50m 的教学楼和普通的旅馆、办公楼、科研楼和档案楼等 | |

高层建筑的耐火等级应分为一、二两级，其建筑构件的燃烧性能和耐火极限应不低于表 8.10 中的规定。

表 8.10　建筑构件的燃烧性能和耐火极限表

| 构件名称 | 燃烧性能和耐火极限(h) | |
|---|---|---|
| | 耐火等级一级 | 耐火等级二级 |
| 防火墙 | 不燃烧体 3.00 | 不燃烧体 3.00 |
| 承重墙、楼梯间、电梯井和住宅单元之间的墙 | 不燃烧体 2.00 | 不燃烧体 2.00 |
| 非承重外墙、疏散走道两侧的隔墙 | 不燃烧体 1.00 | 不燃烧体 1.00 |
| 房间隔墙 | 不燃烧体 0.75 | 不燃烧体 0.50 |
| 柱 | 不燃烧体 3.00 | 不燃烧体 2.50 |
| 梁 | 不燃烧体 2.00 | 不燃烧体 1.50 |
| 楼板、疏散楼梯、屋顶承重构件 | 不燃烧体 1.50 | 不燃烧体 1.00 |
| 吊顶 | 不燃烧体 0.25 | 难燃烧体 0.25 |

火灾自动报警系统的保护对象应根据其使用性质、火灾危险性、疏散和扑救难度等分为特级、一级和二级，并应符合表8.11中的规定。

表8.11 火灾自动报警系统保护对象分级表

| 等级 | 保护对象 | |
|---|---|---|
| 特级 | 建筑高度超过100m的高层民用建筑 | |
| 一级 | 建筑高度不超过100m的高层民用建筑 | 一类建筑 |
| | 建筑高度不超过24m的民用建筑及建筑高度超过24m的单层公共建筑 | 1.200床及以上的病房楼，每层建筑面积1000m²及以上的门诊楼；<br>2.每层建筑面积超过3000m²的百货楼、商场、展览楼、高级旅馆、财贸金融楼、电信楼和高级办公楼；<br>3.藏书超过100万册的图书馆、书库；<br>4.超过3000座位的体育馆；<br>5.重要的科研楼、资料档案楼；<br>6.省级(含计划单列市)的邮政楼、广播电视楼、电力调度楼和防灾指挥调度楼；<br>7.重点文物保护场所；<br>8.大型以上的影剧院、会堂和礼堂 |
| | 工业建筑 | 1.甲、乙类生产厂房；<br>2.甲、乙类物品库房；<br>3.占地面积或总建筑面积超过1000m²的丙类物品库房；<br>4.总建筑面积超过1000 m²的地下丙、丁类生产车间及物品库房 |
| | 地下民用建筑 | 1.地下铁道车站；<br>2.地下电影院、礼堂；<br>3.使用面积超过1000m²的地下商场、医院、旅馆、展览厅及其他商业或公共活动场所；<br>4.重要的实验室、图书、资料和档案库 |
| 二级 | 建筑高度不超过100m的高层民用建筑 | 二类建筑 |
| | 建筑高度不超过24m的民用建筑 | 1.设有空气调节系统的或每层建筑面积超过2000m²，但不超过3000m²的商业楼、财贸金融楼、电信楼、展览楼、旅馆、办公室、车站、海河客运站和航空港等公共建筑及其他商业或公共活动场所；<br>2.市、县级的邮政楼、广播电视楼、电力调度楼和防灾指挥调度楼；<br>3.中型以下的影剧院；<br>4.高级住宅；<br>5.图书馆、书库和档案楼 |
| | 工业建筑 | 1.丙类生产厂房；<br>2.建筑面积大于50m²，但不超过1000m²的丙类物品库房；<br>3.总建筑面积大于50m²，但不超过1000m²的地下丙、丁类生产车间及地下物品库房 |

续表

| 等级 | 保护对象 | |
|---|---|---|
| 二级 | 地下民用建筑 | 1.长度超过 500m 的城市隧道；<br>2.使用面积不超过 1000m$^2$ 的地下商场、医院、旅馆、展览厅及其他商业或公共活动场所 |

## 8.3.2　火灾自动报警系统原理及组成

### 1. 火灾自动报警系统的工作原理

火灾初期所产生的烟和少量的热被火灾探测器接收，将火灾信号传输给区域报警控制器，发出声、光报警信号，区域(或集中)报警控制器的输出外控接点动作，自动向失火层和有关层发出报警及联动控制信号，并按程序对各消防联动设备完成启动、关停操作(也可由消防人员手动完成)。该系统能自动(手动)发现火情并及时报警，以控制火灾的发展，将火灾的损失减到最低限度。其工作原理如图 8.22 所示。

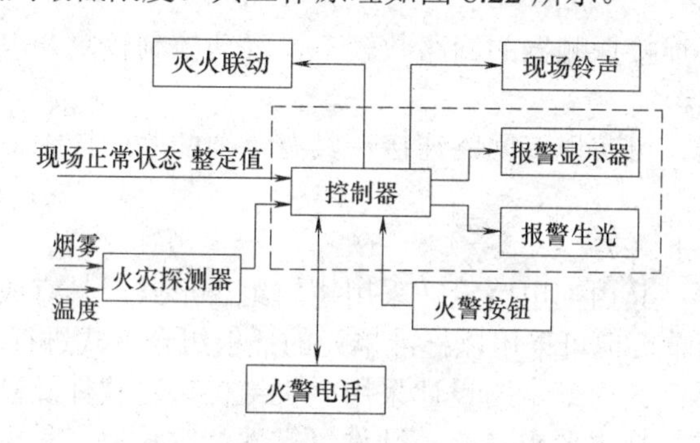


图 8.22　自动报警系统工作原理

火灾自动报警系统原理和图例.mp4

### 2. 火灾报警控制器组成及种类

1)　组成

火灾自动报警系统是由触发装置、火灾报警装置、火灾警报装置及电源等部分组成的通报火灾发生的全套设备。

火灾自动报警系统安装包括探测器、按钮、模块(接口)、报警控制器、联动控制器、报警联动一体机、重复显示器、警报装置、远程控制器、火灾事故广播、消防通信和报警备用电源安装等项目。

2)　种类

火灾自动报警控制器是火灾报警及联动控制系统的心脏，它是给火灾探测器供电，接收显示及传递火灾报警等信号，并能输出控制指令的一种自动报警装置。火灾报警控制器可单独作火灾自动报警用，也可与自动防灾及灭火系统联动，组成自动报警联动控制系统。

火灾自动报警控制器种类繁多，从不同角度有不同分类。

(1)　按控制范围分为以下三类。

①　区域火灾报警控制器：它直接连接火灾探测器，处理各种报警信息。一般由火警

部位记忆显示单元、自检单元、总火警和故障报警单元、电子钟、电源、充电电源以及与集中报警控制器相配合时需要的巡检单元等组成。区域报警控制器有总线制区域报警器和多线制区域报警器之分。外形有壁挂式、立柜式和台式三种。区域报警控制器可以在一定区域内组成独立的火灾报警系统，也可以与集中报警控制器连接起来，组成大型火灾报警系统，并作为集中报警控制器的一个子系统。

② 集中火灾报警控制器：它一般不与火灾探测器相连，而与区域火灾报警控制器相连，处理区域级火灾报警控制器送来的报警信号，常使用在较大型的系统中。集中报警控制器能接收区域报警控制器(包括相当于区域报警控制器的其他装置)或火灾探测器发来的报警信号，并能发出某些控制信号使区域报警控制器工作。集中报警控制器的接线形式根据产品的不同有不同的线制，如三线制、四线制、两线制、全总线制及二总线制等。

③ 通用火灾报警控制器：它兼有区域、集中两级火灾报警控制器的双重特点。通过设置或修改某些参数(可以是硬件或是软件方面)，既可作区域级使用，连接集中火灾报警控制器；又可作集中级使用，连接区域火灾报警控制器。

(2) 按结构形式分为以下三类。

① 壁挂式火灾报警控制器：连接探测器的回路相应少一些，控制功能较简单，区域报警器多采用这种形式。

② 台式火灾报警控制器：连接探测器的回路数较多，联动控制较复杂，使用操作方便，集中报警器常采用这种形式。

③ 立柜式火灾报警控制器：可实现多回路连接，具有复杂的联动控制，集中报警控制器属于此类型。

(3) 按内部电路设计分为以下两类。

① 普通型火灾报警控制器：其内部电路设计采用逻辑组合形式，具有成本低廉、使用简单等特点。虽然其功能较简单，但可采用以标准单元的插板组合方式进行功能扩展。

② 微机型火灾报警控制器：其内部电路设计采用微机结构，对软件及硬件程序均有相应的要求，具有功能扩展方便、技术要求复杂、硬件可靠性高等特点，是火灾报警控制器的首选形式。

(4) 按系统布线方式分为以下两类。

① 多线制火灾报警控制器：其探测器与控制器的连接采用一一对应的方式。每个探测器至少有一根线与控制器连接，有五线制、四线制、三线制和两线制等形式，但连线较多，仅适用于小型火灾自动报警系统。

② 总线制火灾报警控制器：控制器与探测器采用总线方式连接，所有探测器均并联或串联在总线上，一般总线有二总线、三总线和四总线。其连接导线大大减少，给安装、使用及调试带来较大方便，适用于大、中型火灾报警系统。

(5) 按信号处理方式分为以下两类。

① 有阈值火灾报警控制器：该类探测器处理的探测信号为阶跃开关量信号，对火灾探测器发出的报警信号不能进一步处理，火灾报警取决于探测器。

② 无阈值模拟量火灾报警控制器：这类探测器处理的探测信号为连续的模拟量信号，其报警主动权掌握在控制器方面，具有智能结构，是现代化报警的发展方向。

(6) 按防爆性能分以下两类。

① 防爆型火灾报警控制器：有防爆性能，常用于有防爆要求的场所，其性能指标应同时满足《火灾报警控制器通用技术条件》和《防爆产品技术性能要求》两个国家标准的要求。

② 非防爆型火灾报警控制器：无防爆性能，民用建筑中使用的绝大多数控制器为非防爆型。

(7) 按容量分为以下两类。

① 单路火灾报警控制器：控制器仅处理一个回路中探测器的火灾信号，一般仅用在某些特殊的联动控制系统中。

② 多回路火灾报警控制器：能同时处理多个回路中探测器的火灾信号，并显示具体的着火部位。

(8) 按使用环境为以下两类。

① 陆用型火灾报警控制器：在建筑物内或其附近安装，是消防系统中通用的火灾报警控制器。

② 船用型火灾报警控制器：用于船舶、海上作业，其技术性能指标相应提高，如工作环境温度、湿度、耐腐蚀、抗颠簸等要求高于陆用型火灾报警控制器。

火灾报警施工图一般包括系统图、设备布置平面图、接线图和安装图。常用图例如表 8.12 所示。

表 8.12　火灾报警与消防控制图例

| 序号 | 图例 | 说　明 | 相关标准 |
|---|---|---|---|
| 1 | [★] | 需区分火灾报警装置“*”用下述字母代替：<br>C—集中型火灾报警控制器 Central fire alarm control unit<br>Z—区域型火灾报警控制器 Zone fire alarm control unit<br>G—通用火灾报警控制器 General fire alarm control unit<br>S—可燃气体报警控制器 Combustible gas alarm control unit | GA/T 229—1999 3.2 + 标注 |
| 2 | [★] | 需区分火灾控制、指示设备“*”用下述字母代替：<br>RS—防火卷帘门控制器<br>Electrical control box for fire—resisting rolling shutter<br>RD—防火门磁释放器<br>Magnetic releasing device for fire—resisting door<br>I/O—输入/输出模块　I/O module<br>O—输出模块　Output module<br>I—输入模块　Input module<br>P—电源模块　Power supply module<br>T—电信模块　Telecommunication module<br>SI—短路隔离器　Short circuit isolator<br>M—模块箱　Module box<br>SB—安全栅　Safety barrier<br>D—火灾显示盘　Fire display panel<br>FI—楼层显示盘　Floor indicator<br>CRT—火灾计算机图形显示系统<br>Computer fire figure displaying system<br>FPA—火警广播系统<br>Public—fire alarm address system<br>MT—对讲电话主机<br>The main telephone set for two—way telephone | GB/T 4327—93 3.7(eqv ISO 6790-2.7) + 标注 |

续表

| 序号 | 图例 | 说　明 | 相关标准 |
| --- | --- | --- | --- |
| 3 | CT | 缆式线型定温探测器<br>Cable line—type fixed temperature detector | GB/T 4327 — 93 3.8(eqv ISO 6790-2.8) + 标注 |
| 4 |  | 感温探测器　Heat detector | GB/T 4327 — 93 3.8(eqv ISO 6790-2.8) +GB/T 4327 — 93 4.5.1(eqv ISO 6790-3.5.1) |
| 5 | N | 感温探测器(非地址码型)<br>Heat detector (non-addressable code type) | GB/T 4327—93 3.8(eqv ISO 6790-2.8) +GB/T 4327—93 4.5.1(eqv ISO 6790-3.5.1)+标注) |
| 6 |  | 感烟探测器　Smoke detector | GB/T 4327 — 93 6.11(eqv ISO 6790-5.11) |
| 7 | N | 感烟探测器(非地址码型)<br>Smoke detector (non-addressable code type) | GB/T 4327 — 93 6.11(eqv ISO 6790-5.11)+标注 |
| 8 | EX | 感烟探测器(防爆型)<br>Smoke detector(explosion-proof type) | GB/T 4327 — 93 6.11(eqv ISO 6790-5.11)+标注 |
| 9 |  | 感光火灾探测器　Flame detector | GB/T 4327 — 93 3.8 (eqv ISO 6790-2.8)+ GB/T 4327—93 4.5.1(eqv ISO 6790-3.5.1) |
| 10 |  | 气体火灾探测器(点式)　Gas detector(point type) | GB/T 4327 — 93 6.12(eqv ISO 6790-5.12) |
| 11 |  | 复合式感烟感温火灾探测器<br>Combination detector,smoke and heat | GA/T 229—1999 6.1.19 |
| 12 |  | 复合式感光感烟火灾探测器<br>Combination detector,flame and smoke | GA/T 229—1999 6.1.20 |
| 13 |  | 点型复合式感光感温火灾探测器<br>Combination detector,flame and heat | GA/T 229—1999 6.1.21 |
| 14 |  | 线型差定温火灾探测器 Line-type rate-of-rise and fixed temperature detector | GA/T 229—1999 6.1.23 |
| 15 |  | 线型光束感烟火灾探测器(发射部分)<br>Infra-red beam line-type smoke detector(emitter) | GA/T 229—1999 6.1.27 |
| 16 |  | 线型光束感烟火灾探测器(接受部分)<br>Infra-red beam line-type smoke detector (receiver) | GA/T 229—1999 6.1.28 |
| 17 |  | 线型光束感烟感温火灾探测器(发射部分)<br>Infra-red beam line-type smoke and heat detector (emitter) | GA/T 229—1999 6.1.30 |
| 18 |  | 线型光束感烟感温火灾探测器(接受部分)<br>Infra-red beam line-type smoke and heat detector (receiver) | GA/T 229—1999 6.1.31 |

续表

| 序号 | 图例 | 说 明 | 相关标准 |
|---|---|---|---|
| 19 | | 线型可燃气体探测器<br>Line-type combustible gas detector | GA/T 229—1999 6.1.32 |
| 20 | | 手动火灾报警按钮 Manual station | GB/T 4327—93 3.8(eqv ISO 6790-2.8)+ GB/T 4327—93 4.5.5 (eqv ISO 6790-3.5.5) |
| 21 | | 消火栓起泵按钮 Pump starting button in hydrant | GA/T 229—1999 6.1.34 |
| 22 | | 水流指示器 Flow switch | GA/T 229—1999 6.1.35 |
| 23 | P | 压力开关 Pressure switch | GB/T 4327—93 3.8(eqv ISO 6790-2.8) +标注 |
| 24 | | 带监视信号的检修阀 Remote signalling check valve | GB/T 4327—93 4.4.1(eqv ISO 6790-3.4.1) |
| 25 | | 报警阀 Alarm valve | |
| 26 | | 防火阀(需表示风管的平面图用)Fire-resisting damper | GBJ 114—88 第七节 6 |
| 27 | | 防火阀(70℃熔断关闭)Fire-resisting damper(shut off 70℃) | |
| 28 | | 防烟防火阀(24V 控制 70℃熔断关闭)Smoke control/ fire-resisting damper(open w/24V electric control,shut off 70℃) | |
| 29 | | 防火阀(280℃熔断关闭)Fire-resisting damper(shut off 280℃) | |
| 30 | | 防烟防火阀(24V 控制，280℃熔断关闭)Smoke control/ fire-resisting damper (open w/24/V electric control,shut off 280℃) | |
| 31 | | 增压送风口 | |
| 32 | SE | 排烟口 | |
| 33 | | 火灾报警电话机(对讲电话机)<br>Speaker-phone(or two-way telephone) | GB/T 4327—93 6.13(eqv 6790-5.14) |
| 34 | | 火灾电话插孔(对讲电话插孔)<br>Jack for two-way telephone | GA/T 229—1999 6.3.19 |
| 35 | | 带手动报警按钮的火灾电话插孔<br>Jack for two-way telephone with manual station | GB/T 4327—93 3.8(eqv ISO 6790-2.8) +GA/T 229—1999 4.12 |
| 36 | | 火警电铃 Alarm bell | GB/T 4327—93 3.10(eqv ISO 6790-2.10)+ GB/T 4327—93 4.6.1(eqv ISO 6790-3.6.1) |

续表

| 序号 | 图例 | 说 明 | 相关标准 |
|---|---|---|---|
| 37 | | 警报发声器 Alarm sounder | GB/T 4327—93 6.15(eqv ISO 6790-5.16) |
| 38 | | 火灾光警报器 Alarm illuminated signal | GA/T 229—1999 6.4.4 |
| 39 | | 火灾声、光警报器 Audio-visual fire alarm | GA/ T 229—1999 6.4.5 |
| 40 | | 火灾警报扬声器 Fire alarm loudspeaker | GA/ T 229—1999 6.4.6 |
| 41 | IC | 消防联动控制装置 Integrated fire control device | GB/T 4327—93 3.7(eqv ISO 6790-2.7) + 标注 |
| 42 | AFE | 自动消防设备控制装置 Device for controlling automatic fire equipments | GB/T 4327—93 3.7(eqv ISO 6790-2.7) + 标注 |
| 43 | EEL | 应急疏散指示标志灯 Emergency exit indicating luminaires | GB/T 4327—93 3.7(eqv ISO 6790-2.7) + 标注 |
| 44 | EEL | 应急疏散指示标志灯(向右) Emergency exit indicating luminaires(right) | GB/T 4327—93 3.7(eqv ISO 6790-2.7) + 标注 |
| 45 | EEL | 应急疏散指示标志灯(向左) Emergency exit indicating luminaires(left) | GB/T 4327—93 3.7(eqv ISO 6790-2.7) + 标注 |
| 46 | EL | 应急疏散照明灯 Emergency escape indicating sign luminaires | GB/T 4327—93 3.7(eqv ISO 6790-2.7) + 标注 |
| 47 | | 消火栓 Hydrant | |

## 8.3.3 火灾报警施工图识图准备

### 1. 建筑整体情况分析

(1) 本楼属于综合楼性质，包含了公共大厅、办公室和客房等使用功能。

(2) 本工程为一类高层建筑。火灾自动报警系统的保护等级按一级保护。

(3) 火灾自动报警系统、消防联动控制系统、火灾应急广播系统、消防直通对讲电话系统、应急照明控制系统。

### 2. 设计说明

第二条说明综合楼概况及系统组成。

第三条说明消防控制室位置、组成和功能。

第四条说明火灾自动报警系统控制模式，探测器、报警按键及声光报警装置的设置位置。所谓总线制，即每条回路只有两条报警总线(控制信号线和被控制设备的电源线不包括在内)，应用了地址编码技术的火灾探测器、火灾报警按钮及其他需要向火灾报警中心传递信号的设备(一般是通过控制模块转换)等，都直接并接在总线上。

第五条说明消防联动装置的设备，在消防控制室对消火栓泵、自动喷淋泵、加压送风机、排烟风机和多线手动控制，并接收其反馈信号。

第六条说明火灾应急广播系统主机位置、输出方式、火情时的启动要求。

第七条说明消防直通对讲电话系统设置、安装要求。

第八条说明电源及接地要求。

第九条说明消防系统线路敷设要求。

第十条说明系统的成套设备，包括报警控制器、联动控制台、CRT 显示器、打印机、应急广播、消防专用电话总机、对讲录音电话及电源设备等，如图 8.23 所示。这些设备均由该承包商成套供货，并负责安装、调试。

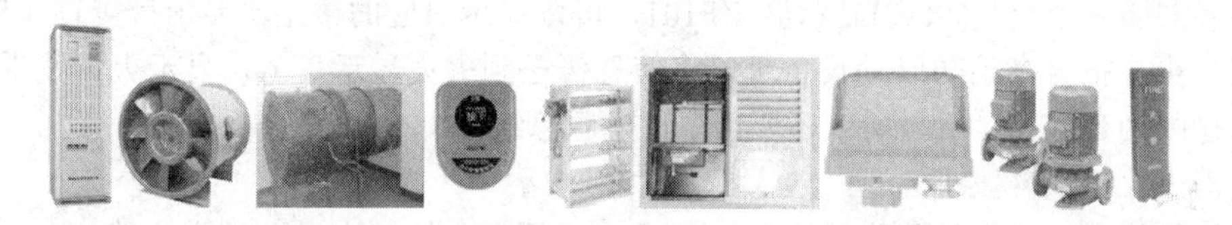

图 8.23　常用设备

3. 综合楼一层内容的识图

本施工图包括：火灾自动报警系统图和消防控制室设备布置平面图。

火灾自动报警系统系统图平面图.mp4

4. 系统图分析

从系统图中可以知道，消防控制中心设在一层。火灾报警与消防联动控制的核心设备型号为 JB-QG/T-GST5000，是联动型火灾报警控制器，JB 为国家标准中的火灾报警控制器，其他多为产品开发商的系列产品编号。消防电话设备的型号为 GST-TS-Z01A；消防广播设备型号为 GST-GF500；电源设备型号为 GST-LD-D02；多线制控制盘型号为 GST-LD-KZ014；这些设备一般都是产品开发商配套生产的。

1)　配线标注情况

消防电话线：电话线 NH-RVS-2×1.5mmG20，其含义为：耐火型、铜芯聚氯乙烯绝缘绞型软线、两根线芯截面积 1.5mm$^2$、保护管为直径 20mm 的钢管。

消防广播线：ZR-BV-450/750 2×2.5mm(以对数计)，其含义为：阻燃、铜芯聚氯乙烯绝缘、450 指火地电压、750 指相间电压、两根线芯截面积 2.5mm$^2$、保护管为直径 20mm 的钢管。

直接控制线：ZR-KVV-n×1.5，其含义为：阻燃、聚氯乙烯绝缘、聚氯乙烯护套、控制电缆 n 根 1.5mm$^2$。

消火栓按钮报警线：NH-RVS-4×1.5mmG20。

信号线：NH-RVS-2×1.5mm。

24V 电源线：24V DC 电源至竖井为 ZR-BV-450/750 2×6 导线，至各层为 ZR-BV-450/750 2×2.5 导线。

多线联动控制线，所谓消防联动主要就是指这部分，这部分的设备是跨专业的，比如消防水泵、喷淋泵的启动；防烟设备的关闭，排烟设备的打开；工作电梯轿厢下降到底层后停止运行，消防电梯投入运行等。究竟有多少需要联动的设备，在火灾报警与消防联动的平面图上是不进行表示的，只有在动力平面图中才能表示出来。

2) 接线端子箱/隔离模块

从系统图中可以知道，每层楼安装一个接线端子箱，端子箱中安装有短路隔离模块SAN1726A，其作用是当某一层的报警总线发生短路故障时，将发生短路故障的楼层报警总线断开，就不会影响其他楼层的报警设备正常工作了。

3) 重复(火灾)显示盘

每层楼安装一个重复(火灾)显示盘 ZF101，可以显示对应的楼层，显示盘接有 RS-485 通信总线，火灾报警与消防联动设备可以将信息传送到火灾显示盘上，显示火灾发生的楼层。显示盘因为有灯光显示，所以还要接主机电源总线。

4) 消火栓箱报警按钮

消火栓箱报警按钮也是消防泵的启动按钮(在应用喷水枪灭火时)，消火栓箱是人工用喷水枪灭火最常用的方式。当人工用喷水枪灭火时，如果给水管网压力低，就必须启动消防泵，消火栓箱报警按钮是击碎玻璃式(或有机玻璃)，将玻璃击碎(也有按压式，需要专用工具将其复位)，按钮将自动动作，接通消防泵的控制电路，及时启动消防水泵(如过早启动水泵，喷水枪的压力会太高，使消防人员无法手持水枪)。同时也通过报警总线向消防报警中心传递信息。因此，每个消火栓箱报警按钮也占一个地址码。

5) 火灾报警按钮

火灾报警按钮是人工向消防报警中心传递信息的一种方式，一般要求在防火区的任何地方至火灾报警按钮都不超过 30m，火灾报警按钮也是击碎玻璃式或按压玻璃式，发生火灾需要向消防报警中心报警时，击碎火灾报警按钮玻璃就可以通过报警总线向消防报警中心传递信息。每一个火灾报警按钮也占一个地址码。火灾报警按钮与消火栓箱报警按钮是不可相互替代的，火灾报警按钮是可以实现早期人工报警的；而消火栓箱报警按钮只有在应用喷水枪灭火时才能进行人工报警。

6) 水流指示器

每层楼一个，由此可以推断出，该建筑每层楼都安装有自动喷淋灭火系统。火灾现场超过一定温度时，自动喷淋灭火系统的喷头感温元件熔化或炸裂，系统将自动喷水灭火，此时需要启动喷淋泵加压。水流指示器安装在喷淋灭火给水的支干管上，当支干管有水流动时，其水流指示器的电触点闭合，通过控制模块接入报警总线，向消防报警中心传递信息。每一个水流指示器也占一个地址码。喷淋泵是通过压力开关启动加压的。

7) 感温火灾探测器

感温探测器(简称温感)是通过监测探测周围环境温度的变化来实现火灾防范的，安装在正常情况下有烟和粉尘滞留等不宜安装感烟探测器的场所，如车库、厨房、餐厅、锅炉房等地方。

8) 感烟火灾探测器

感烟火灾探测器(简称烟感)主要应用在火灾发生时，产生烟雾较大或容易产生阻燃的场所，探测到烟雾粒子并转化为电信号。

9)　其他消防设备

输入输出控制模块 GST-LD-8301，该控制模块是将报警控制器送出的控制信号放大，再控制需要动作的消防设备。排烟、空气处理机和新风机是中央空调设备，发生火灾时，要求其停止运行，控制模块就发出通知其停止运行的信号；正压送风机在一层有 5 台。还有非消防电源(正常用电)配电箱，火灾发生时需要切换消防电源、电源自动切换箱、消火栓、自动喷淋。广播有服务广播和消防广播，两者的扬声器合用，发生火灾时切换成消防广播。

以系统图一层为例，纵向自左至右第 1 行第一个图形符号为手动报警按钮，2 表示本层有两个；第 2 个图形符号为广播切换模块及扬声器，8 表示在本层的数量；第三个 C1 表示控制模块，连接声光报警器，数字 6 表示在本层的数量；第四个 SFK 表示正压送风机；第五列和第六列 AL 表示照明配电箱，前边数字表示楼层编号；第七列 ALE 表示应急照明配电箱，前边数字表示楼层；后边的表示水流指示器、报警信号阀、消火栓按钮、手动报警按钮、感烟探测器和显示盘。

负一楼从左至右依次为报警电话/带电话插孔的手动报警按钮、扬声器、喷淋/消火栓控制箱、排烟防火阀、应急照明配电箱、照明配电箱、电源自动切换箱、水流指示器(每层一个)、报警阀、消火栓按钮、手动报警按钮、感温探测器、感烟探测器和重复(火灾)显示盘。

火灾报警控制器的右侧有电源线和总线信号线，系统有 18 个回路，其中负一楼有 Z1、Z2 和 Z3 三个回路。

消火栓箱报警按钮的连接线为 4 根，为什么是 4 线？这是因为消火栓箱内还有水泵启动指示灯，而指示灯的电压为直流 24V 的安全电压，因此形成了两个回路，每个回路仍然是两线。同时每个消火栓箱报警按钮也与报警总线相接。

火灾报警按钮也与消防电话线连接，每个火灾报警按钮板上都设置有电话插孔，插上消防电话即可使用。

左侧有广播总线、电话总线和多线制控制线。

### 5. 平面图分析

1)　配线基本情况

阅读平面图时，要从消防报警中心开始。消防报警中心在一层，将其与本层及上、下层之间的连接导线走向关系搞清楚，就容易理解工程情况了。来自消防报警中心的报警总线必须经隔离模块 G，进各楼层的接线端子箱(火灾显示盘 ZF10—本层的控制主机)后，再向其编址设备配线；消防电话线只与火灾报警按钮及火警电话有连接关系；联动控制总线只与控制模块所控制的设备有连接关系；广播总线只与广播切换模块连接的广播有连接关系；主机电源总线与火灾显示盘和控制模块所控制的设备有连接关系；负一楼消火栓按钮报警控制线只与消防水泵房双电源切换箱(与消防水泵连接)及消火栓按钮有连接关系。

从平面图中可以看出，从消防控制柜中引出了三条回路，最左边是广播总线，是先从控制器出来，为本层广播配线后，再经前厅Ⓓ轴向上向下引至各层。然后是消防电话回路，先引出至本层办公门厅带电话插孔的按钮，一路到消防控制室内的消防电话，另一路到前厅Ⓓ轴的按钮，再向上向下引至各层。第三条是总线从消防控制室引出到办公门厅前的火灾显示盘，到本层的探测器，再向上向下引到各层的显示盘。系统中还有直接控制线，向下引到负一层控制消火栓泵、自动喷淋泵启停；向上引至顶层控制电梯等设备。消火栓按钮控制线接到本层的消火栓按钮后直接引上引下至各层。

2) 其他各层情况

一层以外各层接收从一层消防控制室引来的广播、电话、消防总线、消火栓按钮控制线，然后接到相关设备上。负一层将消火栓按钮控制线接到消防泵控制器上；将直接控制线接到 8302C 切换模块控制消防泵启动。顶层将直接控制线引至 8302C 控制电梯强制归首层。

## 8.4 本章小结

通过阅读建筑电气工程图，可以了解建筑电气工程所采用的设备和材料的型号、规格、安装敷设方法和各装置之间的连接方式等情况，在阅读的同时还应结合相关的数据手册、工艺标准以及施工规范，从而对该建筑物的电气系统有一个全面的了解和掌握。

本章通过一套完整、典型的高层建筑的电气施工图范例，引导读者识图，讲授识图方法、顺序及技巧，介绍一些熟悉的电气施工图图例，锻炼识图和构建空间概念的能力，锻炼识别线缆的平面和空间定位能力，并在知识拓展板块中，加入一些必备或常识性的知识。读者在掌握这些能力和知识之后，对与建筑有关的电气专业其他内容的图纸也能很快触类旁通，所以本章具备一定的培养读者工作迁移能力的作用。

### 1. 电气施工图的特点

建筑电气工程图大多采用统一的图形符号并加注文字符号绘制而成的；电气线路都必须构成闭合回路；线路中的各种设备、元件都是通过导线连接成为一个整体的；建筑电气工程图对于设备的安装方法、质量要求以及使用维修方面的技术要求等，往往不能完全反映出来，所以要参照相关图集和规范。

### 2. 电气施工图的组成

建筑电气施工图由图纸目录与设计说明、主要材料设备表、系统图、平面布置图、控制原理图、安装接线图和安装大样图(详图)组成。

### 3. 电气施工图的阅读方法

熟悉电气图例符号，弄清图例、符号所代表的内容。针对一套电气施工图，一般应先按图纸目录、设计说明、材料设备表、系统图、平面图、接线图、大样图顺序阅读，然后再对某部分内容进行重点识读；抓住电气施工图要点进行识读；结合土建施工图进行阅读；熟悉施工顺序，便于阅读电气施工图。例如识读配电系统图、照明与插座平面图时，就应首先了解室内配线的施工顺序；识读时，施工图中各图纸应相互参照配合阅读。

### 4. 火灾自动报警系统

该系统是本章的重点，也是实践中的难点。8.3 节开篇以规范要求为起点，说明了建筑分类、受保护对象分级；通过框图介绍了火灾自动报警系统原理、组成、分类和工作过程，列出了最新的图例供识图使用。通过施工图范例，将自动报警系统识图要点阐明。

## 8.5　习　　题

1. 电气施工图由哪几部分组成？
2. 电力负荷如何分级，每级的供电要求如何？
3. 简述照明平面图和照明系统图的作用。
4. 用文字叙述线路标注：VV-5X10，SC40，SCE。
5. 用文字叙述灯具标注：$4-\mathrm{YZ40}\dfrac{2\times 40\times \mathrm{FL}}{2.5}\mathrm{CS}$。

# 第9章　建筑电气施工

内容提要

本章围绕本书给出的某高层综合楼范例，介绍建筑设备中电气工程施工的有关内容，包括：电气安装工程施工阶段、施工材料、施工程序、施工工艺以及施工技术要求等。

教学目标

- 掌握电气工程施工程序。
- 掌握电气专业施工工艺。
- 了解电气工程施工验收规范。
- 了解电气工程质量评价标准。

## 9.1　建筑电气安装工程基本知识

### 9.1.1　电气安装工艺流程及一般要求

工艺流程：施工准备→预制→配管、配线→电气设备安装→调试→竣工验收。

一般要求：室内建筑电气设备安装分为三个分项：即电力照明系统、防雷接地系统、弱电系统安装。电气安装工程必须严格按照“规程规范”和“质量验收评定标准”进行施工作业，电气设备安装人员必须持有满足该幢建筑物安装工程要求的许可证、电工作业操作证和上岗证件，未经过专业学习、培训或经培训未合格的人员，均不得从事电气作业。

### 9.1.2　建筑电气安装工程常用材料

#### 1. 电线电缆

电线电缆主要用于电力、通信相关传输。电线和电缆并没有严格的界限。通常将芯数少、直径小、结构简单的称为电线，其他的称为电缆。建筑电气安装工程常用的电线按适用范围分为绝缘电线、耐热电线、屏蔽电线几种。

(1) 绝缘电线：用于一般动力和照明线路。例如型号为BLV-500-25的电线其参数含义为：B表示布线用电线，L表示铝线芯，铜芯一般省略不表，V表示塑料绝缘，500表示额定电压，单位为V，25表示导体截面积，单位为$mm^2$。

(2) 耐热电线：用于温度较高的场所，供交流500V以下、直流1000V以下的电工仪表、电信设备、电力及照明配线用。如：BV-105表示其工作温度不超过105℃。

(3) 屏蔽电线：供交流250V以下的电器、仪表、电信电子设备及自动化设备屏蔽线路用。如：RVP表示铜芯塑料绝缘屏蔽软线。

在配电系统中，电力电缆是用来输配电能的，控制电缆是用在保护、操作等回路中传导电流的。电缆的基本结构一般是由导电线芯、绝缘层和保护层三个主要部分组成。

① 导电线芯：导电线芯是用来输送电流的，必须具有高的导电性、一定的抗拉强度和伸长率、耐腐蚀性好以及便于加工制造等特点。通常由软铜或铝的多股绞线做成。

② 绝缘层：绝缘层的作用是将导电线芯与相邻导体及保护层隔离，是用来抵抗电力电流、电压、电场对外界的作用，保证电流沿线芯方向传输。绝缘层的好坏，直接影响电缆运行的质量。电缆的绝缘层通常采用纸、橡皮、聚氯乙烯、聚乙烯和交联聚乙烯等。

③ 保护层：它是为使电缆适应各种环境使用要求，而在绝缘层外面施加的保护覆盖层。其主要作用是保护电缆在敷设和运行过程中，免遭机械损伤和各种环境因素的破坏，所以保护层直接关系到电缆的寿命。

④ 电缆的型号、名称及代码含义：我国电缆产品的型号系采用汉语拼音字母组成，有外护层时则在字母后加上两个阿拉伯数字。常用电缆型号字母含义及排列次序，如表9.1所示。

表9.1 常用电缆型号字母含义及排列次序

| 类 别 | 绝缘种类 | 线芯材料 | 保护层1 | 其他特征 | 保护层2 |
|---|---|---|---|---|---|
| 电力电缆不表示<br>K—控制电缆<br>Y—移动式软电缆<br>P—信号电缆<br>H—市内电话电缆 | Z—纸绝缘<br>X—橡皮<br>V—聚氯乙烯<br>Y—聚乙烯<br>YJ—交联聚乙烯 | T—铜<br>(省略)<br>L—铝 | Q—铅护套<br>L—铝护套<br>H—橡套<br>(H)F—非燃烧橡套<br>V—聚氯乙烯护套<br>Y—聚乙烯护套 | D—不滴流<br>F—分相铅包<br>P—屏蔽<br>C—重型 | 两个数字<br>(含义参见表9.8中对两位数字的解释) |

**知识拓展：预制分支电缆(如图9.1所示)**

将现场安装时的手工操作，移到工厂采用专用设备和工艺加工制作，运用普通电力电缆根据垂直(高层建筑竖井)或水平(住宅小区等)配电系统的具体要求和规定位置，进行分支连接而成。在现代建筑电气施工中预制分支电缆以良好的供电可靠性和免维护等诸多特点，逐渐被众多建筑电气设计、施工以及使用单位所认识，越来越多地用于高层建筑电气竖井配电系统。

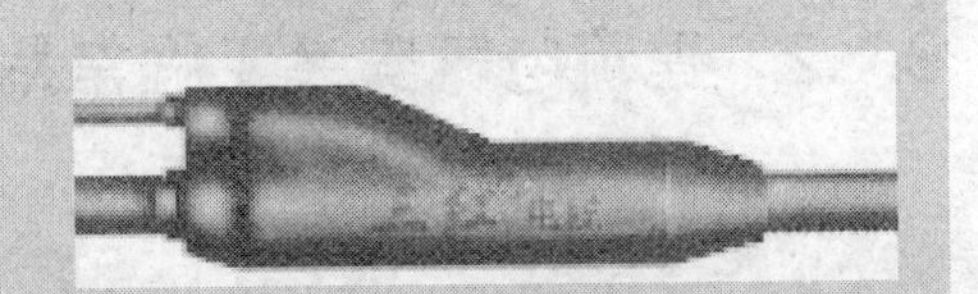

图9.1 预制分支电缆

### 2. 钢管

钢管是一种中空的长条钢材，是建筑电气施工的一种常见管材，还大量用作输送流体的管道，如石油、天然气、水、煤气和蒸汽等。

钢管分为无缝钢管和焊接钢管(有缝管)两大类。无缝钢管是用钢锭或实心管坯经穿孔制成毛管，然后经热轧、冷轧或冷拔制成；焊接钢管也叫焊管，是用钢板或钢带经过弯曲成型，然后经焊接制成。按焊缝形式分为直缝焊管和螺旋焊管。按用途又分为一般焊管、镀锌焊管、吹氧焊管、电线套管和电焊异型管等。镀锌钢管是为提高钢管的耐腐蚀性能，对一般钢管(黑管)进行镀锌的钢管。镀锌钢管分热镀锌和电镀锌两种，热镀锌镀锌层厚，电镀锌成本低。电线套管一般采用普通碳素钢电焊钢管，用在混凝土及各种结构配电工程中，电线套管壁较薄，大多进行涂层或镀锌后使用，要求进行冷弯试验。

### 3. 型钢

建筑电气安装工程中常用的型钢主要有以下几种，其外形如图 9.2 所示。

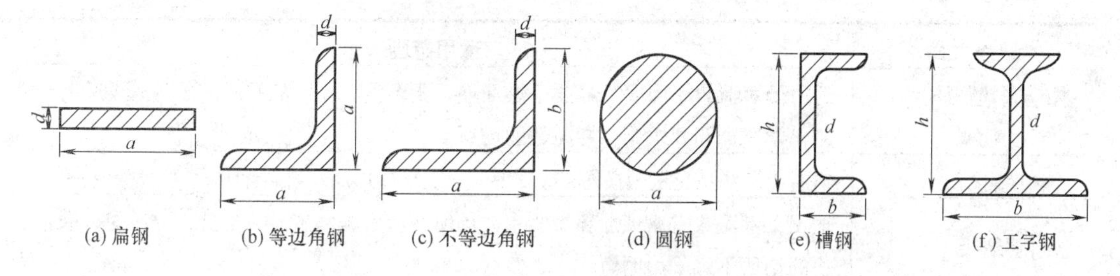


图 9.2　电气工程中常用的钢材断面

(1)　圆钢：用于制作螺栓、钢索、接地线、避雷针等。规格：8 号表示其直径为 8mm。

(2)　扁钢：用于制作支架、吊架、避雷带和接地线等。规格：40×4 表示其宽度为 40mm，厚度为 4mm。

(3)　角钢：用于制作支架、吊架和避雷装置等。规格：L50×50×6 表示其两边长度都为 50mm，厚度为 6mm。

(4)　槽钢：用于制作配电屏支座等。槽钢是截面为凹槽形的长条钢材。其规格表示方法，如 120×53×5，表示腰高 *h* 为 120mm、腿宽 *b* 为 53mm、腰厚 *d* 为 5mm 的槽钢，或称 12#槽钢。

### 4. 塑料管材

塑料管与传统金属管道相比，具有自重轻、耐腐蚀、耐压强度高、安全卫生、节约能源、节省金属、改善生活环境、使用寿命长和安装方便等特点，一经推出便受到建筑工程和管道工程界的青睐。建筑电气工程中常用的是 PVC 管和塑料波纹管。PVC 管通常分为普通聚氯乙烯管(PVC)、硬聚氯乙烯管(PVC-U)、软聚氯乙烯管(PVC-P)和氯化聚氯乙烯管(PVC-C)四种。

在世界范围内，硬聚氯乙烯管道(PVC-U)是各种塑料管道中消耗量最大的品种，亦是目前国内外都在大力发展的新型化学建材。

# 9.2 室内配线施工要点与技术规范

## 9.2.1 室内配线工程的一般规定和工序

室内配线指敷设在建筑物、构筑物内的明线、暗线、电缆和电气器具的连接线。各种室内(外)配线方式的适用范围如表9.2所列。固定导线用的支持物、专用配件、敷设导线和电缆等统称为室内配线工程。

### 1. 室内配线工序

其施工工序一般为：电施预留、预埋→电管敷设(线槽敷设)→管内穿线→导线连接。

表9.2 各种室内(外)配线方式适用范围

| 配线方式 | 适用范围 |
| --- | --- |
| 木(塑料)槽板配线、护套线配线 | 适用于负荷较小照明工程的干燥环境，要求整洁美观的场所，塑料槽板适用于防化学腐蚀和要求绝缘性能好的场所 |
| 金属管配线 | 适用于导线易受机械损伤、易发生火灾及易爆炸的环境，有明管和暗管配线两种 |
| 塑料管配线 | 适用于潮湿或有腐蚀性环境的室内场所的明管配线或暗管配线，但易受机械损伤的场所不宜采用明敷 |
| 线槽配线 | 适用于干燥和不易受机械损伤的环境内明敷或暗敷，但对有严重腐蚀的场所不宜采用金属线槽配线，对高温、易受机械损伤的场所内不宜采用塑料线槽明敷 |
| 电缆配线 | 适用于干燥、潮湿的户内及户外配线(应根据不同的使用环境选用不同型号的电缆) |
| 竖井配线 | 适用于多层和高层建筑物内垂直配电干线的场所 |
| 钢索配线 | 适用于层架较高、跨度较大的大型厂房，多数应用在照明配线上，用于固定导线和灯具 |
| 架空线配线 | 适用户外配线 |

### 2. 室内配线的一般规定

室内配线应按图施工，并严格执行《建筑电气施工质量验收规范》(GB 50303—2015)及有关规定。施工过程中，首先应符合电器装置安装的基本要求，即安全、可靠、经济、方便和美观。室内配线工程一般应符合以下规定。

(1) 配线的布置及其导线型号、规格应符合设计规定。配线工程施工中，当无设计规定时，导线最小截面应能满足机械强度的要求，不同敷设方式导线芯线允许最小截面积如表9.3所列数值。

(2) 所用导线的额定电压应大于线路的工作电压，导线的绝缘应符合线路的安装方式和敷设环境条件。低压电线和电缆，线间和线对地间的绝缘电阻必须大于0.5MΩ。

(3) 配线工程施工中，室内、室外绝缘导线最小间距和对地的最小距离应符合表9.4所列的规定。

表 9.3　不同敷设方式导线芯线允许最小截面积

| 用　途 | 最小芯线截面积/mm$^2$ | | |
|---|---|---|---|
| | 铜　芯 | 铝　芯 | 铜芯软线 |
| 裸导线敷设在室内绝缘子上 | 2.5 | 4.0 | — |
| 绝缘导线敷设于绝缘子上(支持点间距为 $L$): | | | |
| 室内　$L$≤2m | 1.0 | 2.5 | — |
| 室外　$L$≤2m | 1.5 | 2.5 | — |
| 室内外　2m<$L$≤6m | 2.5 | 4.0 | — |
| 6m<$L$≤12m | 2.5 | 6.0 | — |
| 绝缘导线穿管敷设 | 1.0 | 2.5 | 1.0 |
| 绝缘导线槽板敷设 | 1.0 | 2.5 | — |
| 绝缘导线线槽敷设 | 0.75 | 2.5 | — |
| 塑料绝缘护套线明敷 | 1.0 | 2.5 | — |

表 9.4　室内、室外绝缘导线最小间距和对地的最小距离

| 固定点间距/m | 导线最小间距/mm | | 敷设方式 | | 导线对地最小距离/m |
|---|---|---|---|---|---|
| | 室内配线 | 室外配线 | | | |
| 1.5 及以下 | 35 | 100 | 水平敷设 | 室内 | 2.5 |
| 1.5～3.0 | 50 | 100 | | 室外 | 2.7 |
| 3.0～6.0 | 70 | 100 | 垂直敷设 | 室内 | 1.8 |
| 6.0 以上 | 100 | 150 | | 室外 | 2.7 |

(4) 为了减少由于导线接头质量不好引起的各种电气事故，导线敷设时，应尽量避免接头。护套线明敷、线槽配线、管内配线和配电屏(箱)内配线不应有接头。

(5) 各种明配线应垂直和水平敷设，且要求横平竖直。一般导线水平高度不应小于 2.5m；垂直敷设不应低于 1.8m，否则应加管槽保护，以防机械损伤。

(6) 当采用多相供电时，同一建筑物、构筑物的电线绝缘层颜色选择应一致，即保护地线(PE 线)应是黄、绿相间色；零线用淡蓝色；L1 相线用黄色；L2 相线用绿色；L3 相线用红色。

(7) 为了防止火灾和触电等事故发生，在顶棚内由接线盒引向器具的绝缘导线，应采用可挠金属电线保护管或金属软管等保护，导线不应有裸露部分。

(8) 照明和动力线路、不同电压、不同电价的线路应分开敷设，以方便计价、维修和检查。每条线路应标记清晰，编号准确。

(9) 管、槽配线应采用绝缘电线和电缆。在同一根管、槽内的导线都应具有与最高标称电压回路绝缘相同的绝缘等级。

(10) 入户线在进墙的一段应采用额定电压不低于 500V 的绝缘导线；穿墙保护管的外侧，应有防水弯头，且导线应弯成滴水弧状后方可引入室内。

(11) 为了有良好的散热效果，管内配线其导线的总截面积(包括外绝缘层)不应超过管子

内空总截面积的40%。线槽配线其导线的总截面积(包括外绝缘层)不应超过线槽内空总截面积的60%。

(12) 三相照明线路各相负荷宜均匀分配，一般照明每一支路的最大负荷电流、光源数和插座数均应符合有关规定。

(13) 电线管与热水管、蒸汽管同侧敷设时，应敷设在热水管、蒸汽管的下面。当施工有困难和施工维修其他管道对电线管有影响时，室内电气线路与其他管道间的最小距离应符合规范的规定。

(14) 配线工程采用的管卡、支架、吊钩、拉环和盒(箱)等黑色金属附件，均应镀锌和作防护处理。

(15) 配线工程施工后，应进行各回路的绝缘检查，并应做好记录。配线工程中所有外露可导电部分的保护接地和保护接零均应可靠，对带有漏电保护装置的线路应做模拟动作试验，并应做好记录。

## 9.2.2 线缆的选择

### 1. 室内配线常用绝缘导线的种类

室内配线工程常用绝缘导线，按绝缘材料有橡皮绝缘和聚氯乙烯绝缘之分；按线芯材料有铜线和铝线之分；按线芯结构有单股和多股之分；按线芯硬度有硬线和软线之分。常用导线的型号、名称和用途如表9.5所示。

表9.5 常用绝缘导线的型号、名称和用途

| 型 号 | 名 称 | 适用范围 |
|---|---|---|
| BL(BLX)<br>BXF(BLXF)<br>BXR | 铜(铝)芯橡皮绝缘线<br>铜(铝)芯氯丁橡皮绝缘线<br>铜芯橡皮绝缘软线 | 适用于交流500V及以下，或直流1000V及以下的电气设备及照明装置 |
| BV(BLV)<br>BVV(BLVV)<br>BVVB(BLVVB)<br>BVR<br>BV-105 | 铜(铝)芯聚氯乙烯绝缘线<br>铜(铝)芯聚氯乙烯绝缘聚氯乙烯护套圆形电线<br>铜(铝)芯聚氯乙烯绝缘聚氯乙烯护套平型电线<br>铜芯聚氯乙烯绝缘软电线<br>铜芯耐热105℃聚氯乙烯绝缘电线 | 适用于各种交流、直流电器装置，电工仪表、仪器，电信设备，动力及照明线路固定敷设 |
| RV<br>RVB<br>RVS<br>RV-105<br>RSX<br>RX | 铜芯聚氯乙烯绝缘软线<br>铜芯聚氯乙烯绝缘平型软线<br>铜芯聚氯乙烯绝缘绞型软线<br>铜芯耐热105℃聚氯乙烯绝缘软电线<br>铜芯橡皮绝缘棉纱纺织绞型软电线<br>铜芯橡皮绝缘棉纱纺织圆形软电线 | 适用于各种交、直流电器、电工仪器、家用电器、小型电动工具、动力及照明装置的连接 |

### 2. 绝缘导线的允许载流量

绝缘导线的允许载流量是指导线在额定的工作条件下，允许长期通过的最大电流。不同的材质、不同的截面积、不同的敷设方法、不同的绝缘材料、不同的环境温度和穿不同

材料的保护管等因素都会影响导线的载流量。选择导线时必须认真查阅、计算。

### 3. 绝缘导线的选择

绝缘导线的选择分三部分内容，其一是相线截面的选择；其二是中性线(N 线、工作零线)截面的选择；其三是保护线(PE 线、保护零线和保护导体)截面的选择。

(1) 相线的选择：一般按允许载流量选择导线的截面。按机械强度选择导线的最小允许截面。按电压损失校验导线截面。

(2) 中性线截面(N 线、工作零线)的选择：中性线(N 线、工作零线)截面一般不应小于相线截面的 50%。

(3) 保护线(PE 线、保护零线和保护导体)截面积的选择：保护导体的截面积如表 9.6 所示。

表 9.6 保护导体的截面积

| 相线的截面积 $S$/mm$^2$ | 相应保护导体的最小截面积 $S_P$/mm$^2$ |
|---|---|
| $S \leqslant 16$ | $S$ |
| $16 < S \leqslant 35$ | 16 |
| $35 < S \leqslant 400$ | $S/2$ |
| $400 < S \leqslant 800$ | 200 |
| $S > 800$ | $S/2$ |

注：$S$ 指柜(屏、台、箱和盘)电源进线相线截面积，且两者($S$、$S_P$)材质相同。

## 9.2.3 电施预留、预埋

电施的预留、预埋对整个电气安装工程的质量有十分重要的影响。必须认真根据电施设计施工图及施工工艺标准并按照电施作业指导书的要求进行电气预埋管、箱(盒)的施工。

(1) 预埋电管一般采用钢管和 PVC 管，钢管预埋在施工前应按要求对管道内壁进行除锈和防腐，施工完后应将管内穿好铁丝并用木塞将管口塞堵。

(2) 地面插座盒预埋时应将盒口留出混凝土面 1.5～2cm，以便后期施工时依靠地插座本身可调余量与地面找平。

(3) 在预埋导线保护管前，应做好施工质量通病的预防工作，如管材不得有折扁或裂缝，管内无杂物，处理好管口，防止堵塞，并按设计要求沿最短路线敷设，尽量减少弯头。

(4) 导线保护管的弯曲处，应用机械弯曲，防止施工中容易出现的管件断面变形、折皱、凹陷等质量通病的发生。管件弯曲时，其半径应不小于管外径的 10 倍。

(5) 在现浇混凝土内配管时，应密切配合土建将管子预埋在底筋上面。预埋的管子、卡具及箱盒等应采取固定措施固定牢固，防止浇捣混凝土时受振移位。箱盒必须紧贴模板，并用木渣、粗草纸等垫物浸水后塞好，以防砂浆进入。

(6) 在混凝土中预埋套管时，套管两端应伸出模板各 50mm。如直接埋短管，其伸出的两端必须预先套好丝口，装上管箍保护丝口，以便接管。所有暗配的管子外露的管口都应做好临时封堵。

**知识拓展：电施预留、预埋应注意的问题**

(1) 复查、整改：当一局部浇筑面管路敷设完成后应按图纸进行复查，并检查敷管质量，有问题时及时整改。

(2) 图纸标注：当敷管与原图纸有差异时，应按实际情况标注在施工图纸中，其增加的中间接线盒应标记清楚。

(3) 清盒：土建拆模后，按照标识用小锤轻敲混凝土表面，不得用力过大，不得大面积敲打，将充填物掏出。要保证盒不变形，丝爪不受损坏。

(4) 扫管：用钢丝通管后，拴棉纱反复抽拉，将管内杂物扫除，最后管口戴好护口。

(5) 明配管路施工遇有瞎盒、死管时，应在施工图上标注，并按照实际情况采取措施。

(6) 穿线前应检查管路护口是否整齐，如有遗漏或破损均应补充更换。

### 9.2.4 电管敷设

#### 1. 硬质阻燃塑料管(PVC)明敷设工艺

(1) 范围：适用于室内或有酸、碱等腐蚀介质的场所照明配线敷设安装(不得在40℃以上和易受机械冲击、碰撞摩擦等场所敷设)。

(2) 材料要求：所使用的阻燃型(PVC)塑料管，其材质均应具有阻燃、耐冲击性能，并应有检定检验报告单和产品出厂合格证。其外壁应有间距不大于1m的连续阻燃标记和制造厂厂标。管里外应光滑，无凸棱、凹陷、针孔和气泡，内外径尺寸应符合国家统一标准，管壁厚度应均匀一致。所用阻燃型塑料管附件及明配阻燃型塑料制品，如各种灯头盒、开关盒、接线盒、插座盒和管箍等，必须使用配套的阻燃型塑料制品。黏合剂必须使用与阻燃型塑料管配套的产品，黏合剂必须在使用限期内使用。

(3) 作业条件：配合混凝土结构施工时，根据设计图在梁、板、柱中预下过管及各种埋件。在配合砖结构施工时，预埋大型埋件、角钢支架及过管。喷浆完成后，才能进行管路及各种盒、箱安装，并应防止污染管道。

(4) 操作工艺应注意以下五点。

① 工艺流程：预制支、吊架铁件及弯管→测定盒箱及管路固定点位置→管路固定→管路敷设→管路入盒箱。

首先按照设计图加工好支架、吊架、抱箍、铁件及管弯。预制管弯可采用冷揻法或热揻法。阻燃塑料管敷设、揻弯对环境温度的要求如下：阻燃塑料管及其配件的敷设、安装和揻弯制作，均应在原材料规定的允许环境温度下进行，其温度不低于-15℃。

② 测定盒、箱及管路固定点位置：应按照设计图测出盒、箱和出线口等的准确位置。根据测定的盒、箱位置，把管路的垂直点水平线弹出，按照要求标出支架、吊架固定点具体尺寸位置。

③ 管路固定方法：胀管法，先在墙上打孔，将胀管插入孔内，再用螺丝(栓)固定。预埋铁件焊接法，随土建施工，按位置预埋铁件。拆模后，将支架吊架焊在预埋铁件上。

④ 管路敷设：断管时小管径可使用剪管器，大管径使用钢锯锯断，断口后将管口锉平齐。敷管时，先将管卡一端的螺丝(栓)拧紧一半，然后将管敷设于管卡内，逐个拧紧。管

路连接应保证管口平整光滑，管与管、管与盒(箱)等器件应采用插入法连接，连接处的结合面应涂专用胶合剂，接口应牢固密封。管与管之间采用套管连接时，套管长度值为管外径的1.5～3倍，管与管的对口应位于套管中心。

⑤ 管子插入盒、箱时，应用黏结剂黏结严密、牢固，采用端接头与内锁母时，应拧紧盒壁不松动。检查方法：观察和尺量检查。

### 2. 硬质阻燃型塑料管(PVC)暗敷设工艺

(1) 范围：适用于一般民用建筑内的照明系统，在混凝土结构及砖混结构暗配管敷设(不得在高温场所及顶棚内敷设)。

(2) 材料要求：见硬质阻燃塑料管(PVC)明敷设工艺。

(3) 作业条件：配合土建砌体(如砖混结构加气砖、矿渣砖等)施工时，根据电气设计图要求与土建墙上弹出的水平线，安装管路和盒箱。配合土建混凝土结构施工时，大模板、滑模板施工混凝土墙：在钢筋绑扎过程中，根据设计图要求预埋套盒及管路，同时办理隐检手续。

(4) 操作工艺。

① 工艺流程：弹线定位→加工管弯→稳埋盒箱→暗敷管路→扫管穿带线。

② 弹线定位：根据设计图要求，在砖墙、大模板混凝土墙、木模板混凝土墙、组合钢模板混凝土墙等处，确定盒、箱位置进行弹线定位，按弹出的水平线用小线和水平尺测量出盒、箱、灯和开关盒等的准确位置并标出尺寸。

③ 加工管弯：预制管弯可采用冷摵法或热摵法。阻燃塑料管敷设与摵弯对环境温度的要求如下：阻燃塑料管及其配件的敷设、安装和摵弯制作，均应在原材料规定的允许环境温度下进行，其温度不宜低于-15℃。

④ 稳埋盒、箱：盒、箱固定应平正牢固、灰浆饱满，收口平整，纵横坐标准确，符合设计图和施工验收规范规定。砖墙稳埋盒、箱时应根据设计图规定的盒、箱预留具体位置，电工随土建砌体施工配合，在约300mm处预留出进入盒、箱的管子长度，将管子甩在盒、箱预留孔外，管端头堵好，等待最后一管一孔进入盒、箱稳埋完毕。

⑤ 管路连接：应使用套箍连接(包括端接头接管)。用小刷子蘸供应的配套塑料管黏结剂，均匀涂抹在管外壁上，将管子插入套箍，管口应到位。黏结剂性能要求黏结后1min内不移位，黏性保持时间长，并具有防水性。管路垂直或水平敷设时，每隔1m距离应有一个固定点，在弯曲部位应以圆弧中心点为始点在距两端300～500mm处各加一个固定点。现浇混凝土墙板内管路暗敷设时，管路应敷设在两层钢筋中间，管路每隔1m用镀锌铁丝绑扎牢，弯曲部位按要求固定，往上引管不宜过长，以能摵弯为准，向墙外引管可使用“管帽”预留管口，待拆模后取出“管帽”再接管。现浇混凝土楼板管路暗敷设时，应根据建筑物内房间四周墙的厚度，弹十字线确定灯头盒的位置，将端接头、内锁母固定在盒子的管孔上，使用顶帽护口堵好管口，并堵好盒口，将盒子固定在底筋上。跟着敷管，管路应敷设在弓筋的下面底筋的上面，管路每隔1m用镀锌铁丝绑扎牢。

⑥ 扫管穿带线：对于现浇混凝土结构，如墙、楼板应及时进行扫管，即随拆模随扫管，这样能够及时发现堵管不通现象，便于在混凝土未终凝时进行处理，修补管路。对于砖混结构墙体，在抹灰前进行扫管，有问题时修改管路，便于土建修复。经过扫管后确认

管路畅通，及时穿好带线，并将管口、盒口、箱口堵好，加强成品配管保护，防止出现二次管路堵塞现象。

### 3. 钢管敷设工艺

(1) 范围：适用于照明与动力配线的钢管明、暗敷设及吊顶内钢管敷设工程。

(2) 材料要求：镀锌钢管(或电线管)壁厚均匀，焊缝均匀，无劈裂、砂眼、棱刺和凹扁现象。除镀锌管外其他管材需预先除锈刷防腐漆(埋入现浇混凝土时，可不刷防腐漆，但应除锈)。镀锌管或刷过防腐漆的钢管外表层应完整，无剥落现象，应具有产品材质单和合格证。管箍使用通丝管箍，丝扣清晰不乱扣，镀锌层完整无剥落，无劈裂，两端光滑无毛刺，并有产品合格证。锁紧螺母(根母)外形完好无损，丝扣清晰，并有产品合格证。铁制灯头盒、开关盒、接线盒等金属板厚度应不小于 1.2mm，镀锌层无剥落，无变形开焊，敲落孔完整无缺，面板安装孔与地线焊接脚齐全，并有产品合格证。

(3) 作业条件：暗管敷设时若在预制混凝土板上配管，应在做好地面前弹好水平线。若在现浇混凝土板内配管，应在底层钢筋绑扎完后，上层钢筋未绑扎前，根据施工图尺寸位置配合土建施工。

明管敷设时应做好以下配合内容。

① 应配合土建结构安装好预埋件。

② 应配合土建内装修油漆，在浆活完成后进行明配管。

③ 采用胀管安装时，必须在土建抹灰完后进行。

(4) 操作工艺。

① 敷设于多尘和潮湿场所的电线管路、管口、管子连接处均应做密封处理。

② 暗配的电线管路宜沿最近的路线敷设并应减少弯曲，埋入墙或混凝土内的管子，离表面的净距应不小于15mm。

③ 进入落地式配电箱的电线管路，排列应整齐，管口应高出基础面不小于50mm。

④ 埋入地下的电线管路不宜穿过设备基础，在穿过建筑物基础时，应加保护管。

(5) 预制加工：根据设计图，加工好各种盒、箱、管弯。钢管揻弯可采用冷揻法或热揻法。

(6) 管路连接：采用管箍丝扣连接时，套丝不得有乱扣现象，管箍必须使用通丝管箍。上好管箍后，管口应对严。外露丝应不多于 2 扣。暗敷设宜采用套管连接，套管长度为连接管径的1.5～3倍。连接管口的对口处应在套管的中心，焊口应焊接牢固严密。

(7) 管与管的连接。

① 管径20mm及以下钢管以及各种管径电线管，必须用管箍连接。管口锉光滑平整，接头应牢固紧密。管径25mm及以上钢管，可采用管箍连接或套管焊接。

② 管路超过下列长度，应加装接线盒，其位置应便于穿线。无弯时，45m；有一个弯时，30m；有两个弯时，20m；有三个弯时，12m。

(8) 管进盒、箱连接：盒、箱开孔应整齐并与管径相吻合，要求一管一孔，不得开长孔。铁制盒、箱严禁用电焊、气焊开孔，并应刷防锈漆。管口入盒、箱，暗配管可用跨接地线焊接固定在盒棱边上，严禁管口与敲落孔焊接。两根以上管入盒、箱要长短一致、间距均匀、排列整齐。

(9) 地线焊接：钢管管路应作整体接地连接，穿过建筑物变形缝时，应有接地补偿装置。如采用跨接方法连接，跨接地线两端焊接面不得小于该跨接线截面的 6 倍。焊缝均匀牢固，焊接处要清除药皮，刷防腐漆。跨接地线的规格如表 9.7 所示。

表 9.7　跨接地线规格表

mm

| 管　径 | 圆　钢 | 扁　钢 |
|---|---|---|
| 15～25 | $\phi$5 | — |
| 32～38 | $\phi$6 | — |
| 50～63 | $\phi$10 | 25×3 |
| ≥70 | $\phi$8×2 | (25×3)×2 |

**知识拓展：**镀锌钢管或可挠金属电线保护管，应用专用接地线卡连接，不得采用熔焊连接地线。

(10) 质量标准。

保证项目：

① 导线间和导线对地间的绝缘电阻必须大于 0.5MΩ。检验方法：实测或检查绝缘电阻测试记录。

② 薄壁钢管严禁熔焊连接。检验方法：明设的观察检查，暗设的检查隐蔽工程记录。

基本项目：

① 连接紧密，管口光滑，护口齐全，明配管及其支架、吊架应平直牢固、排列整齐，管子弯曲处无明显折皱，油漆防腐完整，暗配管保护层大于 15mm。

② 盒、箱设置正确，固定可靠，管子进入盒、箱处顺直，在盒、箱内露出的长度小于 5mm。用锁紧螺母固定的管口，管子露出锁紧螺母的螺纹为 2～4 扣。线路进入电气设备和器具的管口位置正确。检验方法：观察和尺量检查。

(11) 成品保护。

① 剔槽不得过大、过深或过宽。预制梁柱和预应力楼板均不得随意剔槽打洞。混凝土楼板和墙等均不得私自断筋。

② 现浇混凝土楼板上配管时，注意不要踩坏踩脏钢筋，土建浇筑混凝土时，电工应留人看守，以免振捣时损坏配管及盒、箱移位。遇有管路损坏时，应及时修复。

③ 吊顶内稳盒配管时，不得踩坏龙骨。严禁踩电线管行走，刷防锈漆不得污染墙面、吊顶和护墙板等。

## 9.2.5　管内穿线

### 1. 导管内电线敷设基本要求

导管内电线敷设基本要求有以下五点。

(1) 穿线前，将管内的杂物清除干净，并穿好钢丝。

(2) 导线检验合格后即可进行管内穿线，导线穿入钢管时，管口处应装设护线套保护。

(3) 相线、零线、控制线和保护线用颜色不同的固定导线加以区分。

(4) 同一交流回路的导线穿于同一钢管内，导线在管内不得有接头和扭结，接头应设在拉线盒或箱内。

(5) 导线敷设完后，分回路进行相间、相地、相零绝缘测试，同时做好记录。

### 2. 管内穿线流程及技术要求

(1) 工艺流程：根据设计图纸选择导线→穿带线钢丝→清理管口及管内杂物(严禁管内有积水)→放设电线→电线连接→电线接头包扎处理(严禁管内电线有接头)→线路检查测试。

(2) 有关技术要求措施有以下五点。

① 管内配线必须按设计要求，选用相应的线径及配线的根数并在管口处加设保护口，以防穿线时，损伤电线绝缘层。

② 配线需要两个人各在一端，一人慢慢地抽拉引线钢丝，另一个人将导线慢慢地送入管内。如管线较长，弯头太多时，应按规定设置过渡盒，但不可用油脂或石墨粉作润滑，以防渗入线芯，造成短路。

③ 管内穿线到位后，应剪去多余的部分，但要留有适当的余量，便于以后接线。

④ 配线中由于管内导线的作用不同，为了在接线时方便，应分别选用不同色线，零线为蓝线，接地线为双色线。

⑤ 对于不同回路、不同电压等级的导线，不得穿入同一根管子内，同一照明回路线在同一管内最多不超过8根。

### 3. 绝缘导线的连接

导线连接是施工人员在施工过程中最基本也是最重要的工作，是每个电气施工人员必须掌握的基本操作技能。导线连接方法很多，有铰接、焊接、压接和套管等连接方法。但一般包括剥切绝缘层、导线的芯线连接、接头焊接或压接以及包缠绝缘四个步骤。

(1) 导线连接的基本要求有以下五点。

① 导线连接应采用哪种方法应根据线芯的材质而定。铜、铝线间的连接应用铜、铝过渡接头或铜线上搪锡，以防电化学腐蚀。

② 导线连接应紧密、牢固。接头的电阻值不应大于相同长度导线的电阻值。

③ 导线接头的机械强度不应小于原导线机械强度的80%。

④ 导线接头的绝缘强度应与非连接处的绝缘强度相同。

⑤ 导线采用压接时，压接器材、压接工具和压模等应与导线线芯规格相匹配；压接时，其压接深度、压口数量和压接长度应符合有关规定。

(2) 导线接头包缠绝缘：所有导线线芯连接好后，均应用绝缘带包缠均匀紧密，以恢复绝缘。经常使用的绝缘带有黑胶布、聚氯乙烯带和自黏性胶带等，应根据接头处的环境和对绝缘的要求选用。

**知识拓展：斜叠法**

即包缠时每圈压叠带宽的半幅，第一层绕完后，再用另一斜叠方向缠绕第二层，直到绝缘层的缠绕厚度达到电压等级绝缘要求为止。包缠时要用力拉紧，使之包缠紧密坚实。

## 9.2.6　线槽配线

线槽配线一般适用于导线根数较多或导线截面较大且在正常环境的室内场所敷设。线槽按材质分：有金属线槽和塑料线槽之分；按敷设方法分：有明敷和暗敷之分；按槽数分，有单槽和双槽之分。图 9.3 是地面内暗装金属线槽组装示意图。

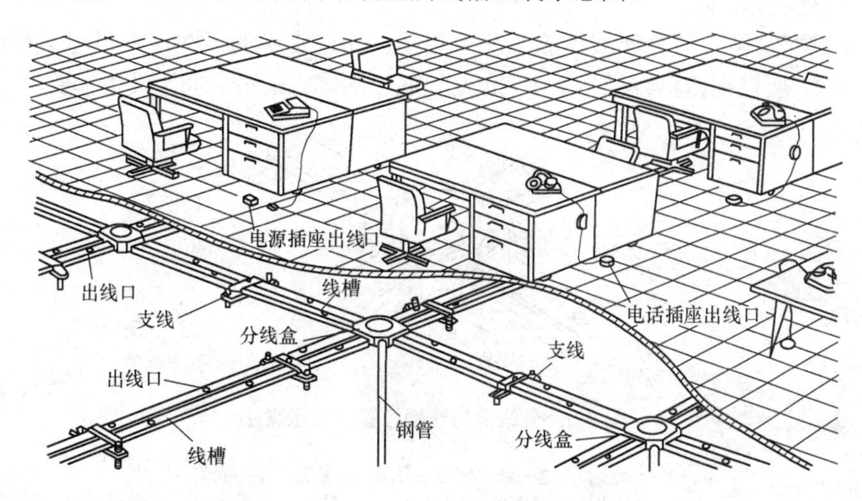


图 9.3　地面内暗装金属线槽组装示意图

1)　金属线槽敷设的注意事项

(1)　当暗装线槽敷设在现浇混凝土楼板内时，楼板厚度应不小于 200mm；当敷设在楼板垫层内时，垫层的厚度不应小于 70mm，并避免与其他管路相互交叉。

(2)　地面内暗配金属线槽，应根据单线槽或双线槽结构形式不同，选择单压板或双压板与线槽组装并配装卧脚螺栓。

(3)　地面内线槽端部与配管连接时，应使用管过渡接头，如图 9.4(a)所示；线槽间连接时，应采用线槽连接头进行连接，如图 9.4(b)所示，线槽的对口处应在线槽连接头中间位置；当金属线槽的末端无连接时，应用封端堵头堵严，如图 9.4(c)所示。

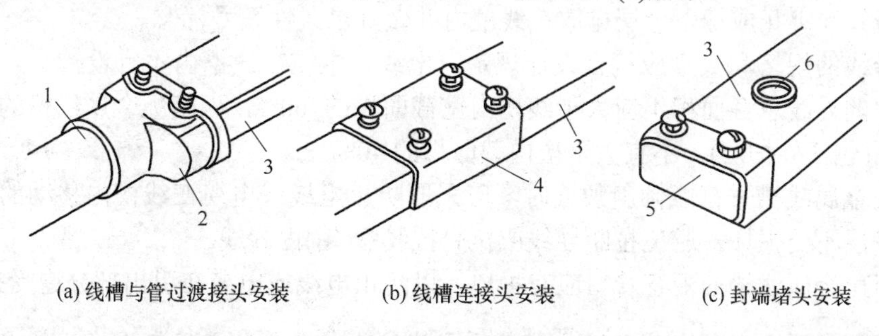


(a) 线槽与管过渡接头安装　　(b) 线槽连接头安装　　(c) 封端堵头安装

图 9.4　线槽连接安装示意图

1—钢管；2—管过渡接头；3—线槽；4—连接头；5—封端堵头；6—出线孔

(4)　分线盒与线槽、管连接。

地面内暗装金属线槽不能进行弯曲加工，当遇有线路交叉、分支或弯曲转向时，应安装分线盒，图 9.5 所示为分线盒与单线槽连接示意图。当线槽的直线长度超过 6m 时，为方便施工穿线与维护，也宜加装分线盒。由配电箱、电话分线箱及接线端子箱等设备引至线槽的线路，宜采用金属管暗敷设方式引入分线管，如图 9.5 中的钢管从分线盒的窄面引出，或以终端连接器直接引入线槽。

(5) 暗装金属线槽应作可靠的保护接地或保护接零措施。

2) 塑料线槽敷设

塑料线槽配线施工与金属线槽施工基本相同，而施工中的一些注意事项又与硬塑料管敷设完全一致，所以在塑料线槽施工中，仅对槽底板固定点的最大间距及附件要求作些说明。

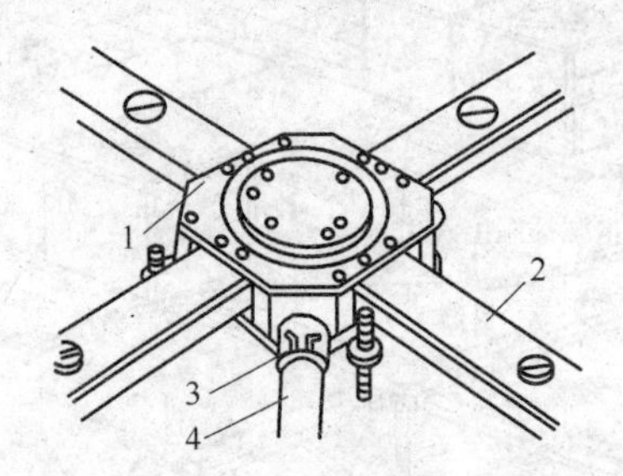


图 9.5 分线盒与线槽、管连接示意图

1—分线盒；2—线槽；3—引出管接头；4—钢管

(1) 塑料线槽敷设时，槽底固定点间距应根据线槽规格而定，当线槽宽度为 20～40mm，且单排螺钉固定时，固定点最大间距不大于 0.8m；当线槽宽度为 60mm，且双排螺钉固定时，固定点最大间距不大于 1m；当线槽宽度为 80～120mm，且双排螺钉固定时，固定点最大间距不大于 0.8m。

(2) 塑料线槽布线，在线路连接、转角、分支及终端处应采用相应的塑料附件。

3) 线槽内导线敷设的要求。

(1) 导线敷入线槽前，应清扫线槽内残余的杂物，使线槽保持清洁。

(2) 导线敷设前应检查所选择的线槽是否符合设计要求，绝缘是否良好，导线按用途分色是否正确。放线时应边放边整理，理顺平直，不得混乱，并将导线按回路(或系统)用尼龙绑扎带或线绳绑扎成捆，分层排放在线槽内并做好永久性编号标志。

(3) 导线的规格和数量应符合设计规定。电线、电缆在线槽内不宜设接头。一般包括绝缘层在内的导线总截面积不应大于线槽内空截面积的 60%，但暗配金属线槽的电线、电缆的总截面(包括外护层)，不宜大于槽内截面积的 40%。

(4) 在金属线槽垂直或倾斜敷设时，应采取防止电线或电缆在线槽内移动的措施，确保导线绝缘层不受损坏，避免拉断导线或拉脱拉线盒(箱)内导线。

(5) 引出金属线槽的配管管口应有护口，以防止电线或电缆在引出部分遭受损伤。

**知识拓展：**强电、弱电线路应分槽敷设，消防线路应单独使用专用线槽敷设，其两种线路交叉处应设置有屏蔽分线板的分线盒。对于金属线槽交流线路，所有相线和中性线(如有中性线时)，应敷设在同一线槽内。

## 9.2.7　室内电缆配线

由于电缆线路具有运行可靠、不易受外界因素影响等优点，越来越多地用于工业和民用建筑，特别是作为高层建筑的配电干线尤为常见。

电缆按作用分为电力电缆和控制电缆两种；按绝缘材料分为纸绝缘、塑料绝缘和橡皮绝缘三种。电力电缆的基本结构由导电线芯、绝缘层和保护层三部分组成。电力电缆的型号用来说明电缆的结构特征，同时也表明电缆的使用场合，电缆的型号是由字母加数字组成的，电缆结构字母代号的含义如表 9.8 所示。

表 9.8　电缆结构字母代号的含义

| | | | | | | |
|---|---|---|---|---|---|---|
| K—控制电缆(无 K 为电力电缆)<br>P—信号电缆<br>YH—电焊机用<br>N—农用<br>Y—移动式软电缆 | Z—油浸纸绝缘<br>V—聚氯乙烯<br>X—橡皮<br>XD—丁基橡胶<br>Y—聚乙烯<br>YJ—交联聚乙烯 | L—铝芯<br>T—(铜芯)<br>(一般省略不用) | H—橡套<br>HF—非燃性护套<br>V—聚氯乙烯护套<br>Y—聚乙烯护套<br>L—铝包<br>Q—铅包 | D—不滴流<br>F—分相铅包<br>G—高压<br>P—滴干绝缘 | 1—麻被<br>2—钢带麻被<br>3—细钢丝麻护<br>5—粗钢丝<br>20—裸钢带<br>30—裸细钢丝<br>50—裸粗钢丝<br>29—内钢带<br>39—内细钢丝<br>59—内粗钢丝 | TH—湿热带<br>TA—干热带<br>1—纤维(麻被)<br>2—聚氯乙烯<br>3—聚乙烯 |

### 1. 电缆敷设的一般规定

(1)　电缆敷设前必须检查电缆表面有无损伤，绝缘是否良好。

(2)　在三相四线制低压网络中应采用四芯电缆，不应采用三芯电缆加一根单芯电缆或导线、电缆金属护套作中性线。

(3)　电缆在室内电缆沟及竖井内明敷设时，不应采用具有黄麻或其他易燃外保护层的电缆。如有外层麻包应去掉，并刷防腐油。在有腐蚀性介质的房屋内明敷设的电缆，宜采用塑料护套电缆。

(4)　电缆敷设的弯曲半径与电缆外径的比值，不应小于规范规定，以保证不损伤电缆和投运后的安全运行。

(5)　电缆在电缆沟内敷设或采用明敷设，电缆支架间或固定点间的距离，不应大于表 9.9 中的数值。

表 9.9　电缆支架间或固定点间的最大间距　m

| 敷设方式 | 电缆种类 | | |
|---|---|---|---|
| | 塑料护套、铝包、铅包、钢带铠装 | | 钢丝铠装 |
| | 电力电缆 | 控制电缆 | |
| 水平敷设 | 1.00 | 0.80 | 3.00 |
| 垂直敷设 | 1.50 | 1.00 | 6.00 |

(6) 并联使用的电力电缆，其长度、型号和规格宜相同，使负荷按比例分配。如采用不同型号电缆代替，可能会造成一根电缆过载而另一根电缆负荷不足的现象，使负荷不能按比例分配而影响运行安全。

(7) 塑料绝缘电力电缆应有可靠的防潮封端。

(8) 电缆终端头、接头、拐弯处、夹层内、竖井的两端、人井内、进出建筑物等地段应装设标志牌，在标志牌上应注明线路编号。当无编号时，应写明电缆型号、规格及起终点，并联使用的电缆应有顺序号。

(9) 电缆进出电缆沟、竖井、建筑物、盘(柜)以及穿管子时，其出入口应封闭，管口也应密封。其主要目的：一是防止小动物进入而损坏电缆和电气设备，二是起到堵烟堵火，防止火灾蔓延的作用。

(10) 支承电缆的构架，采用钢制材料时，应采取热镀锌等防腐措施；在有较严重腐蚀的环境中，应采取相应的防腐措施。

(11) 电缆的保护钢管、金属电缆头、金属屏蔽层(或金属套)、铠装层应按规定接地。

**知识拓展：**电缆线芯的连接，均应采用圆形套管连接。铜芯用铜套管连接或焊接；铝芯用铝套管压接；铜铝电缆相连接，应用铜铝过渡连接管。

### 2. 电缆的明敷设

(1) 电缆在室内采用明敷时，电缆不应有黄麻或其他易燃的外护层。在有腐蚀性介质的房屋内明敷的电缆，宜采用塑料护套电缆。

(2) 无铠装的电缆在室内水平明敷时距地面不应小于 2.5m，垂直敷设时距地面不应小于 1.8m，否则应有防止机械损伤的措施。

(3) 相同电压的电缆并列明敷时，电缆之间的净距不应小于 35mm，并不应小于电缆外径。1kV 以下电力电缆及控制电缆与 1kV 以上电力电缆宜分开敷设，当并列明敷设时，其净距不应小于 0.15m。

(4) 为了防止热力管道对电缆产生热效应以及在施工和管道检修时对电缆造成的可能损坏，电缆明敷时，电缆与热力管道的净距不应小于 1m，否则应采取隔热措施。电缆与非热力管道的净距不应小于 0.5m。

(5) 电缆水平悬挂在钢索上时，电力电缆固定点间的间距不应大于 0.75m，控制电缆固定点间的间距不应大于 0.6m。

(6) 电缆在室内埋地敷设或电缆通过墙、楼板时，应穿钢管保护，穿管内径不应小于电缆外径的 1.5 倍。

### 3. 电缆在电缆桥架上敷设

1) 电缆桥架的结构

电缆桥架由托盘、梯架、直线段弯通、附件以及支吊架等构成，它是用以支承电缆的连续性刚性结构系统的总称。它的优点是制作工厂化、系列化、质量容易控制、安装方便、安装后的电缆桥架整齐美观。如图 9.6 所示为电缆桥架组合部位安装示意图。

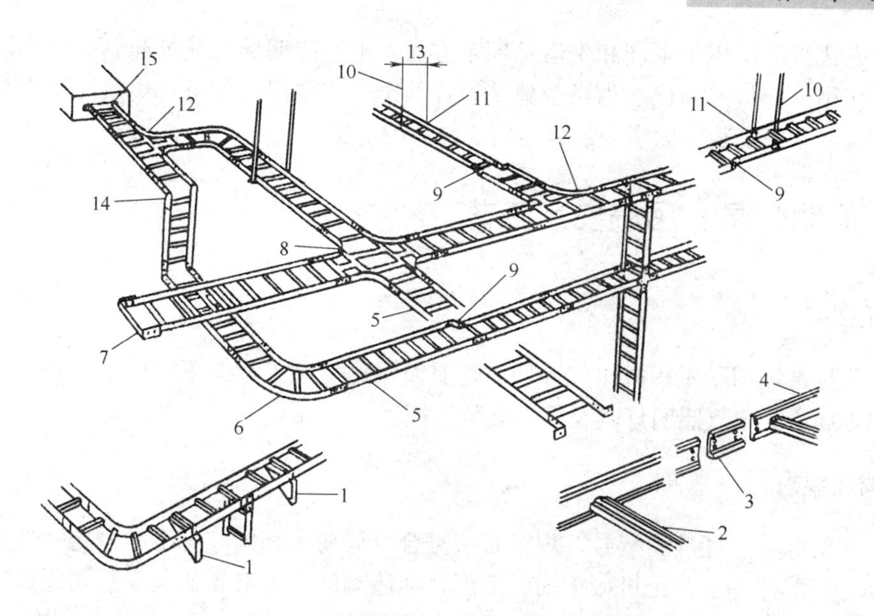


图 9.6　电缆桥架组合部位安装示意图

1—平装支架；2—缆架横梁；3—直连连接金具；4—缆架连梁；5—直线架；6—转角架；
7—端部封堵；8—四通架；9—宽度变接头；10—$\phi$10 圆钢吊杆；11—吊杆卡具；12—三通架；
13—吊杆中距；14—连接金具；15—缆架承座

2)　电缆在桥架上敷设

放电缆时，对于单端固定的托臂，可以在地面上设置滑轮施放，放好后拿到托盘或梯架内；对于在双吊杆固定的托盘或梯架内敷设电缆，应直接在托盘或梯架内安放滑轮施放电缆，电缆不得直接在托盘或梯架内拖拉。电缆桥架内敷设的电缆，应在电缆的首端、尾端、转弯及每隔 50m 处，设有编号、型号及起止点等标记。

3)　桥架接地

金属电缆桥架及其支架和引入或引出的金属电缆导管必须可靠接地(PE)或接零(PEN)，在金属电缆桥架及其支架全长应有不少于两处与接地或接零干线相连接。非镀锌电缆桥架间连接板的两端跨接铜芯接地线，接地线最小允许截面积不小于 4mm$^2$。镀锌电缆桥架间连接板的两端不跨接接地线，但连接板的两端应有不少于两个带防松螺母或防松垫圈的连接固定螺栓。

4)　桥架穿墙或楼板

电缆桥架在穿过防火墙或防火楼板时，应采取防火隔离措施，需在土建施工中预留洞口，在洞口处预埋好护边角钢。电缆过墙处应尽量保持水平，每放一层电缆垫一层厚 60mm 的泡沫石棉毡，用泡沫石棉毡把洞堵平。小洞用电缆防火堵料堵塞。

## 9.3　建筑电气照明安装

电气照明是利用电光源将电能转换成光能，在夜间或天然采光不足的情况下提供明亮的环境，以保证生产、学习和生活的需要。自从电光源出现，电气照明就作为现代人工照明的基本方式被广泛用于生产和生活等各个方面。电气照明装置还能起到装饰建筑物、美化环境的作用。电气照明已成为当今建筑设计的一个重要组成部分。电气照明安装主要包括灯具安装、开关安装、插座安装、吊扇安装和配电箱安装等。

## 9.3.1 照明灯具、吊扇安装工艺

### 1. 范围

本工艺标准适用于室内外电气照明、灯具及吊扇安装工程。不适用于特殊场所，如矿井、船舶等场所的电气照明灯具及吊扇安装工程。

### 2. 材料要求

(1) 各型灯具：灯具的型号、规格必须符合设计要求和国家标准的规定。灯内配线严禁外露，灯具配件齐全，无机械损伤、变形、油漆剥落，无灯罩破裂、灯箱歪翘等现象。所有灯具应有产品合格证。塑料(木)台：塑料台应有足够的强度，受力后无弯翘变形等现象，木台应完整，无劈裂。油漆完好无脱落。

(2) 吊扇：其型号、规格必须符合设计要求，扇叶不得有变形现象，有吊杆时应考虑吊杆长短、平直度问题，并有产品合格证。

(3) 吊管：采用钢管作为灯具的吊管时，钢管内径一般不小于10mm。吊钩：花灯的吊钩其圆钢直径不小于吊挂销钉的直径，且不得小于6mm；吊扇的挂钩应不小于悬挂销钉的直径，且不得小于10mm。

### 3. 作业条件

(1) 在结构施工中做好预埋工作，混凝土楼板应预埋螺栓，吊顶内应预下吊杆。

(2) 对灯具安装有影响的模板、脚手架已拆除。

(3) 棚、墙面的抹灰工作、室内装饰浆活及地面清理工作均已结束。

### 4. 操作工艺

1) 工艺流程

检查灯具、吊扇→组装灯具、吊扇→安装灯具、吊扇→通电试运行。

2) 灯具检查

(1) 根据灯具的安装场所检查灯具是否符合要求：如有腐蚀性气体及潮湿特征的场所应采用封闭式灯具，灯具的各部件应做好防腐处理；潮湿的厂房内和户外的灯具应采用有泄水孔的封闭式灯具；多尘的场所应根据粉尘的浓度及性质，采用封闭式或密闭式灯具；震动场所(如有锻锤、空压机和桥式起重机等)，灯具应有防撞措施(如采用吊链软性连接)。

(2) 灯内配线检查：灯内配线应符合设计要求及有关规定；穿入灯箱的导线在分支连接处不得承受额外应力和磨损，多股软线的端头需盘圈，刷锡；灯箱内的导线不应过于靠近热光源，都应采取隔热措施；使用螺灯口时，相线必须压在灯芯柱上。

(3) 特征灯具检查：各种标志灯的指示方向正确无误；应急灯必须灵敏可靠；事故照

明灯具应有特殊标志；供局部照明的变压器必须是双圈的，初次级均应装有熔断器；携带式局部照明灯具用的导线，宜采用橡套导线，接地或接零线应在同一护套内。

3) 吊扇检查

检查吊扇的各种零配件是否齐全；检查扇叶有无变形和受损现象；检查吊杆上的悬挂销是否装设防震橡皮垫及防松装置。

4) 灯具、吊扇组装

灯具、吊扇组装应严格按说明书进行，严禁改变扇叶角度，扇叶固定螺钉应有防松装置。

(1) 普通灯具安装。

灯具固定应牢固可靠，不使用木楔。每个灯具固定用的螺钉或螺栓不少于两个(当绝缘台直径在75mm及以下时，可采用一个螺钉或螺栓固定)。当灯具采用螺口灯头时，相线应接在螺口灯头中间的端子上，中性线应接在螺纹的端子上。当灯具距地面高度小于2.4m时，灯具的可接近裸露导体必须接地(PE)或接零(PEN)可靠，并应有专用接地螺栓，且有标识。

**知识拓展：**安装在重要场所的大型灯具的玻璃罩，应采取防止玻璃罩碎裂后向下溅落的措施。

(2) 日光灯安装。

① 顶日光灯安装，根据图纸确定出灯的位置，将日光灯贴紧建筑物表面，灯箱应完全遮盖住灯头盒，在灯头盒的位置打好进线孔，将电源线甩入灯箱。找好灯头盒螺孔的位置，在灯箱的底板上用电钻打孔，用机螺钉拧牢固，在灯箱的另一端应使用胀管螺栓加以固定。如果荧光灯是安装在吊顶上的，应用自攻螺钉将灯箱固定在龙骨上。灯箱固定好后，将电源线压入端子板上。把灯具的反光板固定在灯箱上，最后把灯管装好。

② 吊链日光灯安装，根据灯具的安装高度，将全部吊链编好，把吊链挂在灯箱挂钩上，将导线依顺序编叉在吊链内，并引入灯箱，压入灯箱内的端子板(瓷接头)内。将灯具导线和灯头盒中甩出的电源线连接，并用粘塑料带和黑胶布分层包扎紧密。将灯具的反光板用机螺钉固定在灯箱上，调整好灯脚，最后将灯管装好。

(3) 吊式花灯安装。

吊式花灯安装，将灯具托起，并把预埋好的吊杆插入灯具内，把吊挂销钉插入后将其尾部掰开成燕尾状，并且压平。导线接好头，包扎严实，理顺后向上推起灯具上部的扣碗，并将扣碗紧贴顶棚，拧紧固定螺丝。调整好灯口，上好灯泡，最后再配上灯罩。

(4) 吊扇安装。

安装吊扇前，将预埋挂(吊)钩露出部位弯制成型，弯曲半径不宜过小。吊扇挂(吊)钩伸出建筑物的长度，应以安上的吊扇吊杆保护罩将整个挂(吊)钩全部遮住为宜。

在挂上吊扇时，应使吊扇的重心和挂(吊)钩的直线部分处在同一条直线上。将吊扇托起，吊扇的耳环挂在预埋的挂(吊)钩上，扇叶距地面的高度不应低于2.5m，按接线图接好电源，并包扎紧密。吊扇调速开关安装高度应为1.3m，同一室内并列安装的吊扇开关高度应一致，且控制有序、不错位。吊扇运转时，扇叶不应有明显的颤动和异常声响。

**知识拓展：**灯具、吊扇和配电箱(盘)安装完毕，且各条支路的绝缘电阻检测合格后，要进行通电试运行。通电后应仔细检查和巡视，检查灯具的控制是否灵活、准确；开关与灯具控制顺序是否对应，吊扇的转向及调速开关是否正常，如果发现问题必须先断电，然后查找原因进行修复。

5. 质量标准

1) 保证项目

(1) 灯具、吊扇的规格、型号及使用场所必须符合设计要求和施工规范的规定。

(2) 吊扇和3kg以上的灯具，必须预埋吊钩或螺栓，预埋件必须牢固可靠。

(3) 低于2.4m以下的灯具的金属外壳部分应做好接地或接零保护。

(4) 吊扇的防松装置齐全可靠，扇叶距地不应小于2.5m。

2) 基本项目

(1) 灯具、吊扇安装牢固端正，位置正确，灯具安装在木台的中心。器具清洁干净，吊杆垂直，吊链日光灯的双链平行。平灯口、马路弯灯、防爆弯管灯固定可靠，排列整齐。

(2) 导线进入灯具、吊扇处的绝缘保护良好，并留有适当余量。连接牢固紧密，不伤线芯。压板连接时压紧无松动，螺栓连接时，在同一端子上导线不超过两根，吊扇的防松垫圈等配件齐全，吊链灯的引下线整齐美观。

## 9.3.2 插座、开关和风扇安装

1. 开关的安装

开关安装位置应便于操作，开关边缘距门框边缘的距离 0.15～0.2m，开关距地面高度 1.3m，拉线开关距地面高度 2～3m。层高小于 3m 时，拉线开关距顶板不小于 100mm，拉线出口垂直向下。相同型号并列安装或同一室内开关安装高度应一致，且控制有序、不错位。并列安装的拉线开关相邻间距不小于 20mm。暗装的开关面板应紧贴墙面，四周无缝隙，安装牢固，表面光滑整洁、无碎裂、划伤，装饰帽齐全。

开关接通和断开电源的位置应一致，面板上有指示灯的，指示灯应在上面，跷板上有红色标记的应朝上安装，“ON”字母是开的标志，当跷板或面板上无任何标志时，应装成开关往上扳是电路接通，往下扳是电路切断。开关不允许横装。扳把开关接线时，把电源相线接到静触点接线柱上，动触点接线柱接灯具导线。双联开关有三个接线柱，其中两个分别与两个静触点连通，另一个与动触点接通。双控开关的共用极(动触点)与电源的 L 线连接，另一个开关的共用柱与灯座的一个接线柱连接，灯座另一个接线柱应与电源的 N 线相连接，两个开关的静触点接线柱，用两根导线分别进行连接。普通单联单控跷板开关电源的相线应接到与动触点相连接的接线柱上，灯具的导线与静触点相连接。

2. 插座的安装

插座盒一般应在距室内地坪 0.3m 处埋设，特殊场所暗装的高度应不小于 0.15m，潮湿场所采用密封型并带保护地线触头的保护型插座，安装高度不低于 1.5m。

当交流、直流或不同电压等级的插座安装在同一场所时，应有明显的区别，且必须选择不同结构、不同规格和不能互换的插座。配套的插头应按交流、直流或不同电压等级区别使用。

单相两孔插座，面对插座的右孔或上孔与相线连接，左孔或下孔与零线连接；单相三孔插座，面对插座的右孔与相线连接，左孔与零线连接。

单相三孔、三相四孔及三相五孔插座的接地(PE)或接零(PEN)线接在上孔。插座的接地端子不与零线端子连接。同一场所的三相插座，接线的相序应一致。

### 3. 开关插座安装的基本要求

(1) 开关、插座、温控器安装先将盒内杂物清理干净，正确连接好导线即可安装就位，面板需紧贴墙面，平整、不歪斜，成排安装的同型号开关插座应整齐美观，高度差不应大于 1mm，同一室内高度差不应大于 5mm，开关边缘距门框的距离宜为 15～20cm，开关距地坪 1.3m；插座除卫生间距地坪 1.5m 外，其余距地坪均为 0.3m。

(2) 通电对开关、插座、温控器、灯具进行试验，开关的通断设置应一致，且操作灵活，接触可靠；插座左零、右火，上保护应无错接、漏接；温控器的季节转换开关及三连开关应设置正确且一致；灯具开启工作正常。

**知识拓展：**接地(PE)或接零(PEN)线在插座间不串联。插座插孔排列顺序如图 9.7 所示。

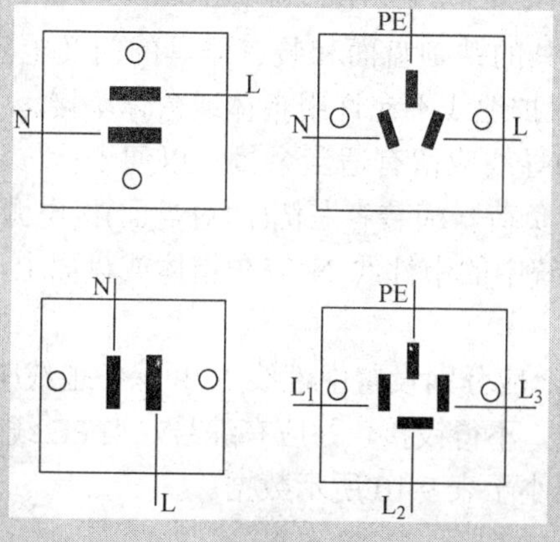


图 9.7　插座插孔排列顺序图

## 9.3.3　照明配电箱安装工艺

照明配电箱有标准和非标准两种，安装方式有嵌入式、悬挂式及落地式三种类型，标准照明配电箱铁制箱体用厚度不小于 2mm 的钢板制成，除锈后涂防锈漆一道，油漆两道。为了防止火灾的发生，不应采用可燃材料制作。

### 1. 范围

本工艺标准适用于建筑电气配电箱(盘)安装工程。

### 2. 材料要求

铁制配电箱(盘)箱体应有一定的机械强度，周边平整无损伤，油漆无脱落，二层底板厚度不小于 1.5mm，且不得采用阻燃型塑料板做二层底板，箱内各种器具应安装牢固，导线应排列整齐、压接牢固，应有产品合格证。

### 3. 作业条件

①随土建结构预留好暗装配电箱的安装位置；②预埋铁架或螺栓时，墙体结构应弹出水平施工线；③安装配电箱盘面时，抹灰、喷浆及油漆应全部完成。

### 4. 操作工艺

配电箱(盘)安装要求如下。

(1) 配电箱(盘)应安装在安全、干燥、易操作的场所。配电箱(盘)安装时，其底边距地一般为 1.5m。在同一建筑物内，同类盘的安装高度应一致，允许偏差为 10mm。

(2) 安装配电箱(盘)所需的木砖及铁件等均应预埋。挂式配电箱(盘)应采用金属膨胀螺栓固定。

(3) 铁制配电箱(盘)均需先刷一遍防锈漆，再刷灰油漆二道。预埋的各种铁件均应刷防锈漆，并做好明显可靠的接地。导线引出面板时，面板线孔应光滑无毛刺，金属面板应装设绝缘保护套。

(4) 配电箱(盘)带有器具的铁制盘面和装有器具的门及电器的金属外壳均应有明显可靠的 PE 保护地线，但 PE 保护地线不允许用箱体或盒体串接。

(5) 盘面引出及引进的导线应留有适当余量，以便于检修。垂直装设的刀闸及熔断器等电器上端接电源，下端接负荷。横装者左侧(面对盘面)接电源，右侧接负荷。

(6) TN-C 低压配电系统中的中性线 N 应在箱体或盘面上，引入接地干线处做好重复接地。

(7) 照明配电箱(板)内，应分别设置中性线 N 和保护地线(PE 线)汇流排，中性线 N 和保护地线应在汇流排上连接，不得铰接，并应有编号。当 PE 线所用材质与相线相同时应按热稳定要求选择截面且不应小于表 9.10 所示数据。

表 9.10　PE 线最小截面　　$mm^2$

| 相线线芯截面积 $S$ | PE 线最小截面积 | 相线线芯截面积 $S$ | PE 线最小截面积 |
|---|---|---|---|
| $S \leqslant 16$ | $S$ | $S>35$ | $S/2$ |
| $16 \leqslant S \leqslant 35$ | 16 | | |

(8) 配电箱(盘)上电具，仪表应牢固、平正、整洁、间距均匀、铜端子无松动、启闭灵活、零部件齐全。

(9) 箱(盘)内配线整齐，无铰接现象。导线连接紧密，不伤芯线，不断股。同一端子上导线连接不多于两根，防松垫圈等零件齐全；箱(盘)内开关动作灵活可靠，带有漏电保护回路，漏电保护装置动作电流不大于 30mA，动作时间不大于 0.1s。

### 5. 配电箱(盘)的固定

配电箱(盘)的固定步骤如下。

(1) 在混凝土墙或砖墙上固定明装配电箱(盘)时，如有分线盒，先将盒内杂物清理干净，然后将导线理顺，分清支路和相序，按支路绑扎成束。待箱(盘)找准位置后，将导线端头引至箱内或盘上，逐个剥削导线端头，再逐个压接在接线柱上，同时将 PE 保护地线压在明显的地方，并将箱(盘)调整平直后进行固定。在电具、仪表较多的盘面板安装完毕后，应先用仪表校对有无差错，调整无误后试送电，并将卡片框内的卡片填写好部位、编号。

(2) 在木结构或轻钢龙骨护板墙上固定配电箱(盘)时，应采取加固措施。如配管在护板墙内暗敷设，并有暗接线盒时，要求盒口应与墙面平齐，在木制护板墙处应做防火处理，可涂防火漆或加防火材料衬里进行防护。有关固定方法同上所述。

(3) 暗装配电箱的固定应根据预留孔洞尺寸先找好箱体标高及水平尺寸，并将箱体固定好，然后用水泥砂浆填实周边并抹平齐，待水泥砂浆凝固后再安装盘面和贴脸。安装盘面要求平整，周边间隙均匀对称，箱门平正，不歪斜，螺丝垂直受力均匀。

**知识拓展：**当配电箱箱体宽度超过 300mm 时，箱顶部应增设过梁，超过 500mm 时，要安装钢筋混凝土过梁。在 240mm 墙上安装配电箱时，要将箱后背凹进墙内不小于 20mm，在主体工程完成后室内抹灰前，配电箱箱体的后壁要用 10mm 厚石棉板或钢丝网钉牢，再用 1∶2 水泥砂浆抹好，以防墙面开裂。

### 6. 质量标准

1) 保证项目

(1) 低压配电器具的接地保护措施和其他安全要求必须符合施工验收规范规定。

(2) 检验方法：观察检查和检查安装记录。

2) 基本项目

(1) 配电箱安装应符合以下规定：位置正确，部件齐全，箱体开孔合适，切口整齐。暗式配电箱箱盖紧贴墙面；中性线经汇流排(N 线端子)连接，无铰接现象；油漆完整，盘内外清洁；箱盖、开关灵活；回路编号齐全，接线整齐，PE 保护地线不串接；安装牢固，导线截面、线色符合规范规定。检验方法：观察检查。

(2) 导线与器具连接应符合以下规定：连接牢固紧密，不伤线芯。压板连接时压紧无松动。螺栓连接时，同一端子上导线不超过两根，防松垫圈等配件齐全。

(3) 电气设备、器具和非带电金属部件的保护接地支线敷设应符合以下规定：连接紧密、牢固，保护接地线截面选用正确，需防腐的部分涂漆均匀无遗漏。线路走向合理，色标准确，涂刷后不污染设备和建筑物。

### 7. 成品保护

关于成品保护，应注意以下事项。

(1) 配电箱(盘)安装后，应采取成品保护措施，避免碰坏、弄脏电具、仪表。

(2) 安装箱(盘)面板(或贴脸)时，应注意保持墙面整洁。

(3) 土建二次喷浆时，注意不要污染配电箱(盘)。

# 9.4 室外线缆施工

室外线缆施工应注意以下几点。

(1) 电缆敷设前做好施工组织设计，详细列出电缆表，表中注明每个回路电缆的型号、规格、长度、路径和起始设备名称。

(2) 电缆敷设前对电缆进行外观检查，并用摇表进行绝缘检测，同时做好记录。

(3) 电缆敷设到位后挂上统一规格的标志牌，标志牌上应注明电缆编号、型号规格和路径。

(4) 电缆直埋的路径选择，应避开含有酸、碱强腐蚀或杂散电流电化学腐蚀严重影响的地段。避开白蚁危害、热源影响和易遭外力损伤的区段。

(5) 直埋敷设电缆方式，应满足下列要求。

① 电缆应敷设在壕沟里，沿电缆全长上、下以厚度紧邻侧铺不少于100mm的软土或砂层。

② 沿电缆全长覆盖宽度不小于电缆两侧各50mm的保护板，保护板宜用混凝土制作。

③ 位于城镇道路等开挖较频繁的地方，可在保护板上层铺以醒目的标志带。

④ 位于城郊或空旷地带，沿电缆路径的直线间隔约100m、转弯处或接头部位，应竖立明显的方位标志或标桩。

(6) 直埋敷设的电缆，严禁位于地下管道的正上方或下方。直埋敷设的电缆与铁路、公路或街道交叉时，应穿保护管，且保护范围超出路基、街道路面两边0.5m以上。

(7) 直埋敷设的电缆引入构筑物，在贯穿墙孔处应设保护管，且对管口实施阻水堵塞。

**知识拓展：**医院手术室应是无菌洁净场所，不能积尘，要便于清扫消毒，安装灯具时应保持无影灯安装紧密、表面整洁，不仅是给病人一个宁静安谧的感观，更主要是卫生工作的需要。应急照明是在特殊情况下起关键作用的照明，有争分夺秒的含义，只要通电需瞬时发光，故其灯源不能用延时点燃的高汞灯泡等。疏散指示灯要明亮醒目，且在人群通过时偶尔碰撞也不应有损坏。

# 9.5 接地、防雷装置施工

## 9.5.1 防雷及接地安装施工工艺

### 1. 范围

本工艺标准适用于建筑物防雷接地、保护接地、工作接地、重复接地及屏蔽接地装置安装工程。

### 2. 材料要求

镀锌钢材有扁钢、圆钢和钢管等，使用时应注意无论采用冷镀锌还是热镀锌材料，都应符合设计规定。产品应有材质检验证明及产品出厂合格证。

### 3. 操作工艺

工艺流程：接地体安装→接地干线安装→支架安装→引下线→避雷带、均压环、避雷网安装。

1) 人工接地体(极)安装应符合以下四点规定。

(1) 人工接地体(极)的最小规格如表 9.11 所示。

表 9.11　钢接地体和接地线的最小规格

| 种类、规格及单位 | | 地　上 | | 地　下 | |
|---|---|---|---|---|---|
| | | 室　内 | 室　外 | 交流电流回路 | 直流电流回路 |
| 圆钢直径/mm | | 6 | 8 | 10 | 12 |
| 扁钢 | 截面/mm$^2$ | 60 | 100 | 100 | 100 |
| | 厚度/mm | 3 | 4 | 4 | 6 |
| 角钢厚度/mm | | 2 | 2.5 | 4 | 6 |
| 钢管管壁厚度/mm | | 2.5 | 2.5 | 3.5 | 4.5 |

(2) 垂直接地体长度不应小于 2.5m，其相互之间间距一般不应小于 5m。

(3) 接地体埋设位置距建筑物不宜小于 1.5m，欲在垃圾灰渣等处埋设接地体时，应换土，并分层夯实。

(4) 所有金属部件均应镀锌。操作时，注意保护镀锌层。

**知识拓展：** 安装接地体采用搭接焊时，要求如下：镀锌扁钢不小于其宽度的 2 倍，三面施焊，敷设前扁钢需调直，摵弯不得过死，直线段上不应有明显弯曲，并应立放。镀锌圆钢焊接长度为其直径的 6 倍并应双面施焊。镀锌圆钢与镀锌扁钢连接时，其长度为圆钢直径的 6 倍。

2) 人工接地体(极)安装

(1) 接地体的加工：根据设计要求的数量、材料规格进行加工，材料一般采用钢管和角钢切割。如采用钢管打入地下时，应根据土质加工成一定的形状。遇松软土壤时，可切成斜面形；为了避免打入时受力不均使管子歪斜，也可加工成扁尖形；遇土土质很硬时，可将尖端加工成锥形。

(2) 挖沟：根据设计图要求，对接地体(网)的线路进行测量弹线，在此线路上挖掘深为 0.8～1m，宽为 0.5m 的沟，沟上部稍宽，底部如有石子应清除，如图 9.8 所示。

(3) 安装接地体(极)：沟挖好后，应立即安装接地体和敷设接地扁钢，防止土方坍塌。先将接地体放在沟的中心线上，打入地中，应与地面保持垂直，当接地体顶端距离地面 600mm 时停止打入。

(4) 接地体间的扁钢敷设：扁钢敷设前应调直，然后将扁钢放置于沟内，依次将扁钢与接地体用电焊(气焊)焊接。扁钢应侧放而不可放平，侧放时散流电阻较小。扁钢与钢管连接的位置距接地体最高点约 100mm。焊接时应将扁钢拉直，焊好后清除药皮，刷沥青做防腐处理，并将接地线引出至需要位置，留有足够的连接长度，以待使用，如图 9.9 所示。

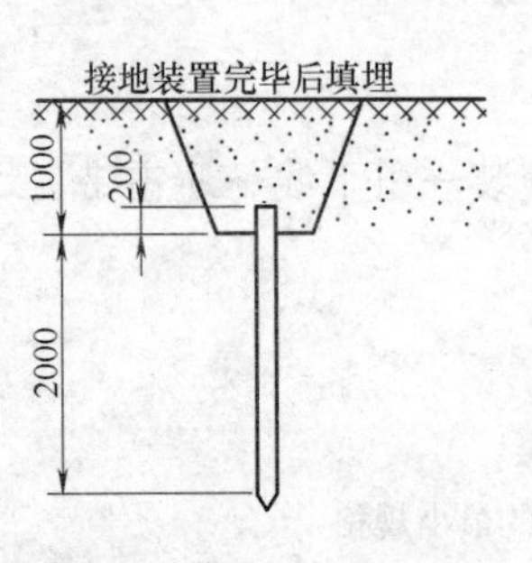


图 9.8 接地体挖沟敷设

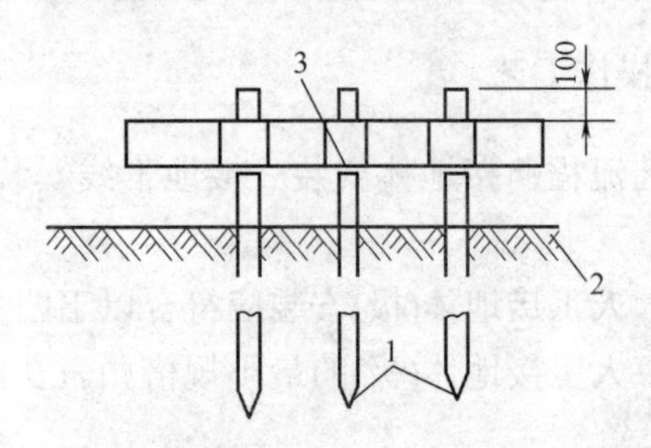


图 9.9 接地体扁钢敷设

1—接地体；2—自然地坪；3—接地卡子焊接处

3) 接地干线安装

接地干线应与接地体连接的扁钢相连接，它分为室内与室外连接两种，室外接地干线与支线一般敷设在沟内。室内的接地干线多为明敷，但部分设备连接的支线需经过地面，也可以埋设在混凝土内。本章主要介绍室外接地干线敷设安装方法。

(1) 进行接地干线的调直、测位、打眼、撼弯，并将断接卡子及接地端子装好。

(2) 敷设前先按设计要求的尺寸位置挖沟。然后将扁钢放平埋入。回填土应压实但不需打夯，接地干线末端露出地面应不超过 0.5m，以便接引地线。

4) 避雷针制作与安装

避雷针制作与安装时所有金属部件必须镀锌，操作时注意保护镀锌层。采用镀锌钢管制作针尖，管壁厚度不得小于 3mm，针尖刷锡长度不得小于 70mm。避雷针应垂直安装牢固，垂直度允许偏差为 3/1000。避雷针安装：先将支座钢板的底板固定在预埋的地脚螺栓上，焊上一块肋板，再将避雷针立起，找直、找正后，进行点焊；然后加以校正，焊上其他三块肋板；最后将引下线焊在底板上，清除药皮刷防锈漆。

5) 支架安装

支架安装应符合下列规定：角钢支架应有燕尾，其埋深不小于 100mm，扁钢和圆钢支架埋深不小于 80mm；支架水平间距不大于 1m(混凝土支座不大于 2m)；垂直间距不大于 1.5m。支架等铁件均应做防腐处理。支架安装时，应尽可能随结构施工预埋支架或铁件。

6) 防雷引下线暗敷设

(1) 防雷引下线暗敷设应符合下列规定：引下线扁钢截面不得小于 25mm×4mm；圆钢直径不得小于 12mm；引下线必须在距地面 1.5～1.8m 处做断接卡子或测试点。利用主筋作暗敷引下线时，每条引下线不得少于三根主筋；现浇混凝土内敷设引下线时不做防腐处理。建筑物的金属构件(如消防梯、烟囱铁爬梯等)可作为引下线，但所有金属部件之间均应连成电气通路；引下线应避开建筑物的出入口和行人较易接触到的地点，以免发生危险。

(2) 防雷引下线暗敷设做法：利用主筋(直径不少于 $\phi$16mm)作引下线时，按设计要求找出全部主筋的位置，用油漆做好标记，距室外地坪 1.8m 处焊好测试点，随钢筋逐层串联焊接至顶层，焊接出一定长度的引下线，搭接长度不应小于 100mm，做完后请有关人员进行检验，做好检验记录。

7) 避雷网安装

避雷线如为扁钢，可放在平板上用手锤调节器调直；如为圆钢，可将圆钢放开一端固定在牢固地锚的夹具上，另一端固定在绞磨(或倒链)夹具上，进行冷拉调直。将避雷线用大绳提升到顶部、顺直，敷设、卡固、焊接连成一体，同引下线焊好。焊接处的药皮应敲掉，进行局部调直后刷防锈漆或银粉。

**知识拓展：**建筑物屋顶上有突出物时，如金属旗杆、透气管、金属天沟、铁栏杆、爬梯、冷却水塔、电视天线等，这些部位的金属导体都必须与避雷网焊接成一体。顶层的烟囱应做避雷带或避雷针。避雷网分明网和暗网两种，暗网格越密，其可靠性越好。

#### 4. 质量标准

(1) 避雷引下线敷设的主控项目有：暗敷在建筑物抹灰层内的引下线应有卡钉分段固定；明敷的引下线应平直、无急弯，与支架焊接处，应用油漆防腐，且无遗漏。

(2) 接闪器安装的主控项目是：建筑物顶部的避雷针、避雷带等必须与顶部外露的其他金属物体连成一个整体的电气通路，且与避雷引下线连接可靠。

### 9.5.2 等电位联结施工工艺

#### 1. 适用范围及材料要求

等电位联结施工工艺标准适用于一般工业与民用建筑电气装置，防间接接触电击和接地故障引起的爆炸和火灾等。材料应有材质检验证明及产品出厂合格证，等电位联结线和等电位联结端子板宜采用铜质材料和热镀锌钢材，如：圆钢、扁钢、螺栓、螺母和垫圈等。

#### 2. 作业条件

进行厨卫间、手术室等房间的等电位联结施工时，金属管道、厨卫设备等应安装结束，进行金属门窗等电位联结施工时，应在门窗框定位后，在墙面装饰层或抹灰层施工之前。

#### 3. 工艺流程

总等电位端子箱→局部等电位端子箱→等电位连接线→连接工艺设备外壳等。

#### 4. 操作工艺

1) 总等电位端子箱、局部等电位端子箱施工

根据设计图纸要求，确定各等电位端子箱位置，如设计无要求，则总等电位端子箱宜设置在电源进线或进线配电盘处。

2) 等电位联结线施工

等电位联结线可采用 BV-4mm$^2$ 塑料绝缘导线穿塑料管暗敷设，或用镀锌扁钢、圆钢暗敷设。等电位连接线施工如图 9.10 所示。

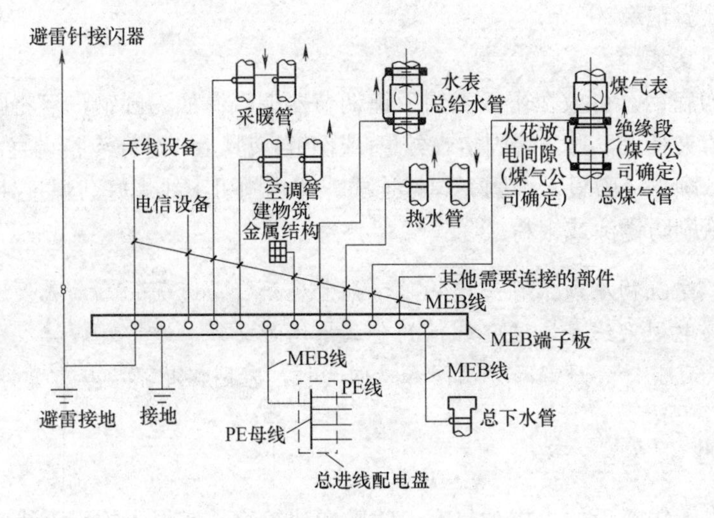


图 9.10 等电位连接线

3) 厨、卫间等电位施工

在民用住宅中，最常见的就是厨房、卫生间的等电位施工。具体做法有两种。

一是在厨房、卫生间内便于检测位置设置局部等电位端子板，端子板与等电位连接干线连接。地面内钢筋网宜与等电位连接线连通，当墙为混凝土墙时，墙内钢筋网也宜与等电位联结线连通。厨房、卫生间内金属地漏、下水管等设备通过等电位连接线与局部等电位端子板连接。等电位连接线采用 BV-1×4mm$^2$ 铜导线穿塑料管于地面或墙内暗敷设。具体做法，如图 9.11 所示。

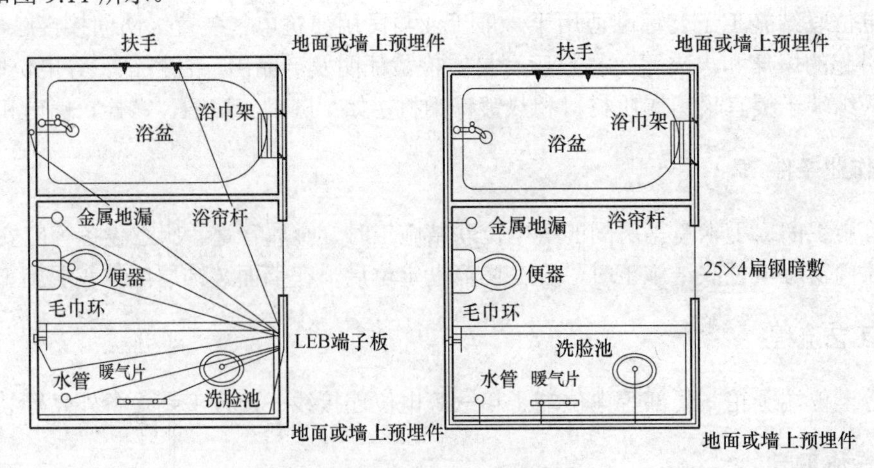


图 9.11 厨卫等电位连接

二是在厨房、卫生间地面或墙内暗敷不小于 25mm×4mm 的镀锌扁钢构成环状。地面内钢筋网宜与等电位连接线连通，当墙为混凝土墙时，墙内钢筋网也宜与等电位连接线连通。

厨房、卫生间内金属地漏、下水管等设备通过等电位连接线与扁钢环连通。连接时抱箍与管道接触处的接触表面须刮拭干净，安装完毕后刷防护漆。抱箍内径等于管道外径，抱箍大小依管道大小而定。等电位联结线应采用截面不小于 25mm×4mm 的镀锌扁钢。

4)　金属门窗等电位施工

根据设计图纸位置于柱内或圈梁内预留预埋件，预埋件应预留于柱角或圈梁角，与柱内或圈梁内主钢筋焊接。使用$\phi$10 镀锌圆钢或 25mm×4mm 镀锌扁钢做等电位连接线连接时，预埋件与钢窗框、固定铝合金窗框的铁板或固定金属门框的铁板，连接方式采用双面焊接。采用圆钢焊接时，搭接长度应不小于 100mm。所有连接导体宜暗敷，并应在门窗框定位后，墙面装饰层或抹灰层施工之前进行。

5. 质量标准

1)　主控项目

建筑物等电位连接干线应从与接地装置有不少于两处直接连接的接地干线或总等电位箱引出，等电位连接干线或局部等电位箱间的连接线形成环形网路，环形网路应就近与等电位联结干线或局部等电位箱连接。支线间不应串联连接。

2)　一般项目

等电位联结的可接近裸露导体或其他金属部件、构件与支线连接应可靠，熔焊、钎焊或机械紧固应导通正常。等电位联结的高级装修金属部件或零件，应有专用连线螺栓与等电位连接支线连接，且有标识，连接处螺母应紧固、防松零件齐全。

## 9.6　火灾自动报警及联动施工

### 9.6.1　火灾自动报警系统常用材料设备

火灾自动报警系统中常用的主要材料设备：探测器、手动报警按键、报警电话、报警控制器、电源、电话模块、广播模块、总线模块、联运模块、火灾警铃、火灾报警扬声器、火灾声光报警器、水力警铃、控制模块、隔离模块、火灾显示盘、应急照明灯、应急指示灯、防火卷帘门控制器、防火门磁释放器、压力开关、检修阀、报警阀、防火阀、送风口、送风机、排烟口、排烟机、水泵、喷淋泵、紧急启动停止按钮、放气灯和电磁阀等，如图 9.12 所示。

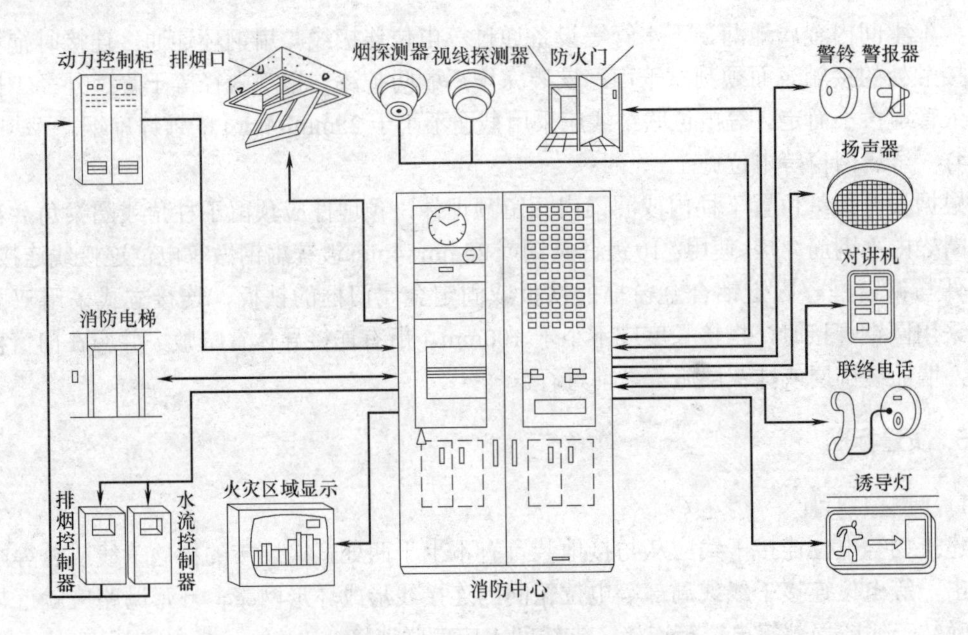


图 9.12 火灾自动报警系统示意图

## 9.6.2 火灾自动报警系统安装

1. 范围

本节内容适用于工业与民用建筑火灾自动报警系统安装工程。不适用于在火药、炸药、弹药、火工品等有爆炸危险的场所设置的火灾自动报警系统。

2. 施工准备

1) 开工前准备

(1) 建设方、监理方和承包方等首先应对图纸进行会审，熟悉系统图、平面图和接线图，熟悉消防报警及联动设备说明书，熟悉联动设备的动作原理及接线图，发现疑问或不明确时应及时与设备厂家联系，并在安装前解决。同时配备配套的生活和生产临时设施。

(2) 依图纸查验现场，查看其他相关专业图纸，做好与其他专业技术协调和施工配合。

(3) 明确设备、主材的采购要求，确定规格、型号及相关的技术参数。

(4) 明确施工方法、顺序及工艺要求，必要时应对施工作业人员进行培训。

(5) 确定施工机具和机具能力及数量，应能满足施工高峰期的要求。

(6) 了解施工现场的环境情况，进行危险辨识，所有可能发生的意外均考虑防范措施，并做好应急准备。

2) 主要设备材料

(1) 一般火灾自动报警系统的主要设备材料选用应符合“消防工程安装的通用要求”的有关内容。

(2) 主要设备：区域火灾报警控制器、集中报警控制设备、消防中心控制设备、图像显示与打印操作设备、消防备用电源、火灾探测器(感温、感烟、燃气等)、手动火灾报警按钮、声光显示报警器、各类模块(中继器)、各种联动控制及信号反馈设备、消防通信设备(如消防电话)、消防广播设备。

(3) 常用的材料：电源线、控制线、广播线、电话线、塑料管材、型钢、金属线槽、金属软管、防火涂料、异型塑料管、阻燃塑料管、接线盒、管箍、锁扣、护口、管卡、焊条、乙炔焊、钢丝、通条、防锈漆、金属膨胀螺栓、塑料膨胀螺钉、成套螺钉、焊锡、焊油、电池、机油、锯条、(防水)记号笔、铅笔、扎带和自粘胶带等。

3) 主要机具

主要机具有：套丝板、套丝机、手动揻弯器、液压揻弯器、电焊机、气焊工具、台钻、手电钻、手动抛光机、砂轮锯、电锤、开孔器、压线钳、射钉枪、钢锯、手锤、一字螺钉旋具、十字螺钉旋具、活扳手、管子钳、水平尺、直尺、角尺、钢卷尺、线坠、电烙铁、电炉子、锡锅、扁锉、圆锉、压力案子、液压钳、电工工具、各种钳子、高凳、梯子、工具袋、工具箱、万能表、兆欧表、试铃、对讲电话、步话机、试烟器和手提电吹风机等机具。

4) 劳动力配备

根据工程工期要求完善施工组织设计，合理安排施工进度和劳动力计划，配备的施工员、电工和焊工等应持证上岗。

5) 编写施工方案和技术交底

组织施工人员根据工程特点进行交底和培训，使安装人员熟知技术、质量及消防安全的要求。

6) 技术文件准备

应按设计要求，在施工现场配备使用的标准规范、图集、工艺要求、质量记录、表格及各种有关文件。

### 3. 施工工艺

1) 工艺流程(见图 9.13)

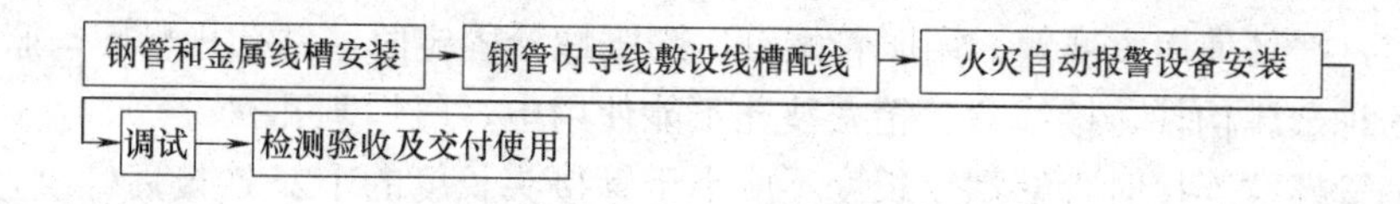


图 9.13　工艺流程图

2) 钢管和金属线槽安装的主要要求

(1) 进场管材、型材、金属线槽及其附件应报验：有材质证明、合格证，有相关质量检验部门的检验证书等，并应检查质量、数量及规格型号是否与要求相符合，填写检查记录。

(2) 配管前应根据设计、厂家提供的各种探测器、手动报警器和广播喇叭等设备的型号、规格选定接线盒，使盒子与所安装的设备配套。

(3) 电线保护管遇到下列情况之一时，应在便于穿线的位置增设接线盒。管路长度超过 30m，无弯曲时；管路长度超过 20m，有一个弯曲时；管路长度超过 15m，有两个弯曲时；管路长度超过8m，有三个弯曲时。

(4) 电线保护管的弯曲处不应有折皱、凹陷裂缝，且弯扁程度不应大于管外径的10%。

(5) 明配管时弯曲半径不宜小于管外径的6倍，暗配管时弯曲半径不应小于管外径的6倍，当埋于地下或混凝土内时，其弯曲半径不应小于管外径的10倍。

(6) 当管路暗配时，电线保护管宜沿最近的线路敷设并应减少弯曲。

(7) 电线保护管不宜穿过设备或建筑、构筑物的基础，必须穿过时应采取保护措施，如采用保护钢套管等。

(8) 明配线管水平/垂直敷设的允许偏差为1.5/1000，全长偏差不应大于管内径的1/2。

(9) 敷设在多尘或潮湿场所的电线保护管的管口及其各连接处均应密封处理。

(10) 管路敷设经过建筑物的变形缝(沉降缝、伸缩缝和抗震缝等)时应采取补偿措施。

(11) 明配钢管应排列整齐，固定点间距应均匀，钢管管卡间的最大距离如表9.12所示，管卡与终端、弯头中点、电气器具或盒(箱)边缘的距离宜为0.15～0.5m。

表9.12 钢管管卡间的最大距离

m

| 敷设方式 | 钢管种类 | 钢管直径/mm | | | |
|---|---|---|---|---|---|
| | | 15～20 | 25～32 | 40～50 | 65以上 |
| 吊架、支架或沿墙敷设 | 厚壁钢管 | 1.5 | 2.0 | 2.5 | 3.5 |
| | 薄壁钢管 | 1.0 | 1.5 | 2.0 | — |

(12) 吊顶内敷设的管路宜采用单独的卡具吊装或支撑物固定，经装修单位允许，直径20mm及以下钢管可固定在吊杆或主龙骨上。

(13) 暗配管在没有吊顶的情况下，探测器的盒的位置就是安装探头的位置，不能调整。所以确定盒的位置应按探测器的安装要求定位。

(14) 明配管使用的接线盒和消防设备盒安装应采用明装式盒。

(15) 钢管安装敷设进入箱、盒，内外均应有根母锁紧固定，内侧安装护口。钢管进箱、盒的长度以带满护口贴近根母为准。

(16) 箱、线槽和管的支持件宜使用预埋螺栓、膨胀螺栓、胀管螺钉、预埋铁件及焊接等方法固定，严禁使用木塞等。用胀管螺钉、膨胀螺栓固定时，钻孔规格应与胀管相配套。

(17) 各种金属构件、接线盒、箱安装孔不能使用电、气焊割孔。

(18) 钢管螺纹连接时管端螺纹长度不应小于管接头长度的1/2，连接后螺纹宜外露2～3扣，螺纹表面应光滑无缺损。

(19) 镀锌钢管应采用螺纹连接或套管紧固螺钉连接，不应采用焊接，以免破坏镀锌层。

(20) 配管及线槽安装时应考虑不同系统、不同电压、不同电流类别的线路，不应穿于同一根管内或线槽的同槽孔洞。

(21) 配管和线槽安装时应考虑横向敷设的报警系统的传输线路，如采用穿管布线时，不同防火分区的线路不应穿入同一根管内，但探测器报警线路若采用总线制时不受此限制。

(22) 弱电线路的电缆竖井应与强电线路的竖井分别设置，如果条件限制合用同一竖井时，应分别布置在竖井的两侧。

(23) 在建筑物的顶棚内必须采用金属管、金属线槽布线。

(24) 钢管与其他管道(如水管)的平行净距不应小于 0.10m。

(25) 线槽应敷设在干燥和不易受机械损伤的场所。

(26) 暗装消火栓配管时，接线盒不应放在消火栓箱的后侧，而应侧面进线。

(27) 消防设备与管线的工作接地、保护地应按设计和有关规范及文件要求进行施工。

3) 钢管内绝缘导线敷设和线槽配线要求

(1) 进场的绝缘导线和控制电缆的规格、型号、数量和合格证等应符合设计要求，并及时填写进场材料检查记录。

(2) 火灾自动报警系统传输线路，应采用铜芯绝缘线或铜芯电缆，其电压等级不应低于交流 500V，以提高绝缘和抗干扰能力。

(3) 为满足导线和电缆的机械强度要求，穿管敷设的绝缘导线，线芯截面不应小于 $1mm^2$；线槽内敷设的绝缘导线最小截面不应小于 $0.75mm^2$；多芯电缆线芯最小截面不应小于 $0.5mm^2$。

(4) 穿管绝缘导线或电缆的总面积不应超过管内截面积的 40%，敷设于封闭式线槽内的绝缘导线或电缆的总面积不应大于线槽净截面积的 50%。

(5) 导线在管内或线槽内，不应有接头和扭结。导线的接头应在接线盒内焊接或压接。

(6) 不同系统、不同电压、不同电流类别的线路不应穿在同一根管内或线槽孔内。

(7) 横向敷设的报警系统传输线路如果采用穿管布线，不同防火分区的线路不应穿入同一根管内。

(8) 火灾报警器的传输线路应选择不同颜色的绝缘导线，探测器的“+”线为红色，“-”线应为蓝色，其余线应根据不同用途采用其他颜色区分。但同一工程中相同用途的导线颜色应一致，接线端子应有标号。

(9) 导线或电缆在接线盒、伸缩缝、消防设备等处应留有足够的余量。

(10) 在管内或线槽内穿线应在建筑物抹灰及地面工程结束后进行。在穿线前应将管内或线槽内的积水及杂物清除干净，管口带上护口。

(11) 敷设于垂直管路中的导线，其截面积在 $50mm^2$ 以下时，长度每超过 30m 应在接线盒处进行固定。

(12) 目前我国的消防事业发展很快，使用总线制线路进行控制的很多，对线路敷设长度，线路电阻均有要求，施工时应严格按厂家技术资料要求来敷设线路和接线。

(13) 导线连接的接头不应增加电阻值，受力导线不应降低原机械强度，亦不能降低原绝缘强度，为满足上述要求，导线连接时应采取下述方法。

① 塑料导线 $4mm^2$ 以下时一般用剥削钳剥掉导线绝缘层，有编织网绝缘的导线应用电工刀剥去外层编织层，并留有约 12mm 的绝缘台，线芯长度随接线方法和要求的机械强度而定。

② 导线绝缘台并齐合拢，在距绝缘台约 12mm 处用其中一根线芯在另一根线芯缠绕 5～7 圈后剪断，把余头并齐折回压在缠绕线上，并进行搪锡处理。

③ LC 安全型压线帽是铜线压线帽，分为黄、白和红三色，分别适用于 $1.5mm^2$、$2.5mm^2$、$4mm^2$ 的 2～4 根导线的连接。其操作方法是：将导线绝缘层剥去 10～13mm(按帽的型号决定)，清除氧化物，按规定选用适当的压线帽，将线芯插入压接帽的压接管内，若

填不实，可将线芯折回头(剥长加倍)，直至填满为止。线芯插到底后，导线绝缘层与压接管的管口平齐，然后用专用压接钳压实即可。有关技术数据如表 9.13 和图 9.14 所示。

表 9.13　LC 安全型压线帽

| 压线管内导线规格/mm$^2$ | | | | 色别 | 配用压线帽型号 | 线芯进入压接管所需削线 $L$/mm | 压线管内加压所需充实线芯总根数 | 组合方案实际工作线芯根数 |
|---|---|---|---|---|---|---|---|---|
| BV(铜芯) | | | | | | | | |
| 1.0. | 1.5 | 2.5 | 4.0 | | | | | |
| 导线根数 | | | | | | | | |
| 2 | — | — | — | 黄 | YMT-1 | 13 | 4 | 2 |
| 3 | — | — | — | | | | 4 | 3 |
| 4 | — | — | — | | | | 4 | 4 |
| 1 | 2 | — | — | | | | 3 | 3 |
| 6 | — | — | — | 白 | YMT-2 | 15 | 6 | 6 |
| — | 4 | — | — | | | | 4 | 4 |
| 3 | 2 | — | — | | | | 5 | 5 |
| 1 | — | 2 | — | | | | 3 | 3 |
| 2 | 1 | 1 | — | | | | 4 | 4 |
| — | — | 2 | — | 红 | YMT-3 | 18 | 4 | 2 |
| — | — | 3 | — | | | | 4 | 3 |
| — | — | 4 | — | | | | 4 | 4 |
| — | 2 | 3 | — | | | | 5 | 5 |
| — | 4 | 2 | — | | | | 6 | 6 |
| 1 | — | 2 | 1 | | | | 4 | 4 |
| — | 2 | — | 2 | | | | 4 | 4 |
| 8 | — | 1 | — | | | | 9 | 9 |
| BLV(铝芯) | | | | | | | | |
| — | — | 2 | — | 绿 | YMT-1 | | 4 | 2 |
| — | — | 3 | — | | | | 4 | 3 |
| — | — | 4 | — | | | | 4 | 4 |
| — | — | 3 | 2 | 蓝 | YMT-2 | | 5 | 5 |
| — | — | — | 4 | | | | 4 | 4 |

④　多股铜芯软线用螺丝压接时，应将软线芯扭紧做成眼圈状，或采用小铜鼻子压接，搪锡涂净后将其压平，再用螺丝旋紧。

⑤　铜单股导线与针孔式接线柱连接(互接)，要把连接的导线的线芯插入接线柱头针孔内，导线裸露出针孔 1～2mm，针孔大于线芯直径 1 倍时，需要折回头插入压接。如果是多股软铜丝，先搪锡，擦干净再压接。压接方式如图 9.15 所示。

(14) 导线敷设连接完成后应进行检查，检查无误后采用 500V、量程为 500MΩ的兆欧表，对导线进行线对地、线对屏蔽层等的摇测，其绝缘电阻值不应低于 20MΩ。注意不能带着消防设备进行摇测。摇动速度应保持在 120r/min 左右，读数时应以 1 分钟后的读数为宜。

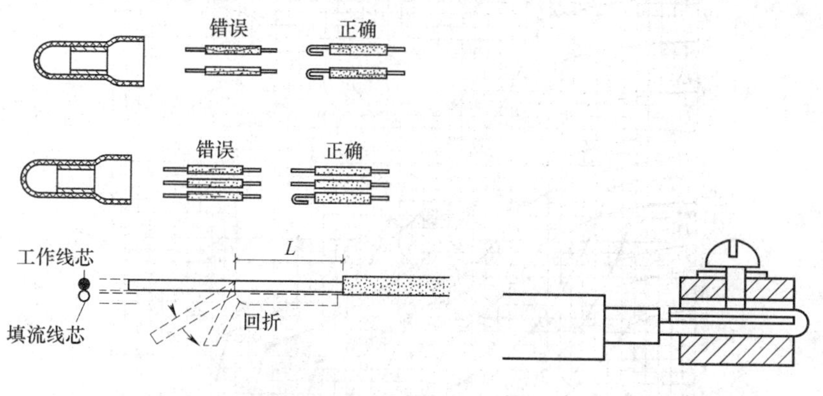


图 9.14　压线帽连接图　　　　图 9.15　接线柱连接

4)　火灾自动报警设备安装要求

(1)　进厂的火灾自动报警设备应根据设计图纸的要求，对型号、数量、规格、品种和外观等进行检查，并提供由国家消防电子产品质量监督检测中心检验合格的报告及其他有关安装接线要求的资料，同时与提供设备的单位办理进厂设备检查手续。

(2)　火灾探测器、气体火灾探测器及红外光束火灾探测器的安装要求如下。

①　感烟、感温探测器的保护面积和保护半径应符合要求，如表 9.14 所示。

表 9.14　感烟、感温探测器的保护面积和保护半径

| 火灾探测器的种类 | 地面面积 $S/m^2$ | 房间高度 $h/m$ | 探测器的保护面积 $A$ 和保护半径 $R$ | | | | | |
|---|---|---|---|---|---|---|---|---|
| | | | 屋顶坡度 $\theta$ | | | | | |
| | | | $\theta \leqslant 15°$ | | $15° < \theta \leqslant 30°$ | | $\theta > 30°$ | |
| | | | $A/m^2$ | $R/m$ | $A/m^2$ | $R/m$ | $A/m^2$ | $R/m$ |
| 感烟探测器 | $S \leqslant 80$ | $h \leqslant 12$ | 80 | 6.7 | 80 | 7.2 | 80 | 8.0 |
| | $S > 80$ | $6 < h \leqslant 12$ | 80 | 6.7 | 100 | 8.0 | 120 | 9.9 |
| | | $h \leqslant 6$ | 60 | 5.8 | 80 | 7.2 | 100 | 9.0 |
| 感温探测器 | $S \leqslant 30$ | $h \leqslant 8$ | 30 | 4.4 | 30 | 4.9 | 30 | 5.5 |
| | $S > 30$ | $h \leqslant 8$ | 20 | 3.6 | 30 | 4.9 | 40 | 6.3 |

②　感烟、感温探测器的安装间距不应超过图 9.16 中的极限曲线 $D_1 \sim D_{11}$(含 $D_9$)所规定的范围，并根据探测器的保护面积 $A$ 和保护半径 $R$ 确定探测器安装间距的极限曲线。

③　一个探测器区域内需设置的探测器数量应按下式计算。

$$N=S/K \times A$$

式中：$N$——一个探测区域内所需设置的探测器数量(只)，并取整数；

$S$——一个探测区域的面积($m^2$)；

$A$——一个探测器的保护面积($m^2$)；

$K$——修正系数，重点保护建筑取 0.7～0.9，其余取 1.0。

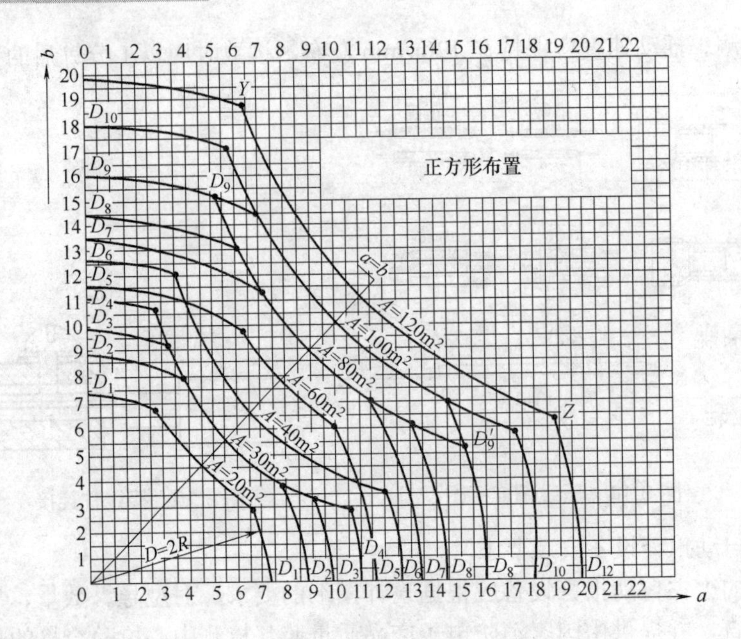


图 9.16　极限曲线图

④　在顶棚上设置感烟、感温探测器时，梁的高度对探测器的安装数量有影响。应按图 9.17 和表 9.15 所示来确定梁的高度对探测器安装数量的影响和一只探测器能保护的梁间区域的个数。

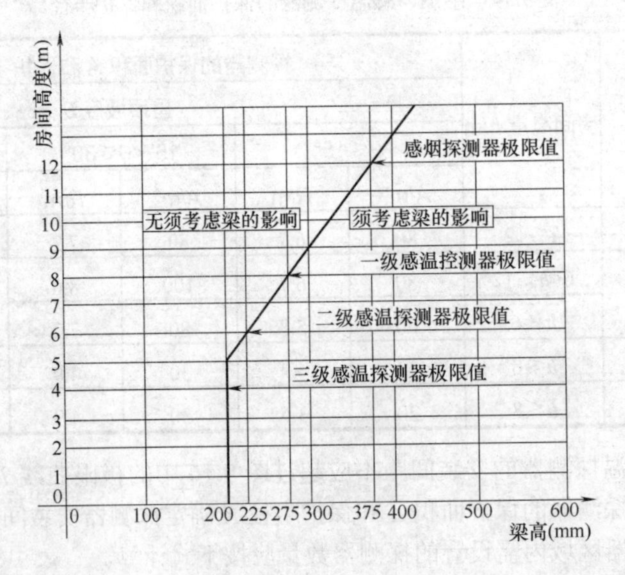


图 9.17　梁的高度对探测器安装数量的影响示意图

⑤　当房屋顶部有热屏障时，感烟探测器下表面至顶棚的距离应符合表 9.16 的规定。锯齿型屋顶和坡度大于 15°的人字形屋顶，应在每个屋脊处设置一排探测器，探测器下表面距屋顶最高处的距离应符合表 9.16 所示的规定。

表 9.15 按梁区域面积确定一只探测器能够保护的梁间区域的个数

| 探测器的保护面积 $A/m^2$ | | 梁隔断的梁间区域面积 $Q/m^2$ | 一只探测器保护的梁间区域的个数 |
|---|---|---|---|
| 感温探测器 | 20 | $Q>12$ | 1 |
| | | $8<Q\leqslant 12$ | 2 |
| | | $6<Q\leqslant 8$ | 3 |
| | | $4<Q\leqslant 6$ | 4 |
| | | $Q\leqslant 4$ | 5 |
| | 30 | $Q>18$ | 1 |
| | | $12<Q\leqslant 18$ | 2 |
| | | $9<Q\leqslant 12$ | 3 |
| | | $6<Q\leqslant 9$ | 4 |
| | | $Q\leqslant 6$ | 5 |
| | 60 | $Q>36$ | 1 |
| | | $24<Q\leqslant 36$ | 2 |
| | | $18<Q\leqslant 24$ | 3 |
| | | $12<Q\leqslant 18$ | 4 |
| | | $Q\leqslant 12$ | 5 |
| | 80 | $Q>48$ | 1 |
| | | $32<Q\leqslant 48$ | 2 |
| | | $24<Q\leqslant 32$ | 3 |
| | | $16<Q\leqslant 24$ | 4 |
| | | $Q\leqslant 16$ | 5 |

表 9.16 感烟探测器下表面距顶棚(或屋顶)的距离

| 探测器的安装高度 $h$/m | 感烟探测器下表面距顶棚(或屋面)的距离 $d$/mm | | | | | |
|---|---|---|---|---|---|---|
| | 顶棚(或屋面)的坡度 $\theta$ | | | | | |
| | $\theta\leqslant 15°$ | | $15°<\theta\leqslant 30°$ | | $\theta>30°$ | |
| | 最小 | 最大 | 最小 | 最大 | 最小 | 最大 |
| $h\leqslant 6$ | 30 | 200 | 200 | 300 | 300 | 500 |
| $6<h\leqslant 8$ | 70 | 250 | 250 | 400 | 400 | 600 |
| $8<h\leqslant 10$ | 100 | 300 | 300 | 500 | 500 | 700 |
| $10<h\leqslant 12$ | 150 | 350 | 350 | 600 | 600 | 800 |

⑥ 探测器宜水平安装，如必须倾斜安装时，倾斜角不应大于 45° 。

⑦ 房间被书架、设备或隔断等分隔，其顶部至顶棚或梁的距离小于房间净高的 5%，则每个被隔开的部分应分别设置探测器。

⑧ 探测器周围 0.5m 内不应有遮挡物，探测器至墙壁、梁边的水平距离不应小于 0.5m，如图 9.18 所示。

⑨ 探测器至空调送风口边的水平距离不应小于 1.5m，如图 9.19 所示，至多孔送风顶棚孔口的水平距离不应小于 0.5m(是指在距离探测器中心半径为 0.5m 范围内的孔洞用非燃烧材料填实，或采取类似的挡风措施)。

⑩ 在宽度小于 3m 的走道顶上设置探测器时，宜居中布置。感温探测器的安装间距不应超过 10m，感烟探测器的安装间距不应超过 15m，探测器至端墙的距离不应大于探测器安装间距的一半。

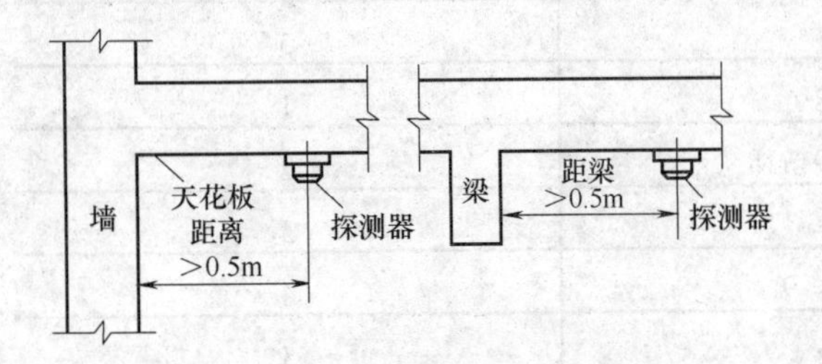


图 9.18 一般情况下探测器安装位置图

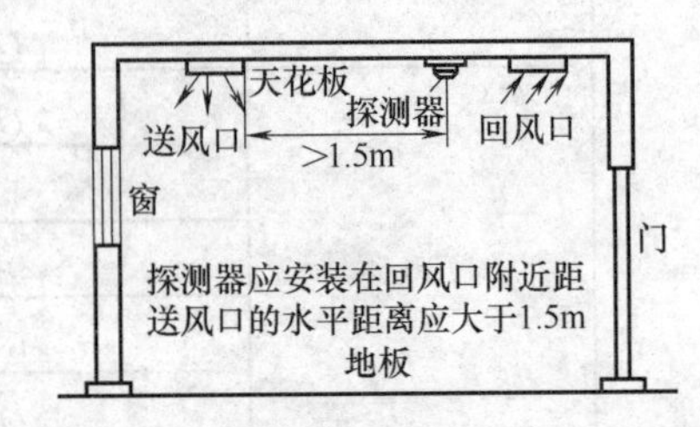


图 9.19 探测器在有空调的室内安装位置图

⑪ 在电梯井、升降机井设置探测器时，其位置宜在井道上方的机房顶棚上。

⑫ 下列场所可不设火灾探测器。

- 厕所、浴室等潮湿场所。
- 不能有效探测火灾的场所。
- 不便于使用、维修的场所(重点部位除外)。

⑬ 可燃气体探测器应安装在气体容易泄漏出来、气体容易流经的及容易滞留的场所，安装位置应根据被测气体的密度、安装现场气流方向、温度等各种条件确定，如图 9.20 所示。

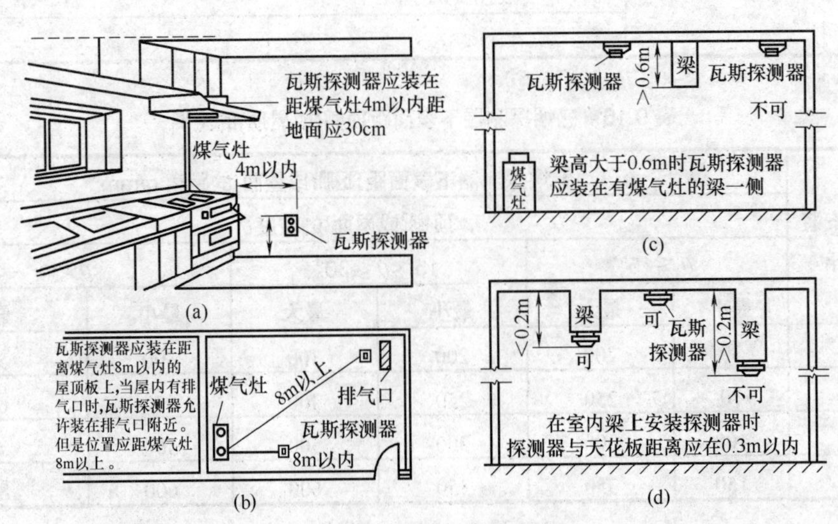


图 9.20 可燃气体探测器安装位置图

- 密度大、比空气重的气体，如液化石油气，探测器应安装在下部，一般距地 0.3m，且距煤气灶小于 4m 的适当位置，如图 9.20(a)所示。

- 人工煤气密度小且比空气轻，可燃气体探测器应安装在上方且距气灶小于 8m 的排气口旁处的顶棚上，如图 9.20(b)所示。如没有排气口，应安装在靠近煤气灶梁的一侧，如图 9.20(c)、(d)所示。
- 其他种类的可燃气体，可按厂家提供的并经国家检测合格的产品技术条件来确定其探测器的安装位置。

⑭ 红外光束探测器的安装位置应保证有充足的视场，发出的光束应与顶棚保持平行，远离强磁场，避免阳光直射，底座应牢固地安装在墙上，安装高度如图 9.21 所示。

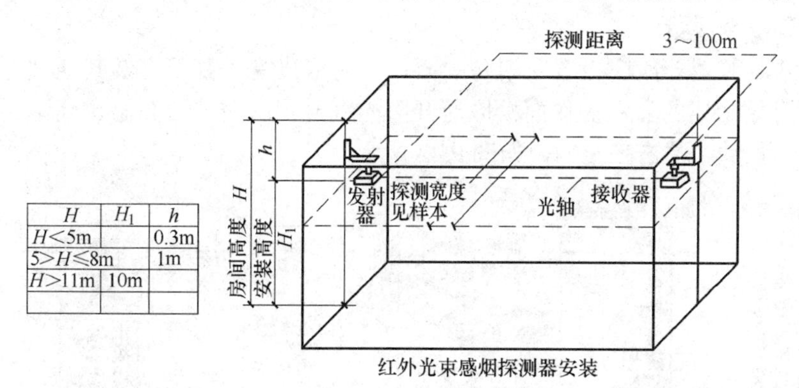


图 9.21　红外光束感烟探测器安装示意图

⑮ 其他类型的火灾探测器的安装要求应按设计和厂家提供的技术资料进行。

⑯ 探测器的底座应固定可靠，在吊顶上安装时应先把盒子固定在主龙骨上或在顶棚上固定作支架，其连接导线必须可靠压接或焊接，当采用焊接时不得使用带腐蚀性的助焊剂，外接导线应有 0.15m 的余量，入端处应有明显标志。

⑰ 探测器指示灯应面向便于人员观察的主要入口方向。

⑱ 探测器底座的穿线孔宜封堵，安装时应采取保护措施(如装上防护罩)。

⑲ 探测器的接线应按设计和厂家的要求接线，但“+”线应为红色，“−”线应为蓝色，其余线根据不同用途采用其他颜色区分，但同一工程中相同的导线颜色应一致。

⑳ 探测器的模块在即将调试时方可安装，安装前应妥善保管，并应采取防尘、防潮及防腐蚀等措施。

(3) 手动火灾报警按钮的安装。

① 报警区内的每个防火分区至少应设置一只手动报警按钮，从一个防火分区内的任何位置到最近一个手动火灾报警按钮的步行距离均不应大于 30m。

② 手动火灾报警按钮应安装在明显和便于操作的墙上，距地 1.5m，牢固且不能倾斜。

③ 手动火灾报警按钮外接导线应留有 0.10m 的余量。

(4) 端子箱和模块箱安装。

① 端子箱和模块箱一般设置在专用的竖井内，应根据设计要求的高度用金属膨胀螺栓固定在墙壁上明装，且安装时应端正牢固，不得倾斜。

② 用对线器进行对线编号，然后将导线留有一定的余量，把控制中心来的干线和火灾报警器及其他设备的控制线路分别绑扎成束。分别设在端子板两侧，左侧为控制中心引

来的干线，右侧为火灾报警探测器和其他设备引来的控制线路。

③ 压线前应对导线的绝缘进行摇测，合格后再按设计和厂家要求压线。

④ 模块箱内的模块应按厂家和设计的要求安装配线，合理布置，且安装应牢固端正，并有用途标志和线号。

(5) 火灾报警控制器安装。

① 火灾报警控制器(以下简称控制器)接收火灾探测器和火灾报警按钮的火灾信号及其他报警信号发出的声、光报警，指示火灾发生的部位，按照预先编制的程序，发出控制信号，联动各种灭火控制设备，迅速有效地扑灭火灾。为保证设备正常工作，必须做到精心施工，确保安装质量。

② 火灾报警器一般应设置在消防中心、消防值班室、警卫室及其他规定有人值班的房间或场所。控制器的显示操作面板应避开阳光直射，房间内无高温、高湿、尘土、腐蚀性气体；不受振动、冲击等影响，如图 9.22 所示。

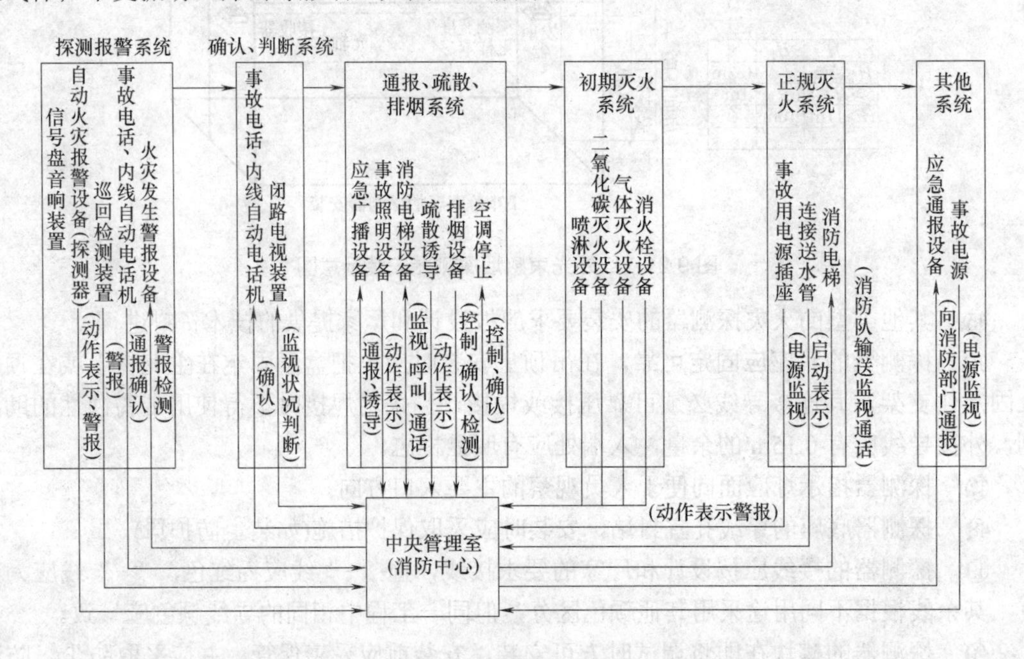


图 9.22　消防整体系统图

③ 区域报警控制器在墙上安装时，其底边距地面高度不应小于 1.5m，可用金属膨胀螺栓或埋柱螺栓进行安装，固定要牢固、端正，安装在轻质墙上时应采取加固措施。靠近门轴的侧面距离不应小于 0.5m，正面操作距离不应小于 1.2m。

④ 集中报警控制室或消防控制中心设备安装应符合下列要求。

- 落地安装时，其底边宜高出地面 0.05～0.2m，一般用槽钢或水泥台作为基础，如有活动地板时使用的槽钢基础应在水泥地面固定牢固。槽钢要先调直除锈，并刷防锈漆，安装时用水平尺、小线找好平直度，然后用螺栓固定牢固。
- 控制柜按设计要求进行排列，根据柜的固定孔距在槽钢基础上钻孔，安装时从一端开始逐台就位。用螺丝固定、用小线找平找直后再将各螺栓紧固。
- 控制设备前的操作距离：单列布置时不应小于 1.5m，双列布置时不应小于 2m。在有人值班经常工作的一面，控制盘到墙的距离不应小于 3m，盘后维修距离不应小于 1m。控制盘排列长度大于 4m 时，控制盘两端应设置宽度不小于 1m 的通道。

- 区域控制室安装落地控制盘时，参照落地式火灾报警控制器的有关安装要求施工。

⑤ 引入火灾报警控制器的电缆、导线接地等应符合下列要求。

- 对引入的电缆或导线，首先应用对线器进行校线。按图纸要求进行编号，然后摇测相间、对地等绝缘电阻，不应小于 20MΩ，全部合格后按不同电压等级、用途及电流类别分别绑扎成束引到端子板，按接线图进行压线，注意每个接线端子接线不应超过两根，盘圈应按顺时针方向。多股线应搪锡，导线应有适当余量，标志编号应正确且与图纸一致；字迹应清晰且不易褪色；配线应整齐且避免交叉，固定牢固。
- 导线引入线完成后，在进线管处应封堵，控制器主电源引入线应直接与消防电源连接，严禁使用接头连接，主电源应有明显标志。
- 凡引入有交流供电的消防控制设备，外壳及基础应可靠接地，一般应压接在电源线的 PE 线上。
- 消防控制室一般应根据设计要求设置专用接地装置作为工作接地(是指消防控制设备信号的地域逻辑地)。当采用独立接地时，电阻应小于 4Ω；当采用联合接地时，接地电阻应小于 1Ω。控制室引至接地体的接地干线应采用一根不小于 $16mm^2$ 的绝缘铜线或独芯电缆，穿入保护管后，两端分别压接在控制设备的工作接地板和室外接地母线上。消防控制室的工作接地板引至各消防设备和火灾报警控制器的工作接地线，应采用不小于 $4mm^2$ 的铜芯绝缘线，穿入保护管应构成一个零电位的接地网络，以保证火灾报警设备稳定可靠工作。在接地装置施工过程中，分不同阶段做电气接地装置隐检，接地电阻摇测。

(6) 其他火灾报警设备和联动设备安装应按有关规范和设计厂家要求进行安装接线。

5) 系统调试

火灾自动报警的调试，如图 9.23 所示，以各个分区为单位，逐个调试，通过模拟现场火警情况、检验探测器、报警控制器能否正常工作。同时，检验声、光报警器能否发出警报广播、照明、电话是否切换、联动装置能否按预定程序对所控制设备发出控制信号及这些设备工作是否达到了设计要求。

(1) 火灾自动报警系统调试应在建筑内部装修和系统施工结束后进行。

(2) 调试前施工人员应向调试人员提交竣工图、设计变更记录、施工记录(包括隐蔽工程验收记录)、检验记录(包括绝缘电阻、接地电阻测试记录)和竣工报告。

(3) 调试负责人必须由有资格的专业技术人员担任。一般由生产厂工程师或生产厂委托的经过训练的人员担任。其资格审查由公安消防监督机构负责。

(4) 调试前应按下列要求进行检查。

① 按设计要求查验设备规格、型号、备品和备件等。

② 按火灾自动报警系统施工及验收规范要求检查系统的施工质量。对属于施工中出现的问题，应会同有关单位协商解决，并有文字记录。

③ 检查检验系统线路的配线、接线、线路电阻、绝缘电阻、接地电阻、终端电阻。线号、接地和线的颜色等是否符合设计和规范要求，发现错线、开路、短路等达不到要求

的应及时处理，排除故障。

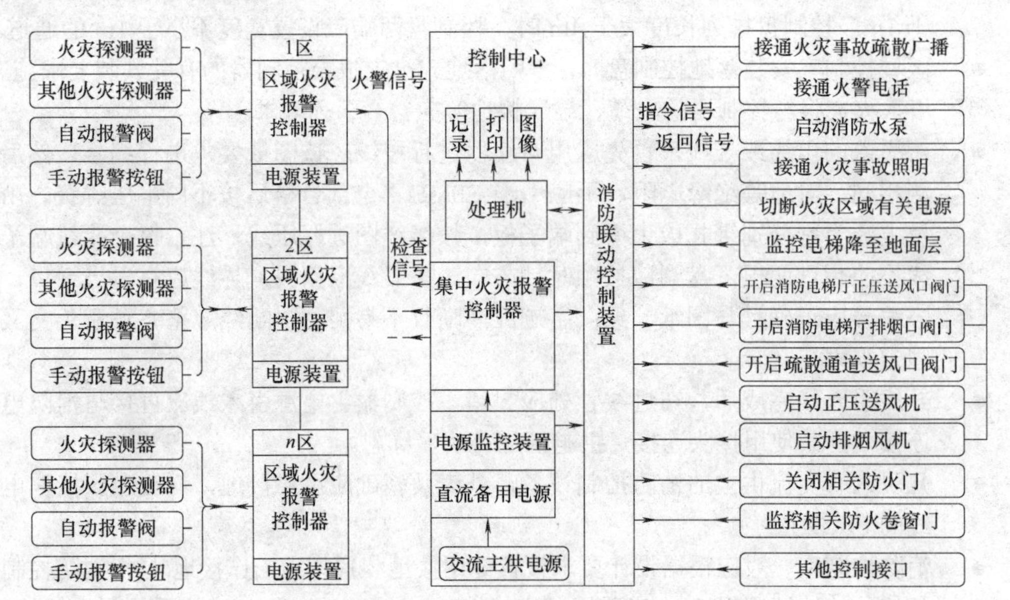


图9.23 集中报警系统框图

(5) 按设计要求分别用主电源和备用电源供电，逐个逐项检查试验火灾报警系统的各种控制功能和联动功能，其控制功能和联动功能应正常。

(6) 检查主电源：火灾自动报警系统的主电源和备用电源的容量应符合国家有关标准要求，备用电源应正常连续充放电三次，主电源、备用电源转换应正常。

(7) 系统控制功能调试后应用专用的加烟加温等试验器分别对各类探测器逐个试验，动作无误后方可投入运行。

(8) 对于其他报警设备也要逐个试验无误后方可投入运行。

(9) 按系统调试程序进行系统功能自检，系统调试完全正常后，应连续无故障运行120h。提交调试开通报告，进行验收工作。

6) 系统验收程序

(1) 火灾报警系统安装调试完成后，由施工单位、调试单位对工程质量、调试质量、施工资料进行预检，同时进行质量评定，发现质量问题应及时解决处理，直至达到符合设计和规范要求为止。

(2) 预检全部合格后，施工单位、调试单位应请建设单位、设计及监理等单位，对工程进行竣工验收检查，检查无误后办理竣工验收单。

(3) 建设及施工单位请建筑消防设施技术检测单位进行检测，由该单位提交检测报告。

(4) 以上工作全部完成后，由建设单位向公安消防监督机构提交验收申请报告，并提供下列文件资料。

① 建设过程中消防部门的消防审核文件、备忘录及其落实情况。

② 施工单位、设备厂家的资质证书和产品的检测证书。

③ 施工记录(隐蔽工程验收、设计变更洽商、绝缘摇测记录、接地电阻记录、主要材质证明和合格证等)。

④ 调试报告。

⑤ 建设单位组织施工单位、设计单位、监理等单位办理的竣工验收单。

⑥ 检测单位给出的检测报告。

⑦ 系统竣工图、系统竣工表。

⑧ 管理、维护人员登记表。

(5) 消防工程经公安消防监督机构对施工质量复验和消防设备功能抽验，全部合格后，发给建设单位《建筑工程消防设施验收合格证书》，方可投入使用，进入系统的运行阶段。

#### 4. 质量标准

火灾自动报警系统的布线应根据国家现行标准《火灾自动报警系统设计规范》(GB 50116—1998)规定，对导线的种类、电压等级进行检查，对设计的各项功能进行记录；按照《火灾自动报警系统施工及验收规范》(GB 50166—2007)要求进行各项功能检验；同时应符合国家现行《建筑电气工程施工质量验收规范》(GB 50303—2002)的规定。

系统在安装过程中，要注意按要求做好质量记录，并及时归档。系统安装完毕后，根据现场实际情况进行现场保护，以免造成不必要的损失。

## 9.7 电气施工过程的检验与试验

电气工程施工过程的检验与试验包括以下几点。

(1) 接地电阻测试，接地电阻测试主要包括设备、系统的防雷接地、保护接地、工作接地、防静电接地以及设计有要求的接地电阻测试，此项工作应在接地装置敷设完毕回填土方之前进行，并应填写相应表格。

(2) 绝缘电阻测试，绝缘电阻测试包括电气设备和动力、照明线路及其他必须摇测绝缘电阻的测试，对线路的绝缘摇测应分两次进行，第一次在穿线和接焊包完成后，在管内穿线分项质量评定时；第二次在灯具、设备安装前。照明线路绝缘电阻值应大于 0.5MΩ，动力线路绝缘电阻应大于 1MΩ，并填写相应表格。

(3) 电气器具通电安全检查，电气器具安装完成后，按层、按部位(户)进行通电检查，要求全数检查、如实填写，通电检查开关断火线，相线接螺口灯座的灯芯，插座左零右火上接保护零线，其目的就是符合规程规范的要求，保证能安全使用，并应填写相应表格。

(4) 电气设备空载试运行，成套配电(控制)柜、台、箱、盘的运行电压、电流应正常，各种仪表指示正常。电动机应试通电，检查转向和机械转动有无异常情况，对照电气设备的铭牌标示值是否超标，以判定试运行是否正常。电动机空载试运行时要记录其电流、电压和温升以及是否有异常撞击声响、噪声等，空载试运行的电动机，时间一般为 2h，记录空载电流，并检查机身和轴承的温升，填写相应表格。

(5) 建筑物照明通电试运行，公用建筑照明系统通电连续试运行时间为 24h，民用住宅照明系统通电连续试运行时间为 8h，所有照明灯具均应开启，且每 2h 记录一次，并应填写相应表格。

(6) 大型照明灯具承载试验，记录大型灯具(设计要求作承载试验的)在预埋螺栓、吊钩、吊杆或吊顶上嵌入式安装专用骨架灯时，应全数按 2 倍于灯具的重量作承载试验，并应填写相应表格。

**知识拓展：**避雷带支架拉力测试，避雷带支架应按照总数量的30%检测，10m之内测3点，不足10m的全部检测。检测时使用弹簧秤，并填写相应表格。

## 9.8 本章小结

(1) 建筑电气安装的常用材料有电线、电缆、钢管、塑料管材和型钢等，材料在使用前必须进行相应的检验、试验。电气安装工艺流程一般为：施工准备→预制→配管、配线→电气设备安装→调试→竣工验收。

(2) 室内配线施工工艺流程一般为：电施预留、预埋→电管敷设(线槽敷设)→管内穿线→导线连接。最基本的是电施的预留、预埋，最重要的是管内穿线和导线的连接。

(3) 建筑照明安装包括照明灯具、开关、插座、吊扇和配电箱等的安装，除了要按照施工工艺保证质量外，观感质量也十分重要。

(4) 建筑电气室外施工最主要的是电缆和室外照明施工。电缆敷设要做好选型、外观检查、路线选择、敷设和保护等一系列工作。室外照明要根据不同建筑类型及不同灯具采用不用的施工工艺。

(5) 防雷接地装置安装的工艺流程一般为：接地体安装→接地干线安装→支架安装→引下线敷设→避雷带、均压环和避雷网安装。要明确各类安装对材料的具体要求和施工要求。等电位联结主要包括厨房、卫生间和金属门窗等，施工时不应漏项。

(6) 火灾自动报警系统的常用材料设备。通过图片形式介绍了火灾自动报警系统的组成、工艺流程、质量标准、成品保护及质量记录等。

(7) 电气工程施工检验与试验主要包括接地电阻测试、绝缘电阻测试、电气器具通电安全检查、电气设备空载试运行、建筑物通电照明试运行、避雷带支架拉力测试和电气系统调试等项目。应按规定认真组织检验、试验，并做好资料整理。

## 9.9 习 题

1. 电缆分为哪几类，其基本结构如何？
2. 插座的安装接线应如何进行？
3. 如何进行管内穿线，穿线时应注意哪些问题？
4. 简述电缆敷设的施工工艺及注意事项。
5. 接地体安装有哪些要求？
6. 灯具的安装方式有哪些？

# 第 10 章　智能建筑专业范例图纸

**内容提要**

本章是为本书特制的某高层综合楼设计中的智能建筑专业范例图纸，描绘了建筑设备中智能建筑专业施工图的有关内容，包括：常用智能布线、有线电视和火灾自动报警等部分内容。

**教学目录**

- 掌握智能建筑专业施工图纸的组成。
- 了解智能建筑专业施工图纸的内容。
- 学会查阅智能建筑专业施工图纸。

本书选定的某高层综合楼中包括大厅、办公室和标准客房等常见建筑空间类型。

本章图纸设计了此楼智能建筑专业的内容，包括智能布线、有线电视和火灾自动报警等内容。

本章图纸包括图纸目录(弱电-01)、设计说明和材料表等文字描述部分(弱电-02)、各平面图(弱电-03～弱电-09、弱电-11～弱电-14)和各系统图(弱电-10、弱电-15)。

本章图纸的平面图综合表达了各系统管线、设备在各楼层中的位置；系统图则是将本楼中属于该系统的所有管道、设备抽出，将其工作原理图绘出。

本章图纸作为一个整体，是智能建筑设计人员表达设计思想的具有相关效力的文件，也是建设工作中所必须接触的文件。

本章图纸的识图和施工内容将在第 11 章和第 12 章中详细编写。在第 11 章和第 12 章中未描述到的内容，可在本章中举一反三、触类旁通地进行印证。

智能布线范例图-01 图纸目录.pdf

智能建筑范例图-11 一层智能布线平面图.pdf

智能建筑范例图-12 二层智能布线平面图.pdf

智能建筑范例图-13 四~九层智能布线平面图.pdf

智能建筑范例图-14 十~十四层智能布线平面图.pdf

智能建筑范例图-15 智能布线系统图.pdf

# 第 11 章　智能建筑部分系统的识图

内容提要

本章围绕本书给出的某高层综合楼范例，介绍建筑安装工程中智能建筑识图的有关内容，包括：智能建筑施工图识图图例；智能建筑施工图图纸内容；智能布线系统、有线电视系统、火灾自动报警系统的主要组成部分、各系统工作流程。

教学目标

- 掌握智能建筑施工图识图方法。
- 掌握智能建筑施工图图例。
- 能看懂智能建筑施工图图纸。
- 了解智能布线系统、有线电视系统、火灾自动报警系统的主要组成。
- 了解布线系统、有线电视系统、火灾自动报警系统的工作流程。

## 11.1　建筑智能化系统工程概述

### 11.1.1　智能建筑的定义及主要功能

2006 年 12 月，我国建设部正式颁布了《智能建筑设计标准》(GB/T 50314—2006)，对智能建筑定义如下：智能建筑是以建筑为平台，兼备信息设施系统、信息化应用系统、建筑设备管理系统，将结构、系统、服务、管理优化组合为一体，向人们提供安全、高效、便捷、节能、环保、健康的建筑环境。

智能建筑应具有以下功能。

(1) 智能建筑应具有信息处理功能，并且信息的范围不只局限于建筑物内部，还应能够在城市、地区或国家间进行。

(2) 能对建筑物内照明、电力、智能建筑、空调、智能化、防灾、防盗和运输设备等进行综合自动控制，使其能够充分发挥效力。

(3) 能够实现各种设备运行状态监视和记录统计的设备管理自动化，并实现以安全状态监视为中心的防灾自动化。

(4) 建筑物应具有充分的适应性和可扩展性，它的所有功能应能随着技术进步和社会需要而发展。

## 11.1.2 智能建筑的分类

智能建筑系统的组成如图 11.1 所示。

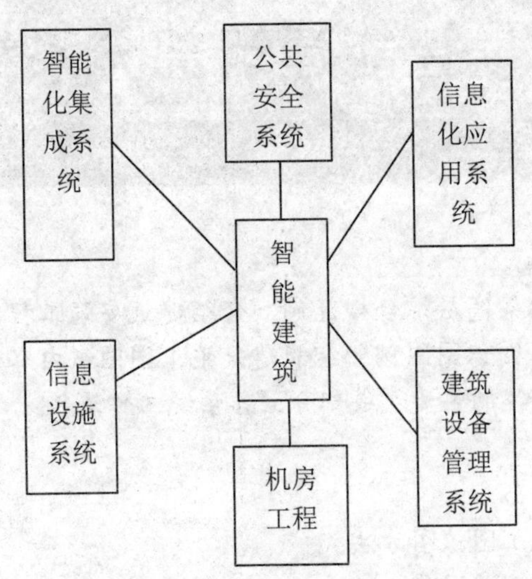


图 11.1 智能建筑系统的组成

### 1. 智能建筑

智能建筑(intelligent building，IB)是以建筑物为平台，兼备信息设施系统、信息化应用系统、建筑设备管理系统、公共安全系统等，将结构、系统、服务、管理优化组合为一体，向人们提供安全、高效、便捷、节能、环保和健康的建筑环境。

### 2. 智能化集成系统

智能化集成系统(intelligented integration system，IIS)是将不同功能的建筑智能化系统，通过统一的信息平台实现集成，以形成具有信息汇集、资源共享及优化管理等综合功能的系统。

### 3. 信息设施系统

信息设施系统(information technology system infrastructure，ITSI)是为确保建筑物与外部信息通信网的互联及信息畅通，对语音、数据、图像和多媒体等各类信息予以接收、交换、传输、存储、检索和显示等进行综合处理的多种信息设备系统加以组合，提供实现建筑物业务及管理等应用功能的信息通信基础设施。

### 4. 信息化应用系统

信息化应用系统(information technology application system，ITAS)是以建筑物信息设施

系统和建筑设备管理系统等为基础，为满足建筑物各类业务和管理功能的多种类信息设备与应用软件而组合的系统。

#### 5. 建筑设备管理系统

建筑设备管理系统(building management system，BMS)是对建筑设备监控系统和公共安全系统等实施综合管理的系统。

#### 6. 公共安全系统

公共安全系统(public security system，PSS)是为维护公共安全，综合运用现代科学技术，以应对危害社会安全的各类突发事件而构建的技术防范系统或保障体系。

#### 7. 机房工程

机房工程(engineering of electronic equipment plant，EEEP)是为智能化系统提供设备和装置等安装条件，以确保各系统安全、稳定和可靠运行与维护的建筑环境而实施的综合工程。

### 11.1.3　智能建筑中应用的关键技术

近几十年来，随着高新技术的发展，国际上采用的最先进的计算机技术、控制技术、通信技术(亦称 3C 技术：Computer、Control、Communication)，将多元化的事物制作成模块化、网络化、智能化，并集成为统一的整体产品，广泛应用于生产、生活、科研、军事等领域。

## 11.2　智能建筑施工图识图准备

智能化工程，特别是本书所提供的某综合楼建筑的智能化专业施工图，包括综合布线系统、有线电视系统和火灾自动报警系统等常用系统。在识图过程中，一般先阅读图纸目录、设计施工说明、设备材料表和图例等文字叙述较多的图纸，了解本套设计图纸的基本情况、本工程各系统大致概况、主要设备材料情况以及各设备材料图例表达方式的综合概念，再进入具体识图过程。

### 11.2.1　图纸目录

智能建筑专业的施工图组成，通常单独一套图纸第一张是封面(如果与其他专业在一起放，直接是图纸目录)。在本书所提供的某综合楼建筑施工图中，第一张是图纸目录，如图 11.2 所示。

(1) 封面内容大致由项目名称、设计单位和设计时间等组成。

(2) 智能建筑工程施工图图纸目录的内容一般有：设计/施工/安装说明、平面图、原理图、系统图、设备表、材料表和设备/线箱柜接线图或布置图等。

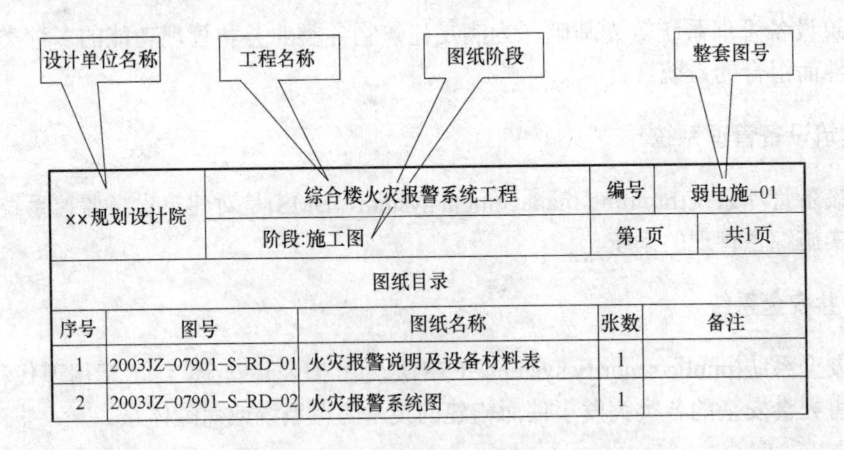


| ××规划设计院 | 综合楼火灾报警系统工程 | 编号 | 弱电施-01 |
|---|---|---|---|
| | 阶段:施工图 | 第1页 | 共1页 |

图纸目录

| 序号 | 图号 | 图纸名称 | 张数 | 备注 |
|---|---|---|---|---|
| 1 | 2003JZ-07901-S-RD-01 | 火灾报警说明及设备材料表 | 1 | |
| 2 | 2003JZ-07901-S-RD-02 | 火灾报警系统图 | 1 | |

图 11.2　图纸目录的组成

## 11.2.2　设计说明和安装/施工、系统说明

设计说明部分介绍工程设计概况和智能建筑设计依据、设计范围、设计要求和设计参数，凡不能用文字表达的施工要求，均应以设计说明表述。

安装/施工说明介绍设备安装位置、高度、管线敷设、注意事项、安装要求、系统形式、调测和验收、相关标准规范和控制方法等；系统说明一般包括系统概念、功能和特性等。

在本书所提供的某综合楼建筑的火灾报警施工图中，第二张图纸是设计说明，编号：弱电-02。表示弱电施工图，本设计说明包括了设计说明和施工说明两部分内容。

本书所提供的某综合楼智能建筑工程施工图设计说明的内容如下。

1)　设计依据

(1)　建设单位提供的本工程有关资料和设计任务书。

(2)　建筑以及各相关专业提供的设计资料。

(3)　国家现行有关民用、消防等设计规范及规程。

《自动喷水灭火系统设计规范》(GB 50084—2001)(2017年版)、《建筑设计防火规范》(GB 50016—2014)、《建筑灭火器配置设计规范》(GB 50140—2016)、《汽车库、修车库、停车场设计防火规范》(GB 50067—2014)、《工程建设标准强制性条文》(房屋建筑部分)(2013年版)、《火灾自动报警系统设计规范》(GB 50116—2013)、《建筑内部装修防火施工及验收规范》(GB 50354—2005)、《火灾自动报警系统施工及验收规范》(GB 50166—2016)和《建筑电气工程施工质量验收规范》(GB 50303—2015)。

设计依据必须来自国家规范性文件，具有权威性；这些文件是强制推行的，具有法律效力；并且必须标明规范性文件的详细编号，还应精确到文件颁布实施的年份。设计采用的标准和规范，只需列出规范的名称、编号、年份。应选用国家最新版本、行业、地方法规。没有依据国家规范，或者选用了颁行年份过时或其他多种原因而失效的规范，此设计文件会被视同不合法。如选用了地方、行业规定，其前提必须是与国家法规不冲突。如有冲突之处，应以国家法规为准。

2)　设计范围

本书所提供的某综合楼智能化工程施工图设计范围是在本栋楼内，包括综合楼以内的综合布线系统、火灾报警系统、有线电视系统。

3)　工程概况

本书所提供的某综合楼智能化工程施工图设计说明简略地介绍了本工程的概况，其中最关键的是弱电-02 设计说明的第 1 条。

1. 本工程为一类高层建筑。火灾自动报警系统的保护等级按一级保护。

4)　火灾自动报警、消防联动及智能布线系统

本书所提供的某综合楼火灾报警系统工程施工图设计说明的这一节内容中，较为详细地描述了本工程各个系统的概况：设计数据、系统组成、关键设备和重要说明等。

本节内容按照本工程所具有的综合布线系统、火灾报警系统和有线电视系统分别加以叙述。

## 11.2.3　设备表、主要材料表

(1) 设备表：主要是对本设计中选用的主要运行设备进行描述，其组成主要有：设备科学称谓、在图纸中的图例标号、设备性能参数、设备主要用途和特殊要求等内容。

(2) 表头：有些设备表的表头是在表格的上面，有些表格的表头则在表格的下方，仅需要在识图的时候习惯图纸上的编制习惯即可，如图 11.3 所示。

| 8 | ▨ | 100×50 金属线槽 | | m | | 按实际 |
|---|---|---|---|---|---|---|
| 7 | ⊤ | 电视插座 | | 个 | 84 | |
| 6 | ⊠ | 100对110配线架 | PI2100 | 个 | 4 | |
| 5 | ⊠ | 4B口配线架 | PD1148 | 个 | B | |
| 4 | | 电话、数据梯块 | PM1011 | 个 | 602 | |
| 3 | ⊥ | 双孔信息插座面板 | PF1322 | 个 | 301 | |
| 2 | ⊠ | 壁挂式配线架 | 9U | 台 | 14 | |
| 1 | ⊠ | 落地式机柜 | 40U | 台 | 1 | |
| 序号 | 图例 | 名称及规格 | | 单位 | 数量 | 备注 |

图 11.3　设备表

## 11.2.4　图例及标注

图例：是在图纸上采用简洁、形象、便于记忆的各种图形、符号，来表示特指的设备、材料、系统。如果说图纸是工程师的语言，那么图例就是这种语言中的单词、词组和短句。图 11.4 为综合布线工程图例。

| 序号 | 图形符号 | 说 明 | 符号来源 |
|---|---|---|---|
| 1 | NDF | 总配线架 | YD/T 5015—95 |
| 2 | ODF | 光纤配线架 | YD/T 5015—95 |
| 3 | FD | 楼层配线架 | YD/T 926.1—2001 |
| 4 | FD | 楼层配线架 | |
| 5 | | 楼层配线架(FD或FST) | YD/T 926.1—2001 |
| 6 | | 楼层配线架(FD或FST) | YD/T 926.1—2001 |
| 7 | BD | 建筑物配线架(BD) | YD/T 926.1—2001 |
| 8 | | 建筑物配线架(BD) | YD 5082—99 |
| 9 | CD | 建筑群配线架(CD) | YD/T 926.1—2001 |
| 10 | | 建筑群配线架(CD) | |
| 11 | | 家居配线装置 | CECS 119:2000 |
| 12 | CP | 聚合点 | YD 5082—99 |
| 13 | DP | 分界点 | |
| 14 | TO | 信息插座(一般表示) | YD/T 926.1—2001 |
| 15 | | 信息插座 | |

| 序号 | 图形符号 | 说 明 | 符号来源 |
|---|---|---|---|
| 16 | n70 | 信息插座(*n*为信息孔数) | GJBT-532/00DX001 |
| 17 | —On70 | 信息插座(*n*为信息孔数) | GJBT-532/00DX001 |
| 18 | TP | 电话出线口 | GB/T 4728.11—2000 |
| 19 | TV | 电视出线口 | GB/T 4728.11—2000 |
| 20 | PABX | 程控用户交换机 | GB/T 4728.9—99 |
| 21 | LANX | 局域网交换机 | |
| 22 | | 计算机主机 | |
| 23 | HDB | 集线器 | YD 5082—99 |
| 24 | | 计算机 | |
| 25 | | 电视机 | GB/T 5465.2—1996 |
| 26 | | 电话机 | GB/T 4728.9—1999 |
| 27 | | 电话机(简化形) | YD/T 5015—95 |
| 28 | | 光纤或光缆的一般表示 | GB/T 4728.9—1999 |
| 29 | | 整流器 | GB/T 4728.6—2000 |

图 11.4　综合布线工程图例

智能化工程的图例一般都比较形象简单，本书所提供的某综合楼智能化工程施工图亦然，不过初学者还是会觉得陌生，需要进行一段时间的强化记忆，但是在联系实物形状后，就能融会贯通，遇见陌生的图例时也能进行推测，迅速接受。例如：阻燃导线是在实线中缀以字母“ZR”，即为“阻燃”的汉语拼音的字母；扬声器的图例就是一个圆里面有个喇叭的缩小平面图。详见弱电-02。

标注：线路敷设方式及导线敷设部位的标注如图 11.5 所示。

| 线路敷设方式的标注 | | |
|---|---|---|
| 7-001 | 穿焊接钢管敷设 | SC |
| 7-002 | 穿电线管敷设 | MT |
| 7-003 | 穿硬塑料管敷设 | PC |
| 7-004 | 穿阻燃半硬聚氯乙烯管敷设 | FPC |
| 7-005 | 电缆桥架敷设 | CT |
| 7-006 | 金属线槽敷设 | MR |
| 7-007 | 塑料线槽敷设 | PR |
| 7-008 | 用钢索敷设 | M |
| 7-009 | 穿聚氯乙烯塑料波纹电线管敷设 | KPC |
| 7-010 | 穿金属软管敷设 | CP |
| 7-011 | 直接埋设 | DB |
| 7-012 | 电缆沟敷设 | TC |
| 7-013 | 混凝土排管敷设 | CE |

| 导线敷设部位的标注 | | |
|---|---|---|
| 7-014 | 沿或跨梁(屋架)敷设 | AB |
| 7-015 | 暗敷在梁内 | BC |
| 7-016 | 沿或跨柱敷设 | AC |
| 7-017 | 暗敷设在柱内 | CLC |
| 7-018 | 沿墙面敷设 | WS |
| 7-019 | 暗敷设在墙内 | WC |
| 7-020 | 沿天棚或顶板面敷设 | CE |
| 7-021 | 暗敷设在屋面或顶板内 | CC |
| 7-022 | 吊顶内敷设 | SCE |
| 7-023 | 地板或地面下敷设 | F |

图 11.5　线路敷设方式及导线敷设部位的标注

# 11.3　综合布线系统施工图识图

## 11.3.1　综合布线系统及其组成

随着城市建设及信息通信事业的发展，现代化的商住楼、办公楼、综合楼及园区等各类民用建筑及工业建筑对信息的要求已成为城市建设的发展趋势。在过去大楼内设计的语音及数据业务线路，常使用各种不同的传输线、配线插座以及连接器件等。

例如：用户电话交换机通常使用对绞电话线，而局域网络(LAN)则可能使用对绞线或同轴电缆，这些不同的设备使用不同的传输线来构成各自的网络；同时，连接这些不同布线的插头、插座及配线架均无法互相兼容，相互之间达不到共用的目的。

现在将所有语音、数据、图像及多媒体业务设备的布线网络组合在一套标准的布线系统中，并且将各种设备终端插头插入标准的插座内已属可能之事。在综合布线系统中，当终端设备的位置需要变动时，只需做一些简单的跳线，这项工作就完成了，而不需要再布放新的电缆以及安装新的插座。

智能建筑综合布线系统一般包括建筑群子系统、设备间子系统、垂直子系统、水平子系统、管理子系统和工作区子系统 6 个部分，如图 11.6 所示。

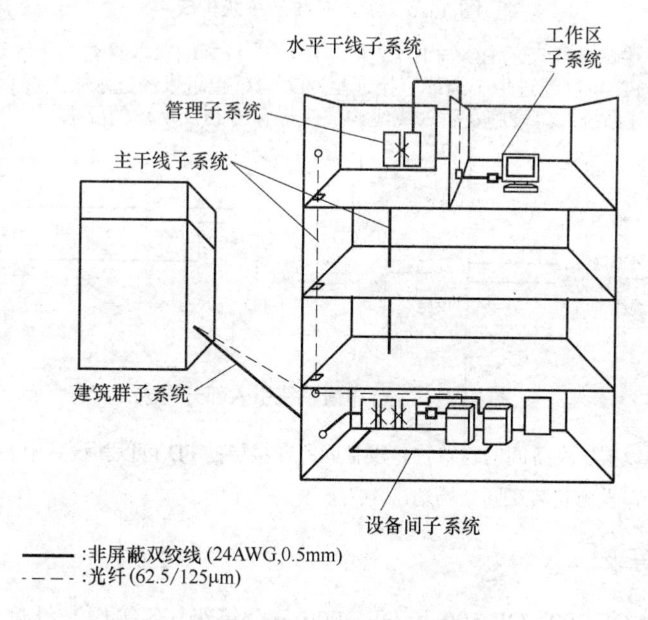


图 11.6　综合布线系统组成

## 11.3.2　综合布线系统构成的要求

综合布线系统的构成应符合以下要求。

(1)　综合布线系统基本组成应符合图 11.7 所示的要求。

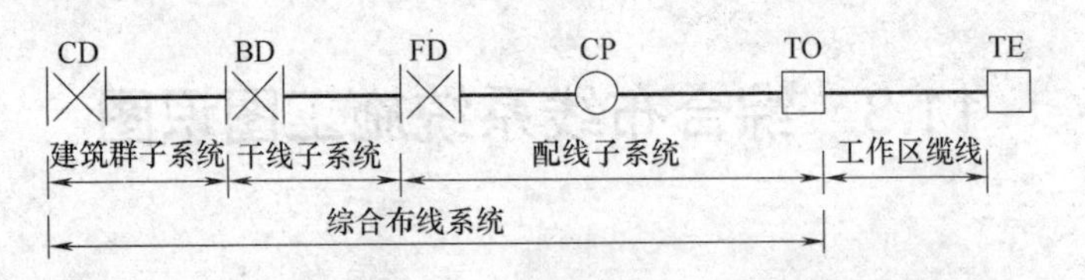


图 11.7 综合布线系统基本组成

注：配线子系统中可以设置集合点(CP 点)，也可不设置集合点。

(2) 综合布线子系统构成应符合图 11.8 所示的要求。

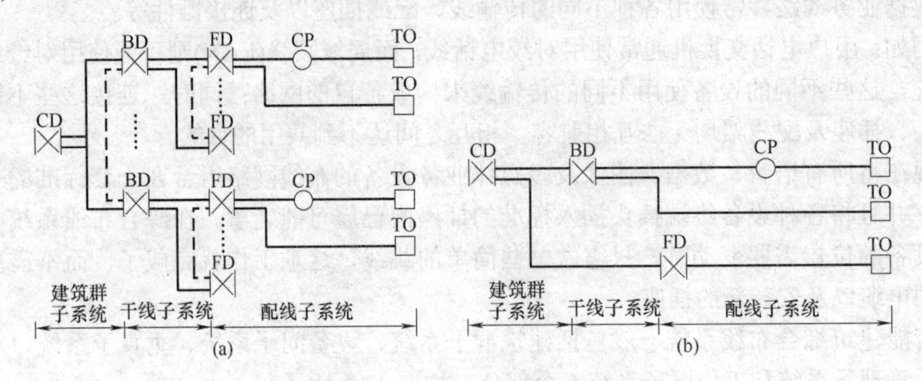


图 11.8 综合布线子系统构成

注：① 图 11.8 中的虚线表示 BD 与 BD 之间、FD 与 FD 之间可以设置主干缆线。
② 建筑物 FD 可以经过主干缆线直接连至 CD，TO 也可以经过水平缆线直接连至 BD。
③ 综合布线系统入口设施及引入缆线构成应符合图 11.9 所示的要求。

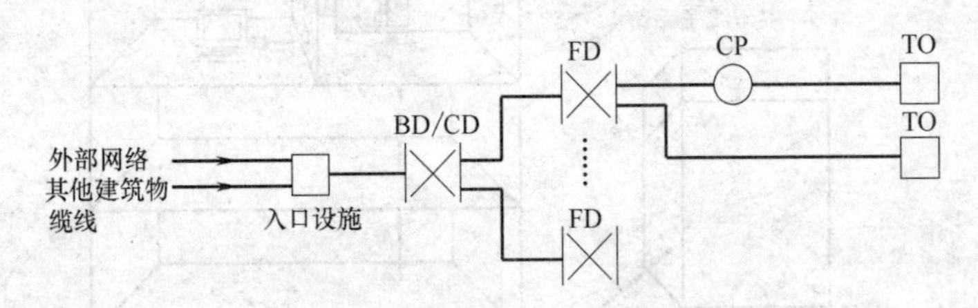


图 11.9 综合布线系统引入部分构成

注：对设置了设备间的建筑物，设备间所在楼层的 FD 可以和设备中的 BD/CD 及入口设施安装在同一场地。

### 1. 光纤信道等级

光纤信道分为 OF-300、OF-500 和 OF-2000 三个等级，各等级光纤信道支持的应用长度应分别不小于 300m、500m 及 2000m。

### 2. 缆线长度划分

配线子系统各缆线长度应符合图 11.10 所示的划分，并应符合下列要求。

(1) 配线子系统信道(通俗理解即从交换设备到电脑)的最大长度应不大于 100m。

(2) 工作区设备缆线、电信间配线设备的跳线和设备缆线之和应不大于 10m，当大于

10m 时，水平缆线长度(90m)应适当减少。

(3) 楼层配线设备(FD)跳线、设备缆线及工作区设备缆线各自的长度应不大于 5m。

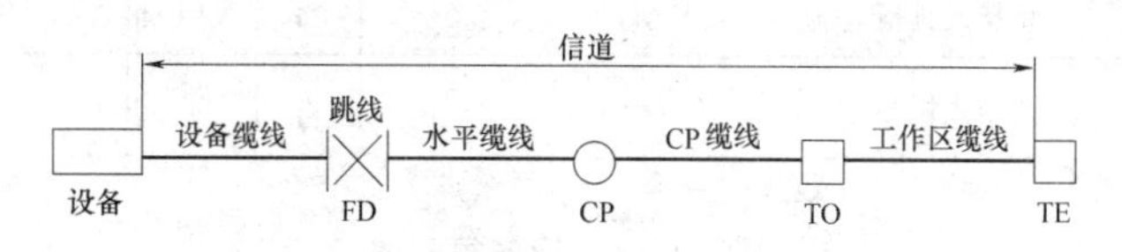


图 11.10　配线子系统缆线划分

**知识拓展：什么是跳线，作用是什么？**

通俗地讲，跳线就是连接线，目的是在线路间、设备之间或线路与设备之间连通。比如大家常用的网线，在一个房间内一端连接电脑，一端连接数据插座，换个房间再插上跳线即可使用。电脑与设备连通了，实际上在设备内的软标识是不同的。

通信部门实际上就是利用多级跳线把信号传送到用户终端上的，如电信局就是从机房用大对数(如 3600 对)电缆出局，到交接箱(马路边、通信电杆上的电缆如 800 对)，再到楼栋的分线盒(更小对数的电缆如 20 对)，再到具体用户线上(通常是一对或几对)，最后接到用户面板上。

## 11.3.3　施工图识图准备

### 1. 建筑整体情况分析

(1) 本楼位于某城市，楼高 49.8m，共十四层。

(2) 本楼属于综合楼性质，内部包含了公共大厅、办公室和客房等使用功能。

(3) 本楼内安装有综合布线、有线电视和火灾报警等常用系统。

### 2. 设计说明

智能布线机柜安装在二楼智能布线配电间，为落地式机柜。本条说明了智能布线系统的机房在二楼；核心设备安装在落地式机柜中；数据信号是“单模或多模光缆，由甲方引入”；通信线路电话信号是大对数电缆，“800HYA-2X0.5，800HYA-2X0.5 表示 800 对市话全塑电缆、每对由两根 0.5mm$^2$ 电线组成。到此为止，电脑、电话的“总部”找到了，信号源也找到了。

对应设备材料表中的第一行、第二行，我们发现机柜有两种且数量不一，不过很显然从“名称及规格”中可以发现有“落地式机柜”和“壁挂式配线架”，“40U”和“9U”两种，在数量栏里有“1”台和“14”台，如图 11.11 所示。在系统图最上端有“MDF 机柜设在二楼”，如图 11.12 所示。可以发现，在二楼智能布线系统机房的应该是 40U 的机柜。然后其余的 14 个 9U 的就不言而喻了。

| 序号 | 图例 | 名称及规格 | | 单位 | 数量 | 备注 |
|---|---|---|---|---|---|---|
| 2 | ☒ | 壁挂式机柜 | 9U | 台 | 14 | |
| 1 | ☒ | 落地式机柜 | 40U | 台 | 1 | |

图 11.11 设备材料表

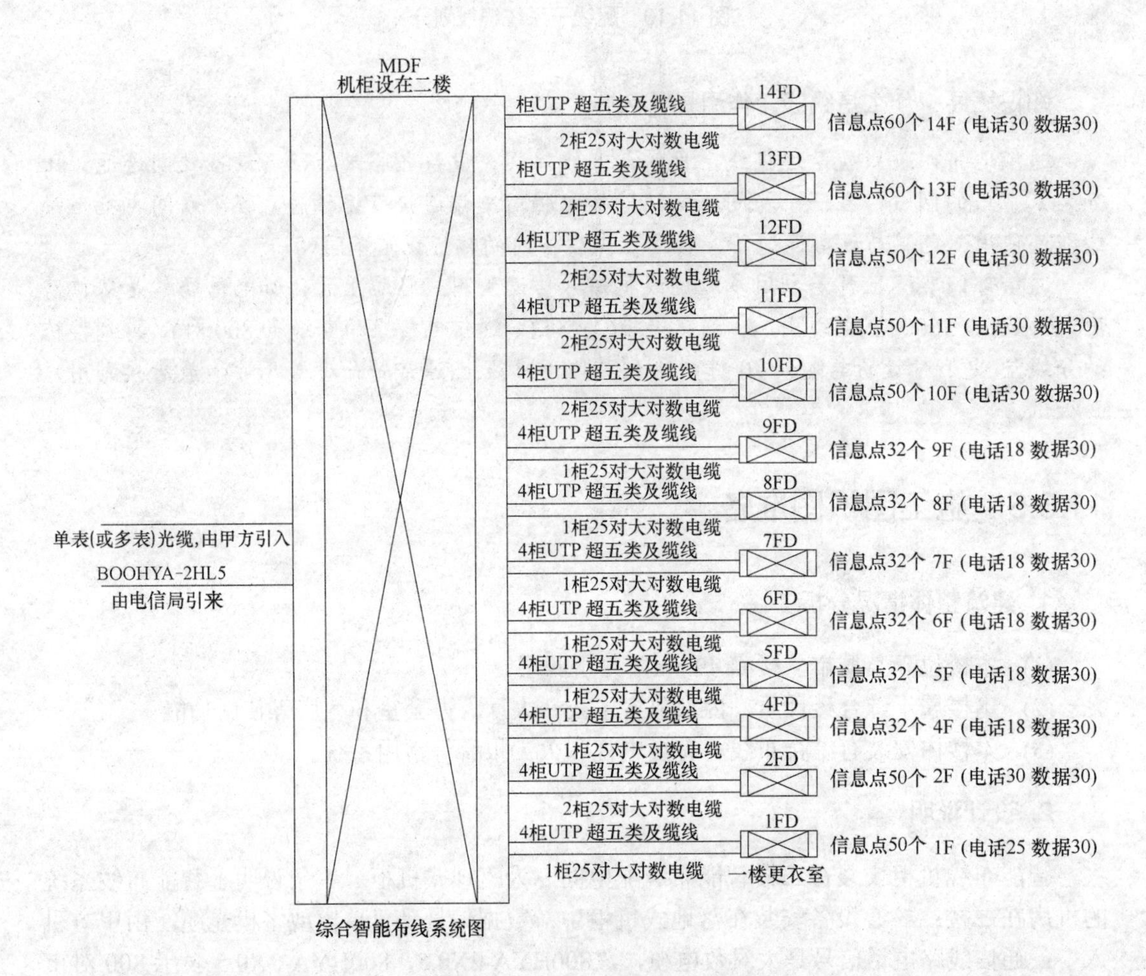


图 11.12 综合布线系统图

**知识拓展：机柜的 U 数。**

1U 约等于 4.445cm。

标准机柜的结构比较简单，主要包括基本框架、内部支撑系统、布线系统和通风系统。标准机柜根据组装形式和材料选用的不同，可以分为很多性能和价格档次。19in 标准机柜有宽度、高度和深度三个常规指标。规定的尺寸是服务器的宽(19in=48.26cm)与高(4.445cm 的倍数)，高度对于机柜来说，指的是它的内空间高度(也就是面板的高度，不包括上围框和下围框和脚轮地脚)。由于宽为 19in，所以有时也将满足这一规定的机架称为“19 英寸机架”。

所谓“1U 的 PC 服务器”，就是外形满足 EIA 规格、厚(高)度为 4.445cm 的产品。设计为能放置到 19in 机柜的产品一般被称为机架服务器。但机柜的物理宽度常见的产品为 600mm 和 800mm 两种。高度一般从 0.7～2.4m，根据柜内设备的多少和统一格调而定，通常厂商可以定制特殊的高度，常见的成品 19in 机柜高度为 1.6m 和 2m。机柜的深度一般为 400～800mm，根据柜内设备的尺寸而定，通常厂商也可以定制特殊深度的产品，常见的成品 19in 机柜深度为 500mm、600mm 和 800mm。

3. 综合布线系统一层内容的识图

(1) 如图 11.13 所示，图上标明了“4 根 UTP 超五类双绞线”，表示从一楼配线架到(二楼)主配线架的连接是由“4 根 UTP 超五类双绞线”即通常说的“网线”所完成的。实际中只需要一根双绞线就可以了，连接从主机房的交换设备(如网络交换机)到楼层分配线间的(楼层)交换机，通常有一根备用，多余的两根是一层的用户为了网速高要求直接经配线架连到主机房。现在用户为了保证速度达到要求，或者是楼层稍高超过双绞线的链路长度，这 4 根 UTP 多用光缆代替。当然这时要求这两台交换设备都要有光信号收发功能，相应的成本也稍高些。

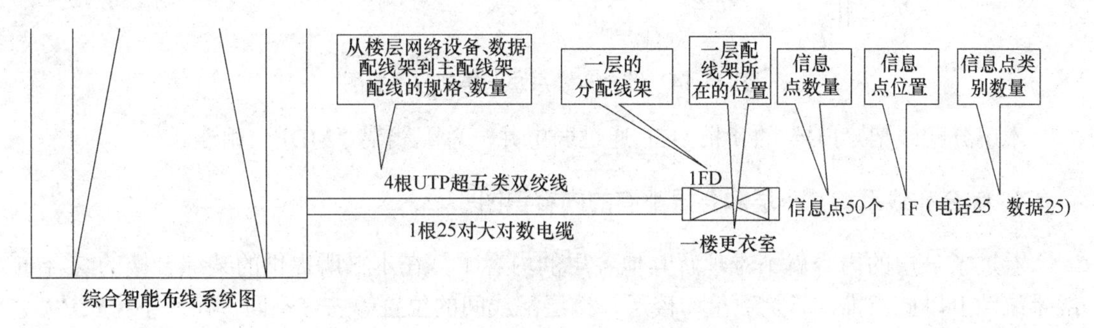


图 11.13　综合布线系统一层系统图

(2) “1 根 25 对大对数电缆”：显然，在这个系统中从楼层的分配架到主配线架，数据与语音线路是由两种不同的有线介质来完成的。UTP 完成数据传输，大对数电缆则传送语音信号，从经济性考虑用普通的电话线或通信的大对数电缆便宜。现行电话线通常是 $2\times0.4mm^2$ 或 $2\times0.5mm^2$，即 1 根 25 对大对数电缆最多可以支持 25 个语音点，而一楼语音信息点总共只有 25 个，这样即使所有的语音点都工作，也可满足要求，通常叫作满配。在 10 楼则是两根 25 对大对数电缆，而语音点只有 30 个，即使全部工作也还有富余，这样叫作超配。显然如果本层有 50 个语音点，只配置一条 25 对大对数电缆，就叫作半配。如果有 26 个或更多的语音点要开通，怎么办？

(3) “☒1FD”和“一楼更衣室”表示架设在一楼更衣室的楼层配线架。

(4) “信息点 50 个”表示一楼的语音和数据点(计算机)共有 50 个，从材料表中可以发现“双孔信息插座”共 301 个，而模块是 602 个。在信息插座中面板要与后面的模块及暗盒配套，实际在一楼的插座面板、模块及暗盒应该有多少？

(5) “1F”表示信息点所在的楼层。“电话 25 数据 25”表示在一层，电话(语音)插座和数据插座各 25 个，但它们不是单独出现的，而是一起出现的，就是在墙面上安装的是双口面板，一个口是电话(语音 RJ-11 或 RJ-45 插座模块)、一个口是数据(计算机的 RJ-45)。所以一楼应该有 25 个插座面板。

(6) 如图 11.14 所示，从一层 C 轴与 2～3 轴间的弱电井的本层分配线架“FD”引出 UTP 双绞线(网线)，经吊顶内敷设的“金属线槽 200×100”(200、100 表示金属线槽的截面宽和高，单位 mm)到各个房间的插座上，即 6 个子系统中的“水平子系统”。“4U，PC20”表示从吊顶出来的是采用直径为 20 的塑料管敷设，管内穿线为“4U”，即 4 根 UTP：4 根双绞线，沿墙连接到距地面 300mm 的墙上插座。

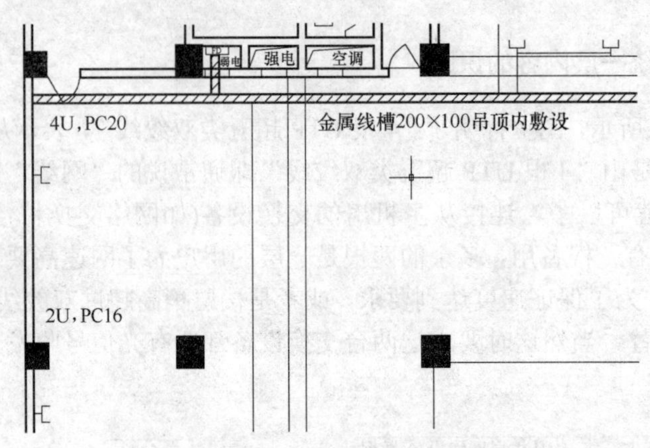


图 11.14　综合布线系统一层部分平面图

本层分配线架“FD”的 4 根 UTP 通过弱电井与总配线架“MDF”相连。

### 4. 综合布线系统在一层和各层都有的内容识图

看过了一层的内容就不难理解其他各层的内容了。在本书所提供的某综合楼的综合布线系统图上以此类推，只是数量、楼层、楼层配线间的位置等内容不同，在此不再赘述。

### 5. 二层与其他层不同的内容识图

从图 11.15 可以看到“智能布线机房”在平面图的左侧，即①轴和Ⓓ轴处，“MDF”表示主配线架，即整个大楼的总配线架，与大楼的网络交换设备相连。

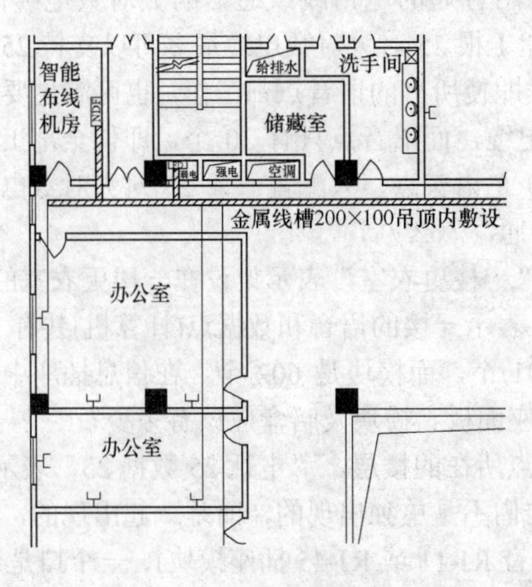


图 11.15　综合布线二层平面图

从“MDF”向上引到天花板水平进入走道吊顶内敷设的“金属线槽 200×100”，沿楼板、墙分别连接到本层的各个办公室距地面 300mm 的墙上插座。

6. 综合布线系统所实现的网络系统

前面说明了综合布线系统的物理连接方式，即线路(或链路、电路和信道)连接。真正要实现的是计算机的网络连接，如图 11.16 所示为网络连接图。

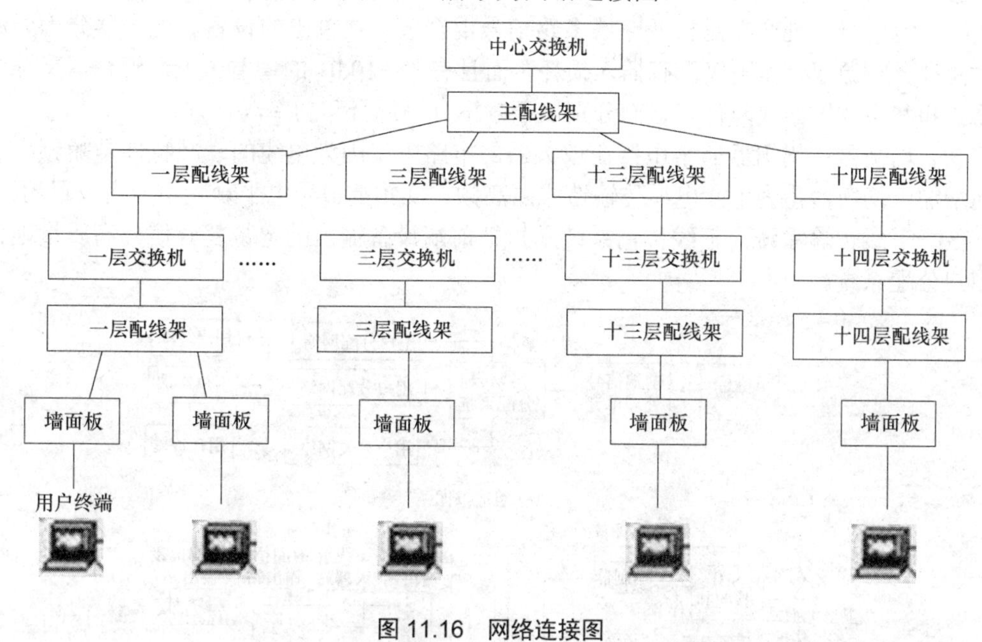


图 11.16　网络连接图

# 11.4　有线电视系统施工图识图

## 11.4.1　概述

有线电视系统是采用缆线作为传输媒质来传送电视节目的一种闭路电视系统，也称之为电缆电视(Cable Television)系统。其英文缩写是 CATV。它以有线的方式在电视中心和用户终端之间传递声、像和数据等信息。所谓闭路，是指不向空间辐射电磁波。

## 11.4.2　有线电视系统组成

有线电视系统一般由(接收)信号源、前端处理设备、干线传输系统、用户分配系统和用户终端系统 5 部分组成，每个子系统包括多少部件和设备，要根据具体需要来决定，如图 11.17 所示。

各个子系统及常用设备如下。

(1)　(接收)信号源：通常包括卫星地面站、微波站、无线接收天线、有线电视网、电视转播车、录像机、摄像机、电视电影机、字幕机、影音播放机(如 DVD)和计算机多种播放器等。一般接收其他台、站、源的开路或闭路信号。

(2) 前端设备：在有线电视广播系统中，用来处理广播电视、卫星电视和微波中继电视信号或自办节目设备送来的电视信号的设备，是有线电视系统的心脏。接收的信号经频道处理和放大后，与其他闭路信号一起经混合器混合，再送入干线传输部分进行传输。

① 调制器：调制器是将视频和音频信号变换成射频电视信号的装置。

② 混合器：混合器是把两路或多路信号混合成一路输出的设备。混合器分为无源和有源两种。有源混合器不仅没有插入损耗，而且有 5～10dB 的增益。无源混合器又分为滤波器式和宽带变压器式两种，它们分别属于频率分隔混合和功率混合方式。

③ 均衡器：均衡器通常串接在放大器的电路中。因为电缆的衰减特性是随频率的升高而增加。均衡器是为平衡电缆传输造成的高频、低频端信号电平衰减不一而设置的。

(3) 干线传输系统：干线传输系统是指把前端设备输出的宽带复合信号高质量地传送到用户分配系统。

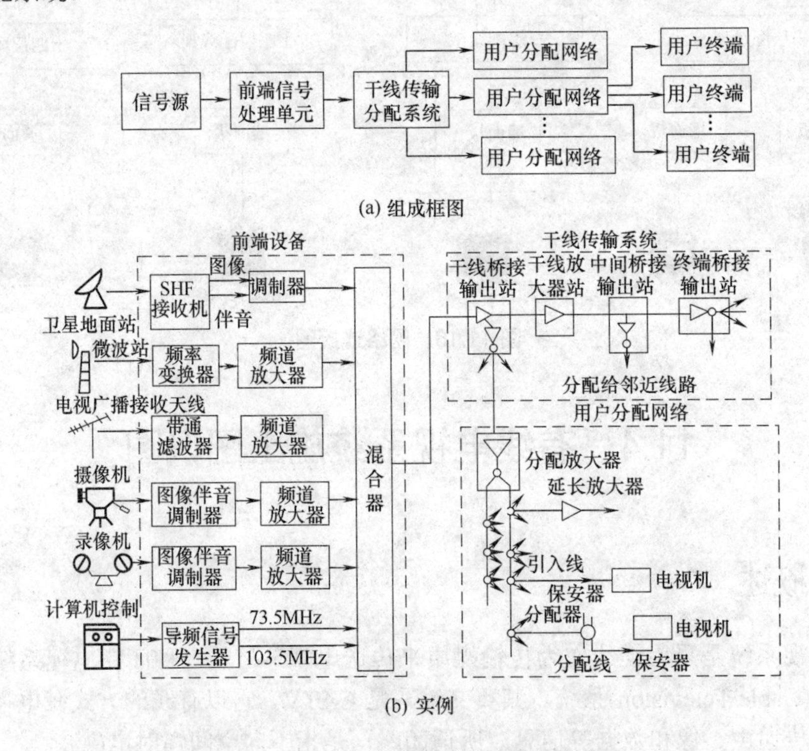


(a) 组成框图

(b) 实例

图 11.17 有线电视系统的基本组成

放大器：如图 11.18(a)所示，在电缆传输系统中使用的放大器主要有干线放大器、干线分支(桥接)放大器和干线分配(分路)放大器。在光缆传输系统中要使用光放大器。

① 干线放大器是为了弥补电缆的衰减和频率失真而设置的中电平放大器，通常只对信号进行远距离传输而不带终端用户，因此只有一个输出端。

② 干线分支和分配放大器：又称桥接放大器，它除一个干线输出端外，还有几个定向耦合(分支)输出端，将干线中信号的一小部分取出，然后再经放大送往用户或支线。

③ 光放大器：光放大器主要有干线光放大器和分配光放大器两种。按工作原理分主

要有半导体激光放大器和光纤激光放大器两种。

(4) 用户分配网络：用户分配网络是连接传输系统与用户终端的中间环节。主要包括延长分配放大器、分配器、串接单元、分支器和用户线等。

分配器是有线电视传输系统中分配网络里最常用的器件，如图 11.18(b)所示，它的功能是将输入有线电视一路的信号均等分成几路输出，通常有二分配、四分配、六分配等。分配器的类型很多：有电阻型、传输线变压器型和微带型；有室内型和室外型；有 VHF 型、UHF 型和全频道型。

分支器的功能是从所传输的有线电视信号中取出一部分馈送给支线或用户终端，其余大部分信号则仍按原方向继续传输。通常有一、二、四分支器等。分支器由一个主路输入端(IN)、一个主路输出端(OUT)和若干个分支输出端(BR)构成。在分支器中信号的传输是有方向性的，因此分支器又称定向耦合器，它可作混合器使用。

(5) 用户终端(电视插座)：如图 11.18(c)所示，是有线电视系统的最后部分，它从分配网络中获得信号。在双向有线电视系统中，用户终端也可作为信号源，但它不是前端或首端。简单的终端盒有接收电视信号的插座，有的终端分别接有接收电视、调频广播和有线广播的信号插座。

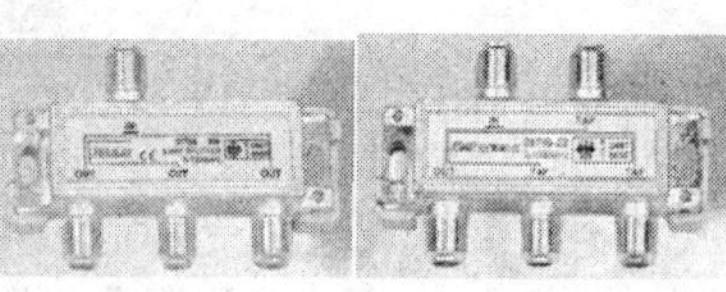

(a) 放大器　(b) 室内型三分配器、室内型三分支器　(c) 双向双孔终端型用户盒

图 11.18　有线电视系统常用器材

## 11.4.3　有线电视系统基本模式

有线电视系统的基本模式有以下几种。

(1) 无干线系统：无干线系统模式规模很小，不需传输干线，由前端直接引至用户分配网络，如图 11.19 所示。

(2) 独立前端系统：典型的电缆传输分配系统，由前端、干线、支线及用户分配网组成，如图 11.20 所示。

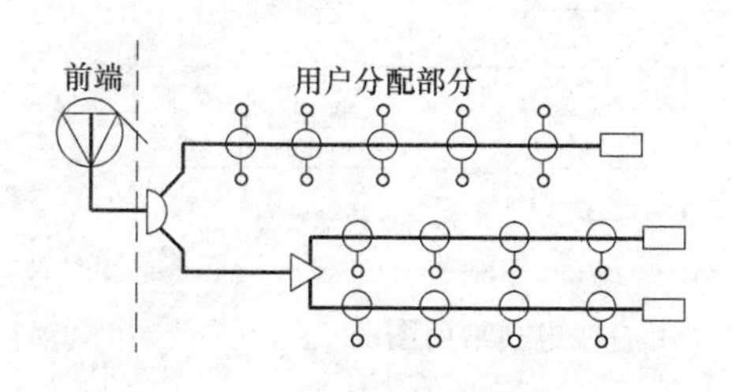


图 11.19　无干线系统模式

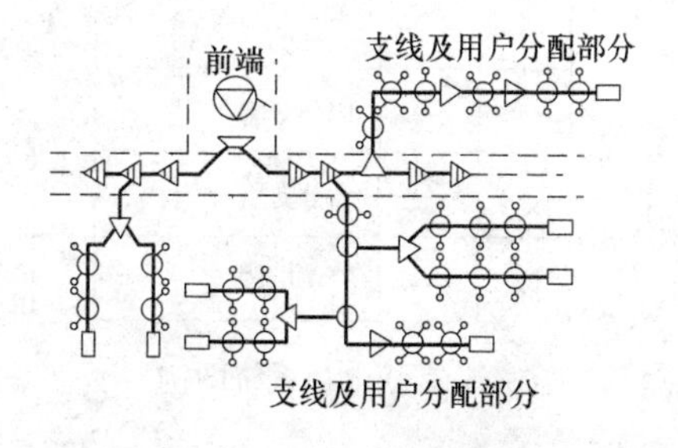


图 11.20　独立前端系统模式

(3) 有中心前端系统：规模较大，除具有本地前端外，还应在各分散的覆盖地域中心

处设置中心前端。本地前端至各中心前端可用干线或超干线连接，各中心前端再通过干线连至支线和用户分配网络，如图 11.21 所示。

(4) 有远地前端系统：其本地前端距信号源太远，应在信号源附近设置远地前端，经超干线将收到的信号送至本地前端，如图 11.22 所示。

图 11.23 是某综合楼有线电视系统的图例及有线电视常用图例。

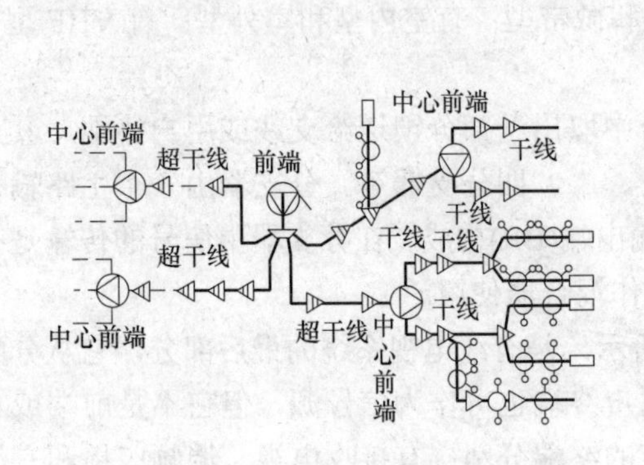


图 11.21 有中心前端的系统模式

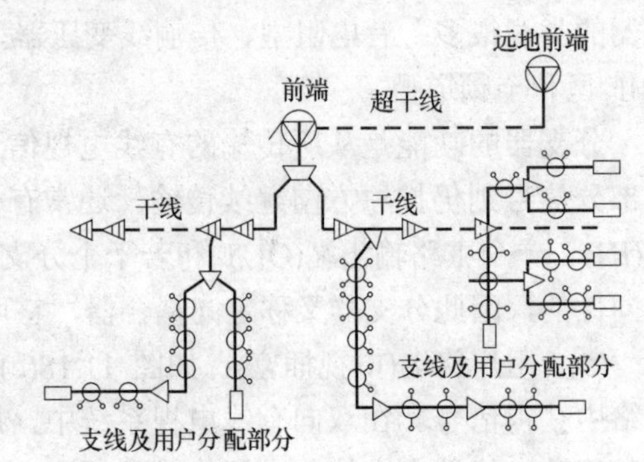


图 11.22 有远地前端的系统模式

图例说明

| 序号 | 图例 | 图例名称/材料名称 |
|---|---|---|
| 1 | | 延长放大器 |
| 2 | | 用户放大器 |
| 3 | | 两分配器 |
| 4 | | 三分配器 |
| 5 | | 四分配器 |
| 6 | | 二分支器 |
| 7 | | 四分支器 |
| 8 | | 六分支器 |
| 9 | | 终端电阻 |

(a) 有线电视系统图例

| 编号 | 图例 | 含义 |
|---|---|---|
| A.0.1 | | 本地(远端)前端 |
| A.0.2 | | 中心前端 |
| A.0.3 | | 干线放大器 |
| A.0.4 | | 干线桥接放大器 |
| A.0.5 | | 桥接放大器 |
| A.0.6 | | 延长放大器 |
| A.0.7 | | 分配放大器 |
| A.0.8 | | 分配器 |
| A.0.9 | | 分支部 |
| A.0.10 | | 定向耦合器 |
| A.0.11 | | 终端负载 |

(b) 有线电视常用图例

图 11.23 图例

## 11.4.4　施工图识图准备

### 1. 建筑整体情况分析(同前)

### 2. 设计说明

在本栋综合楼的有线电视系统图中可以看到，系统没有接收信号源，直接从市有线电视网接入信号，进入五层放大器。

第一条：本系统为 750MHz 双向邻频传输有线电视分配系统，放大器设在五层弱电井内，采用分配分支方式。

第二条～第四条表示采用的电缆规格是 4 屏蔽层物理发泡同轴电缆 SYWV-75-5-4P。

第五条～第六条表示进入房间前电缆的布放位置。

第七条～第八条说明了分支分配器的规格、接口要求。

第九条～第十二条说明放大器的电气指标要求。

第十三条～第十八条强调了防雷、接地的要求。

用户终端电平为 70±5dB。

### 3. 有线电视系统五层内容的识图

图 11.24 为某综合楼有线电视的系统图。在该系统图中，图面显得比较烦琐。从最右侧仔细看，发现市有线电视信号引入到五层，直接进入放大器，型号是 4735H-220V，104dB 表示它的输出电平。220V 为市电供电，这里的机房表示在五层的弱电井内。

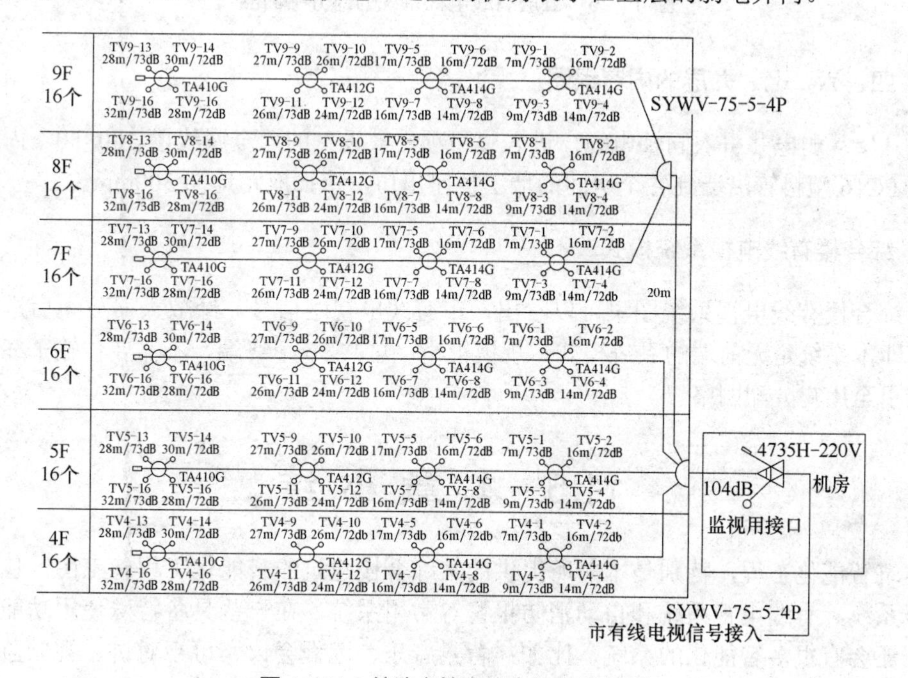


图 11.24　某综合楼有线电视的系统图

以第一个房间的输出标识为例，“TV5-1”表示电视信息点，五层第一个插座。“7m/73dB”表示该插座距吊顶内的分支分配器的距离是 7m，终端出口电平为 73dB，在标准要求的范围内。“TA414G”表示这是个分支器。最后的小矩形“□”表示这是个终端电阻。

“4F16 个”表示本层是第 4 层，共有电视信息点 16 个。

图 11.25 是五层有线电视系统的部分平面图。

在图 11.25 中，由“弱电”竖井引入市有线电视信号，也是放大器所在位置，由井内从放大器引出“SYWV-75-5-4P”同轴电缆，进入“吊顶内敷设”的“金属线槽 100×50”内，沿着走道经 PC16 塑料管沿墙到各个房间的墙上插座出口，该插座距地面 300mm。

#### 4. 有线电视系统在八层的内容识图

第八层与第五层不同的是，五层引入了市有线电视信号，再经放大器放大输出。第八层有经放大器输出引上的同轴电缆，再经三分配器分到第七层和第九层，本层则通过吊顶内的四分支器，分支分配到各个终端。

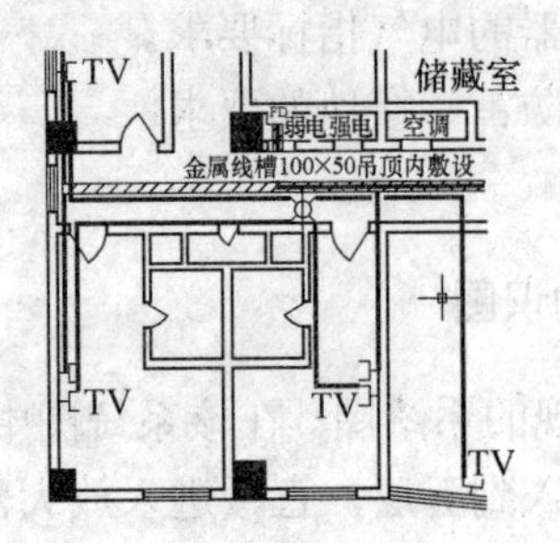


图 11.25 五层有线电视系统的部分平面图

#### 5. 四、六、七、九层的内容识图

这几层从弱电井引入同轴电缆，进入“吊顶内敷设”的“金属线槽 100×50”内，沿着走道经 PC16 塑料管沿墙到各个房间的墙上插座出口，该插座距地面 300mm。

#### 6. 综合楼有线电视系统模式

在综合楼有线电视系统图里可以看出，市有线电视网信号，经放大器放大后进入分配系统，即本系统是无前端的系统模式。规模很小，总共 96 个终端，不需要传输干线，由前端直接引至用户分配网络。

## 11.5 本 章 小 结

建筑智能化工程，特别是本书所提供的某综合楼建筑的智能化工程施工图，包含了综合布线系统、有线电视系统和自动消防报警等常用系统，在一些具备特殊使用功能的建筑物内，还会有很多智能化的系统，比如：背景音乐、远程会议、可视对讲、视频监控和安全防范等。

本章通过这一套完整、典型的高层建筑的智能建筑工程施工图范例，引导读者识图，讲授识图方法、顺序及技巧，介绍一些智能化施工图图例，锻炼读者识图和构建空间概念的能力。读者在学习这些知识之后，对与建筑有关的智能化工程专业其他内容的图纸也能很快触类旁通，同时对于后续的施工部分识图有着积极的前导作用。

本章主要涉及了智能建筑的概念、功能、分类和施工图识图的准备等方面。系统地阐述了有线电视是综合布线系统、火灾自动报警系统的组成、原理、模式、设备及识图学习等内容。特别是将新发布的标准、规范贯穿其中，读者在识图时要注意将原理图、系统图和平面图结合起来，针对各个系统以核心设备为起点、沿着干线方向找到信号终点设备。

1. 综合布线系统

11.3 节介绍了综合布线系统组成、子系统、引入部分和光缆信道的相关要求，通俗地阐明了普通 TP 线路在实际中以不超过 100m 为标准，同时采用图片和辅助文字的形式说明了目录、系统图、平面图组成及识读等内容。

2. 有线电视系统

11.4 节介绍了有线电视的组成、实例、四种常见的模式和基本图例，以图纸范例系统阐述了有线电视系统组成、信息点的分布、安装要求等内容，并将平面图与系统图相互印证识读这一系统。

## 11.6　习　　题

### 一、思考题(应自行查阅相关资料后结合本章内容综合答题)

1. 请列出目前我国智能化工程设计与施工规范的名称与启用年份。
2. 综合布线系统中用户数、大对数电缆、配线架如何计算。
3. 简述火灾自动报警系统的原理和作用。

### 二、实训题

1. 列出火灾自动报警系统中的设备、材料表。
2. 列出有线电视系统的具有详细数据的设备、材料表。
3. 绘制教学楼的综合布线系统图。

# 第 12 章　智能建筑系统的施工

**内容提要**

本章结合图纸讲述智能建筑工程常用的机具、材料和设备，包括双绞线、光缆、同轴电缆、配线架、放大器、分支器、分配器、用户插座、集中报警控制器、火灾显示盘、探测器等；并介绍了常见的系统类型以及安装和使用时应注意的事项。

**教学目标**

- 了解智能化工程常用材料、设备、机具。
- 掌握智能化工程的施工工序。
- 掌握智能化工程的施工工艺。

设备与材料准备是施工中重要的一环，正确地选择安装材料(下料)及适合的工具是工程技术人员的基本能力。

## 12.1　概　　述

按照质量管理体系要求，建筑工程要实行全面质量管理。施工阶段是工程(产品)质量形成的关键阶段，工作质量的好坏将最终决定工程(产品)的质量。在施工阶段，要对影响施工质量的人、材料、施工机械工具、施工方法和施工环境等进行有效控制。

智能建筑属于电气安装工程的一部分，也是整个建筑工程项目的一个重要组成部分，与其他施工项目必然发生多方面的联系，尤其和土建施工关系最为密切，如：终端、支架吊架安装明暗管道的敷设，中心控制设备的安装，各种箱(屏、柜)的固定等，都要在土建施工中预埋构件和预留孔洞。随着施工技术的发展，许多新结构、新工艺的推广应用，施工中的协调配合就显得愈加重要。建筑工程按结构特点采取相应的方法，充分做好弱电安装的配合施工。

### 12.1.1　施工前的准备工作

在工程项目的设计阶段，由设计人员对土建设计提出技术要求，例如，弱电设备和线路的固定件预埋，这些要求应在土建结构施工图中得到反映。土建施工前，弱电安装人员应会同土建施工技术人员共同审核土建和弱电施工图纸，以防遗漏和发生差错，工人应能看懂土建施工图纸，了解土建施工进度计划和施工方法，尤其是梁、柱、吊顶、地面及屋面的做法和相互间的连接方式，并仔细地校核自己准备采用的安装方法能否和这一项目的土建施工相适应。施工前，还必须加工制作和备齐土建施工阶段中的预埋件、预埋管道和零配件。

### 12.1.2 基础阶段

在基础工程施工时，应及时配合土建做好弱电专业的进户电缆穿墙管及止水挡板的预留预埋工作。一方面，要求弱电专业应赶在土建做墙体防水处理之前完成，以避免弱电施工破坏防水层造成墙体渗漏；另一方面，要求格外注意预留的轴线、标高、位置、尺寸和材料规格等方面是否符合图纸要求。进户电缆穿墙管的预留预埋是不允许返工修理的，返工后土建做二次防水处理很困难也易产生渗漏。按惯例，尺寸大于300mm的孔洞一般在土建图纸上标明，由土建负责预留，这时安装工长应主动与土建工长联系，并核对图纸，保证土建施工时不会遗漏。配合土建施工进度，及时做好尺寸小于300mm、土建施工图纸上未标明的预留孔洞及需在底板和基础垫层内暗配的管线及稳盒的施工。对需要预埋的铁件、吊卡、木砖、吊杆基础螺栓及配电柜基础型钢等预埋件，施工人员应配合土建提前做好准备，土建施工到位及时埋入，不得遗漏。根据图纸要求，做好基础底板中的接地措施，如需利用基础主筋作接地装置时，要将选定的柱子内的主筋在基础根部散开，并与底筋焊接，做好颜色标记，引上留出测接地电阻的干线及测试点，如还需人工埋设接地极时，在条件许可的情况下，尽量利用土建开挖基础沟槽时，把接地极和接地干线做好。

### 12.1.3 结构阶段

根据土建浇筑混凝土的进度要求及流水作业的顺序，逐层逐段地做好电管暗敷工作，这是整个弱电安装工程的关键工序，做不好不仅影响土建施工的进度与质量，而且也影响整个安装工程的后续工序的质量与进度，应引起足够的重视。这个阶段也是通常所说的一次预埋：在底层钢筋绑扎完后，上层钢筋(面筋)未绑扎前，将需预埋的管、盒和孔等绑扎好，做好盒、管的防堵工作，注意不要踩坏钢筋。土建浇筑混凝土时，应留人看守，以免振捣时损坏配管或使得底盒移位。若有管路损坏时，应及时修复。对于土建结构图上已标明的预埋件，如尺寸大于300mm的预留孔洞，应由土建负责施工，但工长应随时检查以防遗漏。对于要求专业人员施工的预留孔洞及预埋的铁件、吊卡吊杆、木砖、木箱盒等，施工人员应配合土建施工，提前做好准备，土建施工一到位就及时埋设到位。配合土建结构施工进度，及时做好各层的防雷引下线焊接工作。如利用柱子主筋作防雷引下线，应按图纸要求将各处主筋的两根钢筋用红漆做好标记。继续在每层对该柱子的主筋的绑扎接头按工艺要求作焊接处理，一直到高层的顶端，再用$\phi 12$镀锌圆钢与柱子主筋焊接引出女儿墙与屋面防雷网连接。

### 12.1.4　装修阶段

在土建工程砌筑隔断墙之前，应与土建工长和放线员将水平线及隔墙线核实一遍，然后配合土建施工。砌筑隔断墙时，将一次预埋时防堵的密封条等拆开，使接线管、盒到指定标高。在土建抹灰之前，施工人员应按内墙上弹出的水平(50 线)、墙面线(冲筋)将所有的预留孔洞按设计和规范要求查对核实一遍，符合要求后将箱盒稳固好。将全部暗配管路也检查一遍，然后扫通管路，穿上带线，堵好管盒。抹灰时，配合土建做好接线箱的贴门脸及箱盒的收口，箱盒处抹灰收口应光滑平整，不允许留大敞口。做好控制、交换设备、机房和控制室的接地连接。配合土建安装轻质隔板与外墙保温板，在隔墙板上与保温板内接管及稳盒时，应使用开口锯，尽量不开横向长距离槽口，而且应保证开槽尺寸准确合适。施工人员应积极主动和土建人员联系，等待喷浆或涂料刷完后进行箱、柜、墙上终端安装，安装时，弱电施工人员一定要保护好土建成品，防止墙面弄脏碰坏。当弱电器具已安装完毕后，土建修补喷浆或墙面时，一定要保护好弱电器具，以防止污染。

一个建筑物的施工质量与内装修和墙面工程有很大关系，弱电安装的全面施工应在墙面装饰完成后进行，但一切可能损害装饰层的工作都必须在墙面工程施工前完成。因此，必须事先仔细核对土建施工中的预埋配合、预留工作有无遗漏，暗配管路有无堵塞，以便进行必要的补救工作。如果墙面工程结束后再凿孔打洞，就会留下不易弥补的痕迹。工程施工实践表明，建筑设备安装工程中的施工配合是十分重要的，要做好配合工作，弱电施工人员要有丰富的实践经验和对整个工程的深入了解，并且在施工中要有高度的责任心。

智能建筑在施工前期都要进行预埋、预设工作，其中用到的主要预埋材料有：金属线槽、金属软管、金属底盒、薄壁钢管、塑料线槽、塑料软管、塑料底盒、电线管、半硬塑管、波纹管和硬塑料管等。

施工阶段严把材料质量关，严格按照设计施工，严格工程资料建设管理，特别是系统安装完毕后，安装单位要提交下列资料和文件。

- 施工实际完成的施工图。
- 材料相关证件及报验记录。
- 安装技术记录。
- 检验记录。
- 测试记录。
- 安装竣工报告。

## 12.2　综合布线系统施工

### 12.2.1　综合布线系统常用材料

#### 1. 有线传输介质

有线传输介质主要包括双绞线、光纤或光缆及同轴电缆。

1) 双绞线

双绞线(twisted pair，TP)是一种综合布线工程中最常用的有线通信传输介质。双绞线是由两根具有绝缘保护层的铜导线组成。双绞线既可以传输模拟信号，又能传输数字信号，适用于短距离的信息传输。

双绞线可分为非屏蔽双绞线(unshielded twisted pair，UTP)和屏蔽双绞线(shielded twisted pair，STP)两种(参见图12.1和图12.2)，可用于语音、数据、视频以及控制系统。UTP电缆可同时用于垂直干线子系统和水平子系统的布线。

图12.1 五类4对24 AWG-UTP

图12.2 金属箔屏蔽双绞线电缆(STP或FTP)

常见的UTP型号有：①超五类双绞线布线系统。标有“CAT5”的为五类双绞线，“CAT5E”字样的为超五类双绞线。②六类双绞线布线系统。作为UTP来讲，五类、超五类、六类及即将出台的七类UTP都采用星形拓扑结构，要求的布线距离为：基本链路的长度不超过90m，信道长度不超过100m(即从交换设备到电脑距离)。布线系统信道、永久链路、CP链路的构成如图12.3所示。

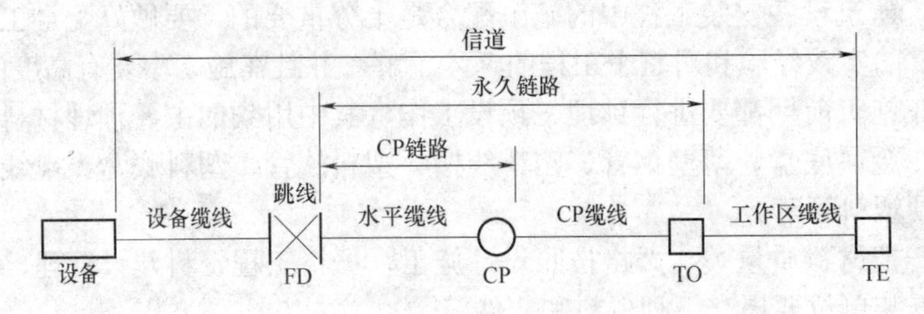


图12.3 布线系统信道、永久链路、CP链路的构成

2) 光缆(或光纤)

光缆(光导纤维)是一种传输光束的玻璃纤维，具有抗电磁干扰性好、保密性强、速度快和传输容量大等优点。光缆由多根光导纤维组成。光缆是数据传输中最高效的一种传输介质。

通信网络中的光纤主要是由石英玻璃制成的，图12.4所示为光缆结构图，其中横截面积较小的双层同心圆柱体由两种不同的玻璃制成。

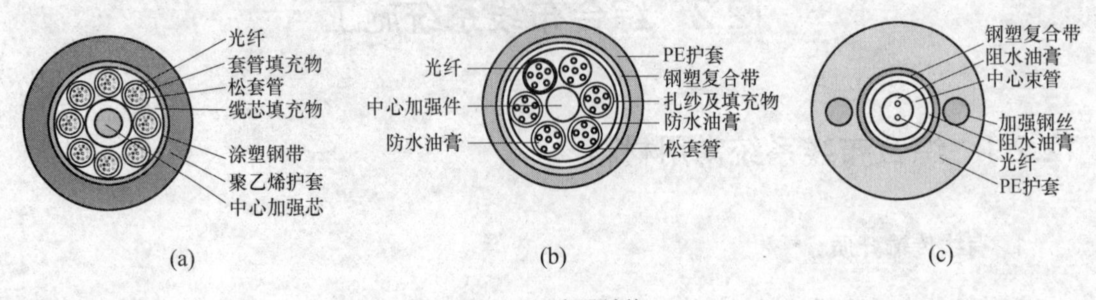


图12.4 光缆结构

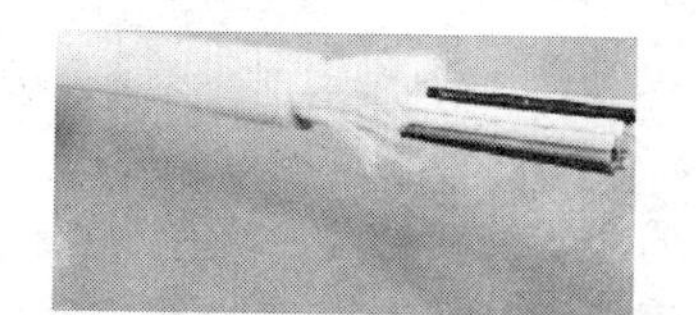

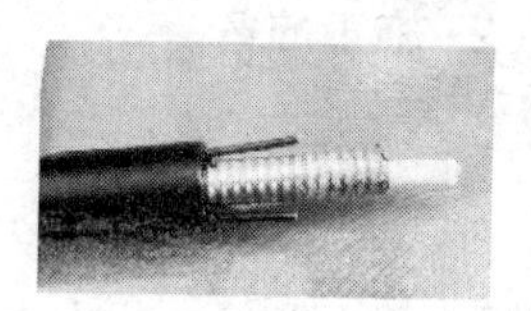

(d)

图 12.4　光缆结构(续)

3)　同轴电缆

同轴电缆基本结构是由内导体(单实芯导线/多芯铜绞线)、绝缘体(聚乙烯、聚丙烯、聚氯乙烯/实芯、半空气和空气绝缘)、外导体(金属管状、铝塑复合包带、编织网或加铝塑复合包带)和护套(室外用黑色聚乙烯、室内用浅色的聚氯乙烯)组成，如图12.5 所示。

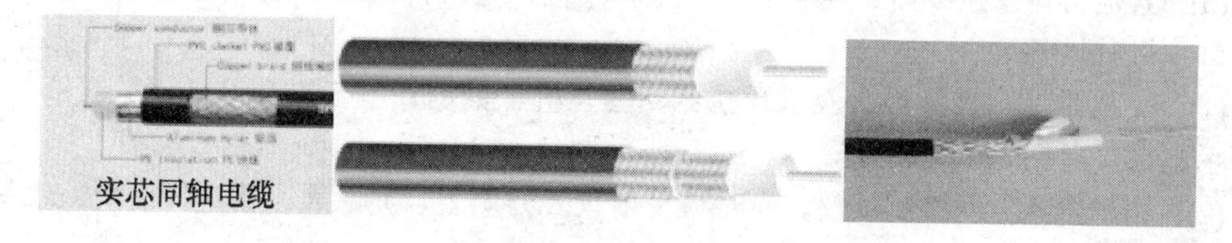


图 12.5　同轴电缆结构

### 2. 智能布线系统中的设备

综合布线系统中常用的设备：地板弹出式插座盒、墙面插座、RJ-45 头(水晶头)、光纤插座、数字配线架、理线架、110 配线架、光纤配线架和光纤跳线等。图 12.6 为综合布线系统常用设备示意图。

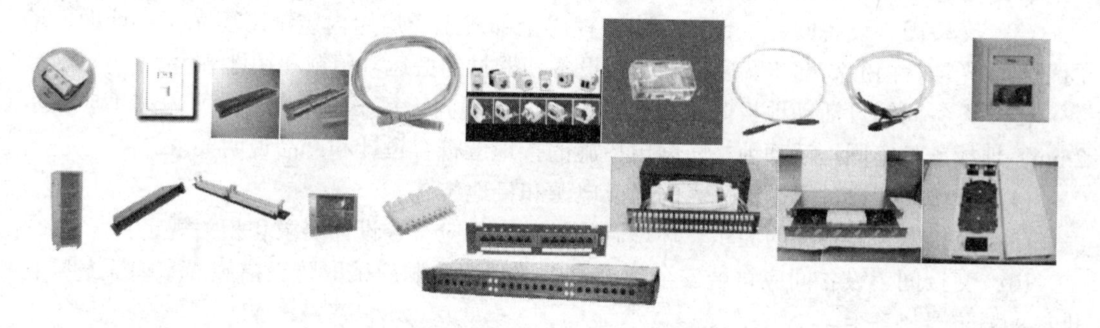

图 12.6　综合布线系统常用设备示意图

## 12.2.2　综合布线系统安装

### 1. 范围

本安装标准适用于综合布线系统安装工程。

### 2. 施工准备

1) 材料、设备

(1) 传输部分：对绞电缆、光缆、光纤连接头、光纤耦合器；接插件：各类跳线、接线排、信息插座、光纤插座等型号规格、数量应符合设计要求，其发射、接收标志明显，并应有产品合格证。

(2) 机房部分：交接箱、机柜、各类配线架、配线模块和跳线等。

(3) 终端部分：信息插座、光纤插座、8位模块式通用插座和多用户信息插座。

(4) 上述设备材料的规格、型号和数量应符合设计及合同要求，并附有出厂质量检验合格证、性能检验报告及“CCC”认证标识等。电缆所附标志、标签内容应齐全、清晰。

(5) 金属材料：镀锌钢管、镀锌线槽、金属膨胀螺栓、金属软管和接地螺栓。

(6) 其他材料：接线盒、地面插座、塑料线槽、电线管及其附件。

2) 机具设备

(1) 安装器具：摵管器、液压开孔器、套丝机、钢锯、电工组合工具、射钉枪、拉铆枪、手电钻、台钻、电锤和高凳等。

(2) 测试器具：网络测试仪、光时域反射仪、万用表、兆欧表、铅笔、皮尺、水平尺、小线和线坠等。

(3) 专用工具：剥线器、压线工具、打线工具、光纤熔接机、显微镜、切割工具、玻璃磨光盘、烘干箱和光功率计。

(4) 手锤、錾子、钢锯、扁锉、圆锉、活扳手、鱼尾钳、铅笔、皮尺、水平尺、线坠、灰铲、灰桶、水壶、油桶、油刷、粉线袋、一字螺钉旋具和十字螺钉旋具等。

3) 作业条件

(1) 结构工程中预留地槽、过管、孔洞的位置、尺寸、数量均应符合设计规定。

(2) 交接间、设备间、工作区土建工程已全部竣工。房屋内装饰工程完工，地面、墙面平整、光洁，门的高度和宽度应不妨碍设备和器材的搬运，门锁和钥匙齐全。

(3) 设备间铺设活动地板时，板块铺设应严密坚固，每平方米允许水平偏差不应大于2mm，地板支柱牢固，活动地板防静电措施的接地应符合设计和产品说明要求。

(4) 交接间、设备间提供可靠的施工电源和接地装置。

(5) 交接间、设备间的面积、环境温度、湿度均应符合设计要求和相关规定。

(6) 交接间、设备间应符合安全防火要求，预留孔洞应采取防火措施，室内无危险物堆放，消防器材齐全。

4) 技术准备

(1) 施工图纸齐全。

(2) 施工方案编制完毕并经审批。

(3) 施工前应组织施工人员熟悉图纸、方案及专业设备安装使用的说明书，并进行有针对性的培训及安全、技术交底。

### 3. 施工的工艺流程与操作方法

综合布线系统可分为建筑群子系统、干线(垂直)子系统、配线(水平)子系统、设备间子系统、管理子系统和工作区子系统。

工艺流程为器材检验→划线定位→预埋预设→管路敷设→盒箱预留→线缆敷设→设备安装→线缆终端安装→系统调试→竣工核验

工作区子系统由信息插座、信息终端设备及相应的适配器、连线组成。

1) 信息插座的安装

信息插座根据不同环境、不同需要可以安装在墙体上、地面和活动地板上。安装时应注意以下几点。

(1) 安装在墙上的信息插座宜高出地面 300mm。在有活动地板的工作区，墙体上的信息插座宜高出活动地板 300mm，如图 12.7 所示。

(2) 安装在活动地板或地面上的信息插座，应固定在地面内接线盒里，接线盒盖可开启，并有防水、防尘要求。接线盒盖面应与地面平齐。

(3) 信息插座应有标签，以图形或文字表示所接终端设备类型。

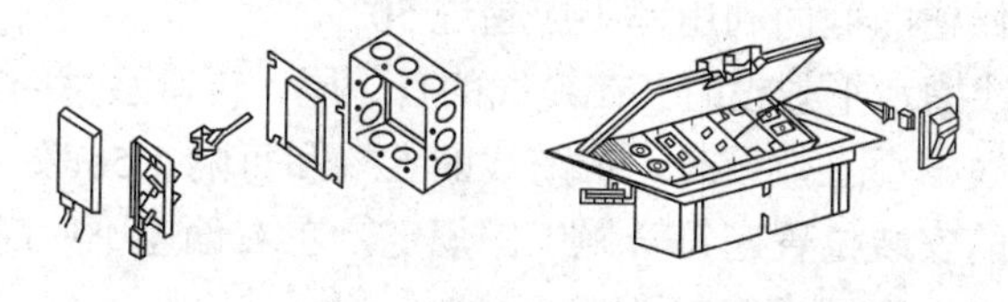

图 12.7　信息插座在墙体上、地面上安装的示意图

(4) 信息插座应以标准的 T568B 或 T568A 接线，如图 12.8 所示。

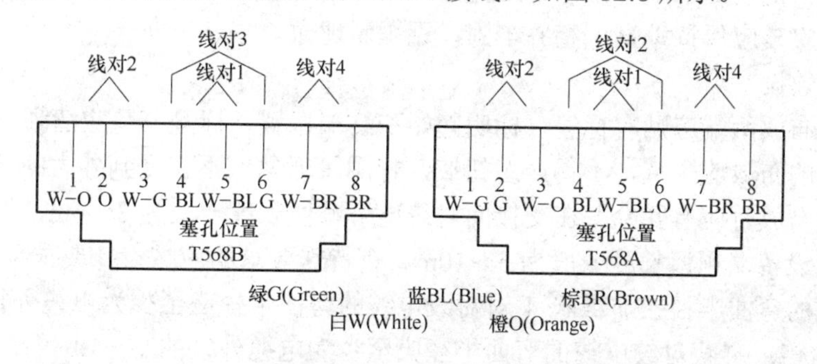


图 12.8　信息插座接线图

2) 管线的敷设

(1) 暗管敷设。

① 暗管敷设宜选用阻燃硬质 PVC 管或钢管，暗管布放 4 对对绞电缆时，管道的截面利用率应为 25%～30%。

② 暗敷线槽宜采用金属线槽，线槽的截面利用率不应超过 40%。线槽高度不宜超过 25mm。线槽的长度超过 6m 或线槽拐弯处宜设置接线盒。

③ 建筑物内横向布放的暗管管径不宜大于 25mm，天棚内或墙内水平、垂直敷设管路的管径不宜大于 40mm。

④ 光缆与电缆同管敷设时，宜用塑料管保护。塑料管内径为光缆外径的 1.5 倍。

(2) 线槽、桥架敷设。

① 电缆桥架、线槽安装宜距离地面 2.2m 以上，桥架顶部距顶棚或其他障碍物不应小

于 0.30m，如图 12.9 所示。

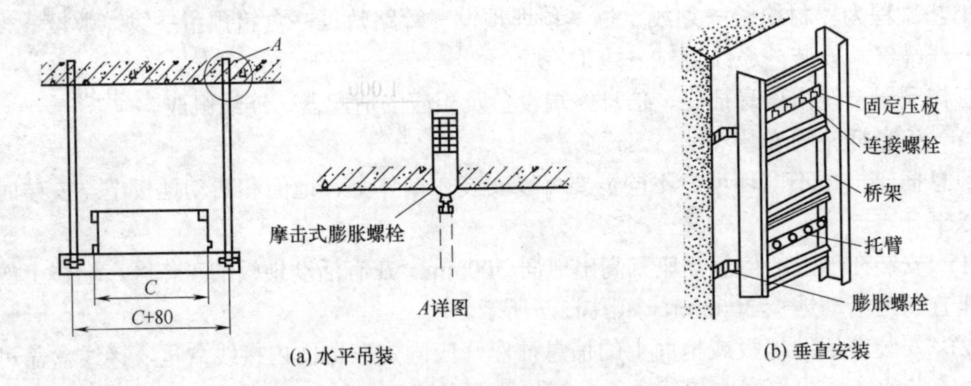


图 12.9　电缆桥架安装示意图

② 电缆桥架、线槽的截面利用率不应超过 50%。

③ 电缆桥架、线槽水平敷设时，在缆线的首、尾、转弯及每间隔 3～5m 处进行固定。

④ 电缆桥架、线槽垂直敷设时，在缆线的上端和每隔 1.5m 处应固定在桥架支架上。

⑤ 桥架及线槽的安装位置应符合施工图规定，左右偏差不应超过 50mm。

⑥ 桥架及线槽水平度每米偏差不应超过 2mm。

⑦ 垂直桥架及线槽应与地面保持垂直，并无倾斜现象，垂直偏差不应超过 3mm。

⑧ 两线槽拼接处水平度偏差不应超过 2mm。

⑨ 吊架安装应保持垂直，整齐牢固，无歪斜现象。

3) 缆线敷设

(1) 缆线布放两端应贴有标签，标明起始和终端位置，标签书写应清晰、端正和正确。

(2) 缆线的布放应平直，不得产生扭绞、打圈等现象，不应受到外力的挤压和损伤。

(3) 缆线布放时应有冗余。在交接间对绞电缆预留长度一般为 3～6m，工作区为 0.3～0.6m；光缆在设备端预留长度一般为 5～10m。有特殊要求的应按设计要求预留长度。

(4) 缆线的弯曲半径：非屏蔽 4 对对绞电缆的弯曲半径应至少为电缆外径 4 倍，施工中应至少为 8 倍；屏蔽对绞电缆的弯曲半径应至少为电缆外径的 6～10 倍；主干对绞电缆的弯曲半径应至少为电缆外径的 10 倍；光缆的弯曲半径应至少为光缆外径的 15 倍，在施工过程中应至少为 20 倍。

(5) 电源线、信号电缆、对绞电缆、光缆及建筑物内其他弱电系统的缆线应分离布放。各缆线间的最小净距应符合设计要求。

表 12.1 所示为双绞电缆与其他管线之间的安装距离。

(6) 缆线终端处必须卡接牢固，接触良好。

(7) 缆线中间不得产生接头。

(8) 对绞线连接终端设备时应尽量保持扭绞状态，非扭绞长度对于 5 类线不应大于 13mm，4 类线不应大于 25mm。

(9) 屏蔽对绞电缆的屏蔽层连接终端设备时终端处屏蔽罩应接触可靠，缆线屏蔽层应与连接终端设备屏蔽罩 360° 圆周接触，接触长度不宜小于 10mm。

(10) 光纤熔接或机械接续处应加以保护或固定，使用连接器以便于光纤的跳接。

表 12.1　双绞电缆与其他管线之间的安装距离　　m

| 双绞线与其他管线之间的最小净距 | 平　行 | 交　叉 |
|---|---|---|
| 避雷引下线 | 1.000 | 0.30 |
| 保护地线 | 0.05 | 0.02 |
| 热力管(不包封) | 0.50 | 0.50 |
| 热力管(包封) | 0.30 | 0.30 |
| 给水管 | 0.15 | 0.02 |
| 煤气管 | 0.30 | 0.02 |
| 光缆与其他管线最小净距 | | |
| 市话管道边线 | 0.75 | 0.25 |
| 埋式电力电缆 | 0.50 | 0.30 |
| 非同沟的直埋通信电缆 | 0.50 | 0.50 |
| 给水管 | | |
| 管径<30cm | 0.50 | 0.50 |
| 管径 30～50cm | 1.00 | 0.50 |
| 管径>50cm | 1.50 | 0.50 |
| 高压石油、天然气管 | 10.00 | 0.50 |
| 热力、下水管 | 1.00 | 0.50 |
| 煤气管 | | |
| 压力<0.3MPa | 1.00 | 0.50 |
| 压力 0.3～0.8MPa | 2.00 | 0.50 |
| 排水沟 | 0.80 | 0.50 |

4)　光纤熔接

(1)　开始接续操作前，要熟悉熔接产品制造商的规定。大多数熔接工具都提供了一定程度的自动化，单光纤自动熔接的接续工具可以在 *XYZ* 轴上自动定位光纤，并可以对接续损耗进行自动测量。

自动熔接主要有两种不同类型：本地注入检测方式和纵剖面校准系统方式。这两种方式都遵守相同的方式和步骤。

(2)　大多数熔接工具是由菜单驱动的，如图 12.10 所示。它具有不同程度的自动化功能；这些方式都是基于全自动化的。大多数自动熔接工具都制定了它们自己的光纤切割方法。

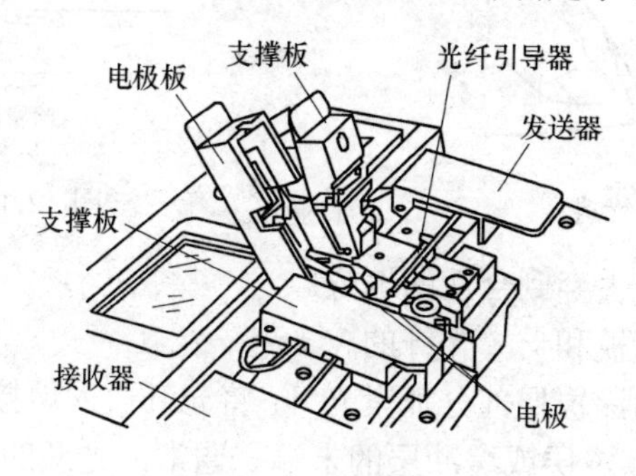


图 12.10　熔接工具

(3) 打开熔接工具并将它连接到认可的电源上。有些接续工具装备有内部电池或外接电池，通常能够保证 8h 的操作。

(4) 按制造商的规定打开熔接工具。大多数单元部件会进行自检。不同的机器供电方式也不同，有些机器具有自动切换功能，可以将电源切换到电池供电方式。

(5) 大多数机器有某些参数设定能力。电缆布线员在开始进行接续时，宜使用制造商的默认设置。

(6) 工作方式可选择全自动、半自动或手工操作。除非有特殊的要求，一般情况下宜使用全自动方式。

(7) 工作时要确信要接续的光纤类型使用正确的 V 形槽，如图 12.11 所示。

(8) 使用异丙基酒精(99%的纯度)浸泡过的软麻绵纸擦去附着在光纤上的混合物。

(9) 如果要使用热缩管对完成的接续部位进行机械保护，需将热缩管滑动到要进行接续的两根光纤中的一根上。

(10) 使用电缆制造商推荐的光纤剥离器将光纤涂覆层或缓冲层剥去所需长度。对于 250μm 涂覆层的光纤，最通常使用的工具是铣工工具。对于 900μm 的缓冲光纤，可以使用铣工工具或 No-Nik 工具，如图 12.12 所示。根据使用的熔接工具和切割器来确定合适的剥离长度。一般情况下，25～50mm(1～2in)就可以满足所有的需要。

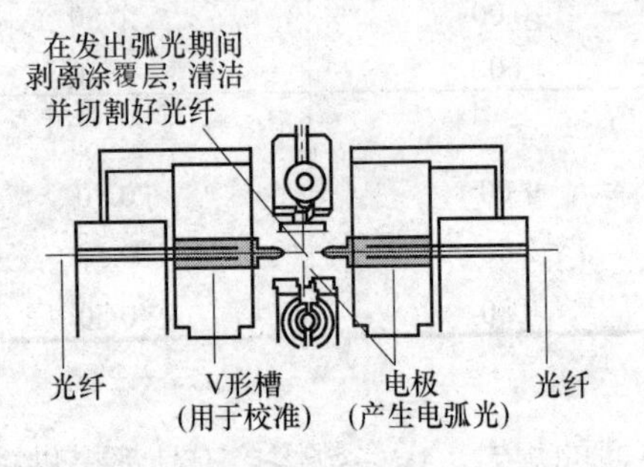


图 12.11　光纤校准

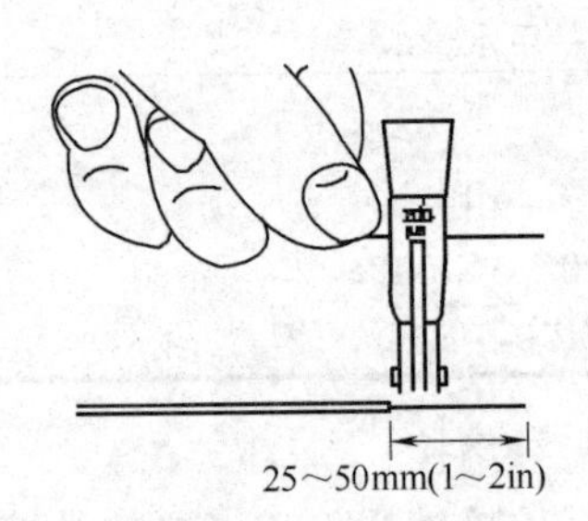


图 12.12　No-Nik 工具

(11) 用在异丙基酒精(99%的纯度)中浸泡过的软麻绵纸轻轻擦拭光纤，去掉存留在光纤上的脏物，如图 12.13 所示。

(12) 利用切割工具将光纤切割成预定的接续长度，如图 12.14 所示。

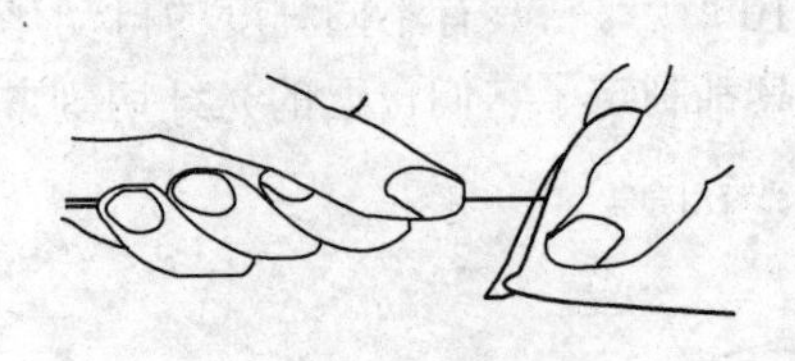

图 12.13　擦拭光纤

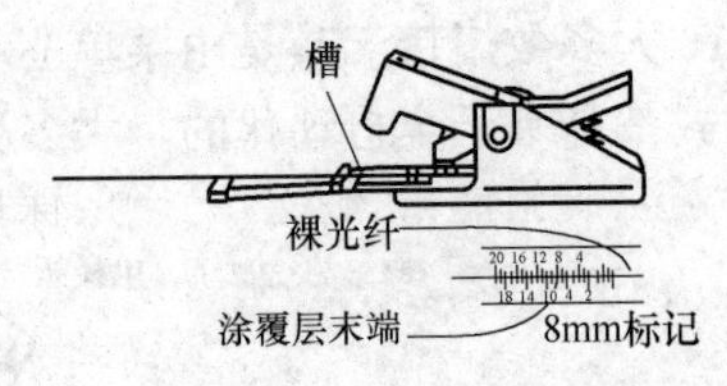


图 12.14　切割光纤

(13) 将损坏的光纤废屑丢弃到合适的地方。

(14) 打开电极上面的垫板和支撑光纤的 V 形槽。

(15) 在与裸光纤相邻的涂覆层部分抓紧光纤；将光纤放入熔接工具中。有些工具作了 V 形标记，V 形槽中放置在涂覆层或缓冲层的末端。通常，光纤的末端放置在上部电极和底部电极之间，但不穿过电极。

(16) 关闭支撑光纤的 V 形槽垫板，但不关闭电极板。

(17) 对于要对接的第二条光纤，重复步骤(7)～(16)，如图 12.15 所示。

注意：如果使用热缩管进行保护，那么每一个光纤接续只需一根管子(即在第二根光纤上不需要管子)。如果把第一根光纤插入到接续工具的左手那一面，那么第二根光纤插入到接续工具的右手那一面，反之亦然。

(18) 关闭电极上方的垫板。

(19) 按下接续按钮接续光纤。在这种操作模式中，熔接工具将清扫光纤端面(熔接前)，确定端面质量，在 $X$ 轴和 $Y$ 轴方向自动校准光纤，在两根光纤间($Z$ 轴方向)设置合适的开口距离，然后在光纤末端连在一起的时候进行熔接操作。最后，熔接工具会根据工具自带的注入检测或轮廓校正功能进行计算，并给出该接续的损耗值。

(20) 光纤在接续过程中不可避免地会出现问题，如图 12.16 所示为优质的接续与不合格接续的相互对比。

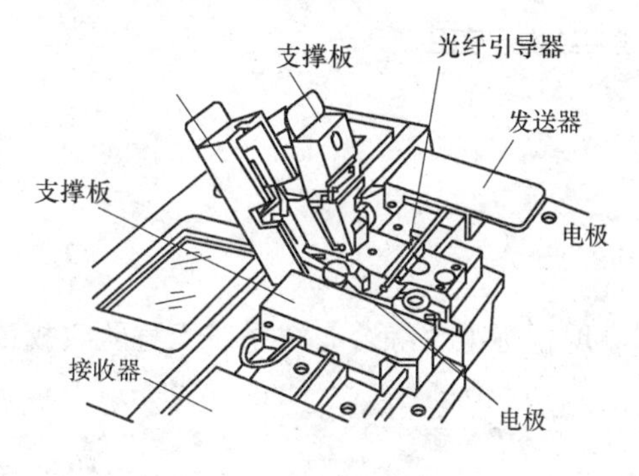


图 12.15　插入光纤图

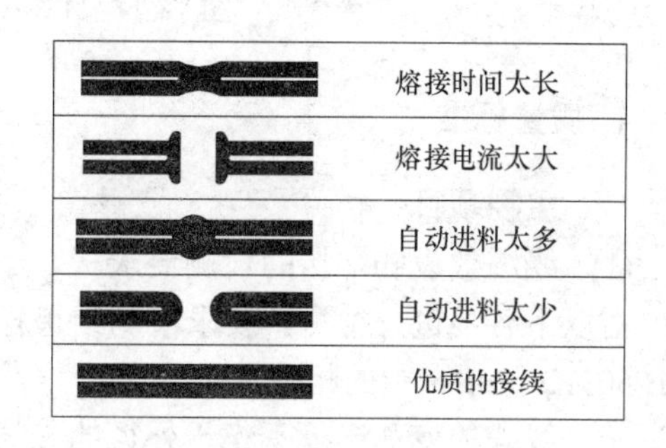


图 12.16　通常发生的问题

5)　配线设备安装

(1)　配线设备是综合布线的主要设备，配线设备可以安装在墙上，也可以落地安装。

(2)　墙上安装配线箱体底边距地 300～800mm，配线箱体距离打开门的门边距离应大于 500mm。

(3)　配线箱体暗设在墙体内。预留墙洞安装，箱底高出地面宜为 500～1000mm。落地安装配线箱体落在 200mm 高的安装基座上。配线箱体垂直度偏差不应大于 3mm。

(4)　配线从下部进入墙上安装配线箱体，宜用金属桥架保护，箱体与金属桥架应密封连接。配线从下部进入落地安装配线箱体，配线箱体位置应与电缆出线孔相对应。配线从上部进入配线箱体，宜用金属桥架保护，箱体与金属桥架应密封连接。

(5)　配线箱体内接线端子各种标志应清晰、齐全。

(6)　配线箱体内电缆配线架类型有：模块化系列配线架和 110 系列配线架。模块化配线架结构比较简单，110 系列分夹接式(A 型)和插接式(P 型)两种。110A 型配线架适用于各种场合，图 12.17 所示为 110A 型配线架结构示意图。

(7)　110A 型配线架由配线背板、110A 接线块组件和相关配件组成。进入配线架线缆在配线板的内边缘捆绑在一起，以保证线缆不会滑出线槽。剥去线缆外皮，然后固定安装 110 布线块。从左面或右面端接线缆，拉紧并弯曲每一对线缆，使其进入齿型牵引条。注意此时仍应保持双绞线的原来绞距。然后安装 110 连接块，插上标识条，做好接线记录。

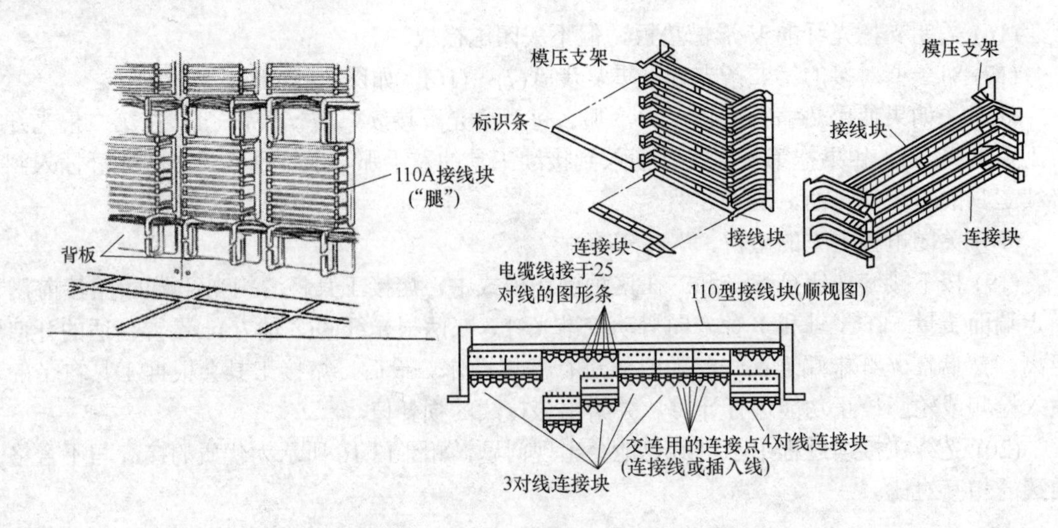


图 12.17　110A 型配线架结构示意图

4. 质量标准

1)　主控项目

(1)　线缆敷设和端接的检测要求。

对以下各项进行检测，要求检测结果符合国家现行标准《综合布线系统工程验收规范》(GB 50312—2016)中的相关规定。

①　线缆的变曲半径不小于外径的 6 倍。

②　必须符合电气安装施工验收规范。

③　电源线与综合布线系统线缆应分隔布放，线缆间的最小净距离应符合设计要求。

④　建筑物内电、光缆暗管敷设及与其他管线最小净距应符合相关规定。

⑤　对绞电缆芯线终接。

⑥　光纤连接损耗值。

(2)　建筑群子系统采用架空、管道、直埋敷设的电、光缆，应符合本地网通信线路工程验收的相关规定。

(3)　机柜、配线架的安装检测应符合下列两点要求。

①　卡入配线架连接模块内的单根线缆色标应和线缆的色标相一致，大对数电缆按标准色谱的组合规定进行排序。

②　端接于 RJ-45 口的配线架的线序及排列方式按 T568A 或 T568B 端接标准进行端接，但必须与信息插座模块的线序排列使用同一种标准。

(4)　信息插座安装在活动地板或地面上时，接线盒应严密防水、防尘。

(5)　防雷接地电阻值应符合设计要求，设备金属外壳及器件、线缆屏蔽接地线截面，色标应符合设计要求，接地端连接导体应牢固可靠。

(6)　应采用专用测试仪器对系统的各条链路进行综合布线系统性能检测，其内容包括工程电气性能检测和光纤特性检测，系统的信号传输技术指标应符合设计要求。检验方法：观察或仪器测试。

2)　一般项目

(1)　线缆终接应符合以下三条规定。

①　线缆在端接前，必须检查标签编号，并按顺序端接。

②　线缆终端处必须卡接牢固、接触良好。

③　线缆终端安装应符合设计和产品厂家安装手册的要求。

(2)　各类跳线的终接应符合以下两条规定。

①　各类跳线的插件间接触良好，接线无误，标识齐全。跳线类型应符合设计要求。

②　各类跳线长度应依据现场情况确定，一般对绞线电缆不超过 5m，光缆不超过 10m。

(3)　机柜、配线架安装应符合以下五点要求。

①　机柜不宜直接安装在活动地板上，应按设备的底平面尺寸制作底座，底座直接与地面固定，机柜固定在底座上，底座高度应与活动地板高度相同，然后铺设活动地板，底座水平误差每米不应大于 2mm。

②　背板式跳线架应经配套的金属背板及接线管理架安装在可靠的墙壁上，金属背板与墙壁应紧固。

③　壁挂式机柜底面距地面不宜小于 300mm。

④　桥架或线槽应直接进入机架或机柜内。

⑤　接线端子各种标志应齐全。

(4)　信息插座的安装要求应执行国家现行标准《综合布线工程验收规范》(GB 50312—2016)第 4.0.3 条的规定。

(5)　光纤芯线终端的连接盒面板应有标志。

(6)　采用计算机进行综合布线系统管理和维护时，下列内容检测结果应符合设计要求。

①　平台、系统管理软件。

②　显示所有硬件设备及其楼层平面图。

③　显示干线子系统和配线子系统的元件位置。

④　实时显示和登录各种硬件设施的工作状态。

检验方法：观察检查或仪器测试。

3)　质量记录

(1)　设备、器件、缆线、接插件各类跳线、接线排、信息插座、光纤插座等产品的出厂合格证、生产许可证、产品技术文件及“CCC”认证及证书复印件资料应齐全。

(2)　材料、构配件进场检验记录。

(3)　设备开箱检验记录。

(4)　设计变更、工程洽商记录、施工日志、会议纪要、设备器材明细表及竣工图。

(5)　隐蔽工程检查记录。

(6)　预检记录。

(7)　工程安装质量及感观质量验收记录。

(8)　系统试运行记录。

(9)　智能建筑工程的分项工程质量检测记录。

(10) 子系统检测记录。

(11) 配管及管内穿线分项工程质量检验评定记录。

(12) 综合布线系统工程电气性能测试记录，如系统采用微机设计、管理、维护，监测应提供程序清单和用户数据文件，以及磁盘和操作说明等文件。

(13) 综合布线系统工程的竣工技术资料应一式三份，交给建设单位。

#### 5. 应注意的质量问题

(1) 预埋管线、盒应加强保护，及时安装保护盖板，防止污染阻塞管路或地面线槽。

(2) 施工前按图纸核查线缆长度是否正确，调整信号频率，使其衰减符合设计要求，以免信号衰减严重。

(3) 施工中应严格按照施工图核对色标，防止因系统接线错误不能正常运行。

(4) 线缆的屏蔽层应可靠接地，同一线槽内的不同种类线缆应加隔板屏蔽，以防相互干扰。

#### 6. 成品保护

(1) 系统设备安装时，不得损坏建筑物，并保持墙面清洁。

(2) 安装设置在吊顶内的线缆、线槽时，不得损坏龙骨和吊顶。

(3) 应对安装完毕的设备采取必要的保护措施，防止损坏及污染。地面线槽出口应加强防水措施。

#### 7. 职业健康安全与环境管理

1) 安全操作要求

(1) 搬运设备、器材过程中，不仅要保证不损伤器材，还要注意不碰伤人。

(2) 施工现场要做到活完场清，现场垃圾和废料要堆放在指定地点，并及时清运，严禁随意抛撒。

(3) 操作工人的手头工具应随手放在工具袋中，严禁乱抛乱扔。

(4) 采用光功率计测量光缆时，严禁用肉眼直接观测。

2) 环保措施

(1) 施工现场的垃圾如线头、包装箱等，应堆放在指定地点，及时清运并洒水降尘，严禁随意抛撒。

(2) 现场强噪声的施工机具，应采取相应措施，最大限度降低噪声。

## 12.3 有线电视系统施工

### 12.3.1 有线电视系统常用材料设备

有线电视系统常用材料设备主要有同轴电缆、光缆、接收天线、解调器、调制器、均衡器、混合器、放大器、分配器、分支器和用户终端等。

视频信号传输一般采用直接调制技术、以基带频率(约 8MHz 带宽)的形式，最常用的传输介质是同轴电缆。同轴电缆是设计专门用来传输视频信号的，其频率损失、图像失真、图像衰减的幅度都比较小，能很好地完成传送视频信号的任务。

视频信号传输线有同轴电缆(不平衡电缆)、平衡对称电缆(电话电缆)、光缆。平衡对称电缆和光缆一般用于长距离传输，对于宾馆酒店等建筑一般采用同轴电缆传输视频基带信号的传输方式。当采用 75-5 同轴电缆，一般传输距离在 300m 时，应考虑使用电缆补偿器。如采用 75-9 同轴电缆，摄像机和监视器间的距离在 500m 以内可不加电缆补偿器。

## 12.3.2　有线电视系统安装

### 1. 材料要求

电视接收天线选择要求如下。

(1)　应根据不同的接收频道、场强、接收环境以及设施规模来选择天线，以满足要求，并有产品合格证。

(2)　各种铁件都应采用镀锌或钝化处理。不能镀锌的应进行防腐处理。

(3)　用户盒明装采用塑料盒，暗装有塑料盒和铁盒，并应有合格证。

(4)　天线应采用屏蔽较好的有聚氯乙烯外护套的同轴电缆，并应有产品合格证。

(5)　分配器、天线放大器、混合器、分支器、干线放大器、分支放大器、线路放大器、频道转换器、机箱、机柜等使用前应进行检查，并应有产品合格证。

(6)　其他材料有焊条、防水弯头、焊锡、焊剂、接插件、绝缘子等。

### 2. 主要机具

(1)　安装器具：摵管器、液压开孔器、套丝机、钢锯、电工组合工具、射钉枪、拉铆枪、手电/台钻、电锤、高凳、克丝钳、一字螺钉旋具、十字螺钉旋具、电工刀、尖嘴钳、扁口钳及剥线钳等。

(2)　专用设备：光时域反射仪、场强仪、频谱仪、万用表、兆欧表、光纤熔接机、显微镜、切割工具、玻璃磨光盘、烘干箱和光功率计等。

(3)　工具：剥线器、压线工具、手锤、錾子、钢锯、扁锉、圆锉、活扳手、鱼尾钳、铅笔、皮尺、水平尺、线坠、灰铲、灰桶、水壶、油桶、油刷和粉线袋等。

### 3. 作业条件

土建结构砌墙时，预埋管和用户盒、箱已完成；土建内部装修油漆浆活全部施工完；同轴电缆已敷设完工。

### 4. 操作工艺

(1)　天线安装：选择好天线的位置、高度、方向；天线基座应随土建结构施工做好；天线竖杆与拉线的安装已完成；对天线本身认真地检查和测试，然后组装在横担上，各部件组装好后安装在预定的位置并固定好，并做好接地。

(2)　前端设备和机房设备的安装。

①　作业条件：机房内土建装修完成，基础槽钢做完；暗装的箱体、管路已安装好。

② 操作工艺：先安装机房设备，再做机箱安装，做好接地。

(3) 传输分配部分安装：干线放大器及延长放大器安装；分配器与分支器安装，用户终端安装。

(4) 电缆的明敷设与暗敷设。同轴电缆的天线与架空线间距如表 12.2 所示；架设及高度规定如表 12.3 所示；电缆埋设深度如表 12.4 所示。

表 12.2 天线与架空线间距规定

| 电 压 | 架空电线种类 | 与电视天线的距离/mm |
|---|---|---|
| 低压架空线 | 裸线 | 1 以上 |
| | 低压绝缘电线或多芯电缆 | 0.6 以上 |
| | 高压绝缘电线或低压电源 | 0.3 以上 |
| 高压架空线 | 裸线 | 0.2 以上 |
| | 高压绝缘线 | 0.8 以上 |
| | 高压电源 | 0.4 以上 |

表 12.3 同轴电缆的架设及高度规定

| 地面的情况 | 必要的架设高度/m |
|---|---|
| 公路上 | 5.5 以上 |
| 一般横过公路 | 5.5 以上 |
| 在其他公路上 | 4.5 以上 |
| 城市街道 | 3.0～4.5 |
| 横跨铁路 | 6.0 以上 |
| 横跨河流 | 满足最大船只通行高度 |

表 12.4 电缆埋设深度规定

| 埋设场所 | 埋设深度/m | 要 求 |
|---|---|---|
| 交通频繁地段 | 1.2 | 穿钢管敷设在电缆沟 |
| 交通量少地段 | 0.60 | 穿硬乙烯管 |
| 人行道 | 0.60 | 穿硬乙烯管 |
| 无垂直负荷段 | 0.60 | 直埋 |

(5) 系统调试验收，包括调整天线系统、前端设备调试、调试干线系统、调试分配系统。

5. 质量标准

1) 保证项目

(1) 有线电视器件、盒、箱电缆和馈线等安装应牢固可靠。

(2) 防雷接地电阻应小于 1Ω，设备金属外壳及器件屏蔽接地线截面应符合有关要求。接地端连接导体应牢固可靠。

(3) 电视接收天线的增益 $G$ 应尽可能高；频带特性好；方向性敏锐、能够抑制干扰、消除重影；并保持合适的色度、良好的图像和伴音。

系统检验方法：观察检查或使用仪器设备进行测试检验。

2) 基本项目

(1) 有线电视的组装、竖杆，各种器件、设备的安装，盒、箱的安装应符合设计要求，布局合理，排列整齐，导线连接正确，压接牢固。

(2) 防雷接地线的截面和焊接倍数应符合规范要求。

(3) 各用户电视机应能显示合适的色度、良好的图像和伴音，并能对本地区的频道有选择性。

用户端指标检验方法：观察检查或使用仪器设备进行测试检验。

安装完毕后，特别要注意成品的保护，可以参照综合布线的相关内容。

## 12.4 本章小结

建筑智能化工程，特别是本书所提供的某综合楼建筑的智能建筑施工图，包含了综合布线系统、有线电视系统和火灾自动报警系统等常用系统。在现代建筑中，智能化工程或称弱电工程所包括的内容较多，如楼宇自动化、环境监控、电视监控、安全防范、可视对讲、公共广播及远程会议等。

本章通过一套完整、典型的高层建筑的施工图范例，引导读者识图，讲授了识图方法、顺序及技巧，重点阐述了各个系统在施工准备阶段所做的具体工作、作业条件、相关材料、设备要求、使用的主要机具及标准、成品保护等常见的问题，特别是对以当今流行的设备及有关的操作工艺做了详尽的描述，读者参考本书可以直接进行现场操作。

### 1. 综合布线系统

12.2 节通过大量图片介绍了双绞线、光缆、同轴电缆结构、设备，说明了施工准备的要求、常用的工具、机具及专用设备，通过详细的安装规程，介绍了综合布线系统安装的工艺流程及常用材料设备的安装要点、质量标准、成品保护和质量问题。

### 2. 有线电视系统

12.3 节简要介绍了有线电视系统的常用设备、主要机具、操作条件及安装中应注意的问题等。

## 12.5 习　　题

### 一、思考题(应自行查阅相关资料后结合本章内容综合答题)

1. 请说明工程开工前应做哪些工作。
2. 请说明本书智能化系统中常用的材料。
3. 请说明本书智能化系统中常用的机具。

### 二、实训题

根据施工规范做一份智能化系统的施工组织设计。

# 参考文献


[1] 蒋白懿，李亚峰等. 给水排水管道设计计算与安装[M]. 北京：化学工业出版社，1995.

[2] 邢丽贞. 给排水管道设计与施工[M]. 北京：化学工业出版社，2005.

[3] 张健. 建筑给水排水工程[M]. 2 版. 北京：中国建筑工业出版社，2005.

[4] 蔡秀丽，鲍东杰. 建筑设备工程[M]. 2 版. 北京：科学出版社，2007.

[5] 谷峡，边喜龙等. 新编建筑给排水工程师手册[M]. 哈尔滨：黑龙江科学技术出版社，2001.

[6] 侯君伟. 建筑设备施工便携手册[M]. 北京：机械工业出版社，2008.

[7] 汤万龙. 建筑设备安装识图与施工工艺[M]. 北京：中国建筑工业出版社，2007.

[8] 建筑给水排水及采暖工程施工质量验收规范. GB 50242—2002

[9] 建筑设计防火规范. GB 50016—2006

[10] 高层民用建筑设计防火规范. GB 50045—95(2005 年版)

[11] 自动喷水灭火系统施工及验收规范. GB 50261—2005

[12] 吴耀伟. 供热通风与建筑给排水工程施工技术[M]. 哈尔滨：哈尔滨工业大学出版社，2006.

[13] 龚崇实，王福祥. 通风空调工程安装手册[M]. 北京：中国建筑工业出版社，1993.

[14] 贾永康. 供热通风与空调工程施工技术[M]. 北京：机械工业出版社，2007.

[15] 韩实彬. 通风工长[M]. 北京：机械工业出版社，2007.

[16] 卜增文. 空调末端设备安装图集[M]. 北京：中国建筑工业出版社，2000.

[17] 侯志伟. 建筑电气工程识图与施工[M]. 北京：机械工业出版社，2004.

[18] 国家技术监督局，建设部. 建筑物防雷设计规范[M]. 北京：中国计划出版社，2000.

[19] 刘兵，胡联红，夏和娜. 建筑电气与施工用电[M]. 北京：电子工业出版社，2006.

[20] 黄民德，季中，郭福雁. 建筑电气工程施工技术[M]. 北京：高等教育出版社，2004.

[21] 综合布线系统工程设计规范. GB 50311—2007

[22] 综合布线系统工程验收规范. GB 50312—2007

[23] 智能建筑设计标准. GB/T 50314—2006

[24] 高层民用建筑设计防火规范. GB 50045—95(2001 年版)

[25] 火灾自动报警系统施工及验收规范. GB 50166—2007

[26] 民用建筑电气设计规范. JGJ 16—2008

[27] 赵宏家. 电气工程识图与施工工艺[M]. 2 版. 重庆：重庆大学出版社，2006.

[28] 杨边武. 火灾自动报警及联动控制系统施工[M]. 北京：电子工业出版社，2007.

[29] 建设部. 建筑电气工程设计常用图形和文字符号. 00DX001，2001

[30] 建设部. 有线电视系统工程技术规范. GB 50200—94

[31] 贺平，余明辉. 网络综合布线技术[M]. 北京：人民邮电出版社，2006.